21世纪高职高专规划教材　电子信息基础系列

工程制图与AutoCAD实用教程

朱炜 主编　林云峰 副主编

清华大学出版社
北京

内容简介

本书共11章，分两大部分(即AutoCAD与工程制图)。第一部分重点介绍AutoCAD二维及三维实体的绘图命令和编辑方法，特别介绍了AutoCAD在弱电系统中的应用和AutoCAD的绘图技巧。第二部分重点介绍形体的投影、三视图及形体的表达。通过三维实体的绘制，将AutoCAD与工程制图有机地联系起来，使读者更容易理解工程制图原理和方法。本书内容从工程实践的需求出发，着重突出实用性，给出了综合实例，以便于教师采用案例教学。本书列出了每章的要点和难点，并在每章结束前对主要内容和注意事项进行了小结，配备了适当的上机练习题和思考题，同时对有一定难度的习题给出了必要的提示。本书将教学内容及上机练习题合二为一，方便读者使用。

本书可作为本科、高职院校电子信息、机电类专业学生的教材，也可作为相关专业从业人员的参考书。

图书在版编目(CIP)数据

工程制图与AutoCAD实用教程/朱炜主编. —北京：清华大学出版社，2013(2019.8重印)
21世纪高职高专规划教材. 电子信息基础系列
ISBN 978-7-302-33646-4

Ⅰ. ①工… Ⅱ. ①朱… Ⅲ. ①工程制图－计算机制图－AutoCAD软件－高等职业教育－教材
Ⅳ. ①TB237

中国版本图书馆CIP数据核字(2013)第204146号

责任编辑：张龙卿
封面设计：徐日强
责任校对：袁 芳
责任印制：刘祎淼

出版发行：清华大学出版社
网 址：http://www.tup.com.cn，http://www.wqbook.com
地 址：北京清华大学学研大厦A座 **邮 编**：100084
社 总 机：010-62770175 **邮 购**：010-62786544
投稿与读者服务：010-62776969，c-service@tup.tsinghua.edu.cn
质量反馈：010-62772015，zhiliang@tup.tsinghua.edu.cn
课件下载：http://www.tup.com.cn，010-62795764
印 装 者：三河市君旺印务有限公司
经 销：全国新华书店
开 本：185mm×260mm **印 张**：21 **字 数**：483千字
版 次：2013年9月第1版 **印 次**：2019年8月第7次印刷
定 价：49.00元

产品编号：055440-02

FOREWORD

前言

当前是知识大爆炸的时代，随着社会经济的快速发展，人们要学的知识越来越多。而随着高等教育改革的不断深入，除要求学生有扎实的理论基础外，学校越来越重视学生工程实践能力的提高，这必然要较大幅度地压缩理论课时，为实验及工程实践腾出更多的时间与空间。作为工科类的专业，工程制图与计算机辅助设计是必不可少的基础和工具之一。如何解决日益压缩的理论课时与知识膨胀的矛盾是一个需要较长时期内研究的课题。本书针对电子信息及机电类专业特点做了一些有益的尝试，将AutoCAD和工程制图这两门课程有机地结合在一起，不但能减少课时，而且有利于互为支撑。有了AutoCAD可以利用其进行绘图，同时也为学习和理解工程制图带来较好的效果。

虽然国内外常用的CAD软件种类繁多，但AutoCAD仍是当前广为流行的绘图软件之一。它具有功能强大、适用面广、开放性好等特点，同时，也是一款二次开发的软件平台。国内关于AutoCAD的教材非常多，但绝大多数只适用于机械、建筑等专业。而本书主要面向计算机、电子类专业的学生，同时兼顾非机电类其他专业的学生。本书根据学生学习的特点及教学规律，精心选择内容，合理安排顺序，能够提高学习效率。其特点如下：

(1) 先介绍AutoCAD的绘图功能，激发学生的学习兴趣。将AutoCAD的三维绘图功能作为AutoCAD与工程制图的桥梁，通过形象的立体图形，为工程制图打下良好的基础。

(2) 为了提高初学者的空间想象能力，本书利用AutoCAD三维功能展示二维图形所表达的形体，同时加强了利用AutoCAD绘制三视图能力训练。较好地解决了工程制图与AutoCAD的有机融合问题。

(3) 除在各章节中尽量体现实用性外，还专门编写了AutoCAD在弱电系统中的应用，并介绍了AutoCAD的绘图技巧等内容。

(4) 本书以实用、够用为原则。综合考虑系统性、连续性，并尽量做到突出重点、减小篇幅。

(5) 为便于教学，每章开始都有要点、难点提示，并给出综合实例，以实例将本章所学知识贯穿在一起，教师可进行案例教学。在每章末还配有小结和适量的习题，以便巩固所学知识，教学内容与上机实训合二为一，便于使用。

(6) 建议教学时数为 60 学时左右。

(7) 本书中的附录具有较高的参考价值。

本书由朱炜任主编，林云峰任副主编，叶晓平教授主审。全书共分 11 章，其中第 4~10 章和附录由朱炜编写；第 1~3 章和第 11 章由林云峰编写。在编写过程中，得到浙江大学网新兰德科技股份有限公司的大力支持，同时也得到李盛宇、朱银法、季晓明、叶泳东、李培远等的大力支持，在此一并表示衷心的感谢。

由于作者水平有限，书中难免有不妥之处，敬请读者批评指正。

编　者

2013 年 5 月

CONTENTS

目录

CHAPTER 1 第1章

工程制图与 AutoCAD 概论

掌握机械制图的国家标准,这是精确工程制图的依据。

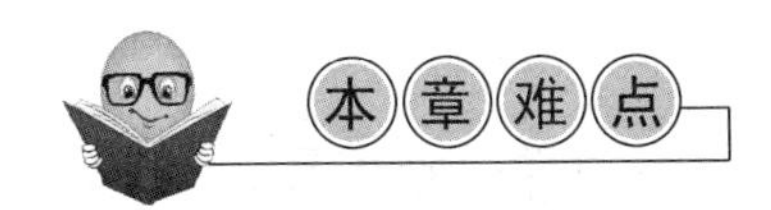

平面图形的分析与(手工)画法,这是工程制图的基础。

1.1 绪论

传统手工制图以纸、笔、三角板、直尺、圆规等作为辅助工具,用图形和尺寸的形式进行表达说明,这种表达方式超越了传统的文字叙述方法。近几年,随着信息产业的高速发展,计算机软硬件迅速更新,操作界面逐渐个性化,促使计算机融入人们的日常生活之中。以纸、笔、尺等为工具的绘图工作,也逐步被计算机所代替,从而形成了计算机辅助绘图(Computer Aided Design)的技术领域。因此,计算机辅助绘图不仅应具有计算机操作系统(如 Windows 2000/XP、Windows NT)本身的功能(如复制与删除文件、中文输入等),而且,应具备传统的制图规范准则。运用计算机强大的计算和存储功能以及绘图软件,可以改进传统手工绘图的缺点,使绘图工作更容易、更轻松,而且能产生更好的效果。为此,计算机辅助绘图软件应具备以下功能。

1. 编辑修改的功能

在传统的手工绘图中,当画错图形时,必须用橡皮擦掉重画。而计算机绘图除了具有清除功能以外,还有后退回到上一步操作的功能,用户随时可以根据图形的需要来进行修剪、复制、平移,甚至颜色、线型等均可随心所欲地更改。

2. 查询图素的功能

计算机绘图应具有查询图形中任何图素的长度、角度、坐标点甚至面积的功能。在传统绘图中，常常需要借助于测量工具如分规、圆规等，而且容易产生误差，而计算机绘图则可以减少许多绘图时间。

3. 图形观察功能

在传统的手工绘图中，常常受图纸、图板大小的限制，无法将图形完整表达。若想清楚表达，需要分成几个部分完成，造成许多重复工作。而计算机绘图具有图形显示局部放大、缩小、移动窗口等功能，操作者可以将图形随心所欲地放大，待绘图完成后，再恢复原图形的大小。因此，无论图形有多大，均可以顺利地在一张图纸中完成。

4. 分层绘制图形的功能

计算机绘图可以提供多个图层，每个图层如同投影片一样是透明的。用户可选择在第几张(层)图纸上绘图、投影片使用什么颜色，而当投影片重叠在一起时，看起来就如同在同一张图纸上。此外，用户也可以将其中某些图纸抽掉(关闭层)，在图形上就看不到这些层的内容了。例如，一栋建筑物中有电力配置图、水管图、建筑图及尺寸等，如果全部绘制在一起会很凌乱。利用分层绘制的功能，就可以根据实际需要关闭某些图层，使图面更清晰易懂。如电力公司的人员只要电力配置的内容即可，其他层就可以关闭，这样看图者就一目了然了。然而，在传统的手工绘图中，这是不可能的。

5. 标注尺寸的功能

传统手工绘图往往在尺寸标注上花费许多时间，除了绘制尺寸箭头外还要书写大量的尺寸数字及符号。而在计算机绘图时，尺寸标注可以依据用户设置的标注格式，在选择对象后，自动测量该图素的尺寸，不需要书写即可标注出来，这样可节省许多标注时间。

6. 便携性

计算机绘图完成后，输出是一项重要任务。可由打印机或绘图机将图形局部或全部输出，同时可设置图线的宽度，也可将图形存储在磁盘中方便携带和使用。另外，利用Internet 可以将图形文件放到网页上，供其他用户查阅或下载。如此，无论距离有多远，都可以在短时间内获得图形文件，从而提高效率。

7. 图形合并及重复使用的功能

在传统的手工绘图中，无论多复杂的图形，由于只能在一张图纸上画图，常常要花费许多时间。并且，同一零件(如螺帽)在一张图上有 10 个，就必须画 10 次。而计算机绘图则可以让用户依据图形特点，分成几个部分，分别在不同的计算机上完成，最后再合并成一张完整的图形即可。另外，还可以将绘制过的零件图保存，再次需要时取出按比例放置即可，避免了重复工作。

8. 计算机绘图的高级功能

(1) 3D 实体的绘制功能

借助传统手工制图的轴测图画法，虽然在图纸上可看到类似立体的效果，但它始终是在图纸上作图，并没有真正画出高度(Z 轴)。而计算机绘图则可输入 Z 轴，并具有完整的处理 3D 物体的真实制图功能，让用户从各种角度观察均可以与真实的结果吻合。同时，可利用绘制的 3D 实物图形自动产生三维图，从而减少用户画三维图的时间。

(2) 图像处理的功能

计算机绘图软件在绘制完框架结构模型后,还可以将模型以真实色彩的直观效果呈现出来,让用户验证设计的效果。甚至,可以选择不同的纹理,来表现设计作品不同的效果,而这是传统制图无法做到的。

(3) 网络运用的功能

互联网在当今的科技社会中,已经逐渐成为日常生活的一部分。因此,运用互联网让计算机绘制的图形发挥最大的效益,是一个新趋势。目前,计算机绘图软件大多提供支持互联网的功能,从而让用户在网络上便可以查询及观看所需的图形,而图形在网络上传输也能节省许多时间。

Autodesk 公司推出的 AutoCAD 系列软件几乎涉及各个工程领域,新的版本也在不断推出,虽然市面上已出现了 AutoCAD 2009 版,但 AutoCAD 2006 仍是目前使用最广泛的版本,所以本书以 AutoCAD 2006 为例,进行讲解。

与以前的 AutoCAD 版本相比,AutoCAD 2006 增加了以下功能。

1. 动态图块的操作

图块是大多数图形中的基本构成部分,它用于表示现实中的物体。现实物体的不同种类需要定义各种不同的图块。这样,就需要定义成千上万的图块。在这种情况下,如果图块的某个外观有些区别,用户就需要拆图块来编辑其中的几何图形。这种解决方法会产生大量的、矛盾的和错误的图形。在 AutoCAD 2006 版中,新增的功能强大的动态图块功能使用户可编辑图形外观而不需要拆开它们。用户可以在插入图形时或插入图块后操作图块实例。

2. 数据输入和对象选择

AutoCAD 2006 版对用户界面进行了很大的改进。它让用户能更简单地与软件交互,使用户能更注重自己的设计。

(1) 在焦点附近查看和输入数据

在图形中绘制和编辑对象时,用户经常要阅读和回应显示于命令行中的提示。如果忘了阅读命令行,可能会漏掉一些重要的选项,最后可能导致结果出错。在命令行交互,尽管是必需的,但却转移了人的注意力。在 AutoCAD 2006 版中,用户可以在焦点附近查看和输入数据,而不必在命令行中输入。

(2) 访问命令和最近数据

AutoCAD 2006 版提供了自动完成功能来迅速输入不常用的命令。在命令提示中,用户可输入系统变量或命令(包括 ARX 定义的命令和命令别名)的前几个字母,然后按 Tab 键来遍历所有有效的命令。例如,在命令提示中输入“EAT”,然后按 Tab 键,就可以在所有以“EAT”开头的命令中查找需要的命令。

用户可访问最近使用的数据,包括点、距离、角度和字符串。可在命令行中按箭头键的上和下键或从右键菜单中选择最近输入项。最近使用值与上下文有关。例如,当在命令行提示输入距离时,最近输入功能将显示之前输入过的距离。当在旋转命令中提示输入角度时,之前使用的旋转角度将会显示出来。用户可通过 INPUTHISTORYMODE 系统变量控制最近输入功能的使用。

(3) 选择对象

可视的提示提供了动态的反馈功能,帮助确定选定的对象。当用户的光标滚动到对象上时,对象会亮显,这样可以使用户看到要选的是哪个,而且会出现一个翻动器翻动亮显对象。这样,还有一个好处就是可以在不选定对象时,判断一组图形是单独的对象(如多段线)或分开的对象(如线段)。当选择多个对象时,一个半透明的选择窗口可清楚地看到对象选择区域。

3. 快速计算器

新的"快速计算器"功能提供了内嵌式图形化的三维计算性能。可以在命令行中输入QuickCalc命令调用,而在"属性"选项板中,当输入数字字段时,也可以随时调用它。

4. 提取块属性数据

增强的属性提取向导提供一个很强大的灵活性的控制性。新的数据源选项使用户可从整个图纸集中提供属性数据,而且提供了另外的设置可以控制对哪些图块进行分析。为防止在属性提取向导中出现不需要的图块和属性,可以选择只查看带属性的图块和只有属性数据(区分于所有普通图块属性)。所选定的块会出现一个预览图像,可以在当前图形中查看选定的图块。在最后输出前,用户可以预览数据,重新安排表格元素并通过单击列表头将数据排序。在认为满意时再输出,可以将其提取到外部文件,也可以放到AutoCAD表格中,或者同时输出。

5. 查找填充面积

在填充图案的属性窗口中增加了一个"面积"属性,并可以查看填充图案的面积。如果是选择了多个填充区域,累计的面积也可以查询得到。

6. 绘图和编辑

AutoCAD提供了很多的命令来绘制和编辑任何形状和大小的几何图形。在2006版本中,很多的这些命令都被增强,使绘图和编辑任务变得更加流畅。

AutoCAD 2006的新增功能很多,以上只是列举了其中的一些新功能。

1.2 国家制图标准

图样是表达设计意图、组织、指导生产和交流技术思想的重要工具。作为现代工业生产中必不可少的技术文件,图样必须有统一的标准,且必须对它的表达方法、尺寸标注和所用符号建立统一的规定。为此,我国于1959年首次颁布了国家标准《机械制图》,又于1974年、1984年、1993年及以后年份都分别颁布了修订标准。上述标准的实施,起到了统一工程技术语言的作用。

本节主要介绍国家标准《技术制图》与《机械制图》中的部分常用内容。《技术制图》标准是对各行业制图共性的规定,规范着机械、工程建设、电气及其他行业制图基本规定。《机械制图》是技术制图标准的下一层标准,是根据机械行业的制图特点,在不违背《技术制图》标准的基础上提出的机械行业制图要求的标准。在1993年以后,制图标准由国家质量监督检验检疫总局颁发。例如，GB/T 14689—2008《技术制图 图纸幅面和格式》、GB 4457.4—2002，其中 GB/T 表示推荐性国家标准的代号，GB 是汉语拼音“GUO BIAO”（国标）的缩写，T 是汉语拼音“TUIJIANXING”（推荐性）的缩写。“14689”、“4457.4”表示标准的批准顺序号。“2008”、“2002”表示标准发布的年份。对于这些标准必须认真学习和严格遵守，树立起标准化的概念。

1.2.1 图纸幅面和格式(GB/T 14689—2008)

为了合理使用图纸和便于图样的装订和保管，必须统一图纸的幅面和格式。

1. 图纸幅面

绘制图样时，应优先采用表 1-1 规定的基本幅面尺寸。

表 1-1 图纸基本幅面 单位：mm

幅面代号	A0	A1	A2	A3	A4
B×L	841×1189	594×841	420×594	297×420	210×297
e	20		10		
c	10			5	
a	25				

必要时，也允许选用表 1-2 和表 1-3 所规定的加长幅面。加长幅面的尺寸由基本幅面的短边乘以整数倍后得出。

表 1-2 加长幅面（第二选择） 单位：mm

幅面代号	尺寸 B×L	幅面代号	尺寸 B×L
A3×3	420×891	A4×3	297×841
A3×4	420×1189	A4×5	297×1051

表 1-3 加长幅面（第三选择） 单位：mm

幅面代号	尺寸 B×L	幅面代号	尺寸 B×L
A0×2	1189×1682	A3×5	420×1486
A0×3	1189×2523	A3×6	420×1783
A1×3	841×1783	A3×7	420×2080
A1×4	841×2378	A4×6	297×1261
A2×3	594×1261	A4×7	297×1471
A2×4	594×1682	A4×8	297×1682
A2×5	594×2102	A4×9	297×1892

2. 图纸格式

图纸格式分以下两种情况。

第一种情况，按标题栏方向看图，即按标题栏中文字的方向看图。在图纸上必须用粗实线画出图框，其格式分为不留装订边和留有装订边两种，但同一产品的图样只能采用一种格式。

（1）不留装订边的图纸，其图框格式如图 1-1(a)所示，尺寸按表 1-1 的规定。

（2）留有装订边的图纸，其图框格式如图 1-1(b)所示，尺寸按表 1-1 的规定。

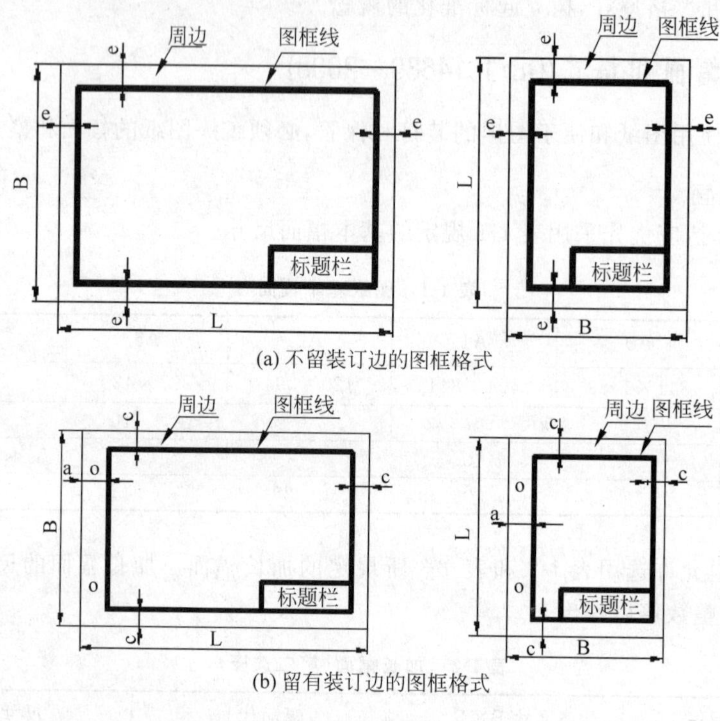

图 1-1　图框格式

第二种情况，按方向符号指示的方向看图，即按画在图纸下边，对中线上的等边三角形符号看图，如图 1-2 所示。

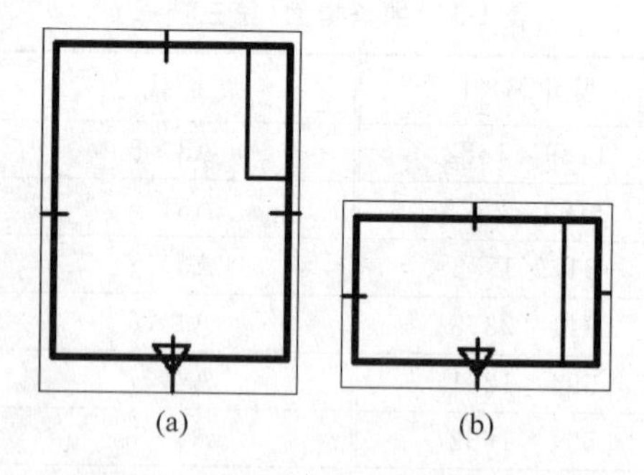

图 1-2　带看图符号的图框格式

3. 标题栏

每张图纸边框的右下角应绘制标题栏，国家标准《技术制图》(GB 10609.1—1989)规定了标题栏的格式和尺寸，如图 1-3 所示。

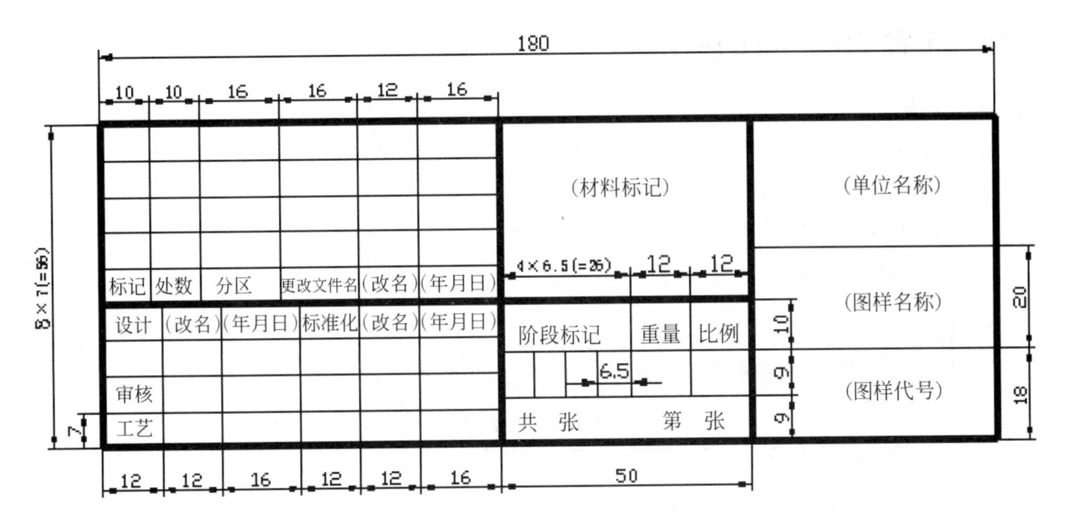

图 1-3　标题栏的格式

注意：图 1-3 所示是国家制图标准在正规工程施工图中用的标题栏，在各行业中，也有一些简化的标题栏，在本课程绘图作业中，建议使用图 1-4 所示的简化标题栏。

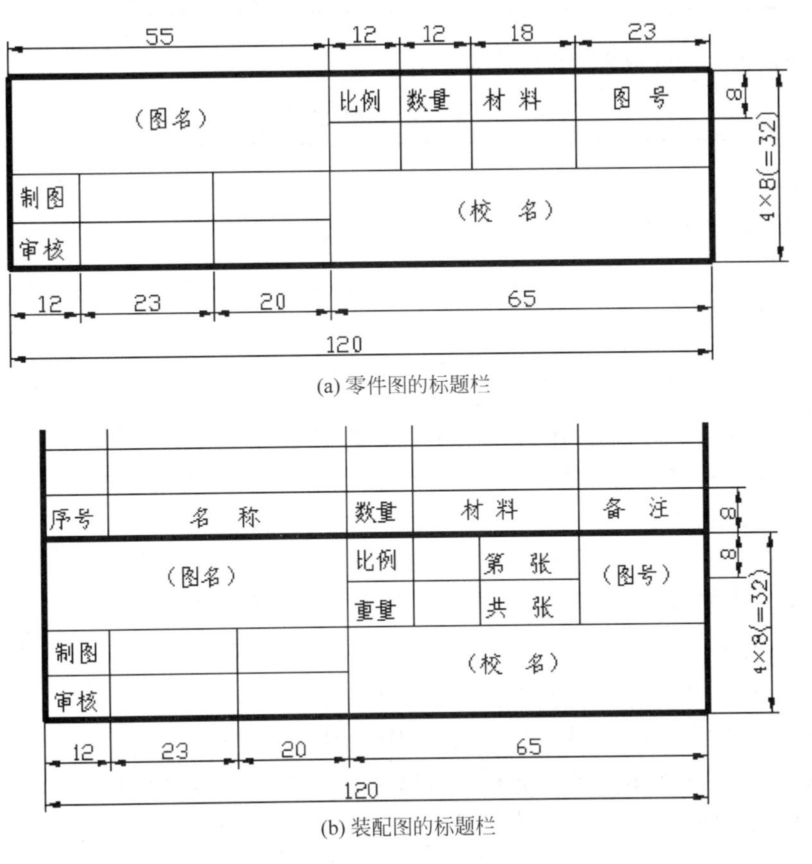

(a) 零件图的标题栏

(b) 装配图的标题栏

图 1-4　简化标题栏的格式

1.2.2 比例(GB/T 14690—1993)

1. 术语

(1) 比例：图样中图形与其实物相应要素的线性尺寸之比。

(2) 原值比例：比值为1的比例，即1∶1。

(3) 放大比例：比值大于1的比例，如2∶1、5∶1等。

(4) 缩小比例：比值小于1的比例，如1∶2、1∶5等。

2. 比例系列

当需要按比例绘制图样时，应从表1-4规定的系列中选取适当的比例。

表1-4 比例(1)

种 类	比 例		
原值比例	1∶1		
放大比例	5∶1 1×10^n∶1	2∶1 2×10^n∶1	 1×10^n∶1
缩小比例	1∶2 1∶2×10^n	1∶5 1∶5×10^n	1∶10 1∶1×10^n

必要时，也允许选取表1-5所示的比例。

表1-5 比例(2)

种 类	比 例			
放大比例	4∶1 4×10^n∶1	2.5∶1 2.5×10^n∶1		
缩小比例	1∶1.5 1∶1.5×10^n	1∶2.5 1∶2.5×10^n 1∶6×10^n	1∶3 1∶3×10^n	1∶4 1∶6 1∶4×10^n

绘图时，应尽量采用原值比例(1∶1)，以使绘出的图样能直接反映机件的真实大小，便于读图。由于各种机件的结构不同、大小不一，绘图时应根据机件的大小和复杂程度选取放大或缩小的比例。

注意：在用AutoCAD绘制图纸时，除局部放大视图外，一律采用1∶1的比例绘制，在图形输出时再考虑适当的比例，否则在标注尺寸时会有麻烦。

3. 标注方法

比例符号应以"∶"表示。比例的表示方法如1∶1、1∶2、5∶1等。

绘制同一机件的各个视图一般宜采用相同的比例，并把它标注在标题栏的比例栏内。

当某个视图选用的比例与标题栏中所标注的比例不同时，可在此视图名称的下方或右侧另行标注比例，如：

I	A	B—B	平面图 1∶100
2∶1	1∶100	2∶51	

不论采用何种比例绘图，在图样中所标注的尺寸数字必须是机件的真实大小，与图形的比例无关。图形中的角度是不随比例大小变化的，而应按其原角度画出（见图 1-5）。

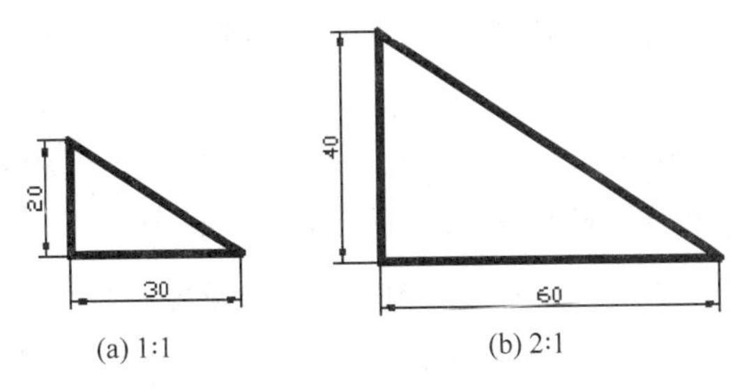

图 1-5 不同比例的图形

1.2.3 字体(GB/T 14691—1993)

字体是图样和技术文件中的一个重要组成部分，它包括汉字、数字和字母。

在图样中，书写汉字、数字和字母都必须做到：字体工整、笔画清楚、间隔均匀、排列整齐。

字体高度（用 h 表示）的公称尺寸系列为 1.8mm、2.5mm、3.5mm、5mm、7mm、10mm、14mm、20mm。如需要书写更大的字时，其字体高度应按$\sqrt{2}$的比率递增。字体高度代表字体的号数（见图 1-6）。

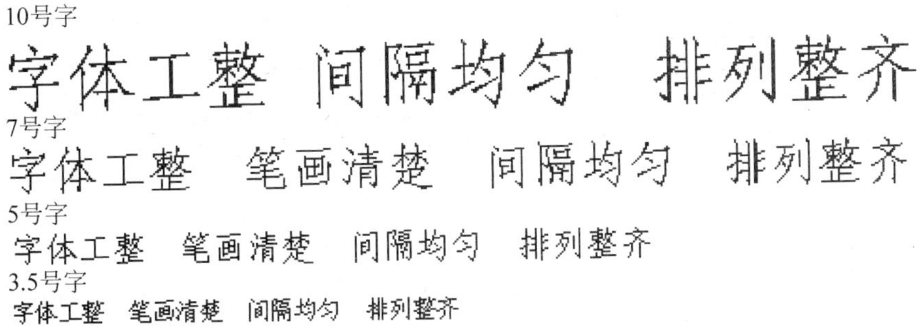

10号字

字体工整 间隔均匀 排列整齐

7号字

字体工整 笔画清楚 间隔均匀 排列整齐

5号字

字体工整 笔画清楚 间隔均匀 排列整齐

3.5号字

字体工整 笔画清楚 间隔均匀 排列整齐

图 1-6 长仿宋体字示例

汉字应写成长仿宋体，并应采用国家正式公布推行的《汉字简化方案》中规定的简化字。汉字的高度 h 不应小于 3.5mm，其字宽一般为 $h/\sqrt{2}$。

书写长仿宋体的基本要领是“横平竖直、注意起落、结构均匀、填满方格”。在练习书写长仿宋体时，首先要分析字体基本笔画的写法及字首、偏旁的比例关系。为了保证字的大小一致及排列整齐，可在预先画好的格子内练习，以便书写时布局恰当、匀称美观。笔画较多的字一般要求填满方格，笔画较少的字应灵活掌握，如“日”、“月”等字不要写得与格子同宽，“四”、“工”等字不要写得与格子同高，“口”、“图”等字不要写得与格子同大。长仿宋体字的基本笔画和写法请参照 GB/T 14691—1993。

1.2.4 图线(GB/T 17450—1998)

为了使图样统一、清晰，绘图时所用的图线必须符合国家标准的规定。

1. 图线的形式及用途

国家标准《技术制图图线》(GB/ T 17450—1998)规定了 15 种基本线型，常用的图线名称、形式、宽度以及在图样上的应用见表 1-6。

表 1-6 常用图线形式及应用

图线名称	图线形式	图线宽度	应用举例
粗实线		d	可见轮廓线、可见棱边线、相贯线、螺纹的牙顶线、剖切符号用线等
细实线		约 d/4	尺寸线、尺寸界线、剖面线、重合剖面的轮廓线、螺纹的牙底线、引出线等
细波浪线		约 d/4	断裂处的边界线、视图和剖视的分界线
细双折线		约 d/4	断裂处的边界线
细虚线	2–6 ≈1	约 d/4	不可见轮廓线、不可见过渡线
细点划线	15–30 ≈3	约 d/4	轴线、对称中心线、轨迹线
粗点划线	15–30 ≈3	d	有特殊要求的线、表面的表示线
双点划线	15–30 ≈5	约 d/4	相邻辅助零件的轮廓线、极限位置的轮廓线、假想投影轮廓线、中断线

2. 图线画法

在同一张图样上，同类图线的宽度应基本保持一致。虚线、点划线及双点划线的线段长短和间距大小应各自大致相等。

点划线和双点划线中的“点”应画成约 1mm 的短划，点划线和双点划线的首末两端应是线段而不应是点，并应超出相应图形 3～5mm。

当绘制圆的对称中心线时，圆心应为线段的交点；在较小的图形上绘制点划线或双点划线有困难时，可用细实线代替。

当虚线与虚线或其他图线相交时，应以线段相交，不得留有空隙；当虚线是粗实线的延长线时，其连接处要留有空隙。

当手工绘图时，图线宽度靠绘图工具和仪器的调整来保证，线段的长短与间隔靠目测控制。

图 1-7 所示为图线画法的正确与错误示例。

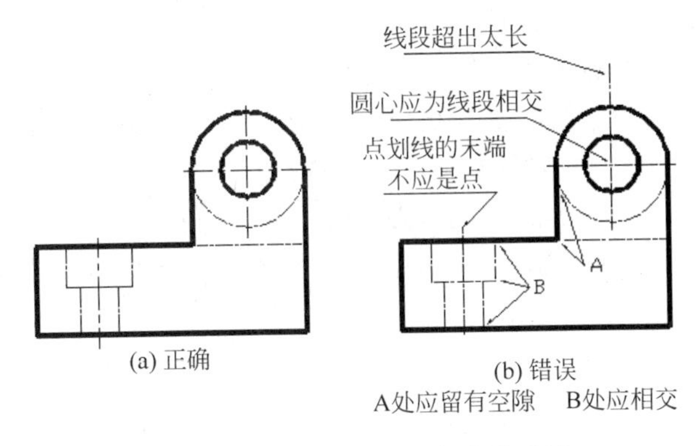

图 1-7 图线画法的正确与错误示例

1.2.5 尺寸注法(GB 4458.4—1984)

在图样中,图形表达了机件的形状,尺寸确定了机件的大小。在生产中,机件的加工制造是以图样中所标注的尺寸数字为依据的,为此,在图样上必须完整地标注尺寸,并统一所标注的尺寸。

GB 4458.4—1984《机械制图》规定了尺寸标注的各种规则和方法。

1. 基本规则

机件真实大小应以图样上所标注的尺寸数值为依据,与图形的大小及绘图的准确度无关。

图样中(包括技术要求和其他说明)的尺寸,以毫米为单位时,不需要标注计量单位的代号或名称,如采用其他单位,则必须注明相应的计量单位的代号或名称。

图样中所标注的尺寸,为该图样所示机件的最后完工尺寸,否则应另加说明。

机件上的每一尺寸,一般只标注一次,并应标注在反映该结构最清晰的图形上。

标注尺寸时,应尽可能使用符号和缩写词。常用的符号和缩写词见表 1-7。

表 1-7 常用的符号和缩写词

名 称	符号或缩写词	名 称	符号或缩写词
直径	ϕ	45°倒角	C
半径	R	深度	↧
球直径	Sϕ	沉孔	⌴
球半径	SR	埋头孔	⌵
厚度	t	均布	EQS
正方形	□		

2. 尺寸界线、尺寸线、尺寸数字

一个完整的尺寸由尺寸界线、尺寸线、尺寸数字 3 个部分组成(见图 1-8)。它们之间

的相互关系、作用及有关规定如下。

(1) 尺寸界线：用来表示所注尺寸的范围。

① 尺寸界线用细实线绘制，并应由图形的轮廓线、轴线或对称中心线引出，并尽量引画在图外。也可借用轮廓线、轴线或对称中心线作尺寸界线(见图 1-8)。

② 尺寸界线一般应与尺寸线垂直，必要时才允许倾斜(见图 1-9)。

③ 在光滑过渡处标注尺寸时，必须用细实线将轮廓延长，从它们的交点处引出尺寸界线(见图 1-9)。

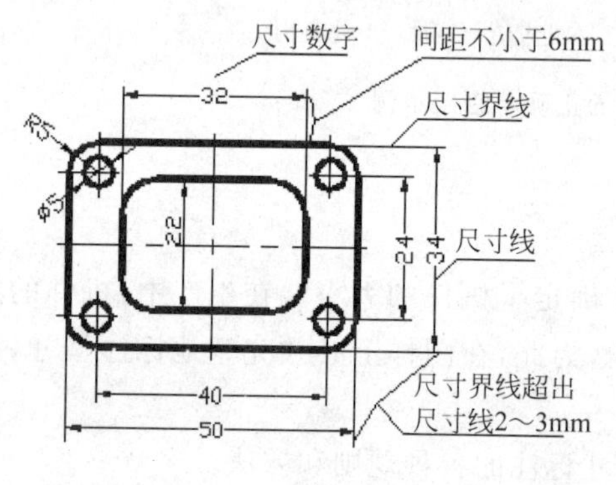

图 1-8 尺寸的组成

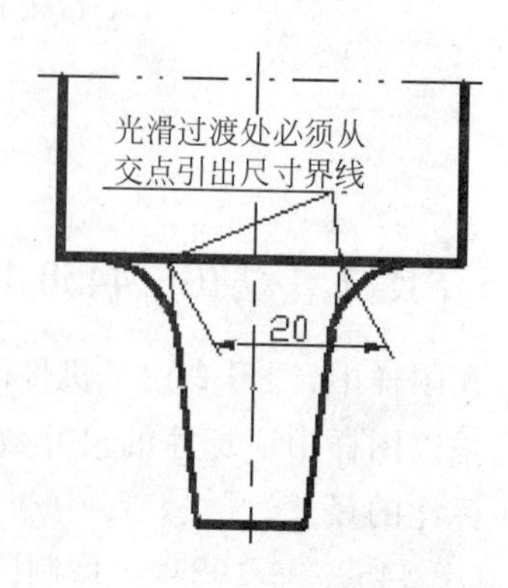

图 1-9 画确定位置的图形

(2) 尺寸线：用来表示尺寸度量的方向。

尺寸线用细实线在尺寸界线之间绘制，且平行于它所表示的线段或距离线。

尺寸线的终端可以有两种形式：箭头与斜线(见图 1-10)，它们均用于表示尺寸的起止。

① 箭头：箭头的式样和大小如图 1-10(a)所示，箭头应指向尺寸界线。同一张图样上箭头的大小应保持一致。

② 斜线：用 45°细实线绘制，其方向与画法如图 1-10(b)所示。当尺寸线的终端采用斜线形式时，尺寸线与尺寸界线必须相互垂直(见图 1-11)。

当尺寸线与尺寸界线相互垂直时，同一张图样上只能采用一种尺寸线终端的形式。

一般情况下，机械图样中的尺寸线终端画箭头，建筑图样中的尺寸线终端画斜线。

尺寸线不能用其他图线代替，一般也不得与其他图线重合或画在其延长线上。

(3) 尺寸数字：用于表示机件尺寸的实际大小。

尺寸数字一般应注写在尺寸线的上方(见图 1-12)。

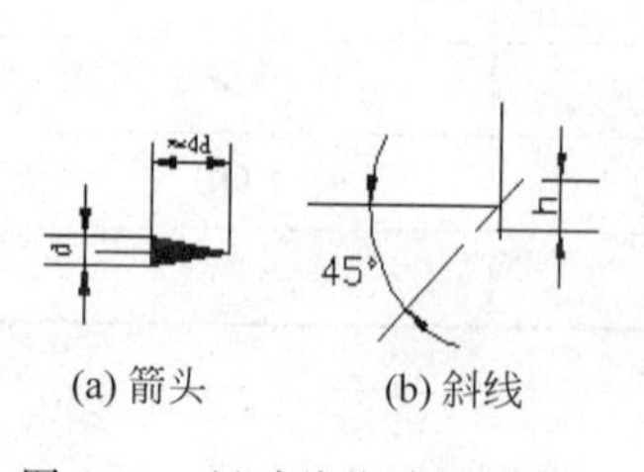

图 1-10 尺寸线终端的放大图

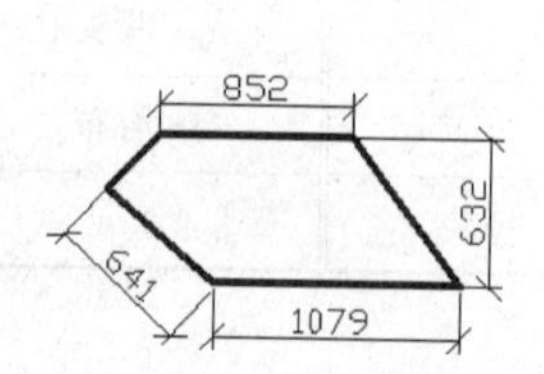

图 1-11 斜线标注

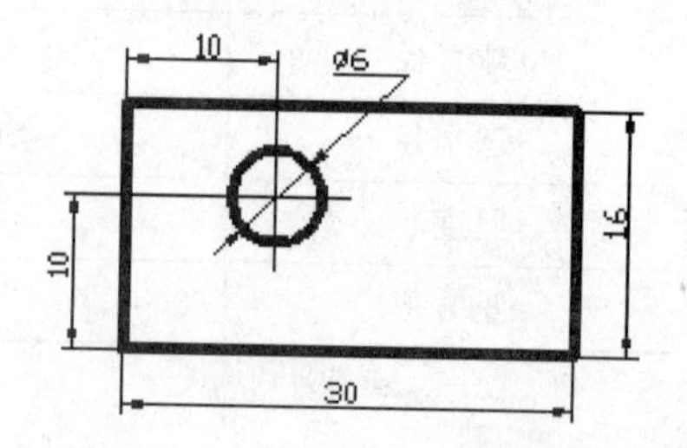

图 1-12 尺寸数字的注写

也允许注写在尺寸线的中断处(见图 1-13),但在同一张图样上注写的方法应一致。

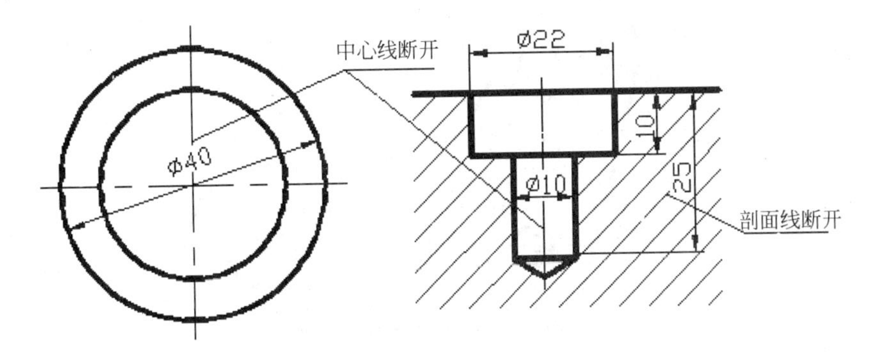

图 1-13　尺寸数字的注写

线性尺寸数字的方向,一般应采用图 1-14 所示的方法注写。尺寸数字应沿着平行于尺寸线的方向书写。以标题栏为基准,水平方向的尺寸数字字头朝上;垂直方向的尺寸数字字头朝左;倾斜方向的尺寸数字字头应保持朝上的趋势(见图 1-14(a))。

尽可能避免在 30°范围内标注尺寸,当无法避免时,可按图 1-14(b)的形式标注。

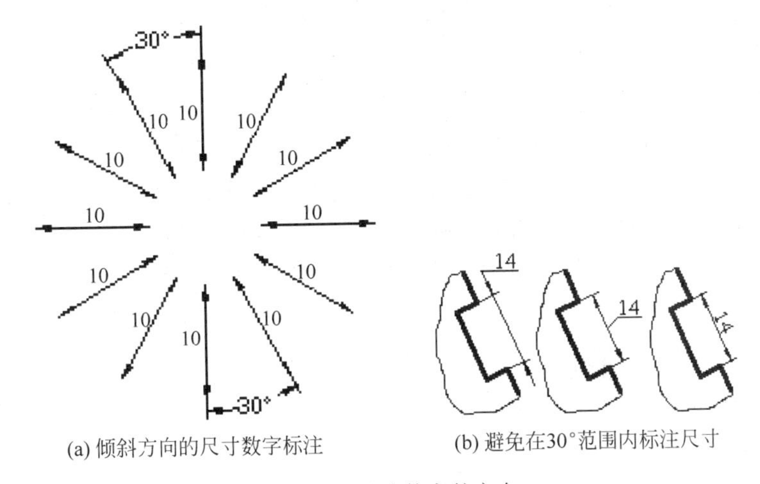

图 1-14　尺寸数字的方向

尺寸数字不可被任何图线所通过,否则必须将该图线断开(见图 1-13)。

1.3　平面图形的分析与画法

平面图形由一些基本几何图形(线段或线框)构成。有些线段可以根据所给定的尺寸直接画出;而有些线段则需要利用线段连接关系,找出潜在的补充条件才能画出。要处理好这方面的问题,就必须首先对平面图形中各尺寸的作用和平面图形的构成、各线段的性质以及它们之间的相互关系进行分析,在此基础上才能确定正确的画图步骤并正确、完整地标注尺寸。现以图 1-15 所示的转动导架为例,介绍平面图形的分析和画法。

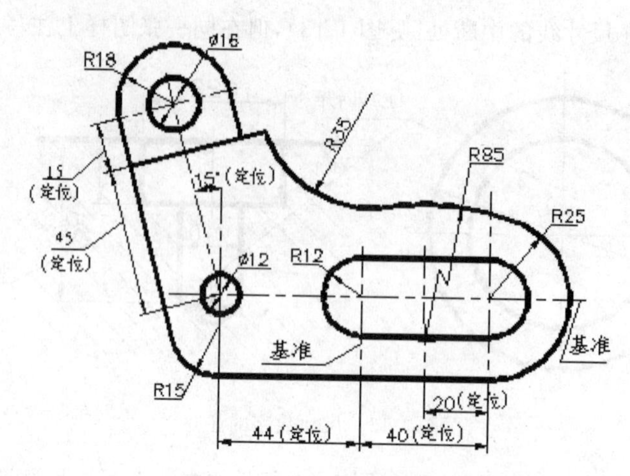

图 1-15 转动导架平面图形的尺寸和线段分析

1.3.1 平面图形的尺寸分析

平面图形的尺寸分析，主要是分析图中尺寸和尺寸的作用，以确定画图时所需要的尺寸数量；并根据图中所注的尺寸，来确定画图的先后顺序。

1. 尺寸基准

标注尺寸的起点称为尺寸基准。平面图形中有水平和垂直两个方向的尺寸基准。通常将对称图形的对称线、较大圆的中心线、主要轮廓线等作为尺寸基准。当图形在某方向上存在多个尺寸时，应以一个为主(称为主要基准)，其余为辅(称为辅助基准)。如图 1-15 中注有 R12 长圆形的一对中心线分别是该平面图形和垂直方向的尺寸基准(主要基准)。

2. 尺寸的作用及其分类

平面图形中的尺寸，按其作用可分为定形尺寸和定位尺寸两种。

(1) 定形尺寸

用以确定平面图形中各线段(或线框)形状大小的尺寸，称为定形尺寸，如直线段的长度、圆及圆弧的直径或半径、角度的大小等。如图 1-15 中 R12、R25、R85、ϕ12、R15、ϕ16、R18 等均属定形尺寸。

(2) 定位尺寸

用以确定平面图形中各线段或线框相对位置的尺寸，称为定位尺寸。如图 1-15 中的 20、40、44、15°、45、15 等均属定位尺寸。

应该说明的是，有时某些尺寸既是定形尺寸，又是定位尺寸(如图 1-15 中的两个 R12、圆弧中心 40 和斜上方的尺寸 44)；尺寸只有在确定线段间的相对位置时才有意义。定位尺寸也是图形某方向尺寸的主要辅助基准与辅助基准间相联系的尺寸。

1.3.2 平面图形的线段分析

确定平面图形中任一线段(或线框)，一般需要 3 个条件(两个定位条件，一个定形条件)。例如,确定一个圆,应有圆心的两个坐标(x,y)及直径尺寸。凡已具备3个条件的线段可直接画出,否则要利用线段连接关系找出潜在的补充条件才能画出。因此,平面图形中的线段一般可分为3种不同性质的线段,现具体分析如下。

(1) 已知线段(圆弧)

凡是定形尺寸和定位尺寸均直接给全的线段,称为已知线段(圆弧)。已知线段(圆弧)能直接画出,如图1-15中的ϕ12、ϕ16的圆,R12、R25、R18的圆弧及长为44的直线均为已知线段。画图时,应先画出已知线段。

(2) 中间线段(圆弧)

有定形尺寸,但定位尺寸没有直接给全(只给出一个定位尺寸)的圆弧,称为中间弧。对于直线来说,过一已知点(或已知直线方向)且与给定圆弧相切的直线为中间线段。中间线段(圆弧)必须根据与相邻已知线段的相切关系才能完全确定,如图1-15中的R85圆弧,其圆心的一个定位尺寸20为已知,但另一个定位尺寸则需根据其与R25圆弧相内切的关系来确定,故R85圆弧为中间弧。与已知弧R25、R18分别相切的两直线均为中间线段。中间线段(圆弧)需在其相邻的已知线段画完后才能画出。

(3) 连接线段(圆弧)

只有定形尺寸,而无定位尺寸的圆弧,称为连接弧。对于直线来说,两端都与圆相切,而不注出任何尺寸的直线为连接线段。连接线段(圆弧)必须根据与相邻中间线段或已知线段的连接关系,用几何作图方法画出,如图1-15中的R15、R35圆弧及连接R12圆弧的两条直线均为连接线段,连接线段需最后画出。

必须指出的是,在两条线段之间,可有任意条中间线段,但在两条已知线段之间必须有,也只能有一条连接线段。否则,尺寸将出现缺少或多余。

1.3.3 平面图形的画图步骤

画平面图形时,在对其尺寸和线段进行分析之后,应先画出所有已知线段,然后顺次画出各中间线段,最后画出连接线段。现以图1-15所示的转动导架为例,将平面图形的画图步骤归纳如下(见图1-16)。

(1) 画基准线,并根据各个基本图形的定位尺寸画定位线,以确定平面图形在图纸上的位置和构成平面图形的各基本图形的相对位置。如图1-16(a)中先画出了水平和垂直方向的基准线和角度15°,尺寸45、15的定位线。

(2) 画已知线段,如图1-16(b)中画出了R12、R25圆弧,ϕ12、ϕ16圆、R18圆弧和长为44的直线。

(3) 画中间线段,如图1-16(c)中画出了R85圆弧及与R25、R18分别相切的两直线。

(4) 画连接线,如图1-16(d)中画出了R15、R35圆弧和连接两个R12圆弧的两条直线(也可在两R12圆弧画完后即画出)。

(5) 整理全图,仔细检查无误后加深图线,标注尺寸(见图1-15)。

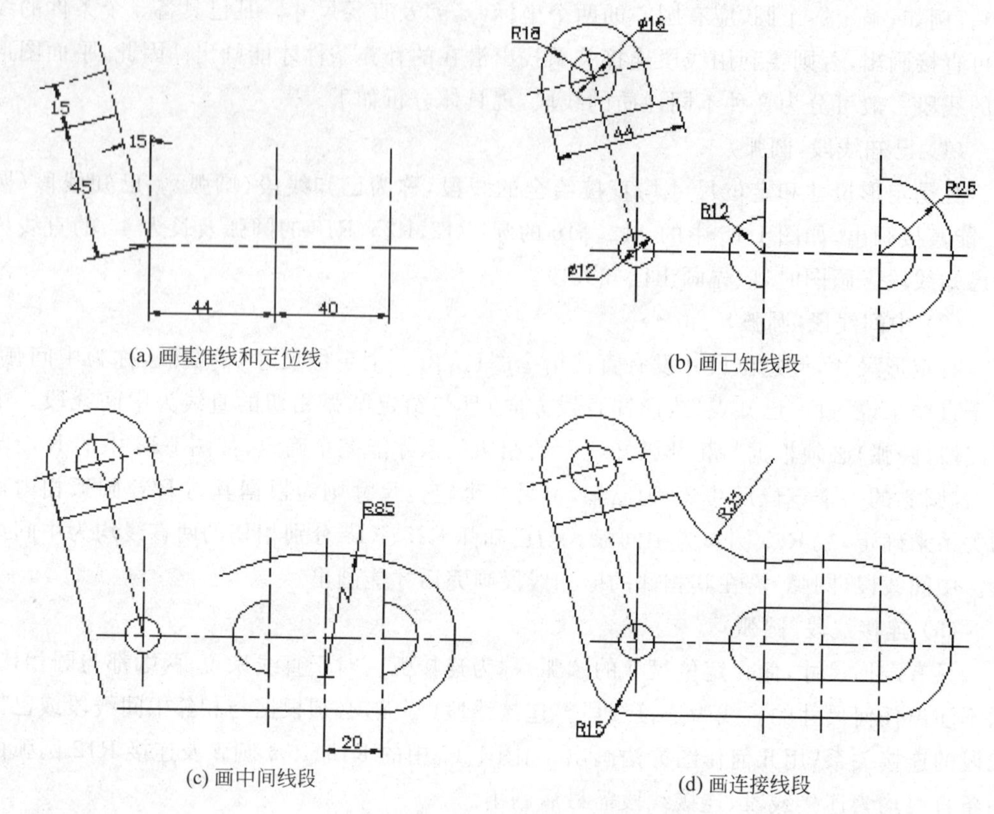

(a) 画基准线和定位线　(b) 画已知线段

(c) 画中间线段　(d) 画连接线段

图 1-16　转动导架平面图形的画图步骤

1.3.4　平面图形的尺寸标注

平面图形画完后，需按照正确、完整、清晰的要求来标注尺寸。即标注的尺寸要符合国标规定；尺寸不出现重复或遗漏；尺寸要安排有序，注写清楚。

标注平面图形尺寸的一般步骤(见图 1-15)如下：

(1) 分析平面图形各部分的构成，确定尺寸基准。

(2) 标注全部定形尺寸。

(3) 标注必要的定位尺寸。已知线段的两个定位尺寸都要注出；中间弧只需注出圆心的一个定位尺寸；连接弧圆心的两个定位尺寸都不必注出，否则便会出现多余尺寸。

(4) 检查、调整，补遗删多。尺寸排列要整齐、匀称，小尺寸在里，大尺寸在外，以避免尺寸线与尺寸界线相交，箭头不应指在切点处，而应指向表示该线段几何特性最明显的部位。

图 1-16 中列出了几种平面图形的尺寸标注示例，读者可分析参考。

1.4　AutoCAD 用户界面

本节将介绍 AutoCAD 的用户界面，就是用户启动 AutoCAD 后屏幕上的内容。AutoCAD 2006 的用户界面与以前的版本不同，用户需要学习和熟悉其中的元素，这些元素在使用 AutoCAD 设计和绘图时是必需的，如图 1-17 所示。

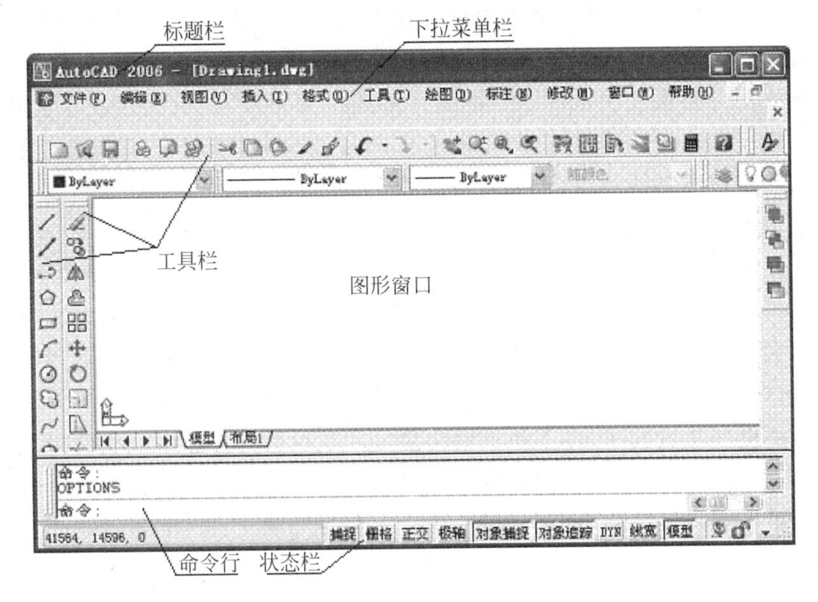

图 1-17 AutoCAD 用户界面

为了有效地使用 AutoCAD 2006，用户必须掌握它的图形用户界面(GUI)。GUI 的一些元素是在 Windows 环境下运行任何应用程序都是必需的，而另外一些元素则是 AutoCAD 所特有的。具体来讲，AutoCAD 2006 应用程序窗口包括下述主要元素。

(1) 标题栏。

(2) 下拉菜单栏。

(3) 标准工具栏及其他工具栏。

(4) 图形窗口。

(5) 命令行及文本窗口。

(6) 状态栏。

下面分别对上述元素做简单解释。

1. 标题栏

标题栏在大多数 Windows 应用程序中都有，它出现于应用程序窗口的上部，显示当前正在运行的程序名及当前所装入的文件名。

除此之外，如果当前程序窗口未处于最大化或最小化状态，则在将光标移至标题栏后，单击并拖动，便可移动程序窗口的位置。

2. 下拉菜单栏

AutoCAD 的标准菜单栏包括 11 个菜单项，它们分别对应了 11 个下拉菜单，这些下拉菜单包含了通常情况下控制 AutoCAD 运行的功能和命令。例如，通过“文件”下拉菜单可以打开、保存或打印图形文件。

通常情况下，下拉菜单中的大多数菜单项都代表相应的 AutoCAD 命令。但某些下拉菜单中的项既代表一条命令，同时也提供该命令的选项。对于某些菜单项，如果后面跟有省略符号(…)，则表明选择该菜单项将会弹出一个对话框，以提供更进一步的选择和设置。用户有两种选定主菜单项的方法，即使用光标和热键，具体使用哪种方法可根据个人的爱好。有的用户喜欢使用鼠标或屏幕指针来选择菜单项，而有些用户却喜欢尽可能地使用键盘。为了快速地使用热键，菜单条的标题及菜单项中都定义了热键。在屏幕上，每个菜单项的热键以下划线标出，例如，“格式(o)”菜单项。因此，要使用热键，可以先按住Alt键不放，然后输入热键字母。例如，按Alt+O组合键将打开“格式”下拉菜单。

对于下拉菜单中的子菜单项，系统同样定义了热键，例如“文件”下拉菜单中的“打开”选项。如果一个下拉菜单是打开的，则用户可以直接输入热键激活该菜单项，这和所有Windows软件的使用方法都是一样的。例如，若“文件”菜单已打开，则可按O键选择Open子菜单项。此外，用户在AutoCAD的对话框中也可以使用热键，使用方法与此相同。

大家可能已经注意到了，在下拉菜单中的某些菜单项后还跟有一组合键，如“打开”菜单项后的Ctrl+O组合键。该组合键被称为快捷键，即用户不必打开下拉菜单，即可通过按该快捷键来选定某一子菜单项。例如，用户可以通过按Ctrl+O组合键来打开一个图形文件，它相当于用户依次执行“文件”→“打开”命令。

3. 工具栏

工具栏是一种代替命令或下拉菜单的简便工具，利用它们可以完成绝大部分的绘图工作。在AutoCAD 2006中，有24个已命名的工具栏，分别包含2～24个工具。用户可通过执行“视图”→“工具栏”命令，开关任何工具栏，此时系统将打开图1-18所示的对话框。其中，部分工具栏的功能见表1-8。

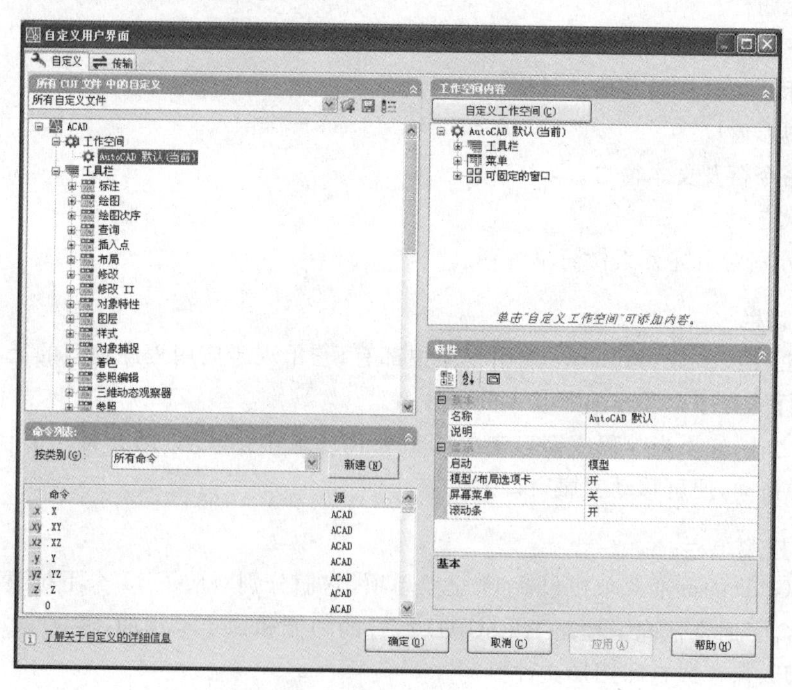

图1-18 “自定义用户界面”对话框

表 1-8 工具栏名称与功能

工具栏名称	功 能
对象特性	对象特性工具栏,用于 AutoCAD 的基本操作
标准	标准工具栏,用于图层、线型等操作
尺寸标注	尺寸标注工具栏,常用尺寸标注命令
绘图	绘图工具栏,常用绘图命令
查询	查询工具栏,查询距离、面积、面域、质量特性
插入点	插入点工具栏,为图形、图块或外部参照设置插入点
编辑	编辑工具栏,常用编辑命令
编辑 Ⅱ	编辑工具栏,编辑复杂实体
对象捕捉	对象捕捉工具栏,可选用 CAD 提供的各种捕捉方式
UCS	UCS 工具栏,建立 UCS(用户坐标系)
视图	视图工具栏,选择视点观察三维模型
缩放	缩放工具栏,显示缩放

(1) 工具栏的使用

某些工具栏包含用户经常使用的工具,如标准工具栏、绘图工具栏、对象工具栏等。还有一些工具栏(如尺寸工具栏等)在默认的界面中是关闭的或隐藏的,但是当用户需要使用它们的时候,可以很方便地显示并将其放在一个合适的位置。

要想在默认的界面上显示工具栏,可以在图 1-18 中选择"工作空间"→"AutoCAD 默认"选项,再单击"自定义工作空间"按钮,就可以看到如图 1-19 所示的对话框。在对话框的左边,将要显示的工具栏前打"√",然后单击"确定"按钮,即可得到想要显示的工具栏。

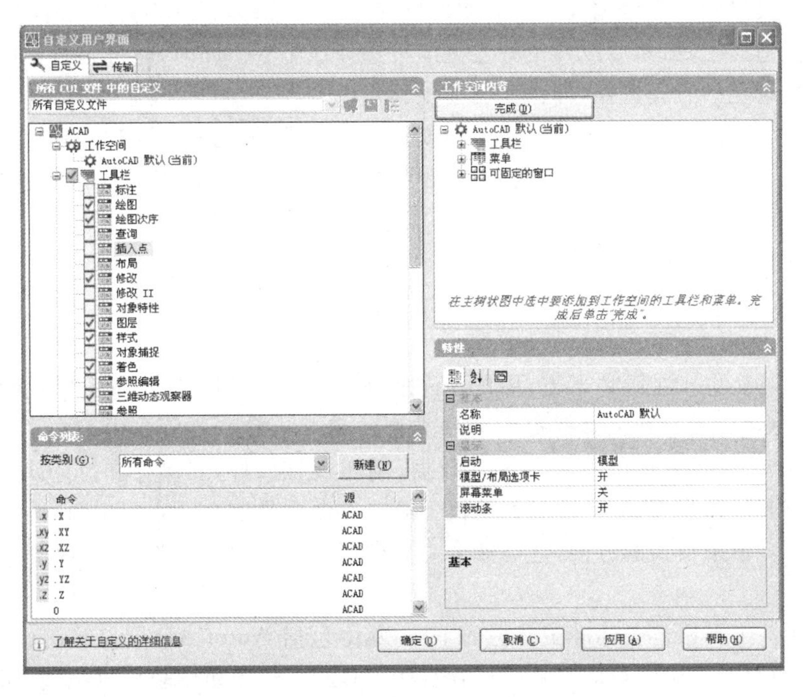

图 1-19 设置工具栏的显示

(2) AutoCAD 2006 工具栏的特点

图 1-20 所示的绘图工具栏是典型的 AutoCAD 工具栏。工具栏的顶部显示的是工具栏的名字，工具栏“隐藏”按钮(即“×”按钮)在标题框的右上角，单击该按钮将隐藏该工具栏。将光标定位于光标区域内任何位置或者标题栏上，单击并拖动就可以把工具栏移到屏幕上的任意位置。

图 1-20 “绘图”工具栏

用户可以很方便地改变工具栏的行列设置，只需将光标移到工具栏的边界上，当光标变为一个双箭头(✣)时，拖动工具栏即可改变其形状。在拖动操作中，可以看到形状的边框。

当工具栏位于屏幕中间区域时，称之为浮动工具栏，用户此时可任意调整其位置和形状。如果将其移至屏幕边界，工具栏将会自动调整其形状(竖放或横放)，此时被称为固定工具栏。

用户还可通过将光标置于工具中迅速显示其名称，人们将其称为工具标签或工具提示(Tool Tips)。当激活 Tool Tips 时，该工具的功能和作用的简短描述将显示在状态栏上。

(3) 标准工具栏的子工具栏

在 AutoCAD 2006 中，标准工具栏中的某些工具还包括了若干子工具。例如，若用户单击标准工具栏中的窗口缩放工具并按住鼠标左键不放，则系统将打开一系列的子工具。移动光标至适当工具，然后放开鼠标左键即可选择该工具。同时，标准工具栏中原缩放工具将被用户选定的工具置换(即作为当前工具)。

实际上，标准工具栏中的缩放子工具就是缩放工具栏，用户可通过工具栏对话框单独打开它。一般把用户可从标准工具栏中访问的工具栏称为随位工具栏，这些工具栏在标准工具栏中所对应的工具右下角有一个小三角标志(🔍)。

(4) 标准工具栏和对象属性工具栏

由于标准工具栏和对象属性工具栏是用户最常用的两个工具栏，因此，下面对它们稍作解释。

标准工具栏位于主菜单下方，用户在许多 Windows 应用程序中都可以找到类似的工具栏。AutoCAD 的标准工具栏提供两种类型的命令：第一类命令用于在 AutoCAD 和其他 Windows 应用程序间传递和共享数据，例如，创建、打开、保存和打印 AutoCAD 图形对象或将其传递到 Windows 的剪贴板。第二类命令是用户经常用到的，将它们放在绘图区域上部会带来很大的方便，这类命令主要包括画面缩放、平移、执行对象捕捉及坐标调整等。

对象属性工具栏位于标准工具栏的下面，其中包括 AutoCAD 层控制、分配对象属性的颜色、线型及对象属性查询工具。尽管有些工具在下拉菜单中也可以找到，而对象属性工具栏却把它们放在了绘图区域中触手可及的地方。

4. 图形窗口

图形窗口是用户的工作窗口，因为所做的一切工作(如绘制的图形、输入的文本及尺寸标注等)均要反映在该窗口中。

5. 命令行及文本窗口

命令行是供用户通过键盘输入命令的地方，它位于图形窗口的下方，用户可通过鼠标放大或缩小它。AutoCAD 的文本窗口是记录 AutoCAD 命令的窗口，也可以说是放大的命令行窗口，用户可通过执行 View→Display→Text Window 命令来打开它。

此外，该窗口也可通过按 F2 键或执行 TEXTSCR 命令打开。

6. 状态栏

状态栏主要用于显示当前光标的坐标，还用于显示和控制捕捉、栅格、正交的状态(按钮呈按下状态为开)。其中，捕捉用于确定光标每次可在 X 和 Y 方向移动的距离，而且用户可为 X、Y 设置不同的距离，以方便工作。栅格仅用于辅助定位，当用户打开栅格显示时，屏幕上将布满小点。正交模式用于控制用户可以绘制直线的种类。如用户打开了正交模式(按 F8 键)，则只能绘制垂直直线、水平直线。用户可通过单击状态栏上相应图标来切换其状态，也可通过执行“工具”→“草图设置...”命令来设定其状态和距离。

此外，用户还可利用状态栏中的图标来设置是否打开极轴追踪、对象捕捉、对象捕捉追踪、动态输入、显示/隐藏线宽、切换模型空间和图纸空间等。

其中，当打开极轴开关时，表示用户在绘图时如果当前光标位置与上一点之间的连线呈水平(0°或 180°)或垂直方向(90°或－90°)，系统将显示两点之间的距离(见图 1-21)。因此，打开该开关特别有助于用户绘制水平或垂直线。

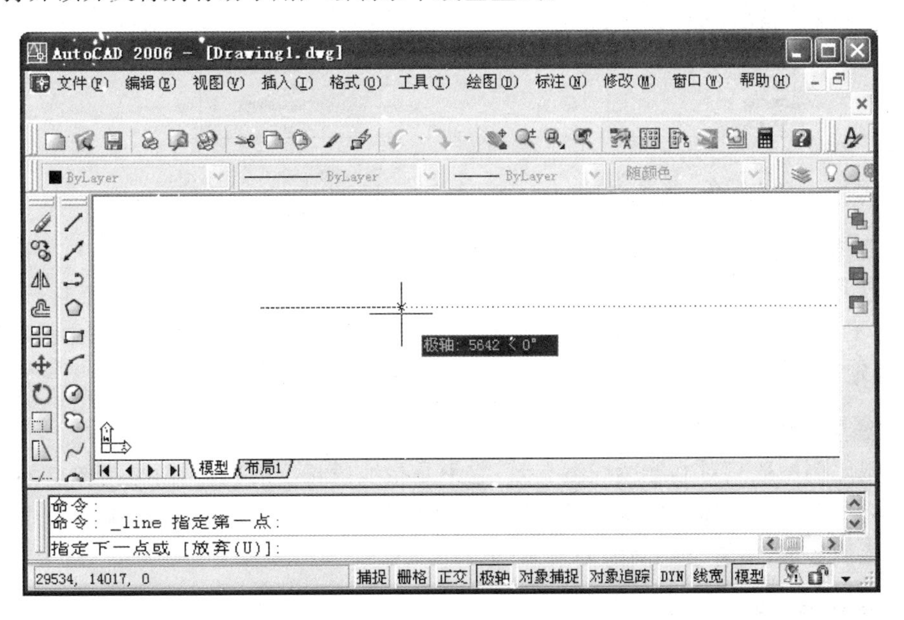

图 1-21　极轴打开时当前光标处显示与前一点的距离

当打开对象捕捉开关时，表示在绘制图形时可随时捕捉已绘制对象上的关键点，从而确保绘图的精度。

当打开对象追踪开关时，表示用户在绘图时可基于其他对象捕捉点来定位点。例如，用户可基于对象的端点、终点或两个对象的交叉点来定位。

1.5 AutoCAD的图线颜色、线型、比例和线宽

为了便于下面的绘图学习，在此简单介绍关于图线颜色、线型、比例和线宽的设置，详细设置及概念将在后面章节中介绍。

1. 图线颜色的设置

在系统默认状态下，绘图区的背景颜色为黑色，而图线为白色，如果要改变图线的颜色，可以在如图1-22所示的颜色列表中进行修改。

2. 线型设置

在AutoCAD 2006初始绘图环境中，默认只有一种线型，即连续线型。若要采用其他线型就必须选择"其他..."选项(见图1-23)。

图1-22 颜色列表

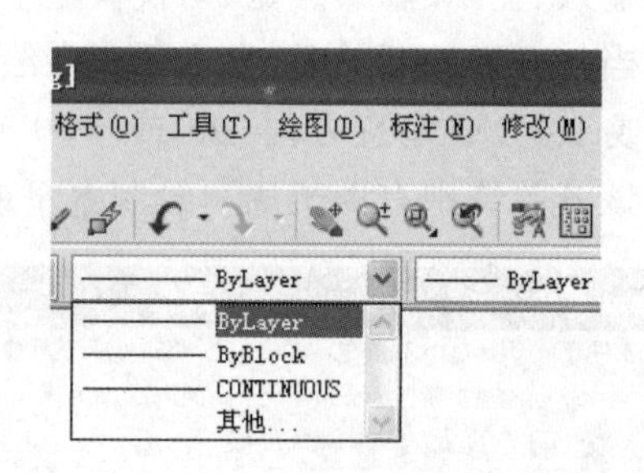

图1-23 线型列表

在选择了"其他..."选项后会出现一个"线型管理器"对话框(见图1-24)，单击"加载(L)..."按钮，以加载线型，并会出现"线型加载"对话框(见图1-25)，从中选择所需的线型，注意不要全选，否则会占用一定的内存。加载后再从"线型管理"对话框中选择，然后单击"确定"按钮即可。

3. 线型比例的设置

线型比例一般只对非连续线型有效，它不是指线段长度的比例，而是指像点划线中点与线之间的距离。具体设置方法是在图1-24的右下角位置，改变全局比例因子或当前对象缩放比例的值，以满足不同的需求。

4. 线宽的设置

线宽的设置(见图1-26)要根据输出图纸幅面的大小而定，一般轮廓线输出后的线宽为0.5～2mm左右。

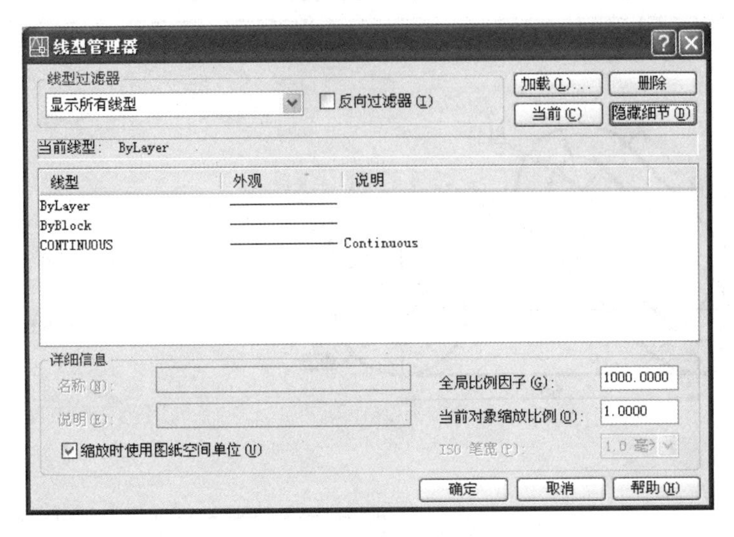

图 1-24 “线型管理器”对话框

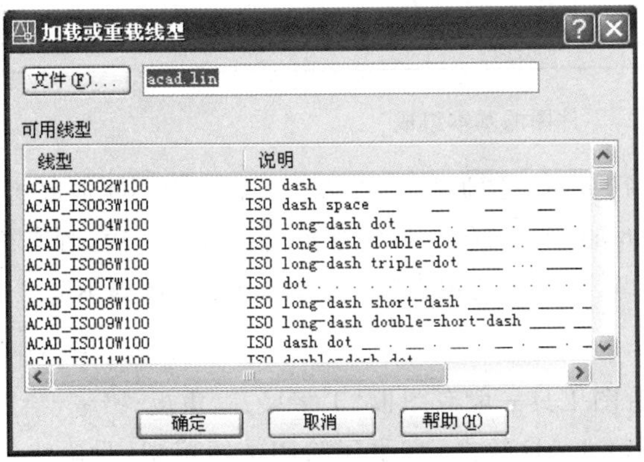

图 1-25 “加载或重载线型”对话框

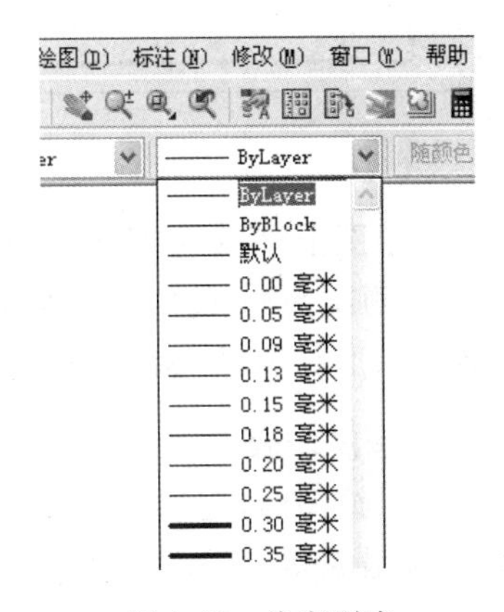

图 1-26 线宽列表

注意：在本节中进行的图线颜色、线型和线宽的设置，只适用于画简单图形时的设置，复杂图形的设置应在第 4 章中介绍的图层中进行，以便于今后图形的修改。

1.6 综合实例

一幅完整的零件图主要由以下几部分组成：反映零件形状的图形、尺寸、幅面大小、技术要求、标题栏、图框等(见图 1-27)，下面先简单介绍手工制图的方法和步骤。

1. 绘图分析

图 1-27 所示为一个机械零件图，首先应根据零件的大小确定绘图比例，优先考虑 1∶1，如果零件较大可考虑 1∶2 或其他(从表 1-4、表 1-5 中选择合适的比例)，然后选用合适的图纸幅面，如 A4 或 A3 等。

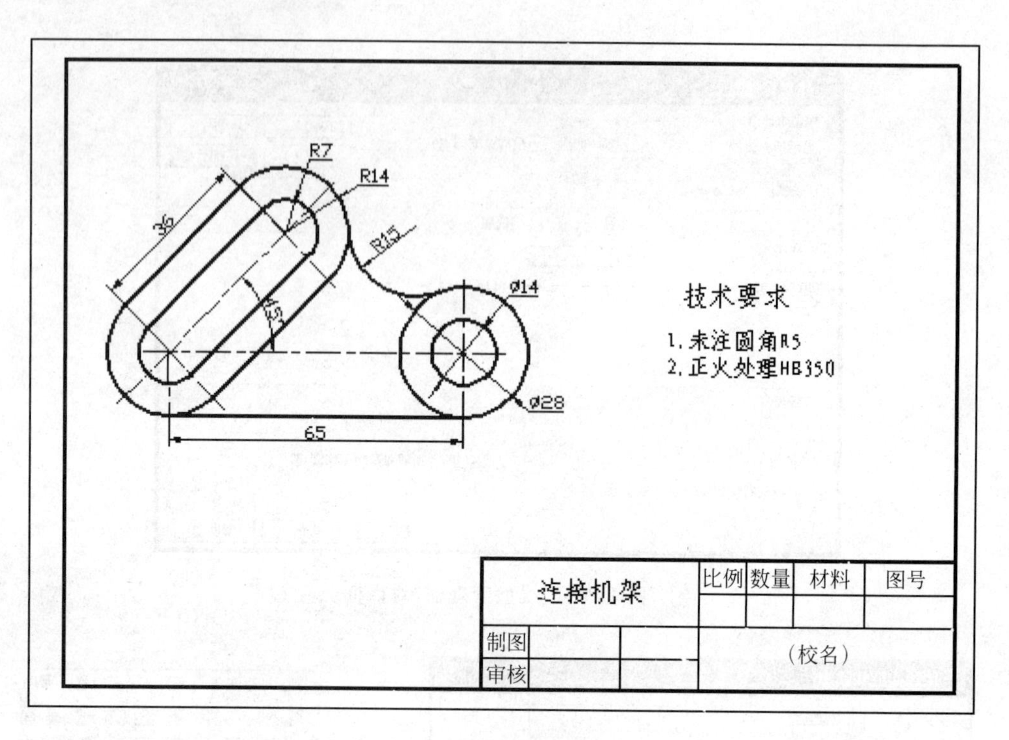

图 1-27　零件图的基本组成

在绘图前，应对零件形状及尺寸进行分析。图形的绘图基准一般是中心线或底边，如图 1-27 距离为 65 的中心线及距离为 36 的 45°斜线，以确定图形的位置。其次，画有确定位置的图形轮廓，如 ϕ14、ϕ28 及 R7、R14。再次，连接直线，最后画出连接圆弧 R35。

2. 画图步骤

开始绘图前，应准备好绘图工具，绘图工具一般有图板、丁字尺、三角板、铅笔、绘图像皮、透明胶带等。考虑到今后主要用 AutoCAD 绘图，在手工绘图的练习中，只画小的图纸，可以不用图板和丁字尺。其中，用透明胶带固定图纸，用 H 或 HB 铅笔打底图，然后用 2B 铅笔描深。

(1) 画中心线(见图 1-28)，先不标注尺寸。

(2) 画确定位置的图形及连接直线(见图 1-29)。

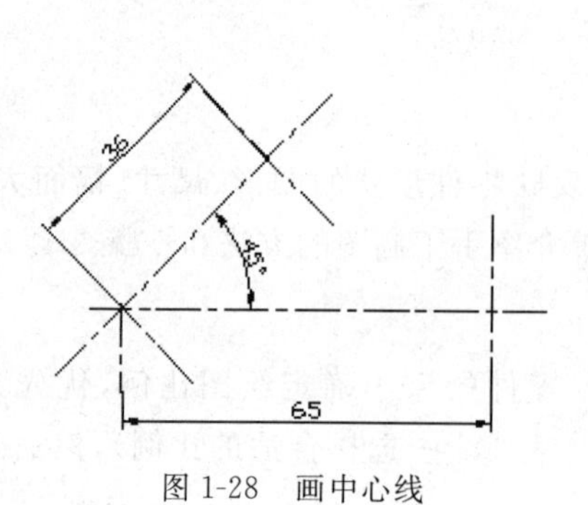

图 1-28　画中心线

图 1-29　画确定位置的图形及连接直线

(3) 画连接圆弧 R15(见图 1-30)。
(4) 描深。
(5) 标注尺寸。
(6) 填写技术要求。
(7) 画边框线。
(8) 画标题栏,并填写相应内容。
(9) 检查有无漏画、错画。

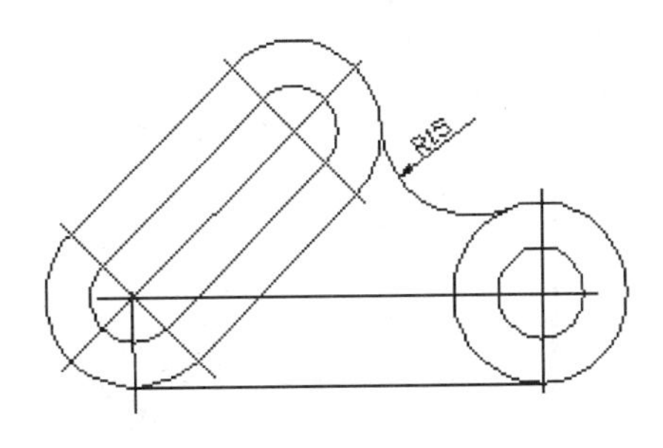

图 1-30 画连接圆弧 R15

1.7 小结

本章主要介绍了国家机械制图标准及 AutoCAD 软件的界面,要求重点掌握以下几点。

(1) 应当了解一些常用的图纸幅面(如 A4～A0)的大小;掌握常用的比例(如 1∶1、1∶2或 2∶1 等),不能随意地使用如 1∶1.7 这样的非国家标准的比例;在图形尺寸的标法上也应按国家标准进行标注,这样才能达到图纸标准化的要求。国家机械制图标准中的内容还有很多,这里只介绍了常用的一小部分,有必要时,可参考相关国家机械制图标准。

(2) 本章还介绍了绘图的基础及一般工程制图的步骤,这是提高绘图效率的一般方法,希望能够很好地掌握。

(3) 简单介绍了 AutoCAD 2006 的用户界面,为读者开始学习 AutoCAD 提供方便。

1.8 习题

一、选择题

1. 机械制图的国家标准中,"国标"的表示是(　　)。
   A. MB　　B. GB　　C. TM　　D. QC
2. 在机械制图的国家标准中,规定图纸的幅面有(　　)。
   A. 16 开　　B. B4　　C. A4　　D. A6
3. 在机械制图的国家标准中,规定的比例有(　　)。
   A. 1∶2　　B. 10∶1　　C. 1∶22　　D. 88∶1
4. 在机械制图的国家标准规定的图线中,细实线与粗实线之比一般约为(　　)。
   A. 1∶4　　B. 4∶1　　C. 1∶2　　D. 1∶5
5. 轮廓线的线宽一般为(　　)。
   A. 1～10mm　　B. 0.1～5mm　　C. 0.5～2mm　　D. 3～8mm

二、制图练习(手工制图)

1. 在 A4 上完成图 1-31 所示的连接机架零件图。
2. 在 A4 上完成图 1-32 所示的支座图。

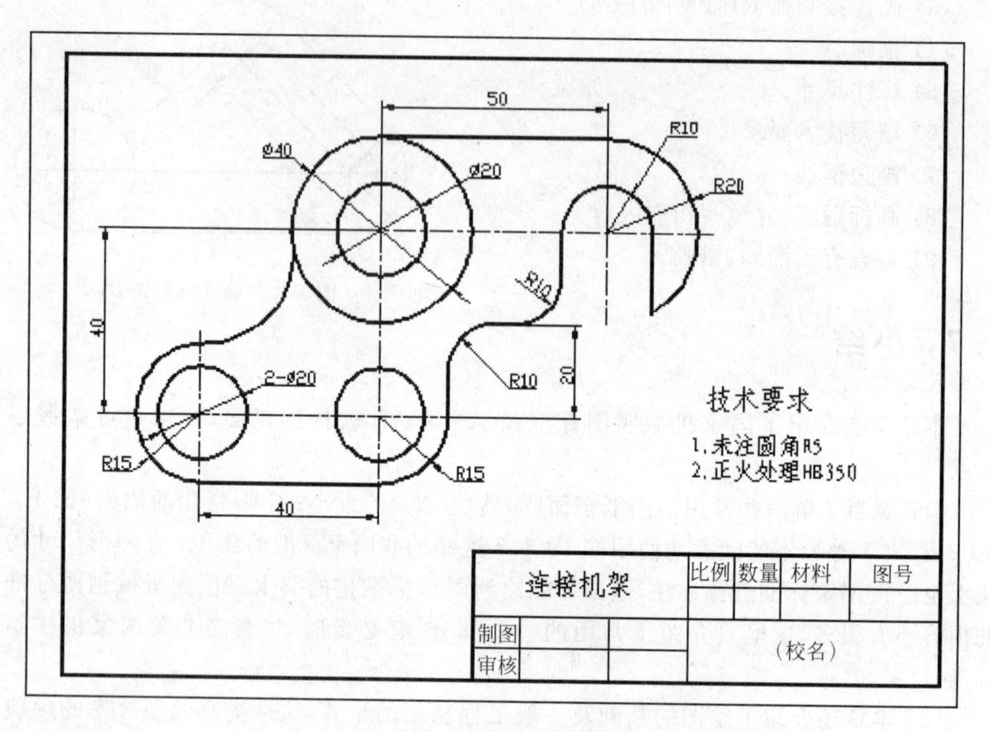

图 1-31　连接机架零件图

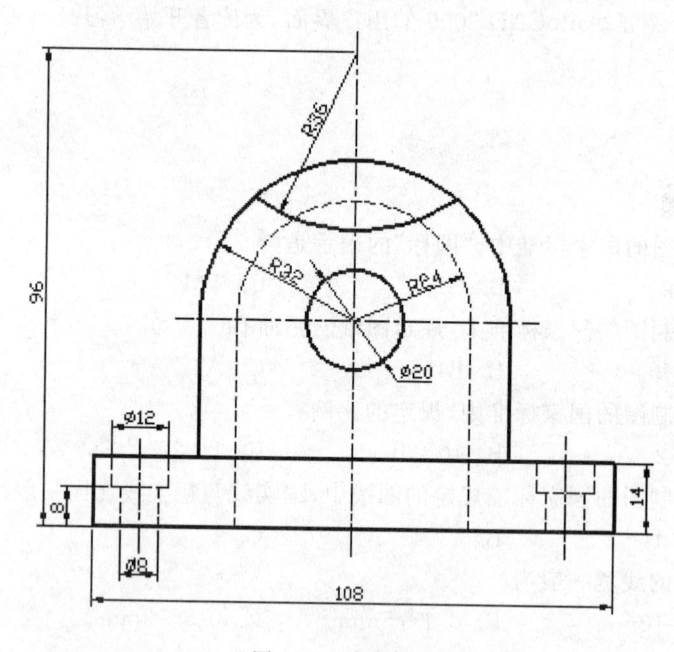

图 1-32　支座图

三、思考题

1. 在手工制图前，应考虑哪些问题？
2. 一般如何进行图形分析？制图的步骤有哪些？
3. 本章介绍的国家制图标准有哪些？

第2章

CHAPTER 2

AutoCAD基本绘图方法

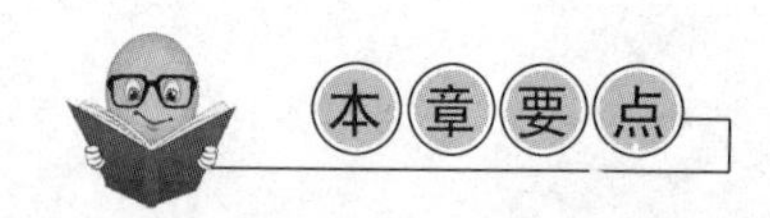

主要介绍 AutoCAD 中基本二维图形的绘制及常用的绘图辅助工具。基本二维图形包括点、直线、圆、圆弧、多边形、多线、多段线、样条曲线等；常用的绘图辅助工具有栅格、捕捉、正交、对象捕捉和对象追踪等。

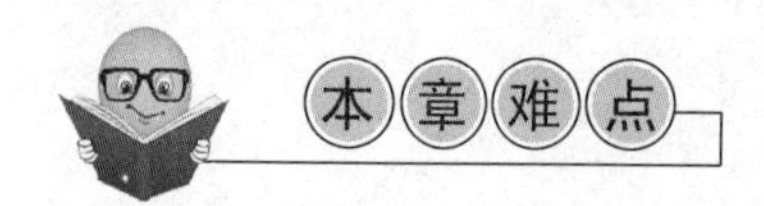

多段线、样条曲线的绘制及捕捉工具的设置和应用。

2.1 直线、圆与圆弧的绘制

2.1.1 确定点的位置

在使用 AutoCAD 软件绘制直线、圆或圆弧的过程中，会提示用户给定一些点，如线段的端点、圆和圆弧的圆心等。确定这些点的坐标有不同的方法，另外在不同的坐标系中点坐标的表示方式也不同。本节将分别介绍确定点坐标的各种方法以及坐标系。

1. 确定点坐标的方法

在使用 AutoCAD 绘图时，可以使用以下 4 种确定点坐标的方法。

(1) 用鼠标在屏幕上直接拾取点

这种方法最简便、直观，只要移动鼠标，将光标移到所需位置(AutoCAD 会动态地在状态行显示出当前光标的坐标值)，然后单击即可。

(2) 用对象捕捉方式捕捉一些特殊点

对于已有对象上的点，它的坐标往往很难确定。AutoCAD 提供了对象捕捉功能，用户可以方便地捕捉到对象的特征点，如圆心、切点、中点、垂足等。在使用时，请打开状态栏中的“对象捕捉”功能。

（3）通过键盘输入点的坐标

通过键盘输入点的坐标是最直接的方式，而且可以准确给定点。用户既可以用绝对坐标的方式输入，也可以用相对坐标的方式输入，而且在每一种坐标方式中，又有直角坐标、极坐标之分。这些坐标的特点将在后面分别进行介绍。

（4）在指定的方向上通过给定距离确定点

在正交绘图状态下，当 AutoCAD 提示用户输入一个点时，通过定标设备将光标放置在希望输入点的方向上，然后直接输入一个距离值，那么在该方向上距离当前点为该值的点即为输入点。

2. 绝对直角坐标系

在直角坐标系中，点的坐标是通过二维空间中两个相互正交的轴到点的距离来确定的。而在三维空间中，是通过点到三个相互正交的平面的距离来确定的。每个点的距离沿着 X 轴（水平）、Y 轴（垂直）和 Z 轴（面向或背向观察者）测量。轴的交点称为原点，即（0,0,0）。绝对坐标是指相对于当前坐标系原点的坐标。一个点可以用绝对直角坐标相对于原点的距离来确定。在 AutoCAD 中，默认原点（0,0,0）位于左下角。

点的绝对直角坐标的给定方式是（X,Y,Z）。X 、Y、Z 值就是点在直角坐标系中相对原点的距离，如（10,100,20）。

3. 相对直角坐标系

在 AutoCAD 上绘制对象时，通常对象本身的一些特征是已知的，如边长。在确定对象的某些特征点的坐标时，如果用绝对坐标，由于需要计算它的坐标值，因此比较困难和烦琐。在这种情况下，用户可以用相对直角坐标，即将上一点作为的坐标原点，来确定下一点的坐标，而不是根据绝对坐标原点来计算。在 AutoCAD 中，输入相对坐标的方式为：@X,Y,Z。

4. 极坐标系

极坐标系是一种以极径和极角来表示点的坐标系。

在极坐标系中，点的表示方式为：$R<\theta$。其中，R 为点到原点的直线距离，θ 为点与原点连线和水平直线的夹角，逆时针为正，顺时针为负。另外，极坐标也有相对方式，其表示方式为：@ $R<\theta$。如绝对极坐标 $50<45$，表示点到坐标原点的距离为 50，与水平线的夹角为 45°。而相对极 θ 坐标@$50<45$，则表示相对前一点的距离为 50，与水平线的夹角为 45°。

2.1.2 直线的绘制

（1）调用方法

① 下拉菜单：选择“绘图”→“直线”命令。

② “绘图”工具栏：单击“直线”按钮（ ）。

③ 命令：LINE。

（2）AutoCAD 提示

```
指定第一点：
指定下一点或[放弃(U)]：
```

指定下一点或[放弃(U)]：
……

用户在提示下通过输入点坐标或用鼠标在绘图区指定直线的每一个端点，直至最后按Esc键或者Enter键（中断或退出LINE命令）。如按照提示输入“U”后按Enter键，则表示放弃刚才确定的点。

2.1.3 射线与构造线的绘制

射线与构造线主要用于绘图时的辅助线，其中射线为一端无限长，构造线为两端无限长，它们打印出图时都不会被打印出来。如果它们被截断成为有限长的线段，则与普通线一样对待。

1. 射线

（1）调用方法

① 下拉菜单：选择“绘图”→“射线”命令。

② 命令：RAY。

（2）AutoCAD提示

指定起点：

在该提示下用户需要指定射线的起点位置，然后AutoCAD继续提示：

指定通过点：
指定通过点：
……

用户可以通过指定多个通过点来绘制多条射线。最后，可以通过按Esc键或者Enter键退出射线的绘制。

2. 构造线

构造线实际上是向两端无限延伸的直线。

（1）调用方法

① 下拉菜单：选择“绘图”→“构造线”命令。

② “绘图”工具栏：单击“构造线”按钮（）。

③ 命令：XLINE。

（2）AutoCAD提示

指定点或[水平(H)/垂直(V)/角度(A)/二等分(B)/偏移(O)]：

根据需要，按照提示继续操作。

2.1.4 圆的绘制

绘制圆的基本命令是CIRCLE，用如下方法可以启动CIRCLE命令。

（1）在“绘图”工具栏中单击“圆”按钮（）。

（2）在“命令：”提示下输入CIRCLE。

(3) 在“绘图”下拉菜单中选择“圆”命令，其中有 6 个子选项，如图 2-1 所示。

用第一、第二种方法启动“圆”命令之后，在命令输入框中都会有如下提示。

指定圆的圆心或[三点(3P)/两点(2P)/相切、相切、半径(T)]:

其中，各选项的含义如下。

(1) 用指定圆心画圆，则指定了圆心位置后，再指定半径或直径大小，默认为指定半径。

(2) 用三点画圆，是在命令输入框中输入 3P 命令，这要指定三点位置。如果需要圆经过固定三点，可以打开捕捉模式，捕捉固定的三点，使圆确切的经过。

(3) 用两点(2P)画圆，即指定圆的直径的两点。

(4) 在命令输入框中输入 T 命令，此方法用来绘制已知对象的相切圆，需要指定两个切点和半径。

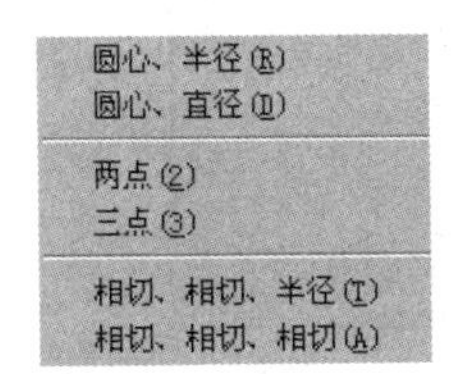

图 2-1　“圆”下拉菜单下的 6 个子选项

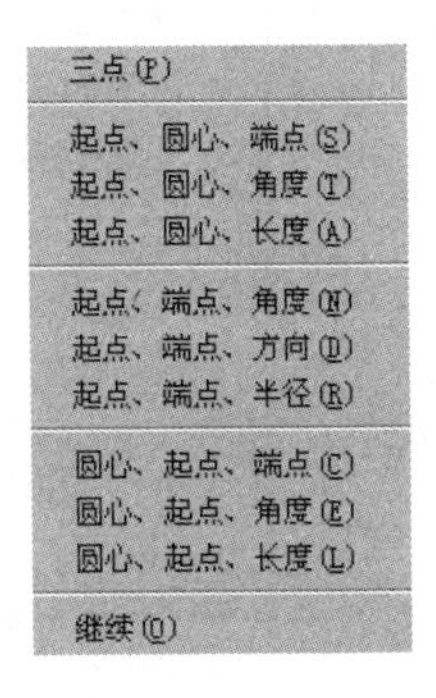

图 2-2　“圆弧”下拉菜单下的 11 个子选项

2.1.5　圆弧的绘制

绘制圆弧的基本命令是 ARC，用如下方法可启动画圆弧命令。

(1) 在“绘图”工具栏中单击“圆弧”按钮( )。

(2) 在“命令：”提示下输入 ARC，可简写为 A。

(3) 在“绘图”下拉菜单中选择“圆弧”命令，其中有 11 个子选项，如图 2-2 所示。

圆弧的参数比圆要多，除了圆心、半径、直径之外，还要给出角度、弦长、方向等参数。因此绘制的方法也多种多样，用户可根据已知的参数选用相应的方法来绘制。

2.2　栅格、捕捉、正交、对象捕捉和追踪

2.2.1　显示栅格

栅格是 AutoCAD 在绘图区显示的一系列点阵，栅格所起的作用就像是坐标纸。通常可以通过以下方式打开并设置栅格功能。

(1) 在 AutoCAD 状态栏中，单击“栅格”按钮，如图 2-3 所示。

(2) 按 F7 键控制栅格功能的开关。

捕捉 栅格 正交 极轴 对象捕捉 对象追踪 DYN 线宽 模型

图 2-3 状态栏中的绘图辅助工具

(3) 从“工具”菜单选择“草图设置”选项，打开“草图设置”对话框，再选择“捕捉和栅格”选项卡，如图 2-4 所示。也可将鼠标指向栅格，右击，在弹出的右键快捷菜单中选择“设置”命令。

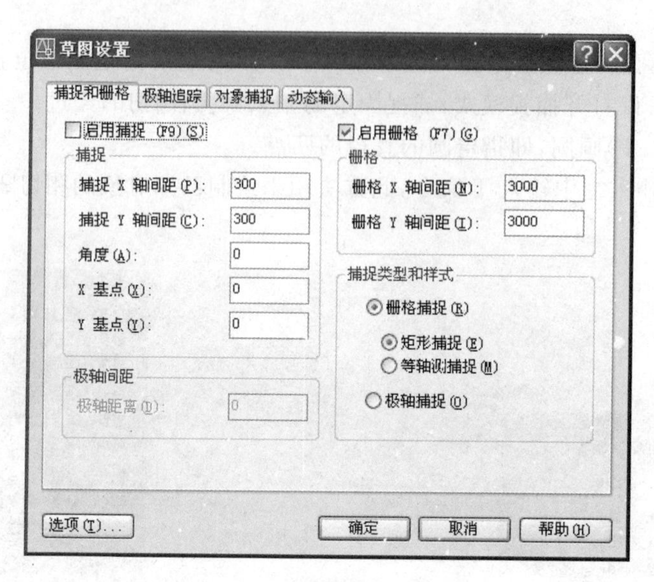

图 2-4 “捕捉和栅格”选项卡

2.2.2 设置捕捉

用户可以方便地通过捕捉功能捕捉设定好的点坐标，从而大大提高绘图效率。通常可以通过下面方式打开并设置捕捉功能。

(1) 在 AutoCAD 状态栏中，单击“捕捉”按钮。

(2) 按 F9 键控制栅格捕捉功能的开关。

(3) 从“工具”菜单选择“草图设置”选项，打开“草图设置”对话框，再选择“捕捉和栅格”选项卡，如图 2-4 所示。

2.2.3 正交模式

该功能控制是否以正交方式绘图。在正交方式下，用户可以方便地绘出与当前 X 轴或 Y 轴平行的线段。而且，当捕捉模式为等轴模式时，它还迫使所绘制的直线平行于3 个等轴测面中的一个。

通常可以通过下面方式打开正交绘图功能。

(1) 在状态栏中单击“正交”按钮。

(2) 按 F8 键打开或关闭。

(3) ORTHO 命令。

调用该命令后，AutoCAD 提示如下：

输入模式[开(ON)/关(OW)]:

用户可在该提示下选择是否打开正交模式。

2.2.4 利用“草图设置”对话框设置捕捉、追踪

1. 对象捕捉

用户在使用 AutoCAD 绘图的过程中，经常要指定一些点，而这些点是已有的对象上的点(例如，端点、圆心、两个对象的交点等)。这时候如果只是凭用户的观察来拾取这些点，无论怎样小心，都不可能非常准确地找到这些点。AutoCAD 提供了对象捕捉功能来解决这个问题。利用该功能，用户可以迅速、准确地捕捉到某些特殊点，从而能够精确地绘制图形。

(1) 打开对象捕捉功能

通常可以通过以下 3 种方式调用对象捕捉功能。

① “对象捕捉”工具栏，如图 2-5 所示。在绘图过程中，当要求用户指定点时，可单击该工具栏相应的特征点按钮，再把光标移动到要捕捉对象上的特征点附近，即可捕捉到相应的对象特征点。

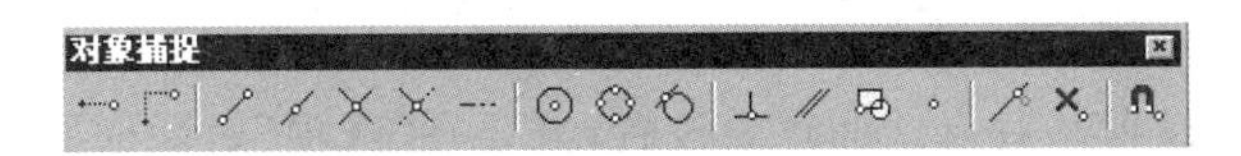

图 2-5 “对象捕捉”工具栏

② “对象捕捉”快捷菜单。当要求用户指定点时，可以按住 Shift 键或者 Ctrl 键，然后右击，即可弹出快捷菜单。

③ 自动对象捕捉。AutoCAD 允许用户设置自动对象捕捉，使得 AutoCAD 一旦提示用户指定点，即能自动捕捉对象上最近的特征点。

(2) 自动对象捕捉

在绘制图形的过程中，使用对象捕捉的频率是非常高。如果在每捕捉一个对象特征点时都要先选择捕捉模式，则工作效率将大大降低。AutoCAD 提供了一种自动捕捉模式。

所谓自动捕捉，就是当用户把光标放在一个对象上时，系统自动捕捉到对象上所有符合条件的几何特征点，并显示出相应的标记。如果把光标放在捕捉点上多停留一会儿，系统还会显示该捕捉的提示。这样，用户在选点之前，可以预览和确认捕捉点。因此，当有多个符合条件的特征点时，就不会捕捉到错误的点，这样就大大方便了用户的使用，并且提高了点捕捉的效率。

① 自动对象捕捉模式的设置。可以把 AutoCAD 设置为随时进行自动对象捕捉。例如，在所绘制的图形中，如果圆或者圆弧比较多，经常需要捕捉圆心，那么最好把捕捉到圆心模式设置为自动对象捕捉。设置工作是在“草图设置”对话框中的“对象捕捉”选项卡中完成的，如图 2-6 所示。

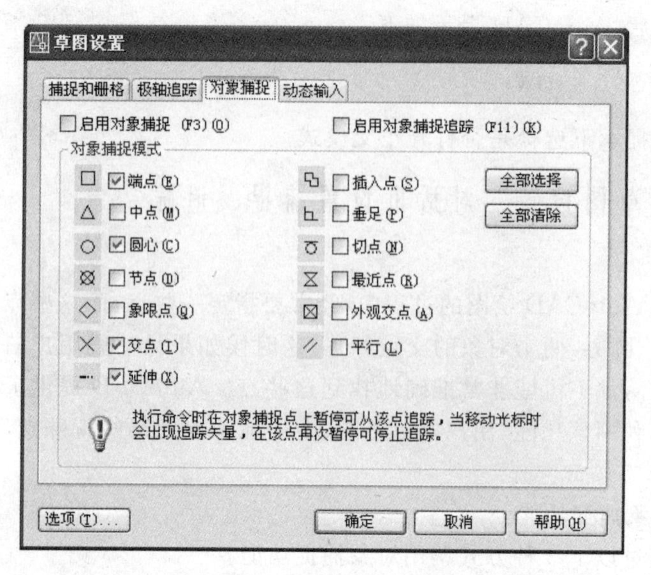

图 2-6 “草图设置”对话框的“对象捕捉”选项卡

在图 2-6 所示的“对象捕捉”选项区中，用户可以选择一种或者多种对象捕捉模式。每个复选框前面都有一个几何图形，这就是在用户捕捉特征点时，AutoCAD 在该点位置所显示的捕捉标记。

② 自动捕捉的设置。对自动捕捉的设置，需要在“选项”对话框的“草图”选项卡中进行，如图 2-7 所示。或者单击图 2-6 所示的“草图设置”对话框左下角的“选项”按钮也可以打开该对话框。

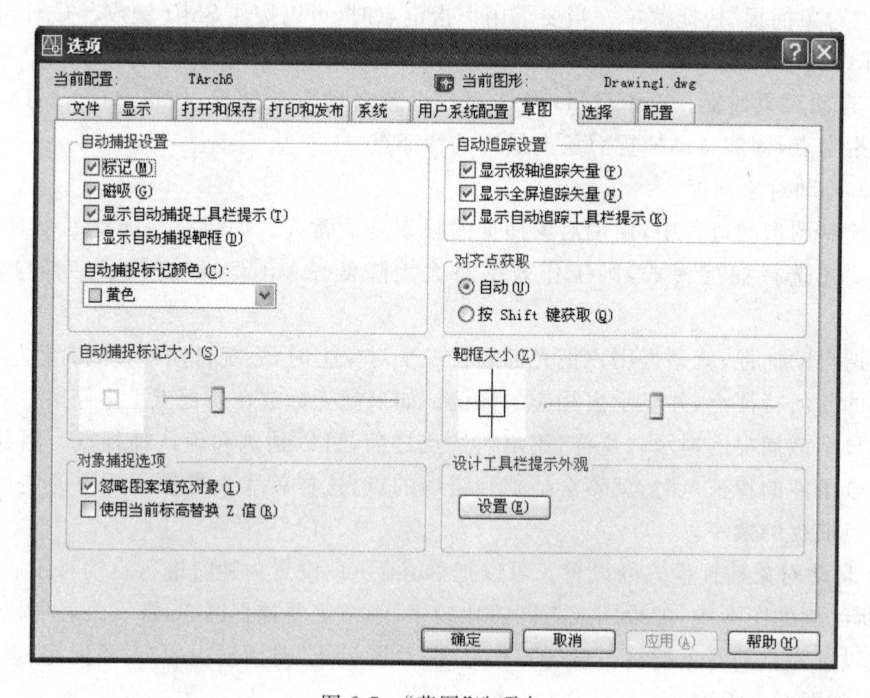

图 2-7 “草图”选项卡

2. 对象追踪

"对象追踪"是 AutoCAD 中一个非常有用的辅助绘图工具,它可以帮助用户按一定的角度增量,或者通过与其他对象特殊的关系来确定点的位置。

对象追踪有两种方式:极轴追踪和对象追踪。极轴追踪是按事先给定的角度增量来追踪特征点;而对象追踪则是按与对象的某种特定的关系来追踪,这种特定的关系确定了一个人们事先并不知道的角度。

2.3 椭圆、矩形、等多边形与圆环的绘制

2.3.1 椭圆的绘制

一个椭圆由两个轴定义。绘制椭圆的默认方式为指定椭圆的一个轴的端点,然后指定一个距离代表椭圆的另一个轴长的一半。椭圆轴的端点决定了椭圆的方向。椭圆中较长的轴称为长轴,较短的轴称为短轴。当定义椭圆轴时,AutoCAD 可根据它们的相对长度确定椭圆的长轴和短轴。

通常可以使用下列模式绘制椭圆。

(1) 指定椭圆的中心和两个椭圆轴。

(2) 指定一个椭圆轴的端点,然后既可以指定另一个椭圆轴,也可以通过旋转第一个椭圆轴定义椭圆。

调用方法:

(1) 在"绘图"工具栏中单击"椭圆"按钮。

(2) 从"绘图"下拉菜单中选择"椭圆"→"轴、端点"命令。

(3) 在"命令:"提示下,输入 ELLIPSE(或 EL),并按 Enter 键。

2.3.2 矩形的绘制

1. 调用方法

(1) 下拉菜单:选择"绘图"→"矩形"命令。

(2) "绘图"工具栏:单击"矩形"按钮(▭)。

(3) 命令:RECTANGLE(或 REC)。

2. AutoCAD 提示

指定第一个角点或[倒角(C)/标高(E)/圆角(F)/厚度(T)/宽度(W)]:

2.3.3 等多边形的绘制

调用方法:

(1) 在"绘图"下拉菜单中选择"正多边形"命令。

(2) 在"绘图"工具栏中单击"等多边形"按钮(⬠)。

(3) 在"命令:"提示下,输入 POLYGON(或 POL),并按 Enter 键。

2.3.4 圆环的绘制

圆环是由内外两个圆组成的环形区域。当绘制一个圆环时，首先应指定圆环的内径和外径，然后指定其中心。通过指定其他中心点，还可以创建多个相同的圆环副本，直到按 Enter 键，结束命令。

1. 调用方法

(1) 在“绘图”下拉菜单中选择“圆环”命令。

(2) 在“命令：”提示中，输入 DONUT(或 DO)，并按 Enter 键。

2. AutoCAD 提示

```
指定圆环的内径＜05000＞：(指定圆环的内径 )
指定圆环的外径＜1.0000 ＞：(指定圆环的外径)
指定圆环的中心点＜退出 ＞：(指定圆环的中心 )
```

AutoCAD 将绘制一个圆环，并重复上一个提示。

指定中心点，可以绘制另一个圆环，或是按 Enter 键或 Esc 键，结束命令。

2.4 点、多线的绘制及徒手画线

2.4.1 单点、多点绘制

点是组成图形的最基本的实体对象。点的绘制方法有多种，用户可以自己选择喜欢的方式来绘制。

1. 定制点的类型

在 AutoCAD 2006 中，还可以定制自己需要的点的类型。共有如下两种方法可以定制。

(1) 在“格式”下拉菜单中，选择“点样式”命令，这时出现如图 2-8 所示的一个对话框，用户可以选择自己需要的类型、大小。

(2) 在命令输入框中输入 DDPIYPE，并按 Enter 键，也会出现图 2-8 所示的对话框。

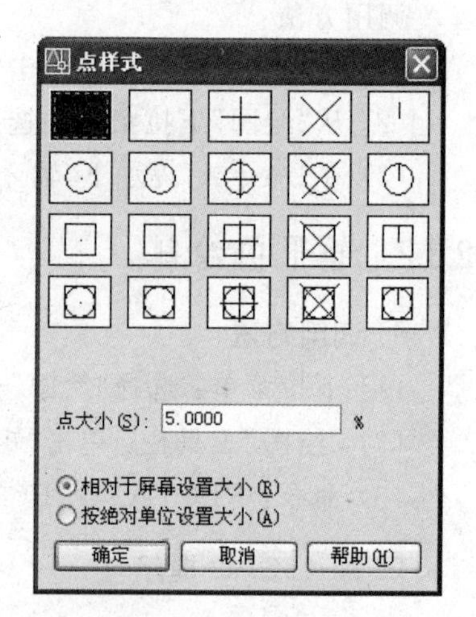

图 2-8 “点样式”对话框

2. 单点(S)

选中该项后，可在屏幕上用鼠标任画一个点。

选中该项后，AutoCAD 提示如下：

```
当前点模式：PDMODE=O  PDSIZE=0.0000  //说明当前所绘点的模式与大小
指定点：//在屏幕上用鼠标点取一点或输入点的坐标值
```

重复指定点或按 Enter 键退出。

3. 多点(P)

选中该项后，可用鼠标在屏幕上任画多个点，直到按 Esc 键结束。

选中该项后，AutoCAD 提示如下：

```
当前点模式：PDMODE=OPDSIZE=0.0000
指定点：//在屏幕上用鼠标取各点或输入各点坐标值
```

按 Esc 键退出。

2.4.2 定数等分、定距等分

1. 定数等分(D)

该命令用于等分一个对象。

选中该项后，AutoCAD 提示如下：

```
选择要定数等分的对象：//选中相应的等分对象
输入线段数目或[块(B)]：//输入等分数，AutoCAD 将在指定对象上绘出等分点
```

2. 定距等分(M)

该命令用于测定同距点。

选中该项后，AutoCAD 提示如下：

```
选择要定距等分的对象：//选择相应的等分对象
指定线段长度或[块(B)]：//输入长度值，AutoCAD 将在对象上各相应位置绘出点
```

2.4.3 多线的绘制

1. 多线

多线是一种间距和数目可以调整的平行线组对象，多用于绘制建筑上的墙体、电子线路等平行线对象。

(1) 绘制多线

① 调用方法

a. 下拉菜单：选择"绘图"→"多线"命令。

b. "绘图"工具栏：单击"多线"按钮( )。

c. 命令：MLINE。

② AutoCAD 提示

```
当前设置：对正=上，比例=20.00，样式=STANDARD
指定起点或[对正(J)/比例(S)/样式(ST)]：
```

上面提示中的第一行说明当前的多线绘图格式：对正方式为"上"；比例为 20.00 的多线样式为标准型(STANDARD)。

提示的第二行是绘制新多线的选择项，各个选项的含义如下。

a. 指定起点：这是默认项，指定多线的起始点，以当前的格式绘制多线。在该提示

下直接指定多线的起始点后，AutoCAD 接着依次提示：

指定下一点：
指定下一点或[放弃(U)]：
指定下一点或[闭合(C)/放弃(U)]：
指定下一点或[闭合(C)/放弃(U)]：
……

该提示的意义和绘制直线命令相似。

b. 对正：选择该选项，AutoCAD 提示如下：

输入对正类型[上(T)/无(Z)/下(B)]<上>：

c. 比例：该选项用于指定所绘制的多线的宽度相对于多线的定义宽度的比例因子，该比例不影响多线的线型比例。选择该选项后，AutoCAD 接着提示：

输入多线比例：

输入新的比例因子值即可。

d. 样式：指定绘制的多线的样式，默认样式为标准(STANDARD)型。选择该选项，AutoCAD 接着提示：

输入多线样式名或[?]：

此时，可直接输入已有的多线样式名，也可以输入"?"来显示已有的多线样式。

(2) 多线样式

多线的样式是可以自定义的。

① 调用方法。

a. 下拉菜单：选择"格式"→"多线样式"命令。

b. 命令：MLSTYLE。

② AutoCAD 弹出如图 2-9 所示的"多线样式"对话框。在该对话框中显示了当前多线样式的示例，其中各个选项的含义如下。

a. 当前多线样式：显示已经加载进来的多线样式。

b. 样式："样式"文本框显示当前要定义的多线样式，也可以对已有的多线样式更名。

c. 说明：对所定义的多线进行说明，说明文字的长度不能超过 256 个字符。

d. 加载："加载"按钮用于从多线文件(*. MLN 文件)中加载已定义的多线。单击该按钮，AutoCAD 将弹出"加载多线样式"对话框，用户可以从中选取样式加载进来。如果用户要使用自定义的多线样式，可以单击该对话框的"文件"按钮，然后选择定义多线样式的 MLN 文件。AutoCAD 2006 为用户提供了 Acad . MLN 多线文件。

e. 保存："保存"按钮将当前的多线样式存入一个多线文件中(*. MLN)。

f. 置为当前：将选中的样式置为当前样式。

g. 重命名：修改当前多线样式的名字。

如果要在一个图形中使用多种多线样式来绘图，需要按照以下步骤进行操作。

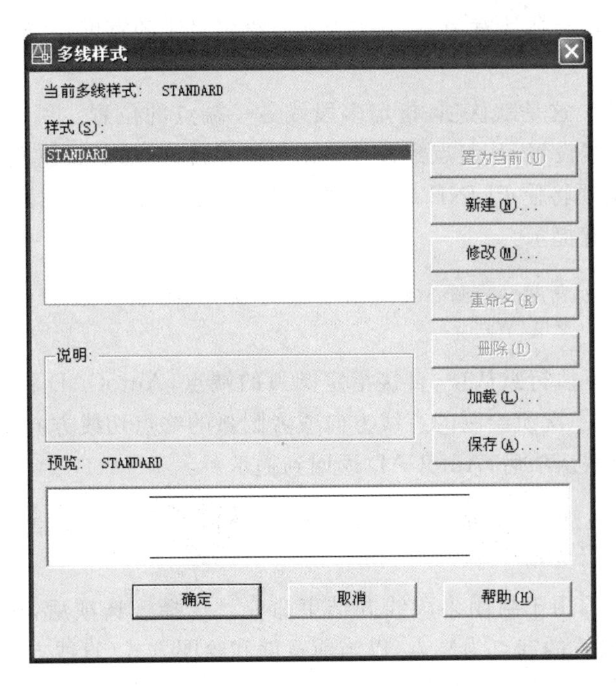

图 2-9 “多线样式”对话框

① 调用 MLSTYLE 命令,弹出“多线样式”对话框。

② 在“多线样式”对话框的“名称”文本框中输入新的样式的名称,然后单击“添加”按钮,将新样式添加到当前图形中。

③ 单击“元素特性”和“多线特性”按钮,设置新多线样式的元素特性和多线特性。

④ 单击“多线样式”对话框中的“确定”按钮,完成新样式创建。

⑤ 调用 MLINE 命令,绘制多线对象。

2. 多段线

在 AutoCAD 中,提供了一种非常有用的线段对象——多段线,它是由多段直线段或者圆弧段所组成,而且这些线段是一个组合体,它们既可以一起编辑,也可以分别编辑,还可以具有不同的宽度。

(1) 调用方法

① 下拉菜单:选择“绘图”→“多段线”命令。

② “绘图”工具栏:单击“多段线”按钮( )。

③ 命令:PLINE。

(2) AutoCAD 提示

```
指定起点
```

指定了多段线的起点后,AutoCAD 接着提示:

```
当前线宽为 n
指定下一个点或[圆弧(A)/半宽(H)/长度(L)/放弃(U)/宽度(W)]:
```

上面的提示中,“当前线宽为 n”说明当前所绘多段线的宽度,其他各个提示选项的含义如下。

① 指定下一点:这是默认项,指定多段线另一端点的位置。用户响应后,AutoCAD将使用当前的多段线设置,从起点到该点绘出一段多段线,然后又重复出现前面的提示。

② 圆弧:该选项将使 PLINE 命令从绘制直线方式切换到绘制圆弧方式。选择该选项后,AutoCAD 接着提示:

指定圆弧的端点或[角度(A)/圆心(CE)/闭合(CL)/方向(D)/半宽(H)/直线(L)/半径(R)/第二个点(S)/放弃(U)/宽度(W)]:

如果在该提示下执行默认项,直接指定圆弧的端点,AutoCAD 将以前一点和该点作为两个端点,并以上一次所绘制的直线方向或者圆弧的终点切线方向作为起始点方向,绘制一个圆弧。响应默认项后,AutoCAD 返回到提示:

指定圆弧的端点或[角度(A)/圆心(CE)/闭合(CL)/方向(D)/半宽(H)/直线(L)/半径(R)/第二个点(S)/放弃(U)/宽度(W)]:

③ 闭合:该选项用于封闭多段线并结束命令。选择该选项后,AutoCAD 将以当前点为起点,并以多段线的起点为端点,以当前宽度和绘图方式(直线方式或者圆弧方式)绘制一段线段,以封闭该多段线,然后结束命令。

④ 半宽:设置多段线的半宽度,即多段线宽度等于输入值的 2 倍。选择该选项后,AutoCAD 依次提示如下:

指定起点半宽:
指定端点半宽:

用户根据提示依次响应后,AutoCAD 又返回到提示:

指定下一点或[圆弧(A)/闭合(C)/半宽(H)/长度(L)/放弃 (U)/宽度(W)]:

⑤ 长度:以指定的长度来绘制直线段。选择该选项后,AutoCAD 接着提示:

指定直线的长度:

在此提示下输入长度值,AutoCAD 将以该长度沿着上一段直线的方向来绘制直线段。如果前一段线是圆弧,则该段直线的方向为上一圆弧端点的切线方向。输入长度值后,AutoCAD 又返回到提示:

指定下一点或[圆弧(A)/闭合(C)/半宽(H)/长度(L)/放弃(U)/宽度(W)]:

⑥ 放弃:删除多段线上的上一段直线段或者圆弧段,以方便用户及时修改在绘制多段线过程中出现的错误。选择“放弃(U)”选项后,AutoCAD 继续给出提示:

指定下一点或[圆弧(A)/闭合(C)/半宽(H)/长度(L)/放弃(U)/宽度(W)]:

⑦ 宽度:设置多段线的宽度。选择该选项后,AutoCAD 依次提示如下:

指定起点宽度:
指定端点宽度:

用户根据提示依次输入宽度值后，AutoCAD 又返回到提示：

指定下一点或[圆弧(A)/闭合(C)/半宽(H)/长度(L)/放弃(U)/宽度(W)]：

3. 样条曲线

样条曲线是一种通过或者接近指定点的拟合曲线。在 AutoCAD 中，样条曲线的类型是非均匀有理 B 样条(NIJRBS)。这种类型的曲线，适宜于表达具有不规则变化曲率半径的曲线，如地形外貌轮廓线等。

(1) 调用方法

① 下拉菜单：选择“绘图”→“样条曲线”命令。

② “绘图”工具栏：单击“样条曲线”按钮(～)。

③ 命令：SPLINE。

(2) AutoCAD 提示

指定第一个点或[对象(O)]：

① 指定第一个点：这是默认项，指定样条曲线的起点。选择该选项(即在上述提示下直接给定一个点)，AutoCAD 接着提示：

指定下一点：

在该提示下指定样条曲线上的另一个点后，AutoCAD 接着提示：

指定下一点或[闭合(C)/拟合公差(F)]＜起点切向＞：

该提示中的各个选项含义如下。

a. 指定下一点：继续指定样条曲线的控制点。用户可以在“指定下一点或[闭合(C)/拟合公差(F)]＜起点切向：”提示下连续直接指定样条曲线的控制点，每给定一点后，AutoCAD 都将提示：

指定下一点或[闭合(C)/拟合公差(F)]＜起点切向：

直到用户按 Enter 键，完成控制点的指定。

b. 指定起点切向：在完成控制点的指定后，按 Enter 键，即执行“＜起点切向＞”选项，AutoCAD 接着提示：

指定起点切向：

此时，要求用户确定样条曲线在起始点处的切线方向，同时在起点与当前光标点之间出现一根橡皮筋线，该线表示了样条曲线在起点处的切线方向。如果在“指定起点切向：”提示下移动鼠标，该橡皮筋线也会随着光标点的移动发生变化，同时样条曲线的形状也发生相应的变化。用户可在该提示下直接输入表示切线方向的角度值，或者通过移动鼠标的方法来确定样条曲线起点处的切线方向，即单击鼠标的左键拾取点，以样条曲线起点到该点的连线作为起点的切向。

指定了样条曲线在起点处的切线方向后，AutoCAD 接着提示：

指定端点切向:

在该提示下用上述方法指定样条曲线终点处的切线方向,AutoCAD 即可绘制出样条曲线。

c. 闭合:该选项闭合样条曲线。当用户在"指定下一点或[闭合(C)/拟合公差(F)J＜起点切向＞]:"提示下输入若干个控制点后,选择"闭合(C)"选项,将使样条曲线封闭。选择该选项,AutoCAD 接着提示:

指定切点:

此时,要求用户指定样条曲线在起点,同时也是终点处的切线方向。因样条曲线的起点与端点重合,故只需确定一个方向即可。

确定了切线方向后,即可绘出一条封闭的样条曲线。

d. 拟合公差:设置样条曲线的拟合公差。所谓拟合公差,是指实际样条曲线与输入的控制点之间所允许偏移距离的最大值。

② 对象:将通过 PEDIT 命令得到的二次或者三次拟合样条曲线转换成等价的样条曲线。选择该选项后,AutoCAD 提示如下:

选择要转换为样条曲线的对象……
选择对象:(选取要转换的样条曲线)
选择对象:
……

结果是将由多段线拟合得到的样条曲线转换为等价的样条曲线。

2.4.4 用 SKETCH 徒手画线

一条徒手线段由许多条直线段组成,这些直线段既可以是独立的直线对象,也可以是多段线对象。在开始创建徒手线段前,必须设置每一条线段的长度或增量。线段越小,徒手线段越精确。但是,如果线段设置得太小,将使图形文件的容量成倍地增大。

徒手线段对于创建不光滑形状的对象是十分有用的。例如,不光滑的边界线或是地形等高线,或用数字化仪跟踪已经绘制的图纸上的图形。徒手线段在其他方面则通常是不切合实际的绘图方式。正如上面提到的,太小的直线段会使图形文件的容量迅速增大,在需要修改徒手线段时也是非常困难的。但是,少量而恰当地使用徒手线段,也是AutoCAD 中十分有用的工具。例如,在机械制图中剖面线的画法。

如果需要经常使用该命令,可能需要修改菜单或工具栏,使它们包含该命令。SKETCH 命令不同于其他 AutoCAD 绘图命令,必须像使用一支笔一样使用鼠标。第一次单击,将使画笔落下以便绘制,再次单击将抬起画笔。如果对所绘制的线段满意,可将该线段记录在图形中。否则,可以部分或全部删除徒手线并重新开始。

要创建一个徒手线段,可按下列步骤进行。

(1) 在"命令:"提示下,输入 SKETCH 命令,并按 Enter 键。

(2) 指定徒手线段的长度。

(3) 单击鼠标,使该命令处于落笔状态。

(4) 移动鼠标,绘制临时徒手线段。

(5) 再次单击鼠标,抬起画笔,停止绘制徒手线段。可以将光标移动到图形中其他位置而不绘制徒手线段。

(6) 任何时候都可以输入 R,将临时徒手线段保存到图形中。如果画笔处于落笔状态,在保存徒手线段后可以继续绘制徒手线。如果画笔处于抬笔状态,再次单击鼠标重新开始绘制徒手线段。可以在图形中的任一位置绘制徒手线段。在抬笔状态下,要在上一个徒手线段的端点处开始绘制徒手线段,输入 C 并将光标移动到端点处。

(7) 按 Enter 键,保存所有尚未保存的徒手线段,并完成所绘的徒手线段。

2.5 圆弧、直线相切的作图方法

在工程绘图中,经常会遇到直线与圆弧、圆弧与圆弧相切的情况,应该熟练掌握其绘图方法。

2.5.1 直线与圆弧相切

1. 已知直线位置及圆的半径 R

已知直线位置(见图 2-10),求与该直线相切的圆。这样的圆可以有无数个。

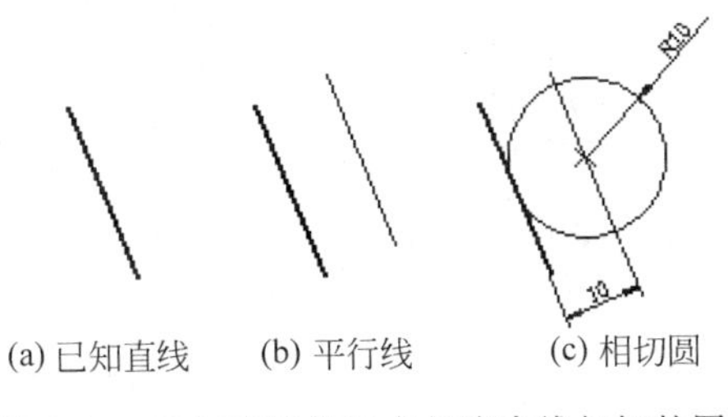

(a) 已知直线 (b) 平行线 (c) 相切圆

图 2-10 已知直线位置求与该直线相切的圆

具体操作步骤如下:

(1) 用“偏移”命令作已知直线的平行线,偏移距离为 10,如图 2-10(a)所示。

(2) 用“圆心、半径”命令画圆,可利用“最近点”的捕捉方式保证圆心在右边平行线上,输入半径为 10。

2. 已知两个非同心圆的位置

已知两个非同心圆的位置(见图 2-11(a)),求两圆的公切线。

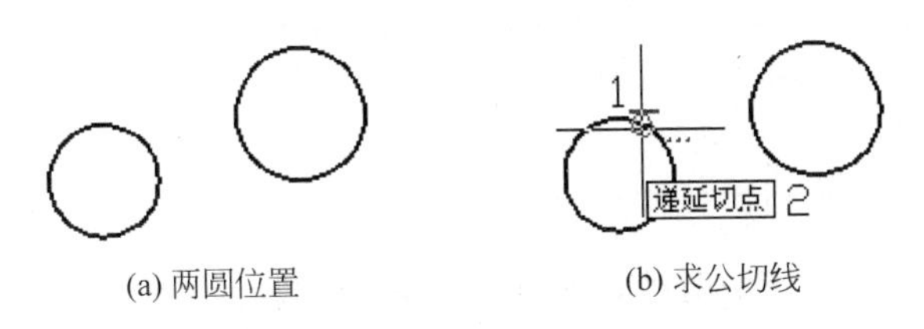

(a) 两圆位置 (b) 求公切线

图 2-11 已知两圆位置求公切线

操作步骤如下：

命令：LINE↙　　　　　　　　//按 Enter 键
指定第一点：　　　　　　　　//此时，左手按住 Shift 键，在绘图区右击鼠标，在弹出快捷菜单中选择"切点"命令，然后将光标移至切点"1"附近，单击鼠标左键即可
指定下一点或[放弃(U)]：　　//同第一点的方法相同，将光标移向另一个圆的切点"2"附近，单击鼠标左键即可

至此，两圆的一条公切线操作完成，其余 3 条公切线操作方法相同。

3. 画圆与两条、3条直线相切

(1) 已知两条直线和圆的半径，画出同时与两条直线相切的圆，如图 2-12 所示。

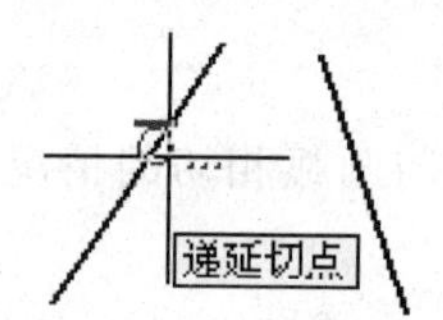

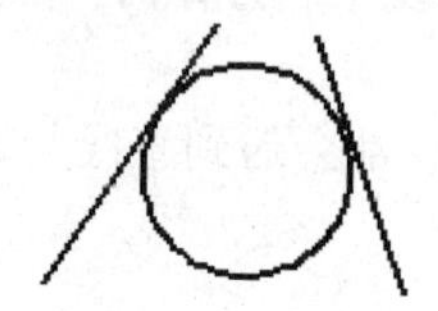

图 2-12　圆与两已知直线相切

操作步骤(在下拉式菜单中，选择"绘图"→"圆"→"相切、相切、半径"命令)如下：

命令：_circle 指定圆的圆心或[三点(3P)/两点(2P)/相切、相切、半径(T)]：_ttr
指定对象与圆的第一个切点：//用鼠标选择第一条直线
指定对象与圆的第二个切点：//用鼠标选择另一条直线
指定圆的半径＜10＞10↙　//按 Enter 键，结束命令

(2) 已知 3 条直线，画出同时与这 3 条直线相切的圆，该圆是唯一的，如图 2-13 所示。

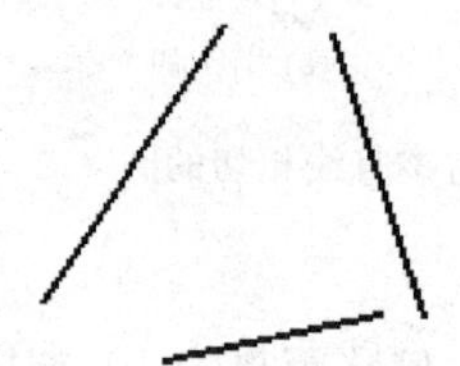

图 2-13　圆与 3 条直线同时相切

操作步骤(在下拉式菜单中，选择"绘图"→"圆"→"相切、相切、相切"命令)如下：

指定圆的圆心或[三点(3P)/两点(2P)/相切、相切、半径(T)] _3P
指定圆上的第一个点：_tan 到　//用鼠标选择左边的直线
指定圆上的第二个点：_tan 到　//用鼠标选择右边的直线
指定圆上的第三个点：_tan 到　//用鼠标选择下边的直线

2.5.2 圆弧与圆弧相切

圆之间相切有内切与外切两种。两圆相外切，其圆心距等于两个圆半径之和，而两圆相内切，其圆心距等于大圆半径减小圆半径。

1. 两圆外切(见图 2-14)

已知圆的中心及半径为 10,求半径为 12 且与已知圆相外切的圆(这样的圆应该有无数个)。

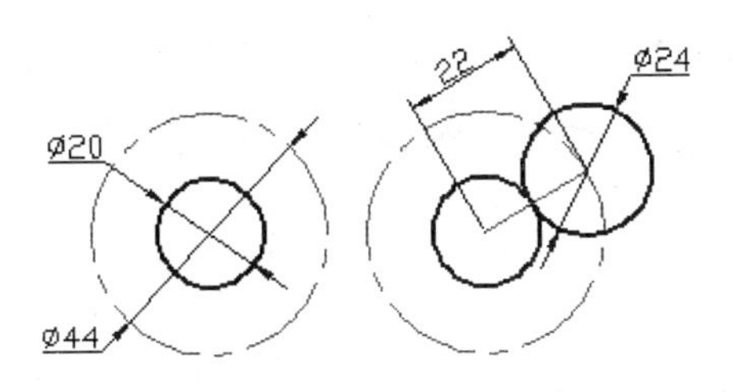

图 2-14　两圆外切

操作步骤如下:

命令: CIRCLE　//按 Enter 键
指定圆的圆心或[三点(3P)/两点(2P)/相切、相切、半径(T)]: //捕捉已知圆的圆心
指定圆的半径或[直径(D)]<10>22↙　//按 Enter 键,两圆中心距为 22,如图 2-14 中点划线的圆
命令: circle↙　//按 Enter 键,画 R12 的相切圆
指定圆的圆心或[三点(3P)/两点(2P)/相切、相切、半径(T)]: //用"最近点"的捕捉方式,选择点划线圆的圆弧上即可
指定圆的半径或[直径(D)]<10>12↙ //按 Enter 键,即可完成

2. 两圆内切(见图 2-15)

已知圆的中心及半径为 20,求半径为 12 且与已知圆相内切的圆(这样的圆应该有无数个)。

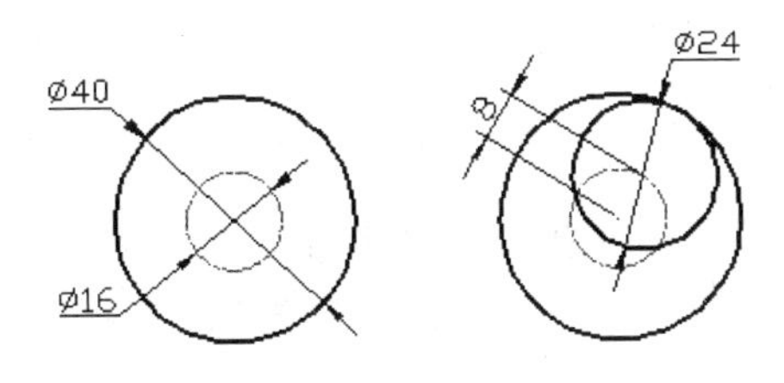

图 2-15　两圆内切

(1) 以已知圆 R20 的圆心为圆心,画 R8 的圆(两圆半径之差,20－12＝8),如图 2-15 中的点划线圆。

(2) 以 R8 圆弧上的任意点为圆心,画 R12 的圆,则必与已知圆相切。

3. 已知两个圆及半径,求第三个圆与已知圆同时相切

已知两个圆及半径,求第三个圆与已知圆同时相切,如图 2-16 所示。

已知两个圆位置及两圆的半径分别为 R10、R12,相切圆的半径为 R12。

操作步骤(略),只要选择"相切、相切、半径"命令即可完成。由于捕捉切点的位置不同,因此得到的相切圆也不同。

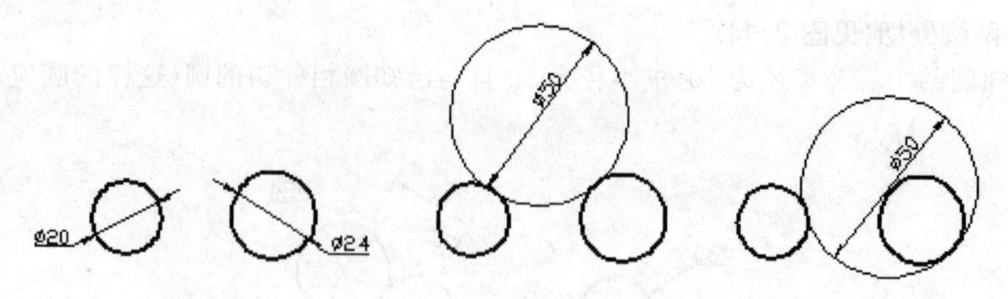

图 2-16　三圆相切

2.5.3　其他相切方式

已知圆的半径 R8，且圆心在一条已知直线上，求与另一已知圆 R10 相外切，如图 2-17 所示。

具体操作步骤如下：

(1) 以已知圆 R10 的圆心为圆心，以 R18(8＋10＝18)画圆，如图 2-17(b)中的点划线圆。

(2) 以该圆与直线的交点 P 为圆心，画 R8 的圆，则该圆即为所求。

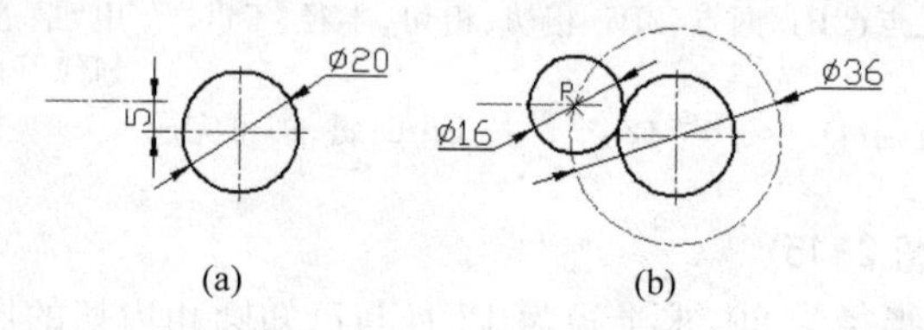

图 2-17　其他相切方式

2.6　综合实例

下面通过实例进一步掌握各种坐标的确定方法及简单图形的绘制方法，使读者对二维绘图流程和方式及基本的绘图命令有所了解和掌握。

2.6.1　实例一

分别使用绝对直角坐标、相对直角坐标和相对极坐标 3 种坐标方式，绘制图 2-18。从 P_0 点开始绘图，直至 P_{15} 点，最后返回到 P_0 点，结束绘图。首先从“绘图”工具条上单击“直线”按钮 或在命令行直接输入 LINE 命令。

1. 使用绝对直角坐标绘图

操作步骤如下：

```
命令: LINE
指定第一点: 0,0
指定下一点或[放弃(U)]: 2,0
指定下一点或[放弃(U)]: 2,3
```

指定下一点或[闭合(C)/放弃(U)]: 4,3
...... 接下来的坐标点见表 2-1 中的绝对直角坐标

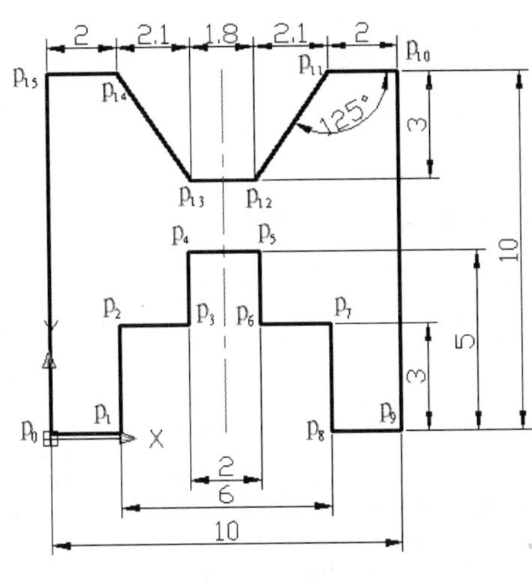

图 2-18 实例一

2. 使用相对直角坐标绘图

操作步骤如下：

命令: LINE
指定第一点: 0,0
指定下一点或[放弃(U)]: @2,0
指定下一点或[放弃(U)]: @0,3
指定下一点或[闭合(C)/放弃(U)]: @2,0
...... 接下来的坐标点见表 2-1 中的相对直角坐标

表 2-1 绘制图 2-18 时各种坐标点的值

标记	绝对直角坐标	相对直角坐标	相对极坐标	标记	绝对直角坐标	相对直角坐标	相对极坐标
P_0	0,0	0,0	0,0	P_8	8,0	@0,−3	@3<−90
P_1	2,0	@2,0	@2<0	P_9	10,0	@2,0	@2<0
P_2	2,3	@0,3	@3<90	P_{10}	10,10	@0,10	@10<90
P_3	4,3	@2,0	@2<0	P_{11}	8,10	@−2,0	@2<180
P_4	4,5	@0,2	@2<90	P_{12}	5.9,7	@−2.1,−3	@3.66<−125
P_5	6,5	@2,0	@2<0	P_{13}	4.1,7	@−1.8,0	@1.8<180
P_6	6,3	@0,−2	@2<−90	P_{14}	2,10	@−2.1,3	@3.66<125
P_7	8,3	@2,0	@2<0	P_{15}	0,10	@−2,0	@2<180

3. 使用相对极坐标绘图

操作步骤如下：

命令: LINE

指定第一点：0,0
指定下一点或[放弃(U)]：@2<0
指定下一点或[放弃(U)]：@3<90
指定下一点或[闭合(C)/放弃(U)]：@2<0
……接下来的坐标点见表 2-1 中的相对极坐标

2.6.2 实例二

绘制图 2-19 所示图形，具体操作步骤如下：

(1) 在“绘图”工具栏中选取“▭”工具或者在下拉菜单上选择“绘图”→“矩形”命令。

命令：RECTANG↙
指定第一个角点或[倒角(C)/标高(E)/圆角(F)/厚度(T)/宽度(W)]：0,0
指定另一个角点或[尺寸(D)]：24,18

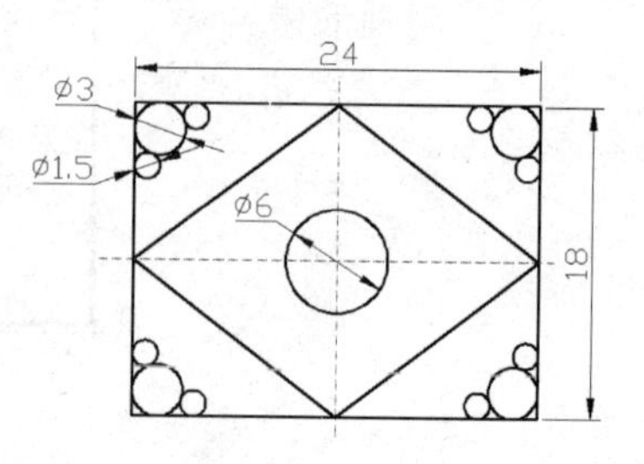

图 2-19 实例二

(2) 画中心线。将光标指向 对象捕捉，右击并设置对象捕捉，勾选端点、中点、交叉点、切点。

命令：LINE↙
指定第一点：//将鼠标移至 P_1 点附近，如图 2-20(a)所示，待出现中点捕捉符号后，单击鼠标左键
指定下一点或[放弃(U)]： //将鼠标移至 P_2 点附近，待出现中点捕捉符号后，单击鼠标左键

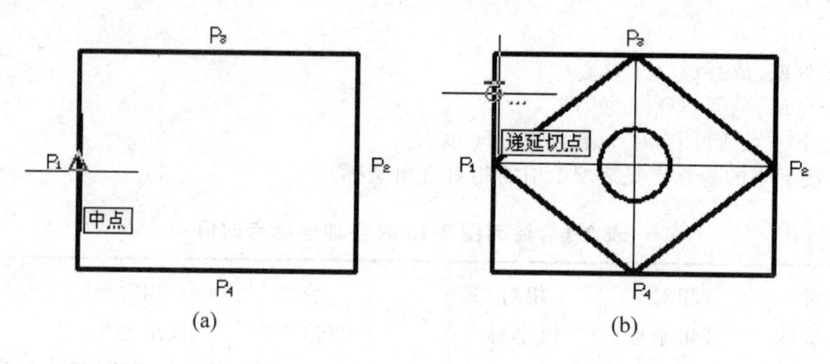

图 2-20 实例二

(按以上方法画出直线 P_3P_4)

(3) 利用捕捉方式画出顶点为 P_1 P_2 P_3 P_4 的菱形和直径为 6 的圆。

(4) 绘制矩形框中左上角直径为 3 和直径为 1.5 的圆。

命令：CIRCLE
指定圆的圆心或[三点(3P)/两点(2P)/相切/相切/半径(T)]：T↙
指定对象与圆的第一个切点：//将鼠标移至如图 2-20(b)所示位置
指定对象与圆的第一个切点：//将鼠标移至 P_3所在的水平线
指定圆的半径<3.00>：1.5↙
命令：CIRCLE
指定圆的圆心或[三点(3P)/两点(2P)/相切/相切/半径(T)]：T↙
指定对象与圆的第一个切点： //将鼠标移至如图 2-11(b)所示位置
指定对象与圆的第一个切点： //将鼠标移至直径为 3 的圆弧上

指定圆的半径<1.5>: 0.75↙

用此方法,可以画出左上角另一个相切圆以及其余3个角上的相切圆。

2.6.3 实例三

使用最简单的绘图命令绘制图2-21。

操作步骤如下:

(1) 绘制轴的中轴线:执行"绘图"→"直线"命令。

打开正交模式,用绘制直线命令画一条轴的水平中心线。

```
命令: LINE
指定第一点: 48,150
指定下一点或[放弃(U)]: 48,153
```

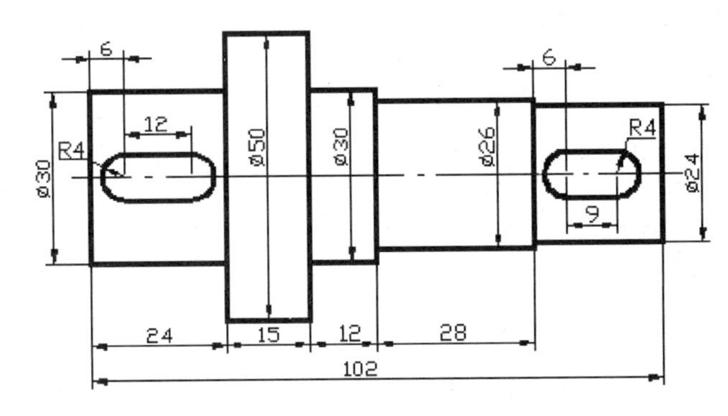

图2-21 轴的几何尺寸图

(2) 绘制轴主体形状,如图2-22所示。

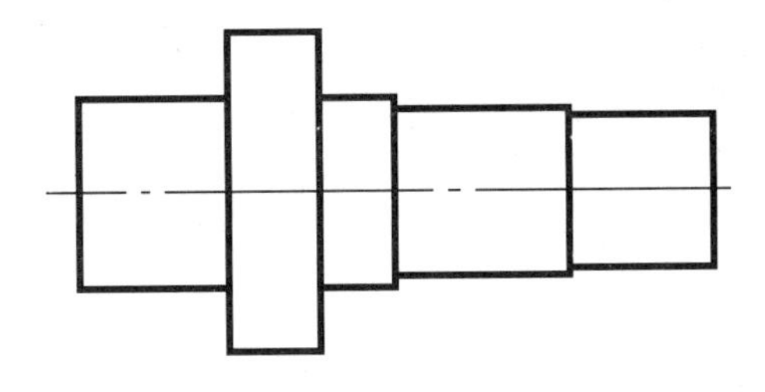

图2-22 用矩形绘制的轴主体

用"绘制矩形"命令绘制轴的主体部分,单击按钮,调用"绘制矩形"命令,命令行出现提示如下:

```
命令: RECTANG
指定第一个角点或[倒角(C)/标高(E)/圆角(F)/厚度(T)/宽度(W)]: 51,165
指定另一个角点或[尺寸(D)]: 75,135
命令: RECTANG
指定第一个角点或[倒角(C)/标高(E)/圆角(F)/厚度(T)/宽度(W)]: 75,175
指定另一个角点或[尺寸(D)]: 90,125
```

命令: RECTANG
指定第一个角点或[倒角(C)/标高(E)/圆角(F)/厚度(T)/宽度(W)]: 90,165
指定另一个角点或[尺寸(D)]: 102,135
命令: RECTANG
指定第一个角点或[倒角(C)/标高(E)/圆角(F)/厚度(T)/宽度(W)]: 102,163
指定另一个角点或[尺寸(D)]: 130,137
命令: RECTANG
指定第一个角点或[倒角(C)/标高(E)/圆角(F)/厚度(T)/宽度(W)]: 130,162
指定另一个角点或[尺寸(D)]: 152,138

绘制结束后,得到轴的主体视图如图 2-22 所示。

(3) 绘制左键槽。

键槽是轴上必不可少的传动部件,由于其是直线和曲线的结合体,因此其绘制方法稍微复杂,这里用直线和圆弧来绘制它。

① 单击 按钮,命令行提示如下:

命令: LINE 指定第一点: 57,154
指定下一点或[放弃(U)]: @12,0
指定下一点或[放弃(U)]:
命令: LINE 指定第一点: 57,146
指定下一点或[放弃(U)]: @12,0
指定下一点或[放弃(U)]:

② 单击 按钮,命令行提示如下:

命令: ARC 指定圆弧的起点或[圆心(C)]: 57,154
指定圆弧的第二个点或[圆心(C)/端点(E)]: E
指定圆弧的端点: 57,146
指定圆弧的圆心或[角度(A)/方向(D)/半径(R)]: 57,150
命令: ARC 指定圆弧的起点或[圆心(C)]: 69,146
指定圆弧的第二个点或[圆心(C)/端点(E)]: C
指定圆弧的圆心: 69,150
指定圆弧的端点或[角度(A)/弦长(L)]: A
指定包含角: 180

(4) 绘制右键槽。

为了掌握更多的绘图方法,下面用多义线来绘制右键槽。

单击 按钮,命令行提示:

命令: PLINE
指定起点: 136,146
当前线宽为 0.0000
指定下一点或[圆弧(A)/闭合(C)/半宽(H)/长度(L)/放弃(U)/宽度(W)]: 145,146
指定下一点或 ϕ[圆弧(A)/闭合(C)/半宽(H)/长度(L)/放弃(U)/宽度(W)]: A
指定圆弧的端点或[角度(A)/圆心(CE)/闭合(CL)/方向(D)/半宽(H)/直线(L)/半径(R)/第二点(S)/放弃(U)/宽度(W)]: CE
指定圆弧的圆心: 145,150
指定圆弧的端点或[角度(A)/长度(L)]: A
指定包含角: 180

指定圆弧的端点或[角度(A)/圆心(CE)/闭合(CL)/方向(D)/半宽(H)/直线(L)/半径(R)/第二点(S)/放弃(U)/宽度(W)]: L
指定下一点或[圆弧(A)/闭合(C)/半宽(H)/长度(L)/放弃(U)/宽度(W)]: 136,154
指定下一点或[圆弧(A)/闭合(C)/半宽(H)/长度(L)/放弃(U)/宽度(W)]: A
指定圆弧的端点或[角度(A)/圆心(CE)/闭合(CL)/方向(D)/半宽(H)/直线(L)/半径(R)/第二点(S)/放弃(U)/宽度(W)]: CE
指定圆弧的圆心: 136,150
指定圆弧的端点或[角度(A)/长度(L)]: A
指定包含角: 180
指定圆弧的端点或[角度(A)/圆心(CE)/闭合(CL)/方向(D)/半宽(H)/直线(L)/半径(R)/第二点(S)/放弃(U)/宽度(W)]:

得到完整的轴,如图 2-23 所示。

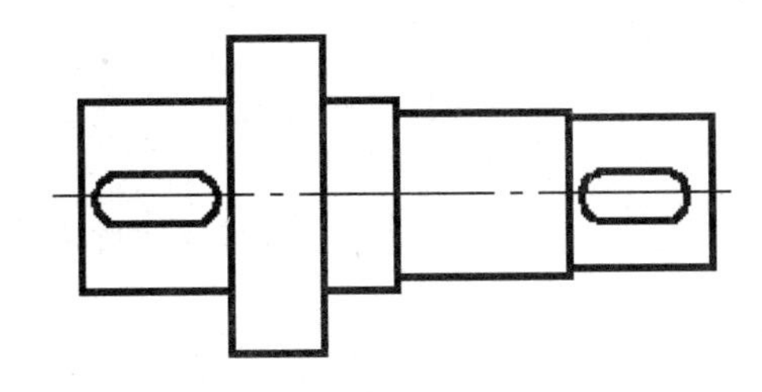

图 2-23 绘制轴的键槽

(5) 标注尺寸。

为了得到最终的加工图纸,还需要标注尺寸,这部分内容将在后面的章节中介绍。

实际上,同样绘制这样一个轴的零件图有很多种方法,当掌握了一定的绘图技巧,并且学习了图形编辑的方法后,绘图步骤就会快捷方便得多。

2.7 小结

本章主要介绍了 AutoCAD 的平面绘图命令,而绘图命令都集中在下拉菜单“绘图”中,由于命令相对较多,需要多上机练习。重点注意以下几点。

(1) 一定要熟练掌握关于点的坐标的几种确定方法。因为绘制工程图形中,任何图形必须有确定的坐标点,而能否灵活运用各种坐标的输入方法,是提高绘图速度的关键。应注意的是:①在输入直角坐标的时候,x 和 y 中间的分隔符一定是英文半角“,”而不能用中文全角的“,”;②各种坐标之间是可以相互穿插使用的;③同一个图形有很多种画法,只有根据第 1 章中关于平面图形画法的一般步骤确定画图秩序,才会提高制图效率。

(2) AutoCAD 绘图与手工绘图相比较,有其独特快捷的地方,应加以体会。如已知 3 条互不平行的直线,要画一个圆同时与这 3 条直线相切,用手工绘图的方法确定该圆的位置及半径是相当困难的,但用 AutoCAD 画圆命令中的 CIRCLE/tan,tan,tan 能够方便地画出该圆。

(3) AutoCAD 命令的使用方法一般有 3 种:使用下拉菜单(因为下拉菜单相对位置固定,容易查找,但使用速度较慢,适合于初学者);使用图形工具条(由于工具条位置可以由用户任意放置或关闭，初学者有时难以找到，但使用时，选取命令速度相对较快）；使用键盘命令。使用键盘命令一般来说能提高绘图速度，尤其是快捷命令，速度更快。建议读者熟练到一定程度后采用键盘命令加鼠标的绘图方式，从而可以大大提高绘图速度。

2.8 习题

一、选择题

1. 下列不是绘制圆弧步骤的项是（　　）。

   A. 起点、圆心、端点　　B. 起点、圆心、角度

   C. 起点、长度、方向　　D. 圆心、起点、长度

2. 绘制参照线时，一般都把参照线绘制在（　　）。

   A. 同一块中　　B. 同一图层中

   C. 同一线型

3. 下述（　　）“对象捕捉”选项用于选取一点，其距离圆心为 0、90、180、270 方向。

   A. 节点　　B. 象限点　　C. 切点　　D. 交点

4. 下述选项（　　）不能在“草图设置”对话框中修改。

   A. 捕捉　　B. 栅格　　C. 正交　　D. 界限

二、将下列所需实现功能和对应命令用线连接起来

绘制点	EL
绘制参照线	A
绘制徒手线段	POL
绘制圆弧	SPL
绘制椭圆	ML
绘制圆环	XL
绘制正多边形	PO
绘制多线	DO
绘制样条曲线	SKETCH

三、思考题

1. 确定点的位置的方法有哪些？你认为在绘图中，哪种方法用得最多、最方便？
2. 如何为栅格设置间距？
3. 如何设置部分捕捉对象？

四、练习题

1. 按尺寸绘制图 2-24。
2. 按尺寸绘制图 2-25。
3. 用 PLINE 命令绘制图 2-26，尺寸自定。

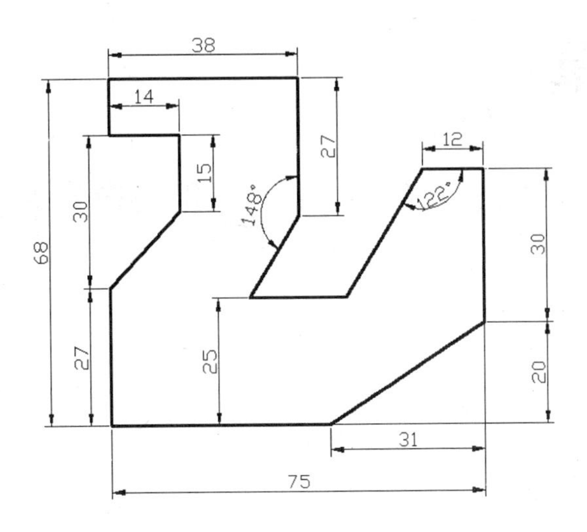

图 2-24 练习题 1

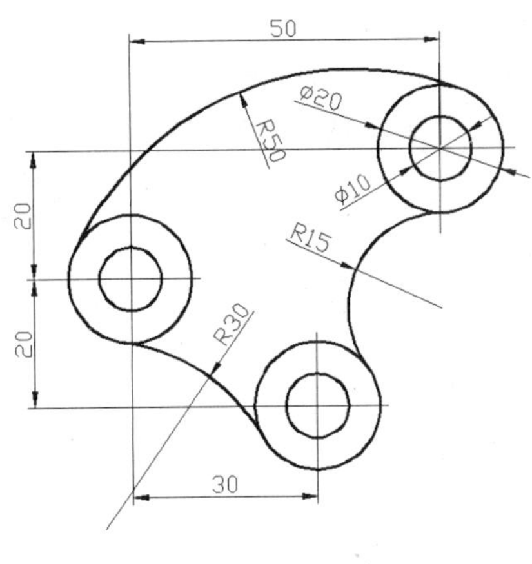

图 2-25 练习题 2

图 2-26 练习题 3

第3章 CHAPTER 3

AutoCAD 图形编辑

本章介绍了 AutoCAD 图形编辑的常用工具及方法，包括对象的选择、复制、移动、拉伸、缩放、旋转，倒角与圆角，对象属性编辑，文本及图案创建。只有掌握了图形编辑的方法，才能真正使绘图速度大幅度提高。

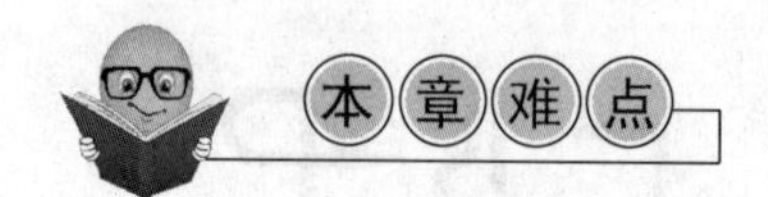

对象属性编辑、图案创建及编辑方法的综合应用。

3.1 选择编辑对象

用户在对图形进行编辑操作之前，需要首先确定所要进行编辑操作的对象，当选择对象后，AutoCAD 会以虚线亮显它们，而这些对象也就构成了选择集。

3.1.1 构造选择集

在 AutoCAD 中，构造选择集有以下两种模式。

(1) 加入模式

在"选择对象："提示下输入 A 并按 Enter 键，AutoCAD 提示如下：

```
选择对象:
选择对象:
……
```

在上述提示下选中的对象均加入到选择集中。

(2) 排除模式

在"选择对象："提示下输入 R 并按 Enter 键，AutoCAD 提示如下：

删除对象：
删除对象：
……

在上述提示下选中的对象均被排除出选择集。

3.1.2 循环选择对象

（1）前一个方式

在“选择对象：”提示下输入 P(Previous)并按 Enter 键，AutoCAD 将把当前操作之前的操作中选择的对象再次选中。

（2）后一个方式

在“选择对象：”提示下输入 L(Last)并按 Enter 键，AutoCAD 将选中最后绘制的对象。

3.1.3 快速选择对象

（1）直接拾取

直接拾取是一种默认的选择对象方式，选择过程如下：通过鼠标拖动拾取框，让其移动至要选择的对象上，然后单击左键，此时该对象会以虚线显示，表示已被选中。

（2）选择全部对象

在“选择对象：”提示下输入 ALL 命令并按 Enter 键，AutoCAD 会自动选中当前图形中的全部对象。

（3）默认窗口方式

在选择对象时，可将拾取框移到当前视图中，并在屏幕上某一位置拾取一点，然后拖动鼠标到另一个位置再拾取一点，此时系统以拾取的两点的连线为对角线，确定了一个矩形选择框，当把该矩形框从左向右拖动时，其边界以实线显示，此时只有全部位于矩形框内的对象才能被选中；当把矩形框由右向左拖动时，其边界以虚线显示，此时位于矩形框内部及与矩形框边界相交的对象都被选中。用该方式选择对象的示例如图 3-1 所示。

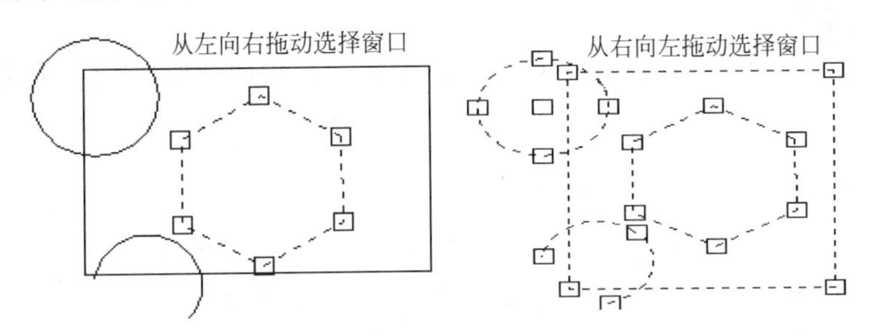

图 3-1　默认窗口方式

3.2 删除、修剪、断开、延伸与长度修改

3.2.1 删除

该命令用于删除图形中指定的对象。

(1) 调用方法

① 下拉菜单：选择“修改”→“删除”命令。

② “修改”工具栏：单击“删除”按钮()。

③ 命令：E(ERASE)。

(2) AutoCAD提示

选择对象：

按照提示选择要删除的对象，直到按Enter键或Space键结束对象选择，同时删除已选择的对象。

3.2.2 修剪

修剪(TRIM)命令用于在一个或多个对象定义的边上精确地修剪对象，并可以修剪到隐含交点。

(1) 调用方法

① 下拉菜单：选择“修改”→“修剪”命令。

② “修改”工具栏：单击“修剪”按钮()。

③ 命令：TRIM。

(2) AutoCAD提示

命令：TRIM
当前设置：投影=UCS　边=无
选择剪切边……
选择对象：选择修剪边界，并按Enter键结束“选择修剪边”的提示

如果在提示“选择剪切边……”时，没有选择修剪边界而直接按Enter键，则AutoCAD将按默认值选择屏幕内所有对象作为修剪边界。

各选项含义如下。

① 边：该选项用于确定修剪对象的位置，是在剪切边的延伸处，还是在隐含交点处。选择该项，AutoCAD提示如下：

输入隐含边延伸模式[延伸(E)/不延伸(N)]＜当前模式＞：

a. 延伸：沿自身路径延伸剪切边使它在三维空间中与对象相交；

b. 不延伸：指定只修剪与剪切边在三维空间相交的对象。

② 放弃：该选项用于放弃TRIM命令的上一次操作。

③ 投影：该选项用于指定修剪对象时AutoCAD使用的投影模式。默认状态设为当前用户坐标系。

3.2.3 断开

该命令用于删除对象的一部分或将一个对象分成两部分。如直线、参照线、射线、圆弧、圆、椭圆、样条曲线、实心圆环、填充多边形以及二维或三维多段线。

(1) 调用方法：

① 命令：BREAK。

② 下拉菜单：选择"修改"→"打断"命令。

③ "修改"工具栏：单击"断开"按钮(▭)。

(2) AutoCAD 提示

```
命令: BREAK
选择对象: 选择要打断的对象
实体指定第二个打断点或[第一点(F)]:
```

如果在提示"指定第二个打断点或[第一点(F)]："时，从快捷菜单中选择"第一点"选项，那么 AutoCAD 将提示输入第一点和第二点。只需将第一点和第二点指定为同一点或在提示"指定第二个打断点或[第一点(F)]："时输入"@"，就可以把一个对象分解为两部分。

注意：AutoCAD 在打断对象时，依据对象的性质不同其打断的方式也不同。

(1) 如果选择一个圆，AutoCAD 则从第一点逆时针至第二点删除圆的一部分成为圆弧。

(2) 如果选择一条封闭的多段线，则删除的两点间的部分的方向为从第一个顶点指向最后一个顶点。

(3) 如果是带宽度的二维多段线，BREAK 命令将在断点处创建方形端点。

3.2.4 延伸

该命令用于将对象的一个端点或两个端点延伸到另一个对象上。可延伸的对象包括直线、圆弧、椭圆弧、开放的二维和三维多段线和射线。可作为延伸边界的对象包括直线、圆弧、椭圆弧、圆、椭圆、二维和三维多段线、射线、参照线、面域、样条曲线、字符串或浮动视口。

(1) 调用方法

① 命令：EXTEND。

② 下拉菜单：选择"修改"→"延伸"命令。

③ "修改"工具栏：单击"延伸"按钮(--/)。

(2) AutoCAD 提示

```
选择边界的边……
选择对象: //选择延伸的边界，按 Enter 键结束"选择对象"的提示
选择要延伸的对象或[投影(P)/边(E)/放弃(U)]: //选择要延伸的对象或按 Enter 键结束选择对
                                            象，或右击并从快捷菜单中选择合适的选项
```

EXTEND 命令与 TRIM 命令在选择方式上非常相似，只是执行 EXTEND 命令时选择延伸边界，执行 TRIM 命令时选择修剪边界。如果在提示"选择边界的边……"时，没有选择延伸边界而直接按 Enter 键，AutoCAD 则按默认值选择所有对象作为延伸边界。

各选项含义如下。

① 边：该选项用于确定延伸对象的位置，是延伸到选定的边界上，还是到隐含的交点处。选择该项后，AutoCAD 提示如下：

输入隐含边延伸模式[延伸(E)/不延伸(N)]＜当前模式＞:

a. 延伸:沿自身路径延伸边界使它在三维空间中与对象相交;

b. 不延伸:指定对象只延伸到在三维空间中与其实际相交的边界对象上。

② 放弃:该选项用于放弃 EXTEND 命令的上一次操作。

③ 投影:该选项用于指定延伸对象时 AutoCAD 使用的投影模式。默认状态设为当前用户坐标系。

3.2.5 长度修改

该命令用于修改线段或圆弧的长度。

(1) 调用方法

① 命令:LENGTHEN。

② 下拉菜单:选择"修改"→"拉长"命令。

③ "修改"工具栏:单击"长度修改"按钮( )。

(2) AutoCAD 提示

选择对象或[增量(DE)/百分数(P)/全部(T)/动态(DY)]:

3.3 复制对象

3.3.1 一般复制

COPY 命令用于将选定的对象复制到指定的位置,且原对象保持不变。复制的对象与原对象方向、大小均相同。如果需要,还可以进行多重复制,每个复制的对象均与原对象各自独立,并且可以像原对象一样被编辑和使用。

(1) 调用方法

① 命令:COPY。

② 下拉菜单:选择"修改"→"复制"命令。

③ "修改"工具栏:单击"复制"按钮( )。

(2) AutoCAD 提示

命令:COPY
选择对象://选择要复制的对象,并按 Enter 键结束"选择对象"的提示
指定基点或位移,或者[重复(M)]://指定基准点或右击并从快捷菜单中选择合适的选项
指定位移的第二点或＜用第一点作位移＞://指定位移的第二点或按 Enter 键将第一点与原点距离作为位移

3.3.2 镜像复制

MIRROR 命令用于相对于一条直线创建所选对象镜像副本。

(1) 调用方法

① 命令:MIRROR。

② 下拉菜单：选择“修改”→“镜像”命令。

③ “修改”工具栏：单击“镜像”按钮( )。

(2) AutoCAD 提示

命令：MIRROR
选择对象：//选择要镜像的对象，然后按 Enter 键结束“选择对象”的提示
指定镜像线的第一点：//指定相应的点
指定镜像线的第二点：//指定相应的点
是否删除源对象?[是(Y)/否(N)]<N>：//选择 Y，将删除源对象；选择 N，将保留源对象

3.3.3 阵列复制

ARRAY 命令用于将所选择的对象按照矩形或环形图案方式进行多重复制。当使用矩形阵列时，需要指定行数、列数、行间距和列间距(行间距和列间距可以不同)，整个矩形可以以某个角度旋转。当使用环形阵列时，需要指定间隔角、复制数目、整个阵列的包含角以及对象阵列时是否保持原对象方向。

ARRAY 命令的操作步骤如下。

(1) 调用方法

① 命令：ARRAY。

② 下拉菜单：选择“修改”→“ 阵列”命令。

③ “修改”工具栏：单击“阵列”按钮( )。

(2) “阵列”对话框(见图 3-2)内各选项的含义

① 矩形阵列：该选项用于控制阵列时对象的位置和姿态。对话框右侧空白处给出了矩形阵列的浏览图像。

② 环形阵列：选中环形阵列，则弹出“环形阵列”对话框，对话框右侧空白处给出了环形阵列的浏览图像。

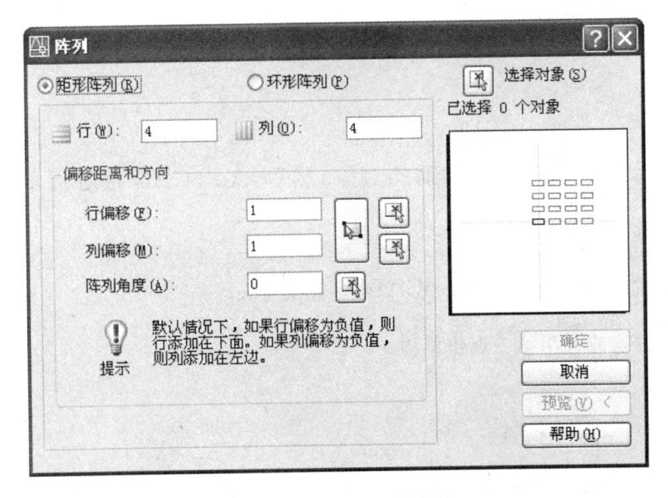

图 3-2 “阵列”对话框

3.3.4 偏移复制

OFFSET 命令用于相对于已存在的对象创建平行线、平行曲线或同心圆。

(1) 调用方法

① 命令：OFFSET。

② 下拉菜单：选择“修改”→“偏移”命令。

③ “修改”工具栏：单击“偏移”按钮(⧉)。

(2) AutoCAD 提示

```
命令: OFFSET
指定偏移距离或[通过(T)]＜1.0000＞: //指定偏移距离
选择要偏移的对象或＜退出＞:          //选择要偏移的对象
偏移后指定点以确定偏移所在侧:        //在要偏移对象的一侧指定点
选择要偏移的对象或＜退出＞:          //继续选择要偏移的对象并在要偏移对象的一侧指定一
                                      点或按 Enter 键结束该命令
```

3.4 移动、拉伸、缩放对象

3.4.1 移动

该命令用于在指定的方向上按照指定距离移动对象。

(1) 调用方法

① 命令：MOVE。

② 下拉菜单：选择“修改”→“移动”命令。

③ “修改”工具栏：单击“移动”按钮(✥)。

(2) AutoCAD 提示

```
选择对象:
选择对象:
……
```

需要用户选择一个或多个要移动的对象，然后，AutoCAD 接着提示：

```
指定基点或位移:
```

如果在此提示下指定一点，AutoCAD 接着提示：

```
指定位移的第二点或＜用第一点作位移＞:
```

3.4.2 拉伸

该命令用于移动或拉伸对象。

(1) 调用方法

① 命令：STRETCH。

② 下拉菜单：选择"修改"→"拉伸"命令。

③ "修改"工具栏：单击"拉伸"按钮(□)。

(2) AutoCAD 提示

以交叉窗口或交叉多边形选择要拉伸的对象……
选择对象：
……

上面提示中的第一行表示用户需要以交叉窗口或者多边形方式选择对象。在"选择对象："提示下用这两种方式之一选择对象后，AutoCAD 接着提示：

指定基点或位移：
指定位移的第二点或< 用第一点作位移>：

需要用户依次指定位移量。然后，AutoCAD 将全部位于选择窗口之内的对象移动，而与选择窗口边界相交的对象按规则拉伸或压缩。

3.4.3 缩放

该命令可将对象按照指定的比例因子相对于指定基点进行尺寸缩放。

(1) 调用方法

① 命令：SCALE。

② 下拉菜单：选择"修改"→"缩放"命令。

③ "修改"工具栏：单击"缩放"按钮(□)。

(2) AutoCAD 提示

选择对象：
……

需要用户选择对象，直到按 Enter 键或者 Space 键，AutoCAD 接着提示：

指定基点
指定比例因子或[参照(R)]：

需要用户指定缩放的基点和缩放比例。

3.5 圆角与倒角

3.5.1 圆角(FILLET)

FILLET 命令用于给两个对象添加指定半径的圆弧。被添加对象可以是圆弧、圆、直线、椭圆弧、多段线、射线、参照线或样条曲线。

(1) 如果系统变量 IRMMODE 的值设置为 1(默认值)，则 FILLET 命令将在交点处修剪两条相交线。

(2) 如果系统变量 IRMMODE 的值设置为 0，则 FILLET 命令将在圆角处保持相交线原有状态。

下面是 FILLET 命令的调用方法。

(1) 命令：FILLET。

(2)下拉菜单：选择“修改”→“圆角”命令。

(3)“修改”工具栏：单击“圆角”按钮(⌈)。

3.5.2 倒角(CHAMFER)

CHAMFER 命令用于在两条直线间绘制一个斜角，其大小由第一个和第二个倒角距离确定。

(1) 如果为两条垂直的直线绘制 45°倒角，则两个倒角距离相等。

(2) 如果系统变量 TRIMMODE 的值设置为 1，则 CHAMFER 命令将在倒角处修剪两条相交线。

(3) 如果系统变量 TRIMMODE 的值设置为 0，则 CHAMFER 命令将在倒角处保持相交线原来的状态。

CHAMFER 命令的操作步骤如下。

(1) 调用方法

① 命令：CHAMFER。

② 下拉菜单：选择“修改”→“倒角”命令。

③“修改”工具栏：单击“倒角”按钮(⌈)。

(2) AutoCAD 提示

```
命令: CHAMFER
//“修剪”模式,当前倒角距离 1=0.5000, 距离 2=0.5000
选择第一条直线或[多段线(P)/距离(D)/角度(A)/修剪(T)/方法(M)]:
选择第二条直线: //再选择一条直线
```

AutoCAD 将为选择的直线绘制倒角。

如果选定的两条直线位于同一层，则绘制的倒角直线也位于同一层上；如果选定的两条直线位于不同的层，则倒角直线绘制在当前层上。

各选项含义如下。

① 距离：该选项用于设置第一个和第二个倒角的距离。

② 多段线：该选项用于对二维多段线的每个顶点绘制倒角。

③ 角度：该选项与“距离”选项相似。AutoCAD 提示输入第一个倒角距离和相对于第一条线的倒角角度，而不是输入第一个和第二个倒角距离，这是创建倒角的另一种方法。

④ 方法：该选项用于控制 AutoCAD 是使用两个距离，还是一个距离和一个角度来创建倒角。

⑤ 修剪：该选项有子选项，修剪或不修剪。它们用于控制是否在倒角处修剪直线的边，这个选项由系统变量 TRIMMODE 的值控制。

3.6 多线编辑

3.6.1 编辑多线

多线编辑命令是一个专用编辑命令，只适用于多线对象。

(1) 调用方法。

① 命令：MLEDIT。

② 下拉菜单：选择“修改”→“对象”→“多线”命令。

③ “修改”工具栏：单击“多线”按钮( )。

(2) 若调用“编辑多线”命令，则 AutoCAD 将弹出如图 3-3 所示的“多线编辑工具”对话框。对话框中的各个图像按钮形象地说明了该对话框具有的编辑功能，共 12 种编辑功能。表 3-1 列出了各图标按钮的名称及功能说明。

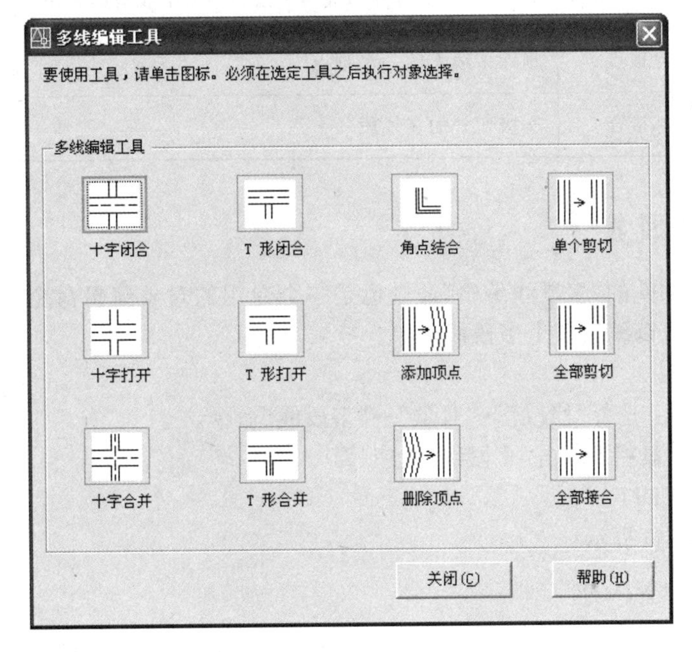

图 3-3 “多线编辑工具”对话框

表 3-1 多线编辑工具各图标按钮的名称

图 标	名 称	功 能 说 明
	十字闭合	在第二条多线和第一条多线的交点处断开第一条多线的所有元素
	T 形闭合	在交点处用第二条多线延伸或截断第一条多线
	角点闭合	将两条多线进行延伸或修剪生成两条多线的一个连接角

续表

图　标	名　称	功 能 说 明
	单个剪切	删除多线上一条线中两个切点之间的部分
	十字打开	在第二条多线和第一条多线的交点处断开第一条多线的所有元素和第二条多线的边线
	T形打开	类似于“T形闭合”，但生成开口交叉
	添加顶点	向多线添加一个顶点
	全部剪切	删除所有多线上两个切点之间的部分
	十字合并	在第二条多线和第一条多线的交点处断开除中线之外的所有元素
	T形合并	类似于“T形打开”，但第一条多线的中线与第二条多线的中线相交
	删除顶点	删除多线上的一个顶点
	全部接合	连接切开的多线段

3.6.2 编辑多段线

AutoCAD2006的“多段线编辑”命令也是一个专用的对象编辑命令。它不但可以编辑单个对象，还可以编辑多个多段线对象。

(1) 调用方法

① 下拉菜单：选择“修改”→“对象”→“多段线”命令。

② “修改”工具栏：单击“多段线”按钮()。

③ 命令：PEDIT。

(2) AutoCAD提示

选择多段线[多重(M)]：

这时，需要用户选择要编辑的多段线。如果输入“M”响应提示，则可以选择多个多段线对象。如果只选择一个多段线，AutoCAD的提示如下：

输入选项[闭和(C)/合并(J)/宽度(W)/编辑顶点(E)/拟合(F)样条曲线(S)/非曲线化(D)/线形生成(L)/放弃(U)]：

如果选择了多个多段线，AutoCAD的提示如下：

输入选项[关闭(C)/打开(O)/合并(J)/宽度(W)/拟合(F)/样条曲线(S)/非曲线化(D)/线型生成(L)/放弃(U)]：

3.6.3 编辑样条曲线

“样条曲线编辑”命令同样是一个专用编辑命令。它是一个单对象的编辑命令，一次只能编辑一个样条曲线对象。

(1) 调用方法

① 下拉菜单：选择“修改”→“对象”→“样条曲线”命令。

② “修改”工具栏：单击“样条曲线”按钮()。

③ 命令：SPLINEDIT。

(2) AutoCAD 提示

选择样条曲线:

在该提示下选取样条曲线后，AutoCAD 提示如下：

输入选项[拟合数据(F)/闭(C)/移动顶点(M)/精度(R)/反转(E)/放弃(U)]:

3.7 夹点编辑

在 AutoCAD 中，用户可以使用夹点编辑完成前面某些编辑命令的功能。夹点编辑与通常所使用的修改方法是完全不同的。用户可以使用夹点对选项中的对象进行移动、拉伸、复制、放大及镜面处理，而不必激活通常相应的修改命令。

当用户在选择对象时，多选对象一般呈虚线显示，并在所选对象上出现若干小方框，这些小方框所确定的点即为对象的特征点，在 AutoCAD 中称为夹点。对选择对象实现某些编辑操作，都可以通过对夹点的控制来完成。

在所选对象上激活夹点后，拾取要修改的夹点，使其变为填充状态(红色)，然后右击，弹出快捷菜单，如图 3-4 所示。

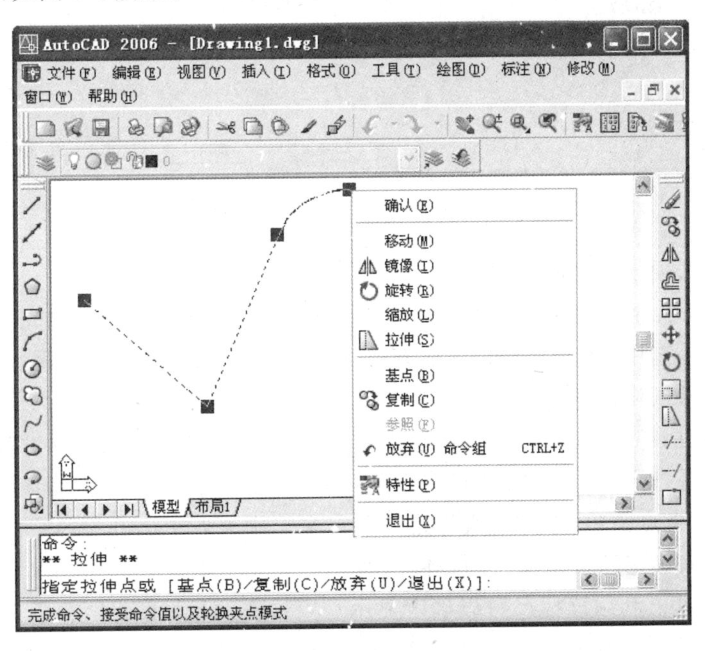

图 3-4 快捷菜单

3.7.1 设置夹点属性

对象的夹点对于编辑对象非常有效和方便。对象上的夹点还可以进行设置，以改变夹点的大小和颜色，为此 AutoCAD 提供了夹点编辑功能。使用 GRIPS 命令可打开一个对话框，在该对话框中可设置对象的夹点。

(1) 调用方法。

① 菜单：选择"工具"→"选项"命令。

② 命令：GRIPS。

(2) 在 AutoCAD 中，打开"选项"对话框，选择"选择"选项卡，如图 3-5 所示。在"选择"选项卡中，可设置夹点的颜色、大小及开关状态等内容。

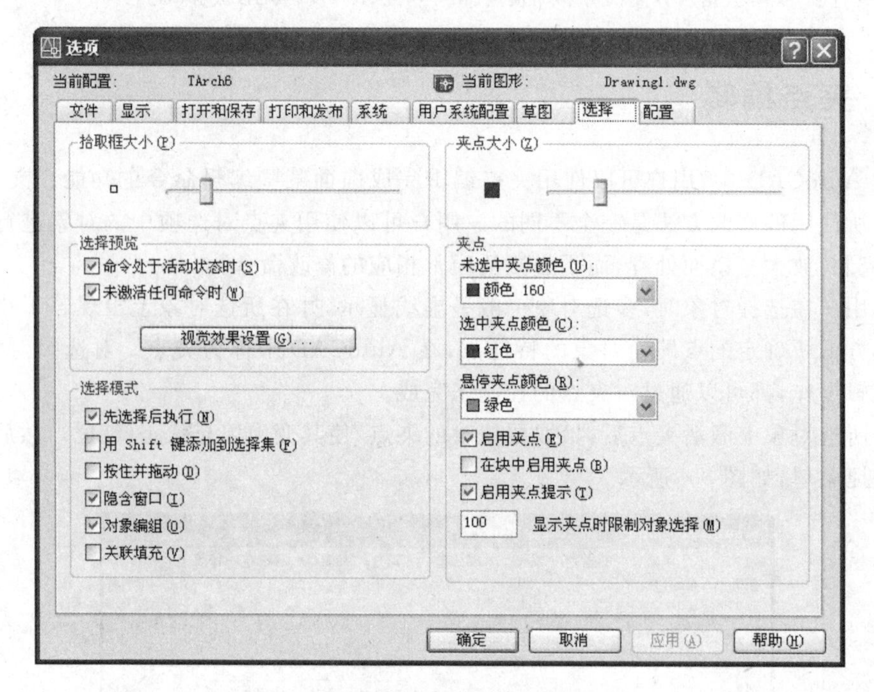

图 3-5 "选项"对话框中的"选择"选项卡

在"选择"选项卡中，各选项的功能如下。

① 选择模式：在该选项组中，可以设置夹点的选择模式。其中，"先选择后执行"复选框用来确定是选用"名词/动词"选择方式，还是选用"动词/名词"选择方式。其他几个复选框用来选择操作的其他方式。

② 夹点：在该选项组中，可以确定屏幕上夹点的显示方式。其中，"起用夹点"复选框用来确定是否打开夹点功能。"在块中起用夹点"复选框用来确定是否显示块内对象的夹点。"未选中夹点颜色"下拉列表框用来确定未选中夹点边框的颜色。"选中夹点颜色"下拉列表框用来确定已选中夹点边框的颜色。

③ 夹点大小：利用该标尺可以确定显示夹点边框的尺寸。

④ 拾取框大小：利用该标尺可以确定拾取框的尺寸。

3.7.2 夹点拉伸编辑

该命令用于对所选对象进行拉伸操作，并可对所选对象进行多次复制。

用鼠标拾取所选对象的某个夹点作为拉伸基点，然后右击并在弹出的快捷菜单中选择“拉伸(S)”命令，AutoCAD 提示如下：

```
* 拉伸 **
指定拉伸点或[基点(B)/复制(C)/放弃(U)/退出(X)]:
```

3.7.3 夹点移动编辑

利用该功能不但能移动对象，还可以对所选对象进行多次复制。

选择对象后，在对象上出现夹点显示框，拾取某一夹点使其呈填充状态后，右击，在弹出的快捷菜单中选择“移动(M)”命令，此时 AutoCAD 提示如下：

```
* 移动 **
指定移动点或[基点(B)/复制(C)/放弃(U)/退出(X)]:
```

在上述提示中，各选项的含义和功能如下。

(1) 指定移动点：选择该选项后，可以指定平移的目标点。可以通过输入坐标点或通过鼠标在绘图窗口直接拾取点来确定。AutoCAD 把所拾取的夹点作为起始点，后面输入的点作为终止点，将对象平移到端点位置。

(2) 基点：该选项允许用输入的另外一点作为基点来移动对象。AutoCAD 提示如下：

```
指定基点:(输入新基点的位置)
* 移动 **
指定移动点或[基点(B)/复制(C)/放弃(U)/退出(X)]:(指定移动终点)
```

编辑结果是将选取的对象以指定的基点为起点，平移到终点位置。

(3) 复制：选择该选项后，系统允许用户对所选对象进行多次移动操作，并保留所有移动后的对象。

3.7.4 夹点旋转编辑

该命令用来将所选对象相对于基点进行旋转，同时还可以将所选对象进行多次复制。用鼠标拾取对象的某夹点作为基点，然后右击，在弹出的快捷菜单中选择“旋转”命令，AutoCAD 提示如下：

```
* 旋转 **
指定旋转角度或[基点(B)/复制(C)/复制(C)/参照(R)/退出(X)]:
```

在上述提示中，各选项的含义和功能如下。

(1) 指定旋转角度：这是默认项，在提示后直接输入角度值后，AutoCAD 把选中的对象绕特征基点旋转指定的角度。

(2) 参照：选择该选项后可以使用参照方式旋转对象。AutoCAD 提示如下：

指定参照角度<0>：(输入参考方向的角度值)
* 旋转 **
指定新角度或[基点(B)/复制(C)/放弃(U)/参照(R)/退出(X)/]：//输入相对于参考方向的角度值

3.7.5 夹点缩放编辑

该命令用于将所选对象相对于其基点进行缩放，同时还可以对所选对象进行多次复制。

用鼠标拾取对象的某夹点作为基点，然后右击，在弹出的快捷菜单中选择“比例(L)”命令，AutoCAD 提示如下：

* 比例缩放 **
指定比例因子或[基点(B)/复制(C)/放弃(U)/参照(R)/退出(X)]：

3.7.6 夹点镜像编辑

该命令用来将所选对象按指定的镜向线作镜像变换，同时可以删除或保留原对象，也可以对选中的对象进行多次复制。

用鼠标拾取某夹点作为基点，然后右击，在弹出的快捷菜单中选择“镜像(I)”命令，AutoCAD 提示如下：

* 镜像 **
指定第二点或[基点(B)/复制(C)/放弃(U)/退出(X)]：

在该提示下直接输入另一点的坐标，AutoCAD 将开始拾取的特征基点作为镜像线上的一点，并将本次输入的点作为镜像线上的另外一点，所选对象以这两点作为镜像线进行镜像操作。

3.8 文本及剖面图案

3.8.1 设置文本样式

用户可按下列步骤来设置文本样式。

(1) 调用方法。

① 命令：STYLE。

② 菜单：选择“格式”→“文字样式”命令。

(2) AutoCAD“文字样式”对话框，如图 3-6 所示。其中：

① 选择“新建”按钮，可建立新的文字样式。AutoCAD 弹出“新建文字样式”对话框。输入新文字样式名，单击“确定”按钮，完成创建新文字样式的操作。

② 若要修改已有的文字样式的名称，首先在“文字样式”对话框的“样式名”下拉菜单中选择“文字样式”选项，然后单击“重命名”按钮，AutoCAD 弹出“重命名文字样式”对话

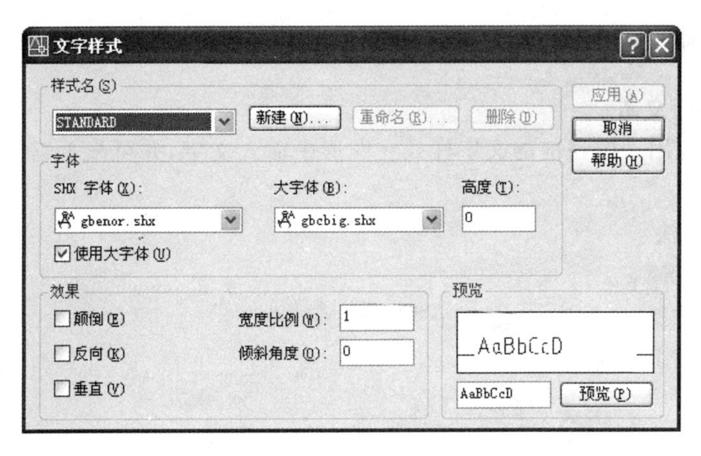

图 3-6 “文字样式”对话框

框,输入新文字样式名,单击“确定”按钮,完成重命名操作。

③ 若要删除已存在的文字样式名称,首先在“文字样式”对话框的“样式名”下拉列表中选择文字样式,然后单击“删除”按钮,AutoCAD 将弹出“警告”对话框用于确定是否继续执行删除命令,单击“是”按钮将删除选定的文字样式,单击“否”按钮则取消删除命令。

④ 若要定义文字样式使用的字体,只要从“字体名”下拉列表中选择字体即可。与之类似,在“字体”下拉列表中可以选择字体样式,字体样式就是字符格式,如斜体、粗体、标准等。

⑤ “高度”文本框用于设置字符的高度。如果高度设置为 0,那么在 TEXT 和 MTEXT 命令下使用此文字样式时,可以在每次调用该命令时改变文字的高度;如果高度设置为其他值,这个值将被用作该文字样式固定字高,即文字的高度不能改变。

⑥ “颠倒”和“反向”复选框分别确定文字是否上下或左右反转。

⑦ “垂直”复选框控制字符是否垂向排列。只有在选定的字体支持双向时才可用该选项。

⑧ “宽度比例”文本框用于设置字符宽度与高度的比值。如果设置值大于 1.0,则文字较宽;如果设置值小于 1.0,则文字较窄。

⑨ “倾斜角度”文本框用于设置字符的倾斜角度。若设置值为 0°,则文字不倾斜(在 AutoCAD 中,当倾斜角度设置为 90°时,文字同样是不倾斜的)。倾斜角度为正值时,文字顶部沿顺时针方向向右倾斜;倾斜角度为负值时,文字顶部沿逆时针方向向左倾斜。

⑩ “文字样式”对话框的“预览”栏可动态显示选定的字体和字符效果。要改变预览显示的字符,只需在该栏下的文本框中输入所需字符即可。

(3) 在“文字样式”对话框完成了必要的修改后,单击“应用”按钮将确认修改的设置,然后单击“关闭”按钮退出“文字样式”对话框。

3.8.2 文本输入

1. 标注单行文本

TEXT 命令用于按当前的文字样式在图形中输入文字，并可根据需要修改当前文字的样式。

(1) 调用方法

① 命令：TEXT。

② 菜单：选择“绘图”→“文字”→“单行文字”命令。

(2) AutoCAD 提示

```
当前文字样式：当前样式文字高度：当前高度
指定文字的起点或[对正(J)/样式(S)]：
命令行：指定高度 < 当前值>：
```

这时，可以输入字符的高度，按 Enter 键表示接受默认的高度值，也可以使用定点设置或者输入一个具体的高度值。

```
命令行：指定文字的旋转角度<当前值>：
```

这时，可以输入文字的旋转角度(默认状态为 3 点钟方向，即正东方向，角度沿逆时针方向为正)，角度默认值为 0°，此时文字是水平的。

```
命令行：输入文字：
```

输入文字并按 Enter 键退出命令。这时，光标出现在屏幕上文字的起点位置，输入第一行文字后按 Enter 键换行，光标将移到下一行的起点处，等待输入另一行文字，此时可以输入第二行文字，依此类推。文字输入完毕后，在“输入文字：”提示下按 Enter 键结束该命令。

2. 标注多行文本

MTEXT 命令用于以段落方式处理文字。段落的宽度由指定的矩形框决定。可以很容易地将绘制的文本作为一个整体，用左、右、中对正方式进行自动排版。

下面是执行 MTEXT 命令的操作步骤。

(1) 调用方法

① 命令：MTEXT。

② 菜单：选择“绘图”→“文字”→“多行文字”命令。

③ “绘图”工具栏：单击“文字”按钮(A)。

(2) 命令行提示

```
当前文字样式“Standard”    当前文字高度：1.5
指定第一角点：(指定矩形框的第一点)
指定对角点或[高度 (H)/对正(J)/行距(L)/旋转(R)/样式(S)/宽度(W)]：
    //指定矩形框的第二点或右击并从快捷菜单中选择一个合适的选项
```

当指定了矩形框的第一点后，拖动光标，屏幕上将显示一个含有箭头的矩形框，该矩形框为将要输入的文字段的宽度范围。按照命令行提示指定矩形框的对角点后，

AutoCAD 将显示“文字格式”对话框，如图 3-7 所示。

图 3-7　“文字格式”对话框

(3) 在“多行文字编辑器”对话框中输入文字，如图 3-7 所示，右击并从快捷菜单中可选择放弃、剪切、复制、粘贴、全部选择、改变大小写、删除格式以及合并段落。写完后，按“确定”按钮结束。

3.8.3　文本编辑

1. 编辑单行文字

(1) 调用方法

① 命令：DDEDIT。

② 菜单：选择“修改”→“对象”→“文字”→“编辑”命令。

(2) AutoCAD 提示

选择注释对象或[放弃(U)]:

如果用户选择的文字对象是单行文字，则可以直接进行修改。

2. 编辑多行文字

(1) 调用方法

① 命令：DDEDIT。

② 菜单：选择“修改”→“对象”→“文字”命令。

(2) AutoCAD 提示

选择注释对象或[放弃(U)]:

3.8.4　图案填充

用户经常要重复绘制某些图案去填充图形中的一个区域，以表达该区域的特征，这样的填充操作在 AutoCAD 中称为图案填充。图案填充在 AutoCAD 中的应用非常广泛。例如，在机械工程图中，图案填充用于表达一个剖切的区域，而不同的图案填充则表达不同的零部件或材料，如图 3-8 所示。

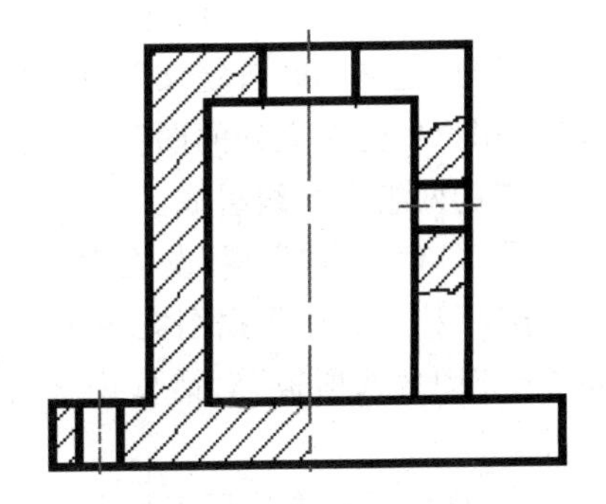

图 3-8　图案填充示例

创建图案填充通常有两种方式：对话框和命令行。但对于一般用户来说，对话框操作更加直观方便，因此这里只介绍用对话框创建图案填充。

（1）调用方法

① 菜单：选择“绘图”→“图案填充”命令。

②“绘图”工具栏：单击“图案填充”按钮（▦）。

③ 命令：BHATCH。

（2）快速设置

图 3-9 所示的“图案填充和渐变色”对话框，主要功能如下。

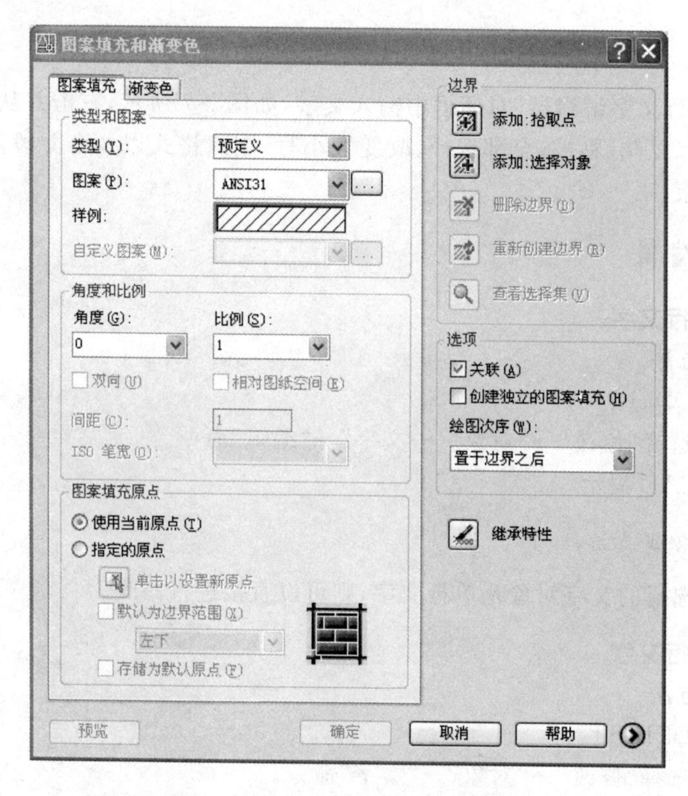

图 3-9 “图案填充和渐变色”对话框

① 类型。该选项用于设置填充图案的类型。用户可通过“类型”下拉列表在“预定义”、“用户定义”和“自定义”之间选择。其中，“预定义”为 AutoCAD 提供的图案；“自定义”为用户事先定义好的图案；“用户定义”则为用户临时定义图案，由一组平行线或者相互垂直的两组平行线组成。

② 图案。当“类型”设置为“预定义”时有效，其用于设置填充的图案。用户可以从“图案”下拉列表中根据图案名来选择，也可以单击右边的按钮，从弹出的如图 3-10 所示的“填充图案选项板”对话框中选择。该对话框中共有 4 个选项卡，分别对应 4 种图案类型。

③ 样例。该选项用于显示当前选中图案的样例。

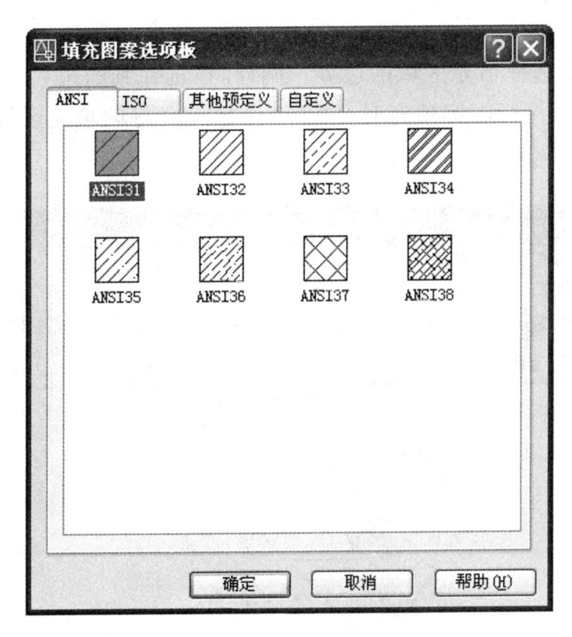

图 3-10 “填充图案选项板”对话框

④ 自定义图案。当填充的图案采用“自定义”类型时，该选项可用。用户可以通过相应的下拉列表选择，也可以单击相应的按钮，从弹出的对话框中选择。

⑤ 角度。该选项用于设置填充图案的旋转角度。每种图案在定义时的旋转角为零，用户可以直接在“角度”文本框中输入旋转角度，也可以从相应的下拉列表中选择。

⑥ 比例。该选项用于设置图案填充时的比例值。每种图案在定义时的初始化比例为 1，用户可以根据需要放大或缩小。比例因子可以直接在“比例”文本框中输入，也可以从相应的下拉列表中选择。

⑦ 相对图纸空间。该复选框设置该比例因子是否为相对于图纸空间的比例。

⑧ 间距。当填充图案采用“用户自定义”类型时，该选项用于设置填充平行线之间的距离。用户在“间距”文本框中输入即可。

⑨ ISO 笔宽。当填充图案采用 ISO 图案时，该选项可用，其用于设置笔的宽度。在“ISO 笔宽”文本框中输入值即可。

⑩ 添加：拾取点。该选项提供用户以拾取点的形式来指定填充区域的边界。单击该按钮，AutoCAD 将切换到绘图窗口，并在命令窗口中提示如下内容。

```
选择内部点:
```

需要用户在准备填充的区域任意指定一点，AutoCAD 会自动计算出包围该点的封闭填充边界，同时亮显这些边界。如果在拾取点后，AutoCAD 不能形成封闭的填充边界，其会给出错误提示信息。

⑪ 添加：选择对象。该按钮以选择对象的方式来定义填充区域的边界。单击该按钮，AutoCAD 将切换到绘图窗口，并在命令窗口中提示如下内容。

选择对象:

用户在此提示中选择填充区域的边界。同样,被选择到的边界也会亮显。

⑫ 删除孤岛。在进行图案填充时,位于一个已定义好的填充区域内的封闭区域称为孤岛,如图 3-11中的三角形。

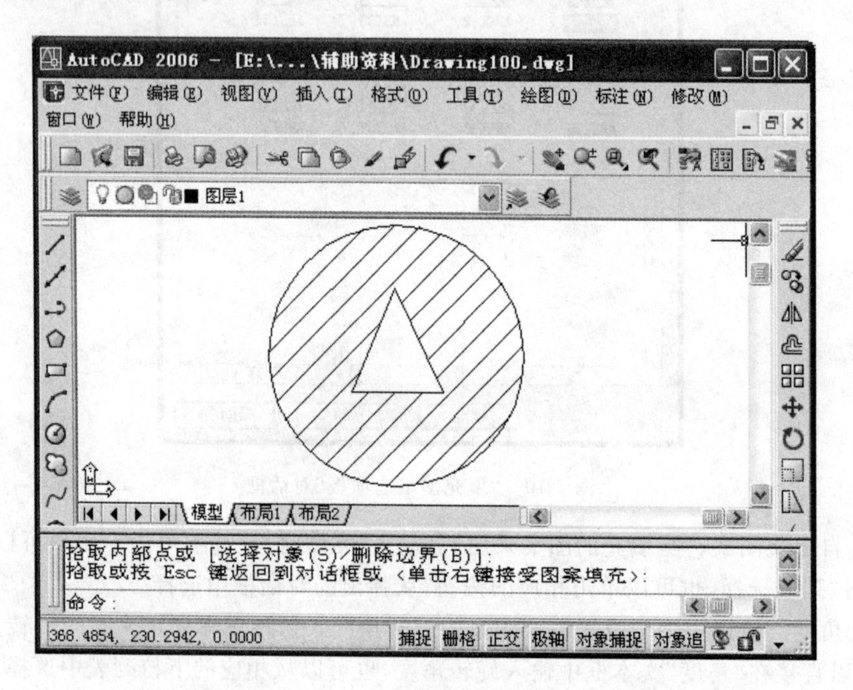

图 3-11 图案填充孤岛

当用户以拾取点的方式定义填充边界后,AutoCAD 会自动计算出包围该点的封闭填充边界,同时自动计算出相应的孤岛。

如果是以选择对象的方式定义填充边界,在选择对象时就需要同时选择这些作为孤岛的对象。

"删除孤岛"按钮就是用于取消 AutoCAD 自动计算或者用户指定的孤岛。单击"删除孤岛"按钮,AutoCAD 会切换到绘图窗口,并在命令行窗口提示:

选择要删除的孤岛:

此时,单击孤岛对象,该对象会恢复成正常显示方式,而不再作为孤岛边界处理。

⑬ 查看选择集。该按钮用于查看已定义的填充边界。单击该按钮,AutoCAD 将切换到绘图窗口,将一定义的填充边界亮显,同时提示:

<按 Enter 键或右击鼠标返回对话框>

用户响应后,AutoCAD 返回到"图案填充和渐变色"对话框。

⑭ 继承特性。该选项用于从已有的图案填充对象设置将要填充的图案填充方式。当选择该选项后,AutoCAD 将会切换到绘图窗口并提示:

选择填充对象:

在此提示下选择一个已有的图案填充，AutoCAD 将返回“图案填充和渐变色”对话框，并在对话框中显示出该图案的相应设置及有关特性参数。

⑮ 双向。当图案类型为“用户自定义”时，该选项用于设置填充线是一组平行线，还是相互垂直的两组平行线。当选中复选框时，填充线为相互垂直的两组平行线，否则为一组平行线。该复选框只有在图案“类型”为“用户自定义”时才可用。

⑯ 关联。该选项用于设置图案填充与填充边界的关系。当选中“关联”复选框时，填充的图案与填充边界保持着关联关系，当对填充边界进行某些编辑操作时，AutoCAD 会根据边界的新位置重新生成图案填充；当选中“创建独立的图案填充”复选框时，则表示图案填充和填充边界没有关联关系，如图 3-12 所示。

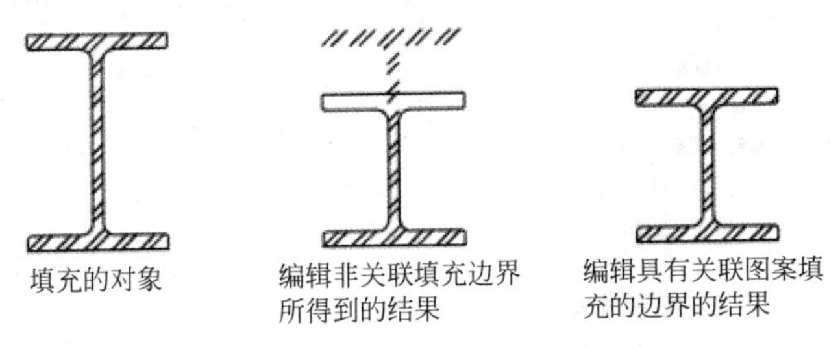

图 3-12 图案填充关联与独立的不同之处

⑰ 预览。该按钮提供预览填充效果，以方便用户调整填充设置。单击该按钮，AutoCAD 将会切换到绘图窗口，按当前的填充设置进行预填充，同时提示：

<按 Enter 键或右击鼠标返回对话框>

用户响应后，AutoCAD 将返回到“图案填充和渐变色”对话框，此时可以重新设置。

3.8.5 图案修改

对于已有的图案填充对象，用户可以进行编辑、修改图案、关联性等操作。

(1) 调用方法

① 菜单：选择“修改”→“对象”→“图案填充”命令。

② 命令：HATCHEDIT。

(2) AutoCAD 提示

选择关联对象:

当选择了已有的图案填充后，AutoCAD 将弹出如图 3-13 所示的“图案填充编辑”对话框。该对话框与“图案填充和渐变色”对话框内容相同，只是定义填充边界和对孤岛操作的按钮不再可用，即图案编辑填充只能修改图案、比例、旋转角度和关联性等，而不能修改边界。

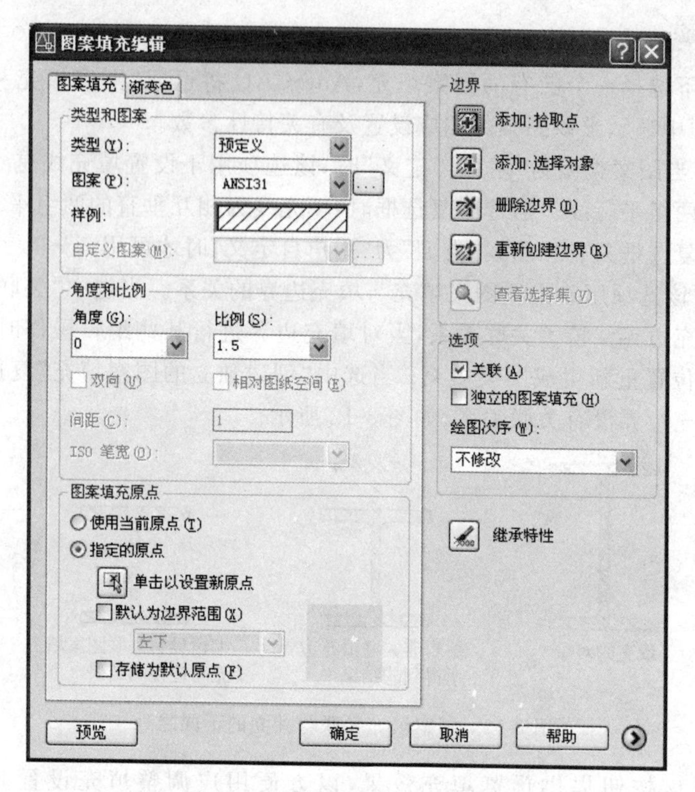

图 3-13 “图案填充编辑”对话框

3.9 对象属性编辑

3.9.1 PROPERTIES(DDMODIFY)命令

对于对象属性的编辑,用户可在命令行输入 PROPERTIES 或 DDMODIFY 命令,或选择“修改”菜单中的“特性”命令,弹出如图 3-14 所示的对话框。在此,不仅可以改变图素的层、颜色、线型或点等特性,还可以改变尺寸的数值及公差等。根据所选图素的不同属性,可改变的参数也不同。

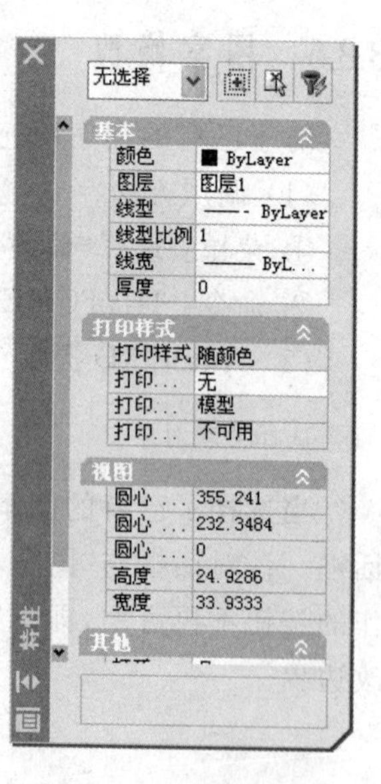

图 3-14 “属性”对话框

3.9.2 DDCHPROP 命令

该命令也可修改对象属性,其用法可参照 DDMODIFY 命令。

3.9.3 属性匹配

属性匹配是指利用已有图素的属性,改变图形的层、颜色、线型,使后选取的图素属性变成与先选取的图素属性一致。

(1) 调用方法

① 菜单：选择“修改”→“特性匹配”命令。

② 命令：MATCHPROP。

(2) AutoCAD 提示

选择源对象：
当前活动设置[颜色/图层/线型比例/线宽/厚度/打印样式/文字/标注/图案填充]：
选择目标对象或[设置(S)]：//选取要改变的图素，可多选
选择目标对象或[设置(S)]：

3.10 综合实例

3.10.1 实例一

绘制一张软盘(不标注尺寸)，如图 3-15 所示，其操作步骤如下：

(1) 设置图形边界，在下拉式菜单中选择“格式”→“图形边界”命令，本例中根据图形的大小设置图形边界为 150,120。

(2) 用 ZOOM 命令中的 ALL 缩放视窗。

(3) 设置图层(参见第 4 章 4.1 节内容)，新建 2～3 个层，如图 3-16 所示。

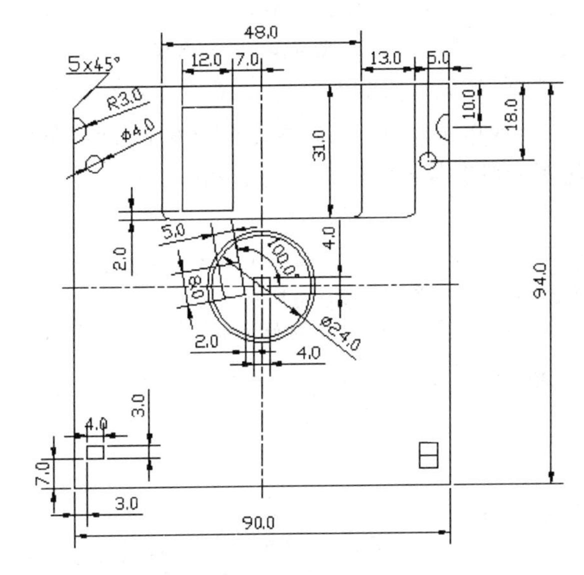

图 3-15 软盘

(4) 学会了图形编辑命令，就不需要像 2.6.3 小节画轴那样计算每一个端点的坐标，画图会更加灵活，且方法有多种，本例中推荐的方法供大家参考。绘图步骤如下：

① 绘制中心线。对于对称或基本对称的图形，一般先画中心线，以确定绘图的基准。将图 3-16 中的中心线层设计为当前图层。并打开正交模式(按 F8 键)。

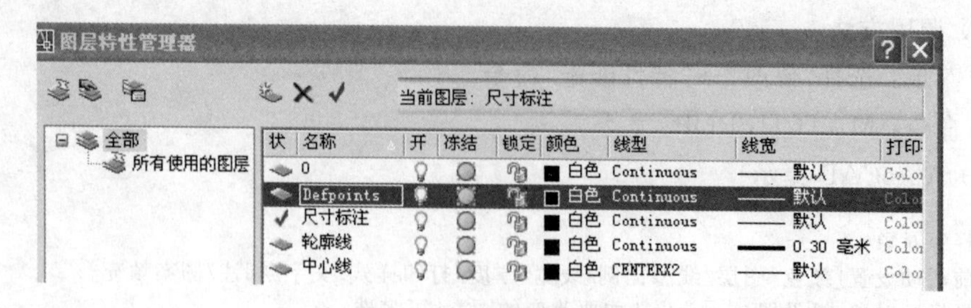

图 3-16　新建图层

单击按钮，命令行提示如下：(在//后面的内容，不是命令，而是表示操作方法或解释)

命令：_LINE

指定第一点：　//用鼠标在图形窗口靠左中间位置拾取一点

指定下一点或[放弃(U)]：　//将鼠标向右移动至图形窗口右边拾取一点，即为水平中心线

指定下一点或[放弃(U)]：　//按 Enter 键或鼠标右键，结束画线

//紧接着按 Enter 键或鼠标右键或 Space 键，表示重复上一次命令

指定下一点：　//用鼠标在图形窗口中间靠上位置拾取一点

指定下一点或[闭合(C)/放弃(U)]：//将鼠标向下移动至图形窗口下边拾取一点，即为垂直中心线

指定下一点或[闭合(C)/放弃(U)]：//按 Enter 键或鼠标右键，结束画线

注意：如果中心线看上去不是点划线，可能是以下两种情况造成的。

① 请检查图层设置中(见图 3-16)线型是否设置正确。

② 如果线型设置正确，仍不能显示点划线，则是由于线型比例太大或太小，可将线型比例设置成适合的比例。如图 1-24 所示，在本例中将右下角的"全局比例因子"设为"2"。

② 绘制软盘外轮廓。单击按钮，命令行提示如下：

命令：_RECTANG

指定第一个角点或[倒角(C)/标高(E)/圆角(F)/厚度(T)/宽度(W)]：

//用鼠标在图形窗口靠左下角的位置任意拾取一点

指定另一个角点：@90,94　//用相对直角坐标确定矩形的另一个角点

单击按钮，将矩形的中心移到十字中心线的交点上。在此介绍一种移动的技巧，如图 3-17 所示。

命令：_MOVE

选择对象：　//用鼠标拾取矩形

指定基点或[位移(D)]：　'CAL　//输入透明命令后按 Enter 键，表示调用几何计算器，计算出矩形的几何中心，并作为移动矩形的基点

>>>> 表达式：(mid+mid)/2　//表示求两条线的中点连线的中间点

>>>>选择图元用于 MID 捕捉：　//用鼠标选择矩形的上边线

>>>>选择图元用于 MID 捕捉：　//用鼠标选择矩形的下边线

指定第二个点或 <使用第一个点作为位移>：//用鼠标捕捉十字中心线的交点，即可完成移动

单击按钮，命令行提示如下：

命令：_CHAMFER

//"修剪"模式，当前倒角距离 1 = 10.0000，距离 2 = 10.0000
选择第一条直线或[多段线(P)/距离(D)/角度(A)/修剪(T)/方法(M)]：d
指定第一个倒角距离 <10.0000>：5
指定第二个倒角距离 <5.0000>：
选择第一条直线或[多段线(P)/距离(D)/角度(A)/修剪(T)/方法(M)]：//选择矩形上边
选择第二条直线：//选择矩形左边

绘制结果如图 3-15 左上角所示。

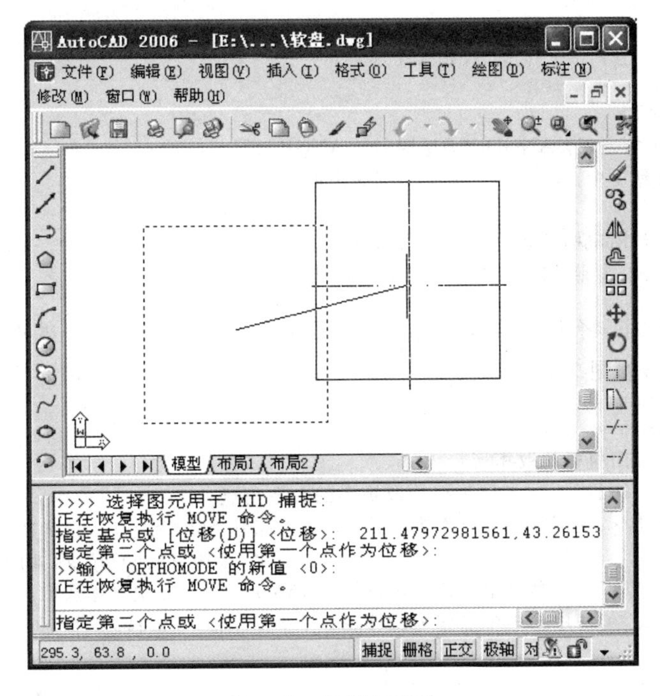

图 3-17 矩形的移动

③ 绘制中心孔。

a. 单击按钮，命令行提示如下：

命令：_CIRCLE
指定圆的圆心或[三点(3P)/两点(2P)/相切、相切、半径(T)]： //用鼠标通过"捕捉"方式拾取
指定圆的半径或[直径(D)]：12

b. 单击按钮，命令行提示如下：

命令：_OFFSET
指定偏移距离或[通过(T)] <通过> <1.0000>1 ↙
选择要偏移的对象或 <退出>： //选择刚才绘制的圆
指定点以确定偏移所在一侧： //选择圆外侧一点
选择要偏移的对象或 <退出>：

④ 绘制道口。

a. 单击按钮，命令行提示如下：

命令: _RECTANG
指定第一个角点或[倒角(C)/标高(E)/圆角(F)/厚度(T)/宽度(W)]: //在空的地方用鼠标任意拾取一点
指定另一个角点: @4,4　　//用图 3-17 中的方法将正方形移到中心线交点上
命令: _RECTANG
指定第一个角点或[倒角(C)/标高(E)/圆角(F)/厚度(T)/宽度(W)]: //在空的地方用鼠标任意拾取一点
指定另一个角点: @5,8

b. 单击按钮,命令行提示如下:

命令: _ROTATE
UCS 当前的正角方向: ANGDIR=逆时针　ANGBASE=0
选择对象: 找到 1 个　//选择上一步绘制的矩形
选择对象:
指定基点:　//用鼠标拾取右下角作为基点
指定旋转角度或[参照(R)]: 10　//100−90=10

c. 单击按钮,将矩形的右下角点移到正方形左下角点距离 2 的地方。在此介绍另一种移动的技巧,如图 3-18 所示。

命令: _MOVE
选择对象:　//用鼠标拾取矩形
指定基点或[位移(D)]:　//用鼠标拾取矩形的右下角点
指定第二个点或 <使用第一个点作为位移>:　//按住 Shift 键不放,右击鼠标,在弹出的快捷菜单,选择"自(F)"命令,如图 3-18 所示
指定第二个点或 <使用第一个点作为位移>: _From 基点　//用鼠标选取正方形的左下角点
指定第二个点或 <使用第一个点作为位移>: _From 基点 <偏移> @−2,0

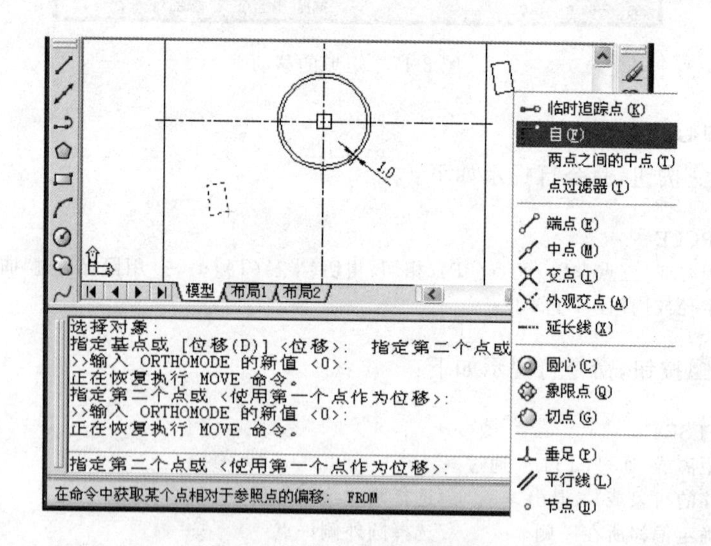

图 3-18　道口(矩形)的移动

d. 单击按钮,命令行提示如下:

命令：_FILLET
当前模式：模式＝修剪，半径＝10.0000
选择第一个对象或[多段线(P)/半径(R)/修剪(T)]：R
指定圆角半径 <10.0000>：1
选择第一个对象或[多段线(P)/半径(R)/修剪(T)]：P //选择多段线，矩形是由多段线组成的
选择二维多段线： //选择矩形中任意一条边

绘制道口结果如图 3-19 所示。

⑤ 绘制读盘口。

a. 单击按钮，命令行提示如下：

命令：_RECTANG
指定第一个角点或[倒角(C)/标高(E)/圆角(F)/厚度(T)/宽度(W)]： //在空白处用鼠标任意拾取一点
指定另一个角点或[尺寸(D)]：@31,48

b. 单击按钮，命令行提示如下：

命令：_EXPLODE
选择对象： //选取刚画的矩形，将矩形分解

c. 单击按钮，命令行提示如下：

命令：_OFFSET
指定偏移距离或[通过(T)] <通过> <1.0000> 13
选择要偏移的对象或 <退出>： //选择矩形右边
指定点以确定偏移所在一侧： //选择矩形右侧一点
选择要偏移的对象或 <退出>：

为了继续绘图时讲述方便，这里给线段标号，分别记为 1、2、3、4、5 及交叉点 6，如图 3-20 所示。

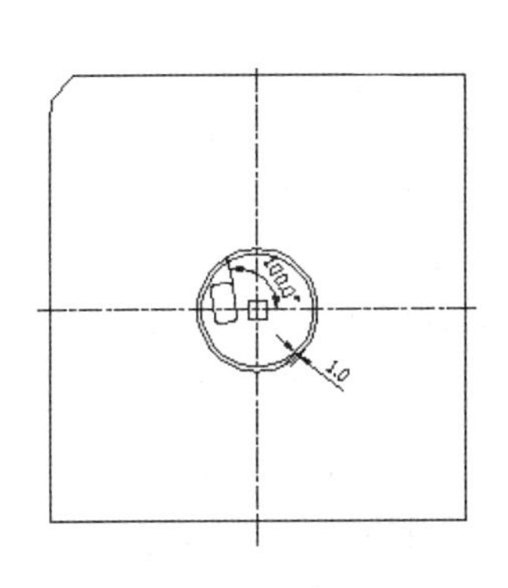

图 3-19 绘制道口结果

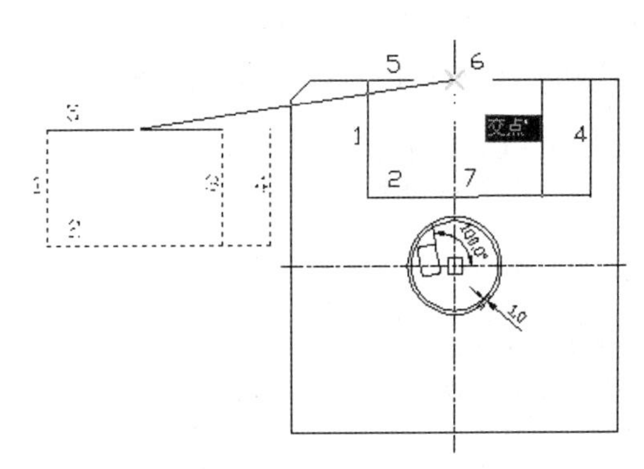

图 3-20 读盘口的移动

d. 单击按钮，命令行提示如下：

命令：_EXTEND
当前设置． 投影＝UCS，边＝无
选择边界的边……

选择对象或＜全部选择＞：找到一个　　　　　　//选择第4条边
选择对象：　　　　　　　　　　　　　　　　　//按Enter键
[栏选(F)/窗交(C)/投影(P)/边(E)/放弃(U)]：//选择两条边的右端
[栏选(F)/窗交(C)/投影(P)/边(E)/放弃(U)]：//按Enter键

e. 单击按钮，命令行提示如下：

命令：_MOVE
选择对象：　//用鼠标拾取第1、2、3、4条边
选择对象：　//按Enter键
指定基点或[位移(D)]：　//用鼠标拾取第5条边的中点
指定第二个点或 ＜使用第一个点作为位移＞：　　//捕捉第6点附近的交叉点

f. 单击按钮，命令行提示如下：

命令：_RECTANG
指定第一个角点或[倒角(C)/标高(E)/圆角(F)/厚度(T)/宽度(W)]：//在空白处用鼠标拾取任意一点
指定另一个角点或[尺寸(D)]：@12,24

g. 单击按钮，命令行提示如下：

命令：_MOVE
选择对象：　　　//选择刚画的矩形
选择对象：　　　//按Enter键
指定基点或[位移(D)]：　//用鼠标拾取矩形下边的中点
指定第二个点或 ＜使用第一个点作为位移＞：　//捕捉第6点附近的交叉点
指定第二个点或 ＜使用第一个点作为位移＞：　//按住Shift键不放，右击鼠标，出现快捷菜单，选择“自(F)”，用图3-18中的方法
指定第二个点或 ＜使用第一个点作为位移＞：_From 基点　//用鼠标选取第7点附近的交叉点
指定第二个点或 ＜使用第一个点作为位移＞：_From 基点 ＜偏移＞ @−7,2

绘制读盘口结果如图3-21所示。

h. 然后，给读盘口倒圆角。单击按钮，命令行提示如下：

命令：_FILLET
当前模式：模式 = 修剪，半径 = 2.0000
选择第一个对象或[多段线(P)/半径(R)/修剪(T)]：　　//选择线段1
选择第二个对象：　　　　　　　　　　　　　　　　//选择线段2
命令：_FILLET
当前模式：模式 = 修剪，半径 = 2.0000
选择第一个对象或[多段线(P)/半径(R)/修剪(T)]：　　//选择线段2
选择第二个对象：　　　　　　　　　　　　　　　　//选择线段4
命令：_FILLET
当前模式：模式 = 修剪，半径 = 2.0000
选择第一个对象或[多段线(P)/半径(R)/修剪(T)]：T
输入修剪模式选项[修剪(T)/不修剪(N)] ＜修剪＞：N
选择第一个对象或[多段线(P)/半径(R)/修剪(T)]：　　//选择线段2
选择第二个对象：　　　　　　　　　　　　　　　　//选择线段3

⑥ 绘制定位孔和磁盘保护孔。先画右上角的定位孔，然后通过镜像的方式，得到左

边的定位孔。

a. 单击按钮，命令行提示如下：

命令：_CIRCLE
指定圆心或[三点(3P)/两点(2P)/相切、相切、半径(T)]： //按住 Shift 键不放，右击鼠标，在弹出的快捷菜单中选择“自(F)”命令，如图 3-18 所示
指定圆心或[三点(3P)/两点(2P)/相切、相切、半径(T)]：_from //用鼠标选取软盘右上角点
指定第二个点或 ＜使用第一个点作为位移＞：_from 基点：＜偏移＞：@0，−10
指定圆的半径或[直径(D)] ＜12.0000＞：3
命令：_CIRCLE
指定圆心或[三点(3P)/两点(2P)/相切、相切、半径(T)]： //按住 Shift 键不放，右击鼠标，在弹出的快捷菜单中选择“自(F)”命令，如图 3-18 所示
指定圆心或[三点(3P)/两点(2P)/相切、相切、半径(T)]：_from //用鼠标选取软盘右上角点
指定第二个点或 ＜使用第一个点作为位移＞：_from 基点：＜偏移＞：@−5，−18
指定圆的半径或[直径(D)] ＜3.0000＞：2

绘图结果如图 3-22 所示。这两个圆分别编号为 1 和 2。

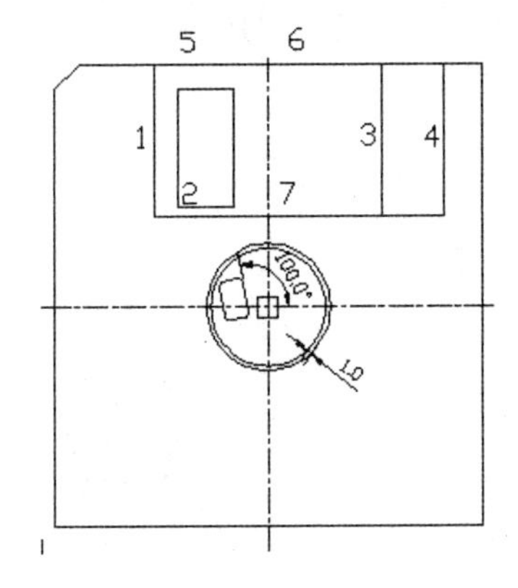

图 3-21 绘制读盘口结果

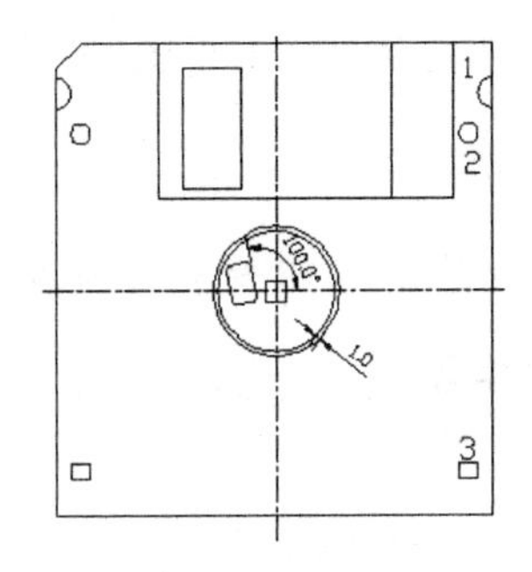

图 3-22 绘制右边定位孔和磁盘保护孔

b. 单击按钮，命令行提示如下：

命令：_TRIM
当前设置：投影＝UCS 边＝无
选择剪切边 ……
选择对象：找到 1 个 //选择右边框
选择对象：
选择要修剪的对象，按住 Shift 键选择要延伸的对象或[投影(P)/边(E)/放弃(U)]：面 //选择圆 1 右半部分
选择要修剪的对象，按住 Shift 键选择要延伸的对象或[投影(P)/边(E)/放弃(U)]：

c. 单击按钮，命令行提示如下：

命令：_RECTANG
指定第一个角点或[倒角(C)/标高(E)/圆角(F)/厚度(T)/宽度(W)]：//在空白处用鼠标拾取任意一点

指定另一个角点或[尺寸(D)]：@4,3

将磁盘保护孔(矩形)用移动命令移至规定位置(略)。

此外，还需要绘制另外一边的定位孔，所以单击按钮，命令行提示如下：

命令：_MIRROR
选择对象：找到 1 个　　//选择圆 1
选择对象：找到 1 个，总计两个　　//选择圆 2
选择对象：找到 1 个，总计 3 个　　//选择矩形孔 3
选择对象：
指定镜像线的第一点：　//用鼠标捕捉垂直中心线的上端点
指定镜像线的第二点：　//用鼠标捕捉垂直中心线的下端点
是否删除源对象？[是(Y)/否(N)] ＜N＞：　//按 Enter 键

d. 单击按钮

命令：_COPY
选择对象：　//选择矩形 3
选择对象：　//按 Enter 键
指定基点或[位移(D)] ＜位移＞：　//选择矩形 3 右上角
指定基点或[位移(D)] ＜位移＞：指定第二点或＜使用第一个点作为位移＞：
//选择矩形 3 右下角

绘制完毕，得到最终效果图(见图 3-15)。

3.10.2 实例二

按尺寸绘制吊钩，如图 3-23 所示。

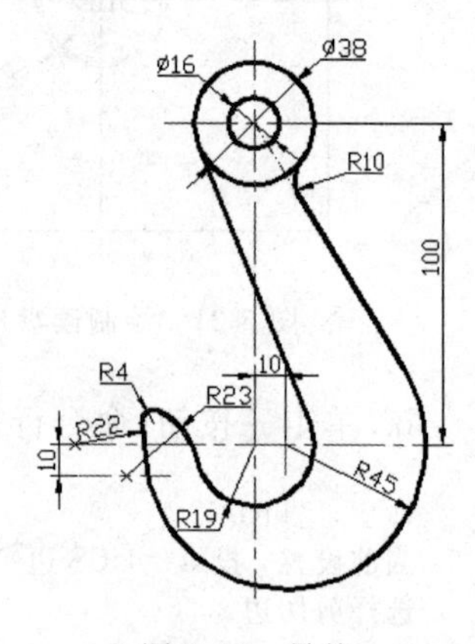

图 3-23　吊钩

1. 绘图准备

与实例一相同。

2. 绘图步骤(见图 3-24)

(1) 用“中心线”层绘制基准线，如图 3-24(a)所示。其中，距离 100 和 10 的位置可用“偏移”命令完成。

(2) 选用“轮廓线”层，画确定位置上的圆及直线。在画两个圆的切线时，采用捕捉切点的方法。具体方法有两种：第一种方法是将鼠标移至绘图区下方的 对象捕捉 ，右击鼠标，设置切点捕捉方式；第二种方法是在选择“直线”命令后，左手按住键盘左边的 Shift 键，然后右击鼠标，会弹出临时捕捉的快捷菜单，选其中的“切点”命令，然后再选直线与圆的切点附近，等出现相切符号后单击鼠标左键确定即可，直线与下面的圆相切的画法与此相同，如图 3-24(b)所示。

(3) 用“修剪”命令对图 3-24(b)进行修剪，得到的结果如图 3-24(c)所示。

(4) 画出与 R45 相外切的 R22。首先确定 R22 的圆心，R22 与 R45 的圆心在同一条水平线上，且两圆圆心距应等于两个圆的半径之和，因此可用“偏移”命令将 R45 圆心处的垂直中心线向左偏移 67，得到 R22 圆心，绘出半径为 22 的圆，然后修剪，得到图 3-24(d)

所示效果。

(5) 确定 R23 的圆心。将 R19 的水平中心线向下偏移 10，再以 R19 的圆心为中心，以 R42(19+23)为半径画圆，与向下偏移 10 得到的水平线相交，左边的交点即为 R23 的圆心，如图 3-24(e)所示。

(6) 经修剪后得到图 3-24(f)所示的效果。

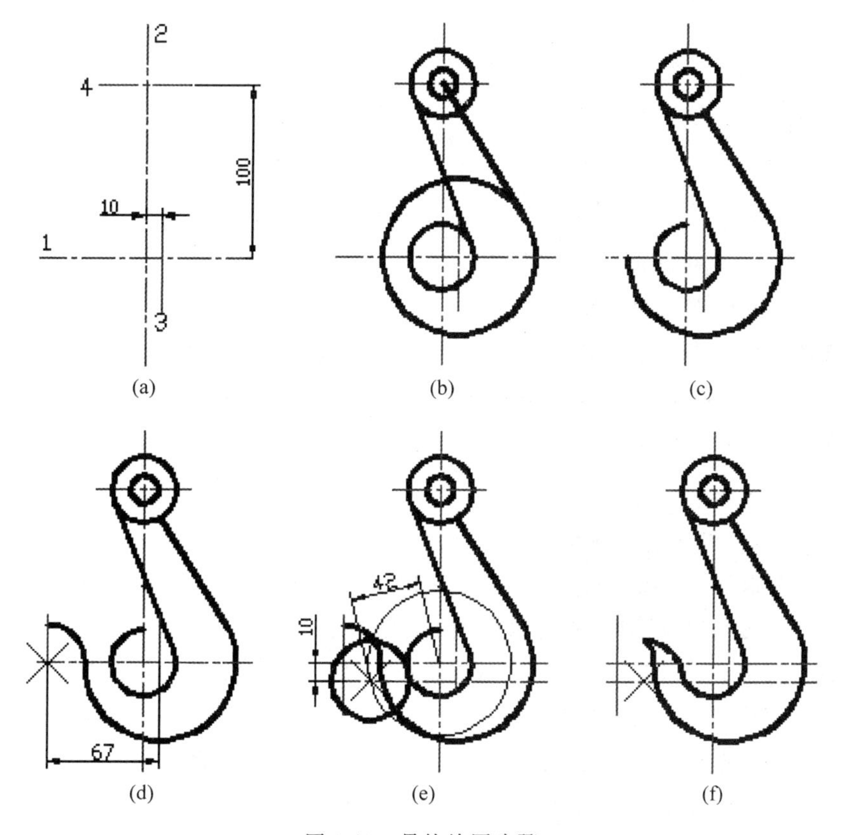

图 3-24 吊钩绘图步骤

(7) 执行“相切”→“相切”→“半径”命令的方式，画与 R22 和 R23 相切的连接圆弧 R4 以及 R10 的圆弧，经修剪和整理最后得到图 3-23 所示的效果。

3.11 小结

本章主要介绍了图形的编辑，要引起注意的是在绘制图形过程中，图形“编辑”命令与“绘图”命令同样重要，其所占用的时间与绘图的时间是差不多的。本章主要内容总结如下：

(1) 选择对象有很多种方式，如用选择框及选择窗，还有命令方式等。对于复杂图形来说，有一定的技巧。如果运用的好，将会事半功倍。

(2) 在“编辑”命令中，选项较多的是多线的编辑。不过在计算机弱电布线工程中，要想查询出布线的总长度，一般可以将由多条直线连成的线段编辑成多线，然后再用“修改”→

“拉长”命令查询后，马上就可以得出结果。

(3) 在对象属性的编辑中，常用的是修改对象的层、颜色、文本式样等。由于内容较多、功能强大，因此要能够熟练运用。

(4) 绘制同样的图有很多种方法，要通过练习找到适合自己的最高效的方法。一般来说，用左手操作键盘(使用快捷命令等)，右手操作鼠标，两者相互配合，会提高绘图的速度。

3.12 习题

一、填空题

1. 创建5个等距的圆孔，最好使用________命令。
2. 绘制填充图案的快捷命令是________。
3. 在图形命令中复制包括一般复制和________、________及________。
4. 在AutoCAD中，标注文字有两种方式：一种是________，另一种是________。
5. 匹配的对象一般包括________。

二、选择题

1. AutoCAD默认的字体是(　　)。

   A. 宋体　　B. 楷体　　C. CTXT.shx　　D. Times New Roman

2. 一个圆弧与已知圆同心，可以使用的命令是(　　)。

   A. ARRY　　B. COPY　　C. OFFSET　　D. MIRROR

3. 创建矩形阵列，必须指定(　　)。

   A. 项目的数目和项目间的距离　　B. 行数、项目的数目以及单元大小

   C. 行数、列数以及单元大小　　D. 以上都正确

三、思考题

1. 在第2章与第3章的综合实例中，画图的方法有何区别？
2. 绘图和图形编辑各有什么用途？
3. 你学会了哪些绘图技巧？

四、练习题

1. 按图3-25中尺寸，画出图形(不标注尺寸)。

提示：

(1) 先设置图层和图形边界，图形边界根据图的大小可设为220×150像素。

(2) 画中心线。

(3) 画确定位置上的图形，如ϕ25、ϕ50、R15、R60。

(4) 画中间线段，如距离为30的垂直平行线。

(5) 画R25相对难一些，但注意到R25的圆心尺寸60的直线上，同时又与R60内

切。所以，只要以 R60 的圆心为中心画一个半径为 35(60－25＝35)的圆，与 R25 圆心所在的直线相交的交点，即为 R25 的圆心。

(6) 画过渡圆弧，如 R15、R5。

(7) 修剪整理。

2. 通过“镜像”、“复制”、“旋转”、“移动”等命令，完成图 3-26 的绘制(尺寸自定)。

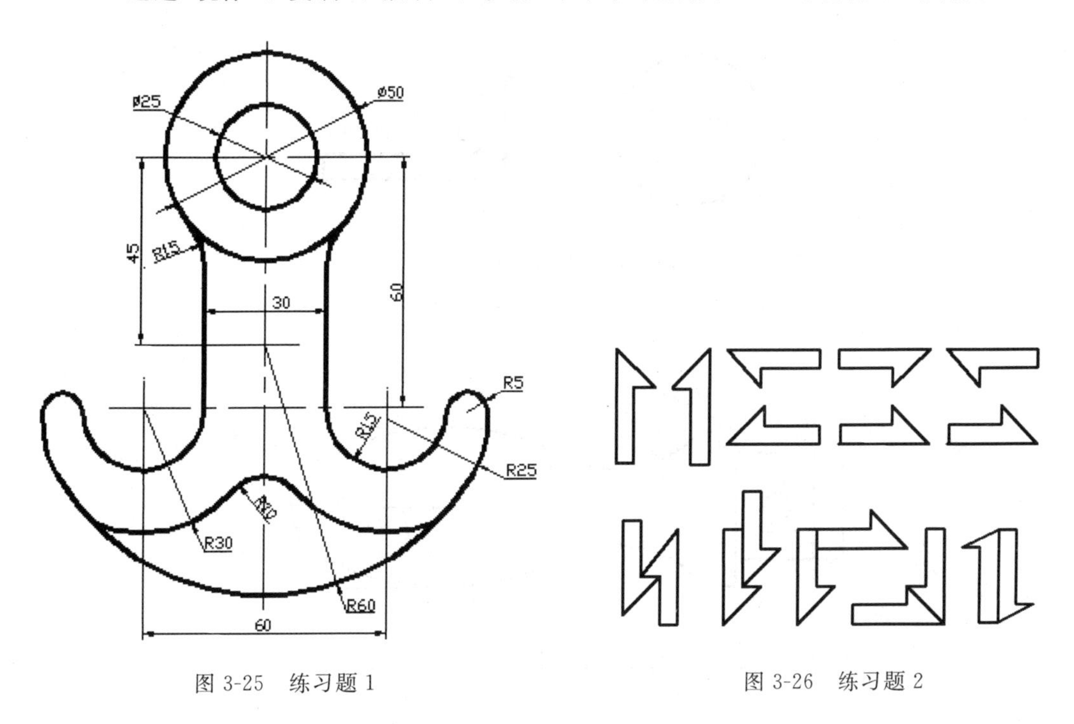

图 3-25　练习题 1　　　　图 3-26　练习题 2

3. 练习“阵列复制”命令，分别用矩形阵列和环形阵列画出图 3-27(a)和图 3-27(b)。

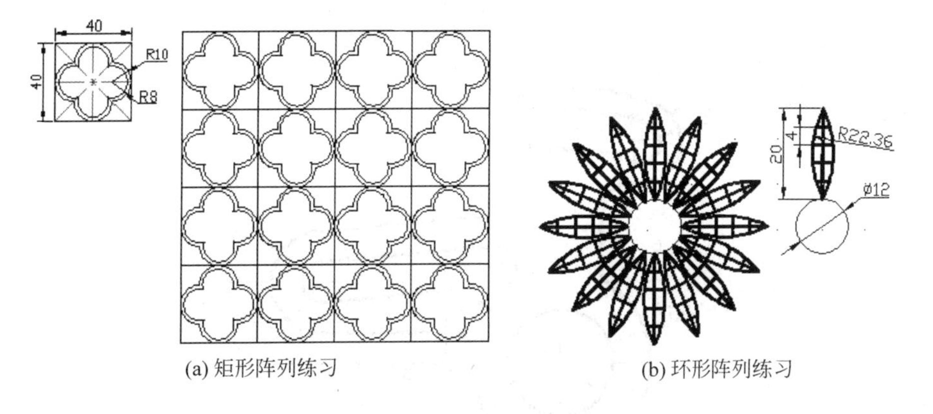

(a) 矩形阵列练习　　　　(b) 环形阵列练习

图 3-27　练习题 3

4. 图形和文字练习，如图 3-28 所示。

5. 绘制如图 3-29 所示的手柄。

6. 绘制图 3-30。

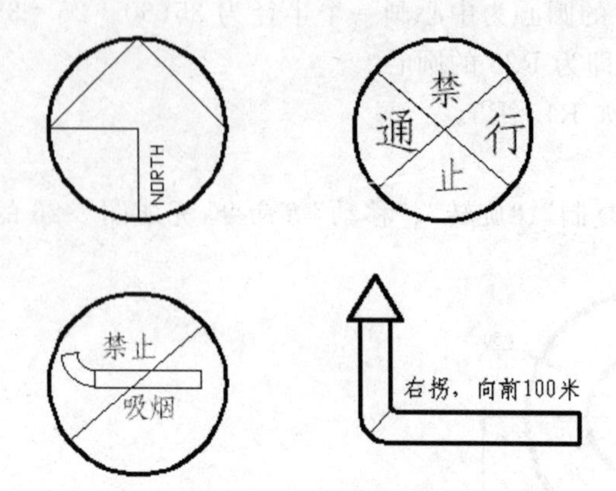

图 3-28　图形和文字练习

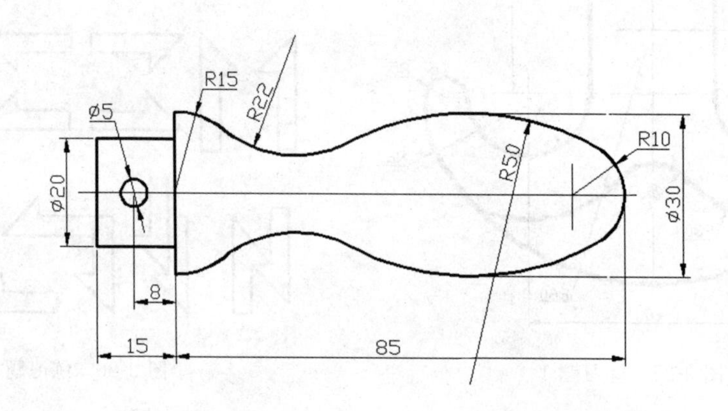

图 3-29　手柄

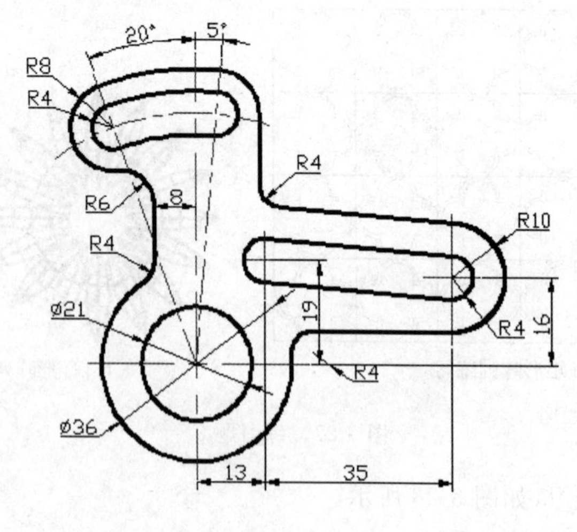

图 3-30　练习题 6

7. 绘制图 3-31 所示的机架。

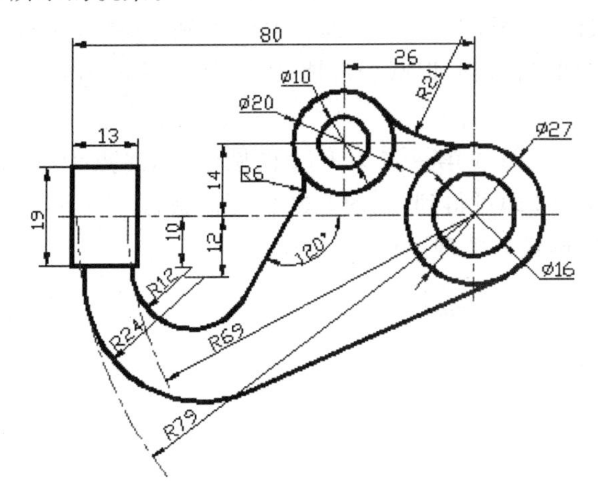

图 3-31　机架

提示：

(1) 画出基准线，如图 3-32(a)所示；画出已知位置上的已知图形，如图 3-32(b)所示。

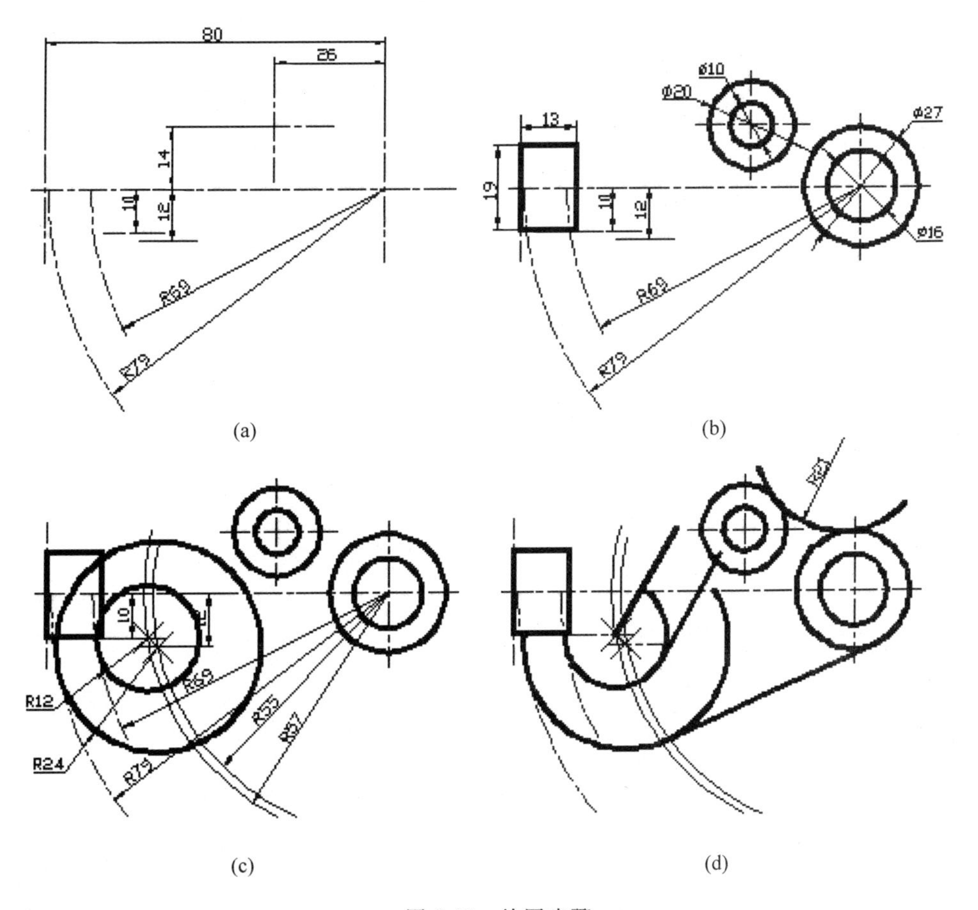

图 3-32　绘图步骤

(2) 画出与 R69 相切的圆 R12。将主基准线向下偏移 10mm，再以 R69 为圆心中心，用半径 R57(R69－R12)画圆，得到交点，即为 R12 的圆心(图 3-32(c)中 R57 是用“圆”命令画出的，并经两点打断后得到，以减少占地，以下 R79、R55、R57 均是如此)；同理，可画出 R24 的圆。

(3) 画 R12 的切线。直线第一点为 R12 的圆心，第二点为(@26＜60)，然后用“偏移”命令向右下方偏移 12 即可得到，如图 3-32(d)所示(思考一下，还有别的方法吗?)。

(4) 画出其他部分，最后整理图形。

CHAPTER 4

第4章

图层、显示控制与绘图辅助功能

理解和掌握图层的概念及其应用，使用户能更方便地绘制和编辑图形。根据每个图层的作用正确设置图层颜色、线型、线宽，理解和掌握图层的相关操作及图层的管理。熟练掌握绘图辅助工具的应用。

图层的操作。

在 AutoCAD 中绘制的对象都具有图层、线型和颜色 3 个基本特征，AutoCAD 允许用户建立和选用不同的图层来绘图，也允许选用不同的线型和颜色绘图。本章介绍图层、线型和颜色的有关概念、特性、命令和设置方法等。

4.1 图层与图层管理工具

4.1.1 图层的概念及特性

1. 图层的概念

正确理解图层的概念有助于设置图层并利用其进行绘图和编辑。下面通过一个例子说明图层的概念。

例如，一张交通图，它是用图 4-1 中所示的图线来表示交通路线的，图线具有一定的宽度、颜色和形式。绘制一张交通图的工作若由一个人完成，那他一定是先画完一种交通路线（如铁路），再在同一张上画另一种交通路线（如高速公路），然后依次画出各种交通路线并标注上有关的信息，即完成了一张交通图。如果一张交通图由几个人同时绘制，每个人分别用一张透明的胶片画一种交通路线。绘制完后将这些透明胶片叠加在一起，就制成了一张完整的交通图。若某人画的铁路线有错或新建了几条铁路，则只需把铁路透明胶片取出修改或添加几条铁路即可。AutoCAD 为用户提供了与透明胶片类似的绘图环境，它被称为图层(Layer)，如图 4-2 所示。

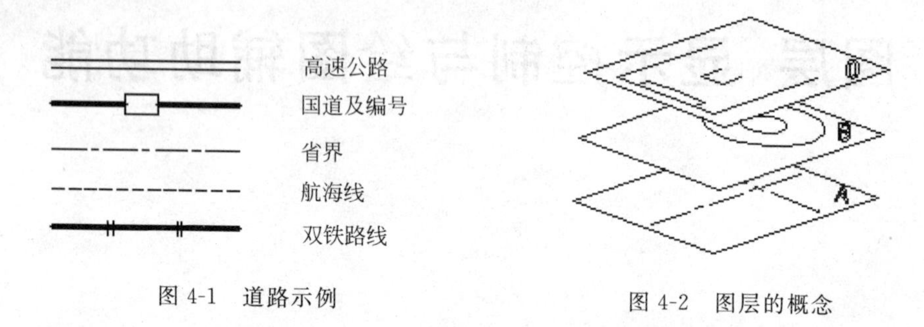

图 4-1 道路示例

图 4-2 图层的概念

用户在绘图时可根据需要设置若干个图层。AutoCAD 提供的默认图层是"0"层，图层具有关闭(打开)、冻结(解冻)、锁定(解锁)等特性。用户的绘图和编辑等操作都是在当前图层上进行的，它相当于透明胶片组成的交通图中最上面的一张。图层本身具有颜色和线型，一般将不同特性的对象放在不同的图层上，以便于对图形进行管理和输出。

2. 图层的特性

(1) 每个图层都有一个名称，其中"0"层是 AutoCAD 自动定义的，且不能够被删除。其余的图层是用户可根据需要自己定义。

(2) 每个图层容纳的对象数量不受限制。

(3) 用户使用的图层的数量不受限制，但不要过多，够用即可。

(4) 图层本身具有颜色和线型。对于复杂图形一般要首先设好层后，再开始画图。当然在画图过程中，如果图层不够用还可以增设。值得注意的是，在绘制复杂图形时，在"对象特性"工具栏的下拉式列表框中，颜色、线型、线宽一般应设为随层(ByLayer)，而不要随意更改，否则会对以后图形的修改和编辑带来麻烦。

(5) 同一图层上的对象处于同一种状态，如可见或不可见。

(6) 图层具有相同的坐标、绘图界限和显示时的缩放倍数。

(7) 图层具有关闭(打开)、冻结(解冻)、锁定(解锁)等特性，用户可以改变图层的状态。有关图层的特性，将结合"图层"对话框详细介绍。

3. 图层的用途

图层类似于透明胶片，用户利用它可以绘制和编辑图形、组织和管理不同种类的图形信息。用户所绘制的图形具有图层、颜色和线型等特性。颜色有助于区分图形相似的元素，线型用于表达不同的绘图元素，如中心线或虚线。

用户在绘图时，应根据图形的复杂程度，设置适当的图层数量。每个图层设置不同的颜色、线型和线宽。例如，可以创建一个绘制中心线的图层，并为该层指定红色和 Center 线型；创建一个用于绘制轮廓线的图层，并为该层设置白色和 Continuous 线型；创建一个用于绘制虚线的图层，并为该层指定蓝色和 Dashed 线型；创建一个用于注写尺寸和文本的图层，并为该层指定黄色和 Continuous 线型。在绘制和编辑过程中，可以随时用图层控制下拉式列表框切换图层绘图。如果不想显示或输出图形中某个层中的内容，则可以关闭其相应的层。

4. “图层”工具栏

“图层”工具栏位于绘图区的上方，形式如图 4-3 所示。该工具栏非常重要，可用工具栏上的按钮和列表框快速地查看或改变对象的图层、颜色、线型和线宽。在没有命令激活时，选择任一对象，该对象的图层、颜色和线型都将在工具栏中动态显示出来。

以下逐一介绍“图层”工具栏中按钮和列表框的使用。

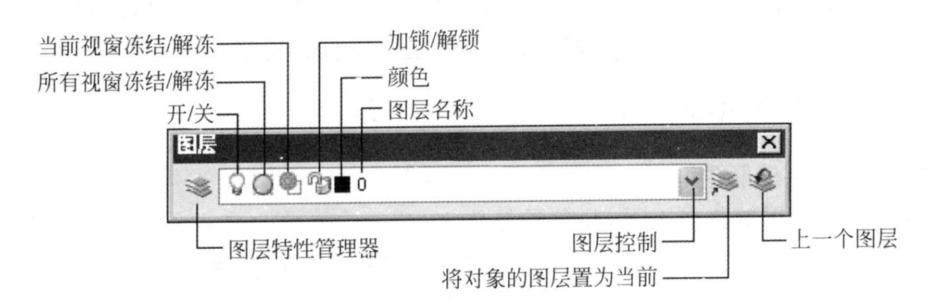

图 4-3 “图层”工具栏

4.1.2 图层特性管理器

打开“图层特性管理器”对话框的方法有如下几种。

(1) 单击“图层”工具栏中的“图层特性管理器”按钮。

(2) 执行“格式”→“图层”命令。

(3) 命令：LAYER。

执行 3 种操作之一，即可打开“图层特性管理器”对话框，如图 4-4 所示。

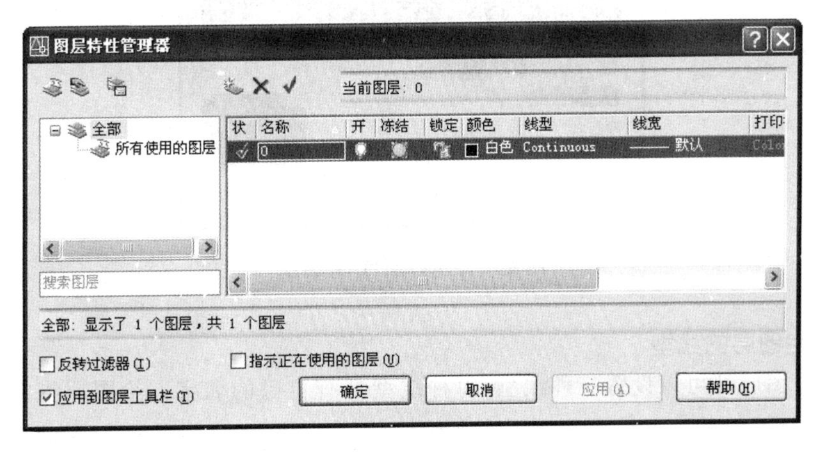

图 4-4 “图层特性管理器”对话框

“图层特性管理器”对话框的右上角有 3 个按钮 ✕ ✓。第一个按钮是“新建图层”按钮，第二个按钮是“删除图层”（注意图层“0”和当前图层不能被子删除）按钮，第三个按钮是“置为当前”按钮，表示将选中的图层置为当前图层。创建新图层的步骤如下：

(1) 在“图层特性管理器”对话框中单击“新建图层”按钮。新图层将以临时名字“图层 1”显示在图层列表中。

(2) 输入新的图层名(例如,Center 或用中文名称“中心线”),所起的图层名称应容易理解和记忆。图层的命名一般有两类,对于简单图形一般以线型来命名即可。但对于复杂图形则以线型命名和对象分类命名,如建筑图工程图中,以墙体、门、窗等来命名。

(3) 要创建多个图层,可接着单击“新建图层”按钮,并输入新的图层名。

(4) 单击“确定”按钮。

要给某个图层改名,双击图层名,即可进行修改。新建图层的默认颜色是白色,默认线型是 Continuous。用户可以接受默认设置,也可以重新指定颜色或线型。

4.1.3 图层的颜色和线型

1. 指定图层的颜色

图层的颜色用颜色号表示,颜色号是从 1～255 的整数。前 7 个颜色号已赋予标准颜色,颜色号 1、2、3、4、5、6、7 分别对应红色、黄色、绿色、青色、蓝色、洋红色、白色。从“图层特性管理器”对话框中可以指定图层颜色。在图层名右侧对应的颜色名处单击,将弹出一个“选择颜色”对话框,如图 4-5 所示,用户可以从中选择颜色。用户也可以在 Details 栏内的 Color 列表框中选择颜色。

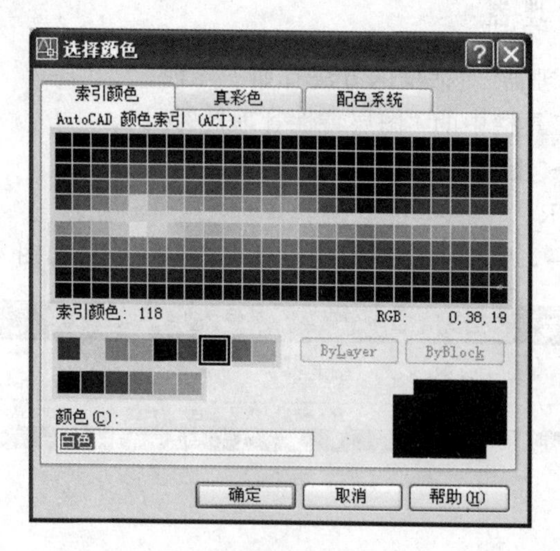

图 4-5 “选择颜色”对话框

2. 指定图层的线型

每一个图层都可以设置一种线型,每种线型都有自己的名字。给图层指定线型的步骤如下:

(1) 在“对象特性”工具栏中单击“图层”按钮,弹出“图层特性管理器”对话框。

(2) 单击与该图层相关联的线型名,弹出一个“选择线型”对话框,如图 4-6 所示。

(3) 单击“加载...”按钮,弹出“加载或重载线型”对话框,如图 4-7 所示。

(4) 从线型列表中选择一种线型(如选择 Center),如图 4-7 所示,单击“确定”按钮,

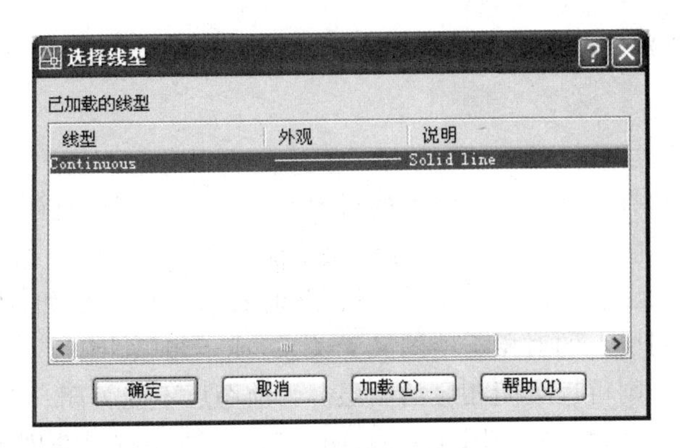

图 4-6　“选择线型”对话框

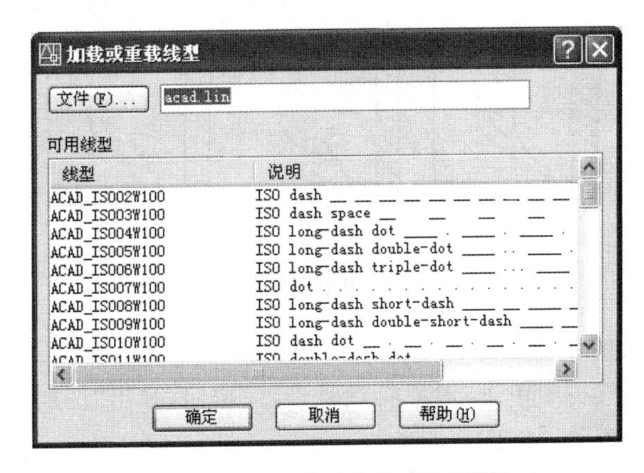

图 4-7　“加载或重载线型”对话框

返回到“选择线型”对话框。

(5) 在“加载或重载线型”对话框中选择一种线型(如选择刚加载的 Center)，单击“确定”按钮，即可为所选图层指定线型。

4.1.4　控制图层的状态

从“图层特性管理器”对话框的图层列表中可以看出，图层具有选为当前、关闭(打开)、冻结(解冻)、锁定(解锁)等特性。

1. 将图层置为当前层

用户绘制和编辑图形总是在当前图层上进行。若想在某一图层上绘图，必须将该图层设置为当前层。新创建的对象具有当前图层的颜色和线型，被冻结的图层或依赖外部参照的图层不能置为当前图层。将图层置为当前图层的方法如下：在“图层”工具栏中单击“图层特性管理器”按钮，弹出“图层特性管理器”对话框，从中选择图层，然后单击 ✕ ✓ 最右边的按钮，如图 4-4 所示。

2. 将对象的图层置为当前层

要将与某个对象相关联的图层设置为当前图层，则首先应选择该对象，然后在“图层”

工具栏中单击“把对象的图层置为当前”按钮，如图 4-3 所示。这时，所选择的图层将变为当前图层。

3. 打开/关闭图层

图层可以关闭和打开。关闭图层上的对象在屏幕上是不可见的，用户无法对其进行编辑和输出，因此起到保护作用。由于绘图机不能输出关闭图层上的对象，利用这一点可以使用单色绘图机输出彩色图。如果用户绘制的图形较复杂(例如，机械设备的装配图、建筑图等)，而某些图层上的对象与绘图又无关系，或不想输出图形中的某些对象(例如，构造线或参照线等)，则可以关闭相应的图层。当前图层不能关闭。图 4-8 所示为图层打开、关闭对图形显示的影响，其中图 4-8(a)、图 4-8(b)、图 4-8(c)分别为打开 3 个图层、打开两个图层、打开一个图层时的情况。

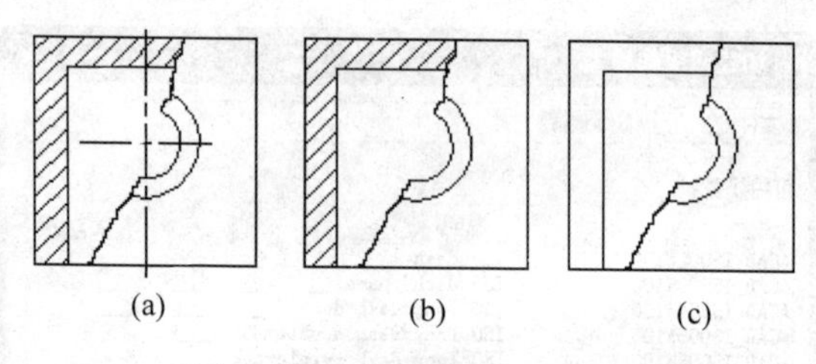

图 4-8　关闭不同层后的效果

打开或关闭图层的步骤如下：

(1) 在“图层”工具栏中单击“对象特性管理器”按钮，弹出“图层特性管理器”对话框。

(2) 选择要打开或关闭的图层。

(3) 单击“开/关”按钮将其打开或关闭。

(4) 单击“确定”按钮。

4. 冻结和解冻图层

图层被冻结后，该图层上的对象同关闭层上的对象一样是不可见的，用户也无法对其进行编辑，同样不能用绘图机输出。图层冻结与关闭的区别在于，AutoCAD 对冻结层上的对象不进行交换显示运算，而对关闭层上的对象则相反。故冻结图层节省了系统计算时间。但对冻结层解冻时，系统需要对该层上的对象补充上述运算。而将关闭图层打开时，系统直接用已运算过的结果。如果某些图层上有大量的对象，并且暂不用它们，应该将这些图层冻结。这样，当用户多次使用含有“重新生成”命令时，会节省许多时间。如果仅是为了便于图形编辑，希望某些图层上的对象不可见，关闭这些图层即可。用户不能冻结当前图层，也不能将冻结图层设置为当前图层。

冻结/解冻图层的操作与打开/关闭图层的操作类似，故不再赘述。

5. 锁定和解锁图层

图层被锁定后可以在该层上绘图，但无法编辑锁定层上的对象。锁定图层的目的是防止在绘图时被自己和他人误删和误改。可以将锁定层设置为当前图层。

6. 过滤图层

如果一张图中含有许多图层，而用户只想在“图层”列表框中显示出特定图层，则可以对图层进行过滤，以限制图层名的显示。

过滤图层的操作步骤如下：

(1) 选择“格式”菜单中的“图层”命令，在“图层”工具栏中单击“图层特性管理器”按钮，弹出“图层特性管理器”对话框。

(2) 在“图层特性管理器”对话框的左上方，单击第一个按钮“新特性过滤器”按钮。弹出“图层过滤器特性”对话框，如图 4-9 所示。

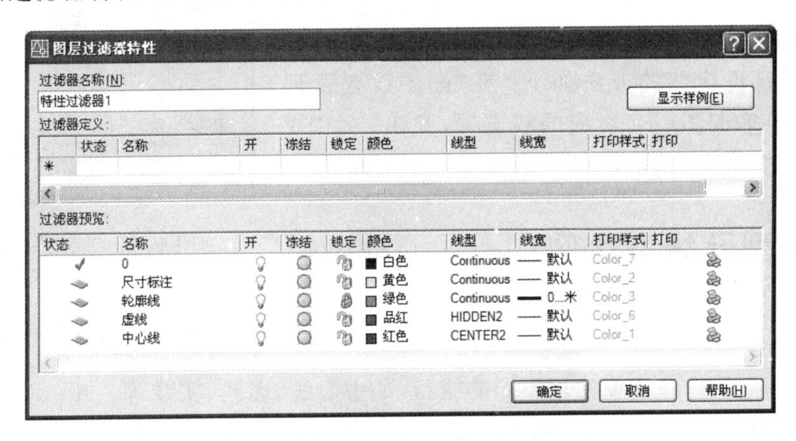

图 4-9 “图层过滤器特性”对话框

(3) 在“过滤器定义”列表框中，设置用来定义过滤器的图层特性。

① 要按名称过滤，请使用通配符。

② 要按特性过滤，请单击要使用的特性的列。有些特性在单击按钮时会显示一个对话框。

③ 要选择多个特性值，请在“过滤器定义”列表框中的行上右击，在弹出的快捷菜单中选择“复制行”命令。然后，在下一行中选择该特性的另一个值。

例如，只显示状态为“开”，且图层的名称中带“线”的图层，只要过滤器定义的第一行包含“ * 线”和“开”图标，则在过滤器预览中就会过滤出符合要求的图层，如图 4-10 所示。

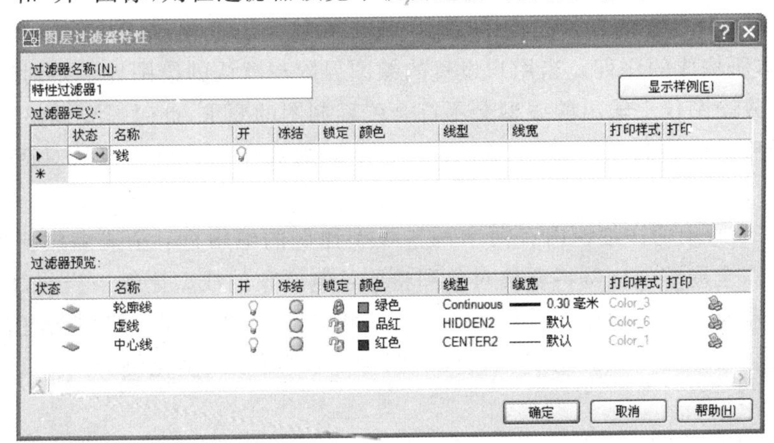

图 4-10 过滤器定义

(4) 单击“应用”按钮保存修改，或者单击“确定”按钮保存并关闭。

过滤器的作用可以反置。例如，某个过滤器的作用是选择所有颜色为红的图层，反置过滤器就是选择所有非红色的图层。要反置过滤器，只需勾选在图 4-4 所示的对话框左下角的反转过滤器前复选框即可。

7. 设置线宽

为图层设置线宽的方法如下：在“图层设置管理器”对话框中单击图层名对应的线宽项，弹出一个“线宽”对话框，如图 4-11 所示，用户可根据需要选择。

图 4-11 “线宽”对话框

4.2 线型及线型比例

1. 加载线型

在绘图时，用户经常要使用不同的线型，如中心线、虚线、实线等。AutoCAD 2006 提供了两种线型文件，其中 acadiso.lin 文件在系统启动后会自动加载。而要使用其他线型，必须先进行加载。加载线型的操作如下：

(1) 在“对象特性”工具栏(见图 1-23)中单击“线型”列表框，选择“其他”项，弹出“线型管理器”对话框，如图 1-24 所示。

(2) 单击 Load 按钮，弹出一个“加载或重载线型”对话框(见图 4-7)。

(3) 从线型列表中选择一种线型，并单击“确定”按钮，返回到“加载或重载线型”对话框。

(4) 单击“确定”按钮，即可完成线型的加载。

说明：也可以从命令行中输入 LINETYPE 命令，打开“线型管理器”对话框。

2. 调整线型比例

在 AutoCAD 定义的各种线型中，除了 Continuous 线型外，每种线型都是由线段、空格、点或文本所构成的序列。当用户设置的绘图界限与默认的绘图界限差别较大时，在屏幕上的显示或绘图仪上输出的线型会不符合工程制图的要求，此时需要调整线型比例。

调整线型比例的命令是 LTSCALE，它是全局缩放比例。也可以从对话框中调整线型比例。

在图 1-23 所示的详细栏内有两个调整线型比例的编辑框：全局缩放比例和当前对象缩放比例。全局缩放比例将调整对象和将要绘制对象的线型比例。当前对象缩放比例调整将要绘制对象的线型比例。这两个值可以相同，也可以不同。线型比例值越大，线型中的要素也越大。图 4-12(a)、图 4-12(b)、图 4-12(c)所示线型比例分别为 1、0.6、0.3 时的结果。

在图 1-23 所示的详细栏内有一个“用图纸空间单位确定缩放比例”复选框，用于调整不同图纸空间视口中线型的缩放比例。

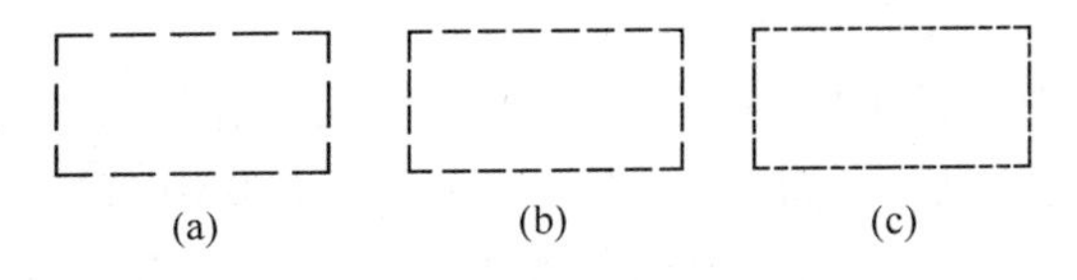

图 4-12 不同的线型比例

3. 将某线型设置为当前线型

要使用某种线型在当前层上绘图，必须选择一种线型使它成为当前线型。所有新创建的对象都将用当前线型绘制。

将某种线型设置为当前线型的方法有以下两种。

(1) 单击"对象特性"工具栏中的"线型"列表，然后选择一种线型，即可使其成为当前线型。

(2) 在"线型管理器"对话框的"线型"列表框中选择一种线型并单击"当前"按钮。

4.3 显示控制

图形显示的缩放与平移(即 ZOOM 与 PAN)是控制图形显示的主要方法。控制图形显示的另外方法是使用 Aerial View(鸟瞰视图)、Named Views(命名视图)等。特定的显示比例、观察位置和角度称为视图。由于视图只是为了看图方便而设定，因此其不会改变实体的真实大小和形状。

4.3.1 视图显示控制

对视图进行缩放的主要目的是看清图形的局部或全貌，以便于修改和打印。图形缩放并没有改变其图形的绝对大小，而仅仅改变了图形区中视图的大小，显然视图的缩放与绘图的比例缩放(即命令 SCALE)是完全不同的两种操作。AutoCAD 提供了几种方法来改变视图：指定显示窗口、按指定比例缩放以及显示整个图形。

1. ZOOM 命令

(1) 执行途径

① "标准"工具栏：单击"实时缩放"按钮或者"窗口缩放"按钮。

② 菜单：选择"视图"→"缩放"命令。

③ 命令：ZOOM。

④ "缩放"工具栏：。

(2) 操作格式

执行 ZOOM 命令，AutoCAD 提示如下：

[全部(A)/中心点(C)/动态(D)/范围(E)/前一个(P)/比例(s)/窗口(W)?对象(O)]<实时>

注意：下述命令均针对当前窗口。

其中，各选项含义如下。

① 全部：将图形全部显示在屏幕上，无论对象是否超出用 LIMITS 命令设定的绘图

界限。该选项常用。

② 中心点：指定新的显示中心、缩放比例或高度显示图形。

③ 动态：执行该选项后，屏幕显示如图 4-13 所示。其中，有 3 个矩形框，绿色虚线框代表当前视图；蓝色虚线框代表图形范围，该范围与图形界限和图形实际占用区域这两者中的大者一致；黑色实线框代表视图框（相当于照相机中的取景框），框内有“×”标记显示的情况下，可用鼠标来移动和改变视图框的大小，以实现动态地移动或缩放图像而无须重新生成图形。

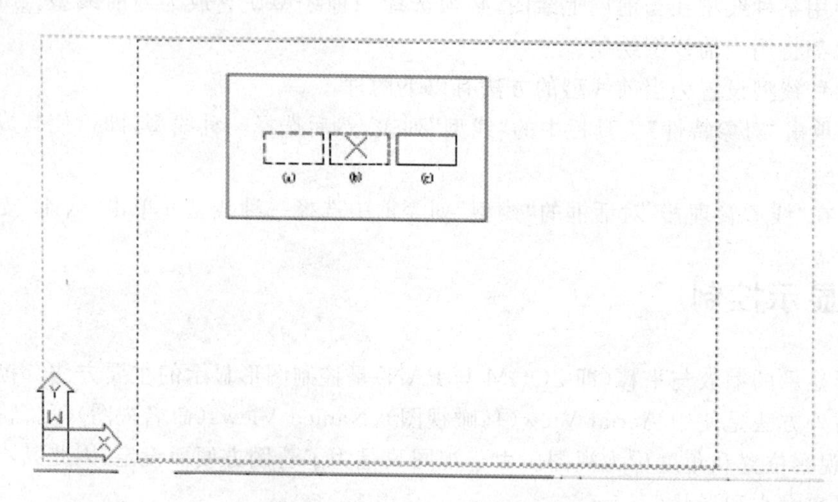

图 4-13　用“动态”选项进行缩放

执行动态缩放的步骤如下：

a. 在命令行输入 Z 并按 Enter 键，再输入 D 并按 Enter 键。以显示图形范围和界限的视图，执行动态缩放。

b. 当视图框包含一个“×”时，在屏幕上拖动视图框以平移到不同的区域。

c. 单击鼠标，则视图框中的“×”变成一个箭头。通过向左或向右拖动边框来改变视图框的大小。如果视图框较大，则显示出的图像较小。如果视图框较小，则显示出的图像较大。根据需要可以单击鼠标，以便在缩放和平移模式间切换。

d. 当视图框指定的区域符合要求时，按 Enter 键即可完成动态缩放。视图框所包围的图像就成为当前视图。

④ 范围：执行该选项，系统将尽可能大地显示整个图形，与图形界限无关。

⑤ 前一个：当恢复上一次屏幕所显示的图形时，常用该选项。执行该选项最快捷的方法如下：单击“标准”工具栏中的“缩放前一个”按钮。

⑥ 比例：该选项允许用户按精确的比例缩放图形。读者需注意的是，此处介绍的缩放与 3.4 节中介绍的比例缩放是完全不同的两种操作。指定缩放比例的方法有以下 3 种。

a. 相对图形界限。

b. 相对当前界限。

c. 相对图纸空间单位。

要想对图形界限按比例缩放视图，输入 S 并按 Enter 键后，系统提示“Enter a scale factor(nX or nXP)：”。此时，只需输入一个比例值，即可缩放视图。

要想对当前视图按比例缩放视图，只需在输入的比例因子后加上 X。例如，输入 2X 则以两倍的尺寸显示当前视图；输入 0.5X 则以一半的尺寸显示当前视图；而输入 1X 则没有变化。

要想对图纸空间单位按比例缩放视图，只需在输入的比例值后加上 XP。它指定了相对当前图纸空间按比例缩放视图，并且它还可以用来打印当前缩放视口。

⑦ 窗口：可以通过指定一个矩形窗口的两个角点来确定要观察的区域。如果通过角点选择的区域与缩放视口的宽高比不匹配，那么该区域会居中显示。缩放窗口形状不必与适合图形形状的新视图一致。执行该选项后，系统提示如下：

```
指定第一角点：        //输入矩形窗口一顶点的位置
指定第二角点：        //输入矩形窗口另一顶点的位置
```

确定矩形窗口后，将窗口内的区域放大到全屏幕时常用该选项。注意，确定的矩形窗口越小，放大倍数越高。

⑧ 实时：实时缩放。该选项为默认，按 Enter 键即执行。实时缩放使用非常多，但通常不从命令行或下拉菜单执行，而是在标准工具栏中单击“实时缩放”按钮。

(3) 实时缩放

实时缩放是交互性的缩放功能，在“标准”工具栏中单击“实时缩放”按钮，十字光标将变成了放大镜形式。单击鼠标并拖动，图形便会放大或缩小。松开鼠标，缩放便会停止。

在“实时缩放”模式下，可通过垂直向上或向下移动光标来放大或缩小图形。在打印预览过程中，放大会受到绘图仪分辨率的限制。当显示器上的一个像素与绘图仪上的一个像素(或绘图仪步长)相等时，打印预览会禁止放大。图形只能放大到绘图仪或打印机所能达到的最大绘制精度。按 Enter 键或按 Esc 键可退出“实时缩放”模式。

实时缩放也可以通过单击“标准工具”栏中的“实时缩放”按钮实现。

2. PAN 命令

图形平移是使图形的全部或某一部分显示在屏幕上。

(1) 执行途径

① “标准”工具栏：单击“实时平移”按钮。

② 菜单：选择“视图”→“平移”命令。

③ 命令：PAN。

(2) 实时平移

单击“标准”工具栏中的“实时平移”按钮，十字光标将变成手形光标。单击鼠标并拖动，图形便随鼠标移动。松开鼠标，移动便会停止。这就是 AutoCAD 提供的“实时平移”功能。“实时”选项是 PAN 命令的默认设置。按 Enter 键或按 Esc 键，可退出“实时平移”模式。控制图形显示的主要方法是利用“实时缩放”和“实时平移”命令。

3. 使用鸟瞰视图窗口

鸟瞰视图(Aerial View)是一种定位工具，它是指在另外一个独立的窗口中显示整个图形视图，以便快速移动到目地区域。在绘图时，如果鸟瞰视图窗口保持打开状态，则可以直接进行缩放和平移，而无须选择菜单选项或输入命令。

(1) 执行途径

① 菜单：选择“视图”→“鸟瞰视图”命令。

② 命令：DSVIEWER。

采用上面任何一种方法均可打开鸟瞰视图窗口，如图4-14(a)所示要关闭鸟瞰视图窗口，则单击窗口右上角“关闭”按钮即可。一旦打开了鸟瞰视图窗口，则必须在工作时使其保持打开状态，然后在不需要它的时候将其关闭。鸟瞰视图窗口提供了“实时缩放”和“实时平移”功能，但在图纸空间里不具有该功能。

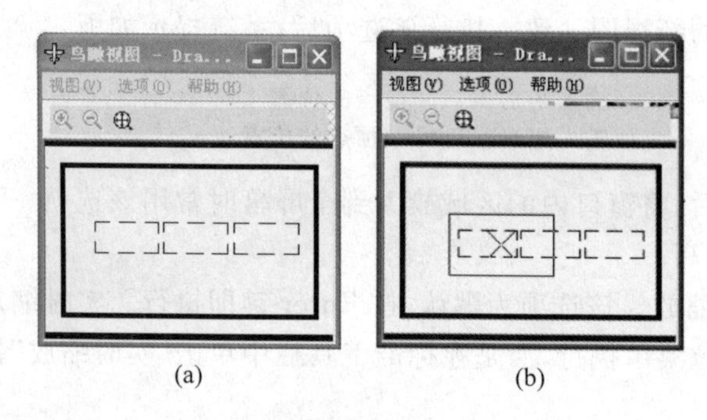

(a) (b)

图4-14 鸟瞰视图(Aerial View)

(2) 利用鸟瞰视图进行缩放

可以通过在鸟瞰视图窗口建立一个新的视图框来改变视图。要放大图形，应使视图框小一些；要缩小图形，应使视图框大一些。当放大或缩小图形时，在图形区内会显示当前缩放位置的实时视图。

使用鸟瞰视图进行缩放的步骤如下：

① 菜单：选择“视图”→“鸟瞰视图”命令。

② 在鸟瞰视图窗口中单击“缩放”按钮(该步为默认)。其中，缩小和放大的方法和ZOOM中的工具条或菜单中的缩小和放大相同。

③ 在视图框内单击鼠标，出现一个细实线的矩形框，该框中心如果出现“×”时，表示左键选定区域，只移动鼠标即可观察图形区的图形，如果此时按住鼠标左键，则在上述框内的右侧出现箭头，此时移动则改变矩形框的大小。鸟瞰视图主要是通过用图4-14(b)中的宽线矩形框与细线矩形框的相对位置和相对大小来实现图形“缩放”和“平移”功能。

(3) 利用鸟瞰视图进行平移

用户可以通过移动视图框(不改变其大小)来平移图形。这同在鸟瞰视图窗口中缩放图形时一样，图形区会实时显示当前平移位置的视图。这种方法只改变视图而不改变其大小。

(4) 改变鸟瞰图像大小

在鸟瞰视图窗口中右击，选择“全部”、“缩小”、“放大”命令，可以改变鸟瞰视图窗口中图像的大小，但这些改变不会影响到图形区中的视图。

在鸟瞰视图中显示整幅图形时，“缩小”菜单和按钮项变灰失效。当前视图快要填满鸟瞰视图窗口时，“放大”菜单项和按钮项变灰失效。

(5) 改变鸟瞰视图更新状态

在鸟瞰视图窗口中，可以从“选项”菜单中关闭“动态更新”功能。AutoCAD 自动更新鸟瞰视图窗口以反映在图形中所做的修改。当绘制复杂的图形时，可以关闭“动态更新”功能，以改善系统性能。

类似地，在鸟瞰视图窗口中，可以从“选项”菜单中关闭“自动视口”功能。如果使用多视口绘图，对应不同的视图选择，鸟瞰图像也会随之变化。如将“更新”功能关闭，则只有在激活鸟瞰视图时，AutoCAD 才对其进行更新。

注意：ZOOM 和 PAN 只改变观察点的距离和角度，并不改变图形坐标位置和尺寸大小。

4.3.2 视图操作

对于需要再利用的视图可以将其命名并保存起来，并用其视图名调用，以提高执行速度。当不再需要这个视图时，可以将其删除。

1. 保存视图

(1) 命名并保存视图

可以将当前窗口中的图形以视图的形式保存起来，也可以定义一个窗口，将窗口中的图形以视图的形式保存起来。当保存一个视图时，该视图位置和比例将被保存下来。如果是在多视口状态下工作，则将保存当前视口视图；如果是在图纸空间中工作，则将保存图纸空间视图。

命名并保存视图的步骤如下：

① 在下拉式菜单中选择“命名”→“视图”命令，弹出一个“视图”对话框，如图 4-15 所示。

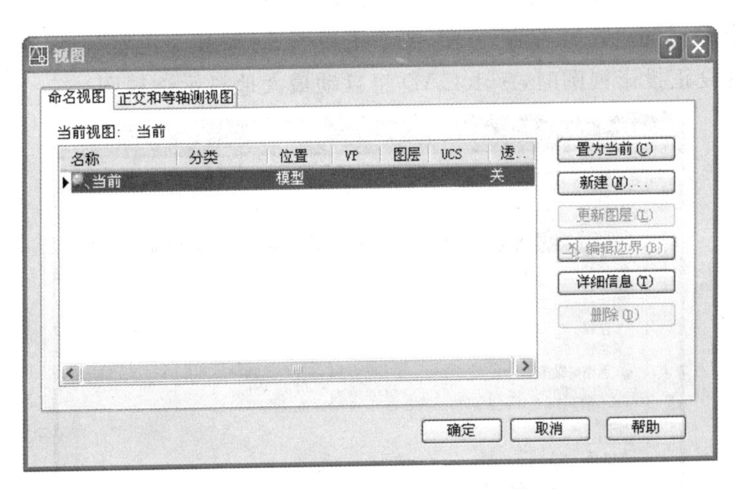

图 4-15 “视图”对话框

② 在“视图”对话框中单击“新建”按钮，弹出一个“新建视图”对话框，如图 4-16 所示。

③ 在“视图名称”文本框内输入名称。

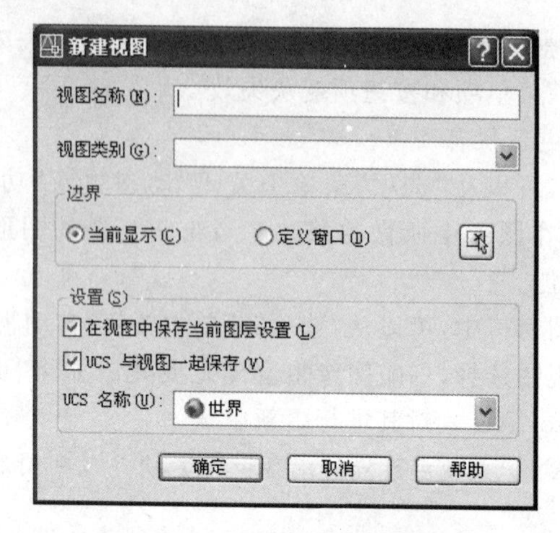

图 4-16 “新建视图”对话框

④ 如果希望保存当前视图的一部分，那么就选择“定义窗口”选项，再单击(定义窗口)右侧的按钮。然后，在图形中定义窗口，以指定视图区域。该对话框有一项“UCS名称”选项，默认为选中状态，但也可以选择 UCS 的名称。

⑤ 单击“确定”按钮。

用户也可以使用 VIEW 命令从命令行执行保存视图的操作。

(2) 重命名和删除已有视图

如果希望改变已有视图的名称，则可选择该视图，右击鼠标，从弹出的快捷菜单中选择“重命名”选项，就可以改变它的名称了。如果希望删除已有视图，则可选择该视图，右击鼠标，从菜单中选择“删除”选项，即可删除该视图。注意，不可以删除当前视图。

(3) 正投影和等角视图

在“视图”对话框中选择“正交和等轴测视图”选项卡，如图 4-17 所示。在当前视图显示当前正投影后，单击“置为当前”按钮，或右击视图选择“置为当前”选项或者双击视图修改选项。当恢复正投影视图时，AutoCAD 将自动最大地显示该视图。

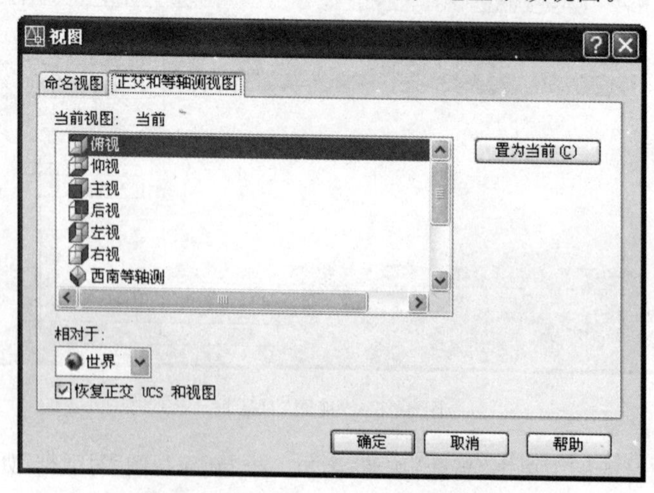

图 4-17 “正交和等轴测视图”选项卡

2. REDRAW(重画)命令和 REDRAW ALL(全部重画)命令

执行该命令后,系统会自动刷新当前窗口的图形显示区或当前视区,以清除作图过程中留下的十字光标点,达到清洁屏幕的目的。由于该命令经常使用,用户执行该命令最快捷的方法如下:从命令行输入 R 并按 Enter 键,刷新当前窗口的图形显示区或当前视区;单击"标准"工具栏中的"全部重画"按钮,或从命令行输入 REDRAW ALL 并按 Enter 键,刷新当前窗口的所有打开的视区。

3. REGEN 命令

REGEN(重新生成)命令使 AutoCAD 重新产生整张图,从而将其全部更新。通常是当改变了图的平面形状时才需要重新生成(REGEN)。AutoCAD 要重新计算图中的所有对象,当前视窗要重新画。比起重画(REDRAW)来,重新生成(REGEN)是一个较长的过程,很少需要用它。这个命令有个好处,就是由于用了光滑的圆和弧,使图更精细了。为了使用该命令,在 Command 提示下输入 REGEN 并按 Enter 键。

Command: REGEN

当重新生成图时,AutoCAD 会显示出 Regenerating drawing(重新生成绘图)的信息。REGEN 命令只影响当前视窗。如果有不止一个视窗,可以使用 REGEN ALL(全部重新生成)命令,把所有的视窗都重新生成。像 REDRAW 命令一样,要退出 REGEN 命令也是按 Esc 键。

注意:在一定的条件下,ZOOM、PAN 和 VIEW 命令自动地重新生成绘图。

4. REGENAUTO 命令

(1) 调用方式。

[键盘输入]REGENAUTO

(2) 命令功能:在对图形进行编辑时,该命令可以自动地再生成整个图形,以确保屏幕上的显示能反映图形的实际状态。

(3) 操作说明。

ON/OFF(当前值):输入 ON 或者 OFF。

在初始状态下,该命令处于 ON 状态。然而,在有些情况下,并不需要这样做,因为这将会浪费一些时间。为此,该命令设置了 ON/OFF(开/关)功能,以便控制是否进行重新生成。

4.4 绘图辅助功能

AutoCAD 提供了一些查询、辅助命令和计算功能,以便用户了解对象的位置、周长、面积等信息。

4.4.1 计算功能

用户可以从命令行输入表达式,进行数学和几何计算。执行计算功能的命令是 CAL

(称为几何计算器)。通过CAL命令可以执行以下操作。

(1) 计算经过两个点的矢量、矢量长度、法向矢量(垂直于XY平面)或者直线上的一点。

(2) 计算距离、半径或角度。

(3) 通过定点设备指定点的位置。

(4) 指定最后指定的点或交点。

(5) 在表达式中将对象捕捉作为变量。

(6) 在USC和WCS之间进行点的转换。

(7) 过滤矢量中的X、Y和Z分量。

(8) 沿一条轴旋转点。

利用CAL命令,可以对命令行上输入的表达式进行计算,此时的CAL根据标准的数学优先级规则计算表达式。

计算数值表达式的步骤如下:

(1) 从命令提示行中输入CAL。

(2) 输入表达式。例如,(30+20×3)/3。

(3) 按Enter键,命令行显示计算结果:30。

计算几何表达式的步骤如下:

(1) 从命令提示行中输入CAL。

(2) 输入表达式,如(end+end)/2。

(3) 按Enter键,分别选择两个端点后,在命令行显示两个端点连线中点的坐标值。

4.4.2 查询

该功能可以显示图形和实体的各种信息,其中包括如下几个方面。

(1) 显示被选择实体的数据库信息。

(2) 绘图状态。

(3) 绘图使用的时间。

执行TOOLS|IQUIRY(查询)命令,屏幕显示出IQUIRY的下一级菜单。该菜单中包括以下命令:Distance(距离)、Area(面积)、Mass Properties(质量特性)、ID Point(点坐标)、Time(时间)、Status(状态)、Set Variable(系统变量)。

4.4.3 辅助工具

1. 重命名对象

在绘图时,用户除了使用图形对象外,还会使用几种存储在图形文件中的非图形对象类型(如线型、块、图层、字形和标注样式等)。这些对象都有名称,用户可以修改这些非图形对象的名称。

(1) 执行途径

① 菜单:选择“格式”→“重命名”命令。

② 命令:RENAME。

(2) 操作格式

① 执行“格式”→“重命名”命令，打开“重命名”对话框。

② 在“重命名”对话框中的“命名对象”列表内选择对象类型。

③ 从列表框中选择已命名的对象，或在“旧名称”文本框内输入对象名。

④ 在“重命名为”文本框内输入新的名称。

⑤ 单击“确定”按钮。

2. 清理命名对象

(1) 执行途径

① 菜单：选择“文件”→“绘图实用程序”→“清理”命令。

② 命令：PURGE。

(2) 功能

可以删除无用的图层、块、线型、编组、标注样式、字形、多线、图形文件等，以节省存储空间。

4.5 综合实例

(1) 绘制某单位的门卫值班室施工图如图 4-18 所示。

① 读图。图 4-18 中 ①Ⓐ 为纵向和横向的轴线标记，±0.000 为标高，类似“TSC1215A”的编号为建筑标准图集中标准件的编号，如 TSC1215A 具体为塑钢拉窗。另外，还有门、坐便器、水槽等，这些标准件都可以在以后的章节中将其定义为外部“块”，以便可以重复使用。

② 绘图准备。

a. 设置图形界限。图形中最大长度为 5800，高度为 4800，考虑到还需进行标注尺寸、标题栏及说明等内容留出空间，可用 A4 图纸(297×210)按 1∶100 的比例打印，因此可将图形界限设为(29700，21000)。

b. 用 ZOOM 命令中的 ALL 缩放视窗。

c. 设置图层(参见第 4 章 4.1 节内容)，新建图层，如图 4-19 所示。

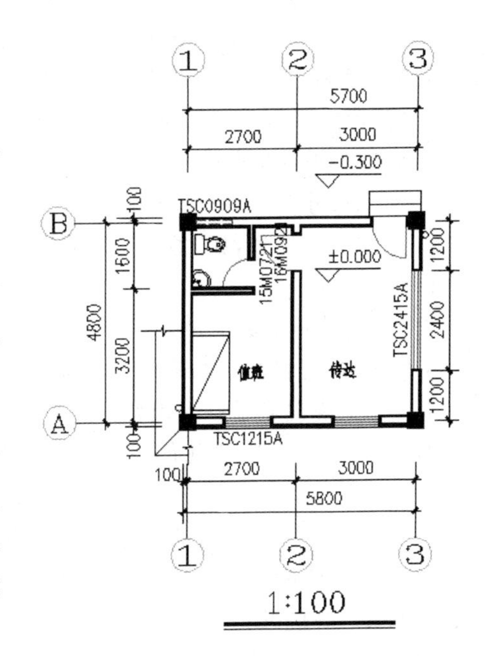

图 4-18　门卫值班室施工图

可与图 4-9(简单图形的图层命名)进行比较，在绘制较为复杂的图形时，图层的名称一般以图形对象的分类进行命名，必要时可以线型名称命名与对象分类命名同时使用。“0”层是系统默认的图层，建议不要用该层直接绘图，该层一般作为保留层，用于如块、外部参照等插入等用途。图 4-19 所示为绘制一般的施工图的图层设置,仅供参考。

名称	开	在所有视口冻结	锁定	颜色	线型	线宽	打印样式	打.
0				白色	CONTINUOUS	—— 默认	Color_7	
11015				白色	CONTINUOUS	—— 默认	Color_7	
220				白色	CONTINUOUS	—— 默认	Color_7	
定义点				白色	CONTINUOUS	—— 默认	Color_7	
SPACE				绿色	CONTINUOUS	—— 默认	Color_3	
STAIR				黄色	CONTINUOUS	—— 默认	Color_2	
WALL				255	CONTINUOUS	—— 默认	Color_255	
尺寸				白色	CONTINUOUS	—— 默认	Color_7	
窗				品红	CONTINUOUS	—— 默认	Color_6	
窗文本				白色	CONTINUOUS	—— 默认	Color_7	
公共墙				白色	CONTINUOUS	—— 默认	Color_7	
台阶				黄色	CONTINUOUS	—— 默认	Color_2	
轴线				绿色	CONTINUOUS	—— 默认	Color_3	
轴线文本				白色	CONTINUOUS	—— 默认	Color_7	
柱				白色	CONTINUOUS	—— 默认	Color_7	

图 4-19　新建图层

③ 绘图步骤。

a. 绘制轴线。将“轴线”层置为当前层,在适当位置分别画出左边和底边的轴线,然后用“偏移”命令画出其他轴线。

b. 用“柱”层分别画出 4 个拐角处的柱子。

c. 用“公共墙”层,画出四周的墙。

d. 用“窗”层分别画出下边和右边的窗(尺寸本应为标准件确定,但这里可暂自定,画窗前应按尺寸将墙用“二点打断”命令打断)。

e. 用“台阶”层,画出台阶(尺寸自定)。

f. 画出坐便器及水槽。

g. 标注尺寸、轴线符号、标高。

h. 标注文本注释,如“值班”、“传达”等。

i. 整理图形。

(2) 几何计算器的应用。

AutoCAD 提供的计算命令 CAL,既可以用于科学计算,也可用于几何计算,这一功能对于绘图来说提供了一个很好的工具。

① 计算图 4-20 中的几何中心坐标?设长方体前面左下角顶点的坐标为(0,0,0),长、宽、高分别为 60、50、40)。

在 AutoCAD 中,一般的做法是利用捕捉中点的方法,先画一条辅助线 bc,如图 4-20 所示,然后用_ID 命令,求出直线 bc 中点的坐标。但是如果不用画辅助线的方法,能否直接求出该长方体的几何中心坐标呢?这就是利用几何计算器来进行计算,具体步骤如下:

```
a. Command: CAL
b. >> 表达式: (mid+mid)/2          //按 Enter 键后,光标即会变为选择框
c. >> 选择图元用于 MID 捕捉:       //在 b 点附近选一点,即捕捉线条中点
d. >>选择图元用于 MID 捕捉:        //在 c 点附近选一点,即捕捉线条中点
e. (30.0 25.0 20.0)                 //按 Enter 键后,即显示该几何体的中心坐标
```

上述表达式,除可以用(mid+mid)/2 外,也可以用(end+end)/2,但在捕捉点的时候,一点选在 d 附近(见图 4-21),另一点选在 e 附近,即两对角边线的中点。

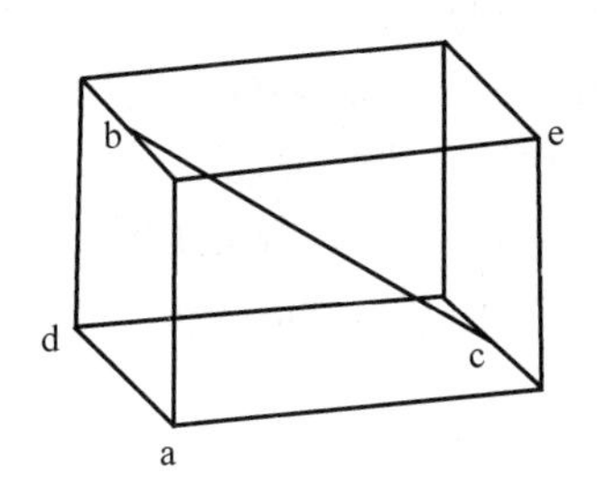

图 4-20 几何中心求解的一般方法

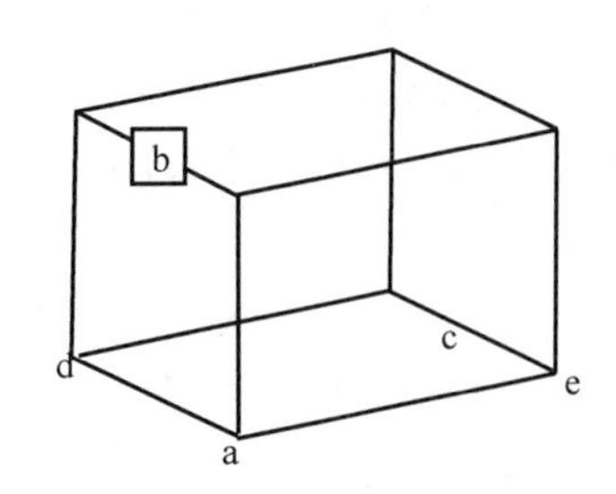

图 4-21 用几何计算器求几何中心坐标

② 利用几何计算器，将图 4-22 中左边圆的中心移到右边矩形的中心。

操作步骤如下：

a. Command: MOVE
b. 选择对象：找到 1 个　　　　　　　　//选择圆
选择对象：　　　　　　　　　　　　　//按 Enter 键
c. 指定基点或[位移(D)]＜位移＞：　　　//选择圆心，用捕捉圆心的方法
d. 指定第二个点或 ＜使用第一个点作位移＞：'CAL　//输入透明命令 CAL

注意：在这一句中使用了透明命令 'CAL，即在一条命令中使用另一个命令，在命令前加“'”，可以用作透明命令的还有 PAN、ZOOM 等。不是所有的命令都能当作透明命令使用的。

e. >> 表达式：(mid+mid)/2 ↙
f. >> 选择图元用于 MID 捕捉：　　　//捕捉矩形左边的中点，如图 4-23 所示
g. >> 选择图元用于 MID 捕捉：　　　//捕捉矩形右边的中点

完成操作，并显示矩形几何中心的坐标：(212.769,176.268,0.0)，要注意的是由于矩形位置的不同，显示的坐标值也是不同的。

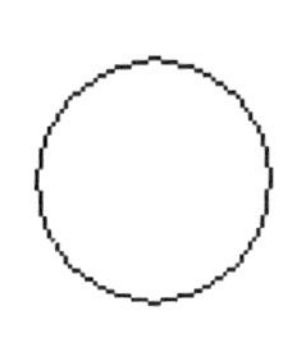
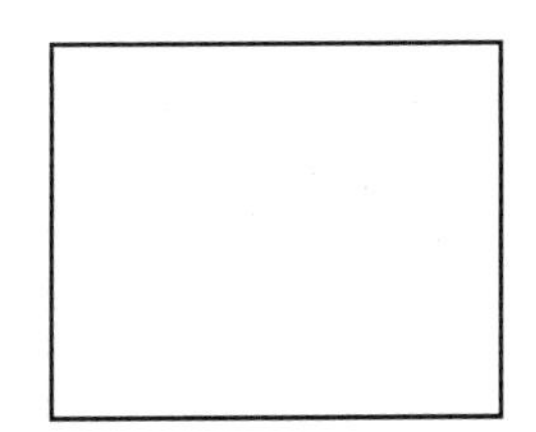
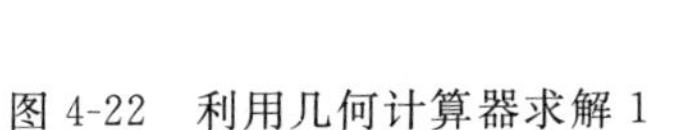

图 4-22 利用几何计算器求解 1

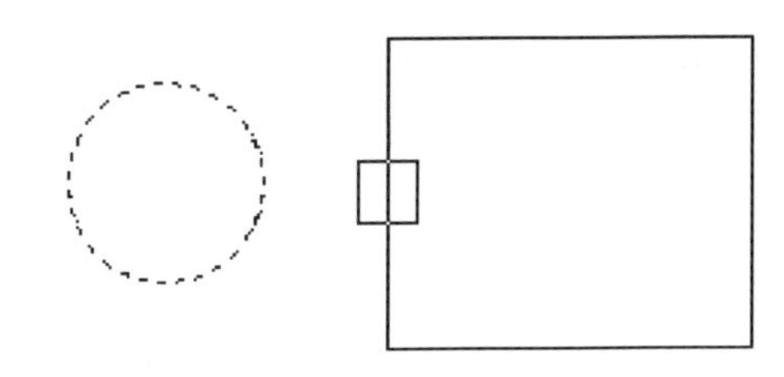

图 4-23 利用几何计算器求解 2

4.6 小结

本章应重点掌握图层的应用及几何计算器的应用。

(1) 在绘图之前，应设置好足够多的图层(当然，不够用时还可以添加图层)。根据不同的需要，用不同的图层进行绘图，这样做的好处很多，特别是当图形较复杂时，更能体现出其优点。如在建筑设计中，画有地形图，以便在施工时，掌握地势高度，可用一个层来

画。由于地形图很复杂,在画建筑物时干扰视线,可以将地形图这个层关闭、加锁、冻结等处理。再如,发现画轮廓线这一层线宽太细,可以打开“层管理器”,修改该层的线宽,这样凡是在该层上用 BYLAYER 画的线全部变为修改后的线宽,非常方便。

(2) 某个图层的关闭、加锁、冻结操作意义如下:关闭——使对象不可见,但可删除(删除对象时用 ALL 选择对象);加锁——可见(且该层上的对象可捕捉),但不能删除;冻结——是关闭与加锁之和,即不可见也不能删除。

4.7 习题

一、操作题

1. 按本章中图 4-19 所示,设置图层。

2. 将图 4-24 中的圆利用“复制”命令和几何计算器,复制到正六边形的几何中心上。

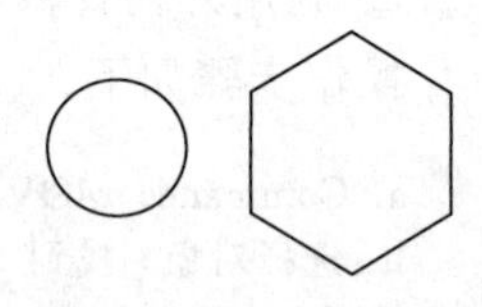

图 4-24 操作题 2

二、思考题

1. “重画”和“重生成”命令有何区别?

2. View(视图)菜单中的“命名视图”命令有何功用?简述保存视图和恢复命名视图的操作过程。

3. 屏幕缩放 ZOOM 与对象缩放 SCALE、屏幕平移 PAN 与对象移动 MOVE 有什么本质上的不同?

4. 如何进行“查询”操作?能查询哪些内容?

5. 什么叫透明命令?

6. 图层的作用是什么?图层可以进行哪些操作?

7. 如何灵活运用图层,提高绘图效率?

三、练习题

按图 4-25 中的尺寸,画出住宅套型设计图。

提示:

(1) 绘图准备

① 设置图形界限。按 1∶100 的比例打印,可将图形界限设为(29700,21000)。

② 参照图 4-19 设置图层。

③ 图 4-25 中用到的窗、门、椅子浴缸等图形可按图 4-26 画出。楼梯、电视机柜及电视机、橱柜等可暂时定义尺寸画出,这些都是常用的图形,在建筑标准图集都有相应的编号和尺寸,请将这些图形保存起来,后面的章节会再次用到。

(2) 绘图步骤

① 画出轴线。用“轴线”层画出左边和底边的轴线后,用“偏移”命令画出其余轴线;标注轴线尺寸。

② 设置多线样式,两条线的偏移值分别为 100 和 −100。然后,画出墙线,并进行编辑。

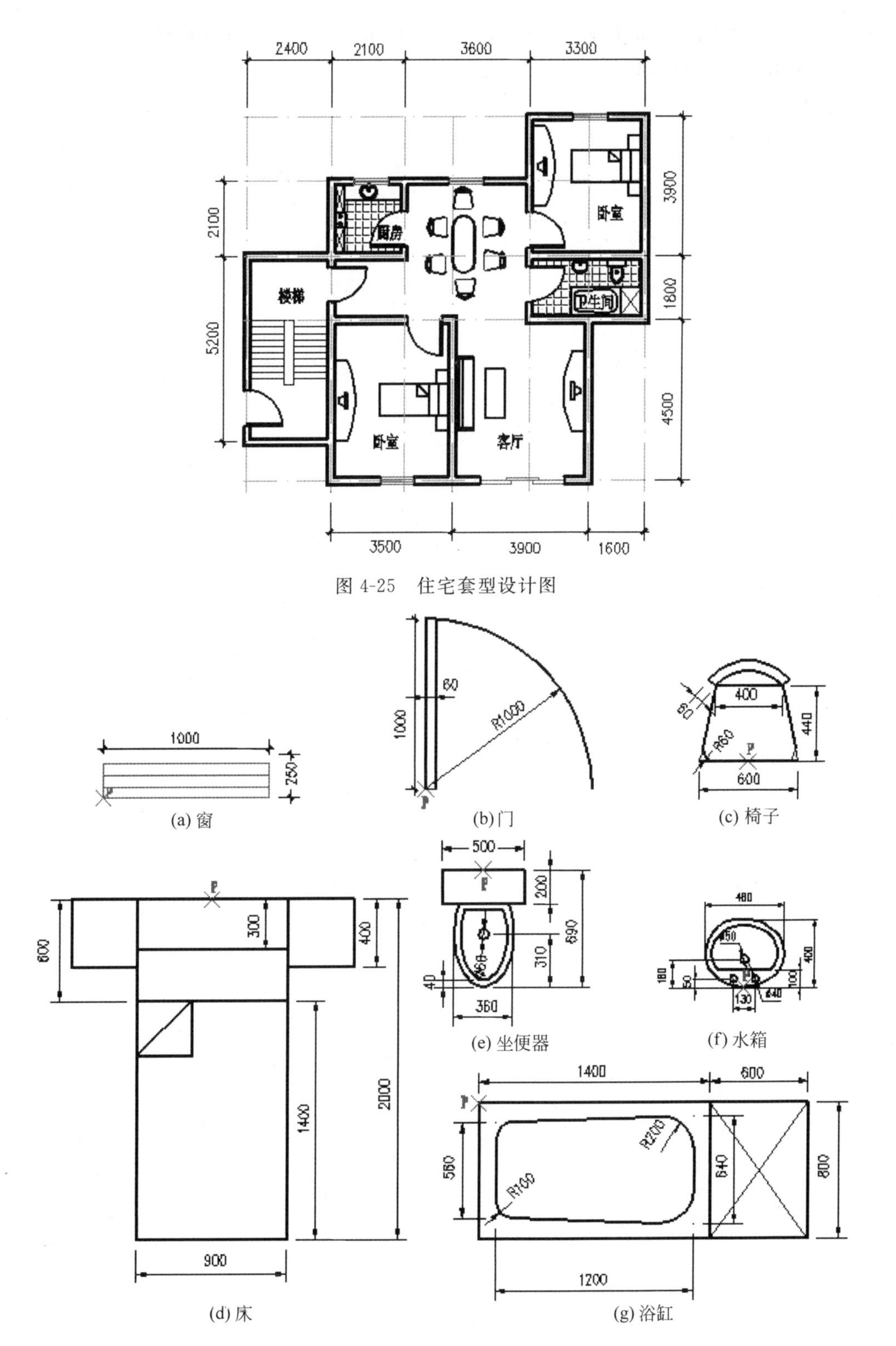

图 4-25　住宅套型设计图

(a) 窗　(b) 门　(c) 椅子

(d) 床　(e) 坐便器　(f) 水箱　(g) 浴缸

图 4-26　部分建筑标准图

③ 将需安装门和窗的位置用编辑多线的命令打断，将门、窗的图形插入。

④ 画出房间其余家具。

⑤ 标注文字。

⑥ 整理图形。

CHAPTER 5 第5章

块和外部参考

将可重复利用的图形定义为块能大幅提高绘图效率。块可分为内部块与外部块，内部块是与当前图形保存在一起的，它只能在当前图形下调用。而外部块是独立于当前图形，单独保存为AutoCAD的图形文件，可以在其他图形中调用，因而外部块更具有实用性。希望通过本章的学习，能够掌握块的定义、插入、块的属性的定义及块属性信息的提取；掌握外部参照的操作。

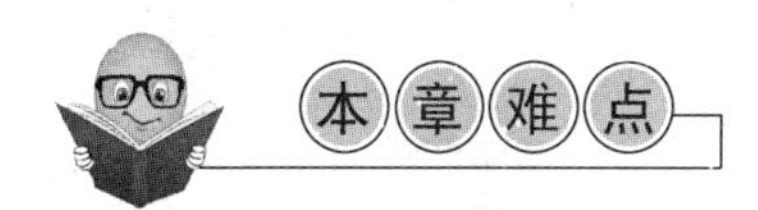

块属性信息的提取；理解外部参照的意义。

5.1 块

5.1.1 块的概念

将图形中的某些对象组合生成一个对象集合，并赋名存盘，这个对象集合被称为块。AutoCAD把块当作一个单一的对象，通过拾取块中的任意线段，就可以对块进行编辑。如果用户在绘图时再需要这个块，可以执行有关命令将块插入到图中的任意位置。被插入图中的块可以赋予不同的比例和转角，如图5-1所示，其中图5-1(a)、图5-1(b)、图5-1(c)、图5-1(d)分别为定义的块、不同方向插入的块、不同比例插入的块。

用户还可以将块分解为它的组成对象并且修改这些对象，然后重新定义这个块。AutoCAD会根据块定义更新块的所有引用。

5.1.2 定义块

先绘制图形，然后将所选对象定义成块。

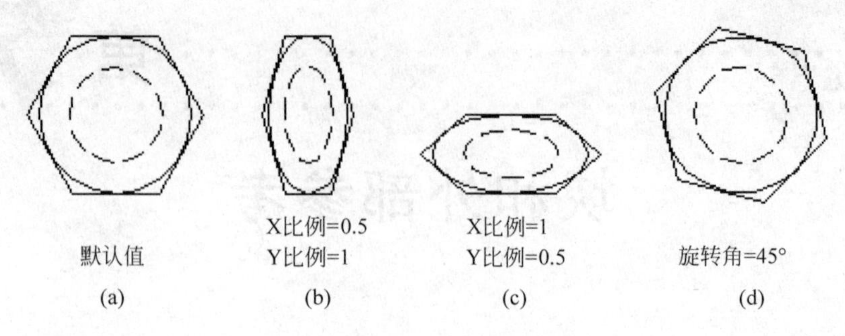

图 5-1　插入不同比例的块

1. 执行途径

(1)“绘图”工具栏：单击“创建块”按钮

(2) 菜单：选择“绘图”→“创建”命令。

(3) 命令：BLOCK、BMAKE。

2. 创建块

下面以图 5-2 为例，介绍在当前图形中定义一个块的步骤。

(1) 在“绘图”工具栏中单击“创建块”按钮，弹出一个“块定义”对话框，如图 5-3 所示。

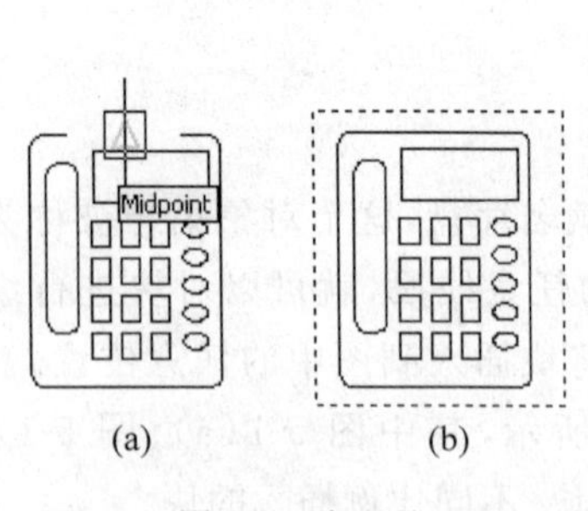

图 5-2　定义块

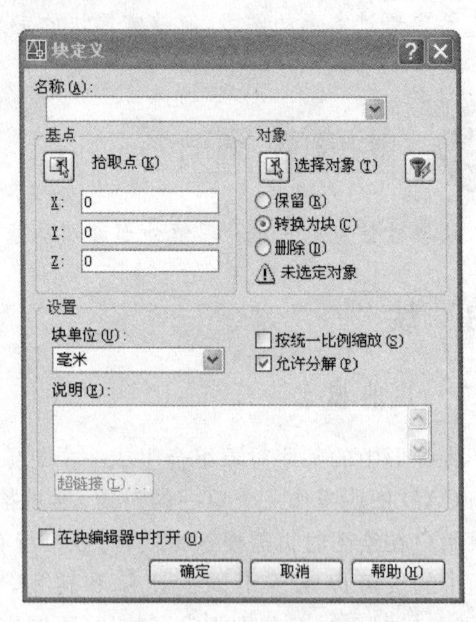

图 5-3　“块定义”对话框

(2) 在“块定义”对话框中输入块名，例如，输入 bolt。

(3) 单击“基点”栏内的“拾取”按钮。

(4) 选择插入基点(基点位置的选择根据用户的需要)，如图 5-2(a)所示。

(5) 单击“对象”栏内的“选取对象”按钮。

(6) 选择要定义成块的对象，如图 5-2(b)所示。

(7) 单击“对象”选项区域中的“删除”复选框，即定义块后屏幕上不保留原对象。

(8) 单击“确定”按钮，即可将所选对象定义成块。

注意：按上述方法定义的块只存在于当前图形中，即只有当该图打开后，才能进行插入块的操作。而在其他图形中无法插入(调用)该块。若要保留定义的块，以便在其他图形中插入、调用该块，需执行 WBLOCK 命令，详见 5.1.3 小节。

5.1.3 保存块

在图 5-3 所示的“块定义”对话框中定义的块只能用于当前图形。若想在其他图形中也能插入该块，即保留该块，需执行 WBLOCK 命令，将当前指定的图形或已定义过的块作为一个独立的图形文件存盘，操作步骤如下：

(1) 在命令提示行上输入 WBLOCK 命令，弹出一个“写块”对话框，如图 5-4 所示。

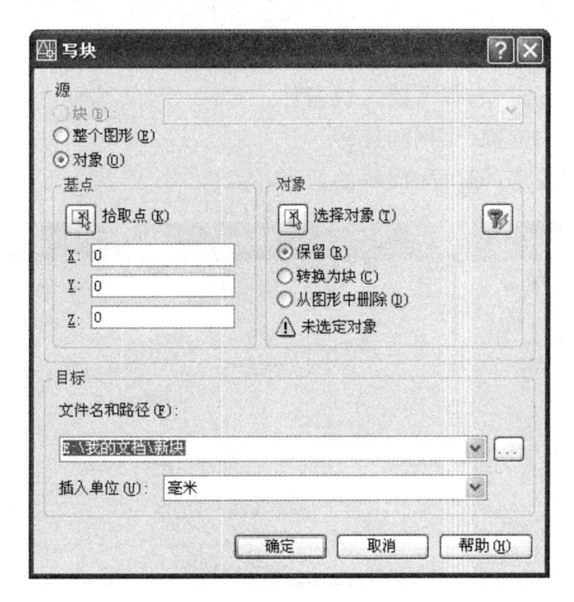

图 5-4 “写块”对话框

(2) 在“文件名和路径”文本框中输入图块的保存位置和图块文件的名称。文件名与块名可以相同，以便于记忆。

(3) 在“插入单位”文本框中选择插入单位。

(4) 单击“拾取点”按钮，选取插入基点。

(5) 单击“选择对象”按钮，选择被定义为块的图形。

(6) 单击“确定”按钮，即可完成块的保存。

注意：该块保存后实质上就是一个.dwg 文件，与一般的.dwg 文件的不同之处是该块有一个指定的插入点，而一般的图形文件默认的插入点为坐标原点，即(0,0,0)。若要给一般图形指定插入点，可以在打开该图形后，在下拉式菜单下选择“绘图”→“块”→“基点”命令。

5.1.4 插入块

用户定义过的块,可以使用 DDINSERT 或 INSERT 命令将块或整个图形插入到当前图形中。当插入块或图形时,需指定插入点、缩放比例和旋转角。当把整个图形插入到另一个图形时,AutoCAD 会将插入图形当作块引用处理。

1. 执行途径

(1)"绘图"工具栏:单击"插入块"按钮。

(2)命令:DDINSERT、INSERT 和 MINSERT。

说明:DDINSERT、INSERT 是以对话框方式执行插入块命令;MINSERT 是以矩形阵列方式插入块。

2. 操作示例

(1)在"绘图"工具栏中单击"插入块"按钮,此时弹出一个"插入"对话框,如图 5-5 所示。

(2)单击"浏览"按钮,选择要插入块名称。

(3)确定块的插入位置、比例和旋转。

(4)单击"确定"按钮,即可完成块的插入。

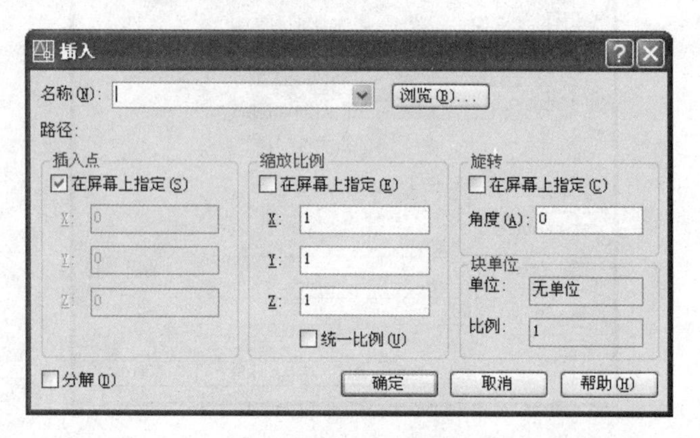

图 5-5 "插入"对话框

如果在"插入点"选项区域中选择"在屏幕上指定"复选框,则插入时,在绘图区屏幕上用光标选择插入点。缩放比例和旋转也是同样的。

3. 块的特殊插入技术

(1)图形文件作为块插入

如果没有定义块,用户可以把任何图形文件(.dwg)作为块来插入。方法是在图 5-5 所示对话框中单击"浏览"按钮,弹出"选择图形文件"对话框,选择一个图形文件,即可按块插入的方法插入图形。

(2)保留块的对象独立性

无论一个块多么复杂,它都被 AutoCAD 视为单个对象。想要对块进行修改,则必须用分解(EXPLODE)命令将其分解。假如用户想在插入块后使块自动分解,则可在

图 5-5 所示的对话框中选择“分解”复选框。

(3) 负比例因子

在插入块时，用户可以指定 X 和 Y 的比例因子为负值，以使块在插入时作为镜像变换。如图 5-6 所示，图 5-6(a)为插入比例因子为正值的结果；图 5-6(b)和图 5-6(c)为采用了比例因子为负值的插入结果。

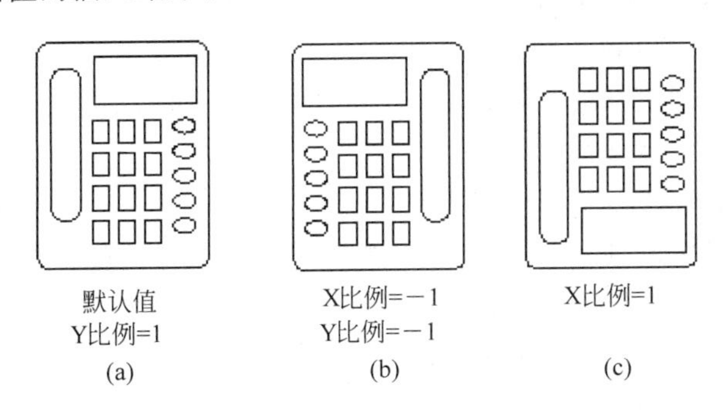

图 5-6　比例因子为正、负时的插入情况

5.1.5　块的性质与用途

1. 块的嵌套

块可以嵌套，即一个块中可以包含对于其他块的引用。块可以多层嵌套，系统对每个块的嵌套层数没有限制。例如，在机械设计中，用户将螺栓定义为块，如图 5-7(a)所示。然后，将定义的块插入，与其他零件装配再组成块，如图 5-7(b)所示。块中含有块，即是块嵌套。

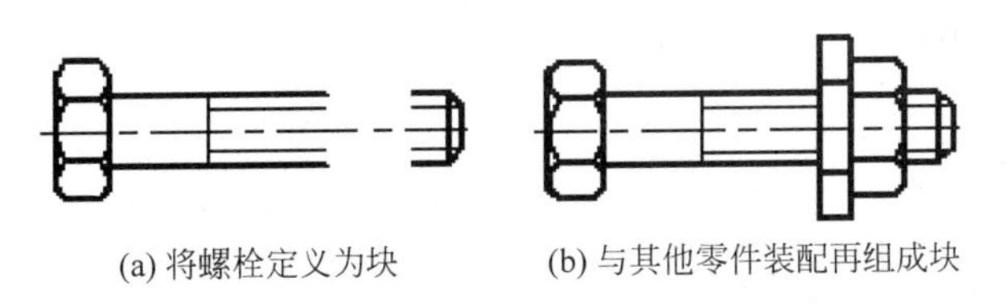

图 5-7　块的嵌套

2. 块与图层、线型、颜色的关系

可以把不同图层上颜色和线型各不相同的对象定义为块。可以在块中保持对象的图层、颜色和线型信息。每次插入块时，块中每个对象的图层、颜色和线型的属性将不会变化。

如果块的组成对象在 0 图层并且对象的颜色和线型设置为随层，当把块插入到当前图层时，AutoCAD 将指定该块的颜色和线型与当前图层上的特性一样。也就是说，当前图层的特性将替代任何明确指定给此块的颜色或线型等特性。

如果组成块的对象的颜色或线型设置为随块，当插入此块时，组成块的对象的颜色和线型将设置为系统的当前值。如果当前图层的颜色和线型没有明确指定，块的颜色和线型将由该图层的特性来指定。

3. 块的用途

AutoCAD为用户提供了块功能，把设计绘图人员从某些重复性工作中解脱出来，可大大提高绘图效率。块的具体用途如下。

(1) 建立图形库

在机械、建筑、电子等专业中，工程人员在设计时常会遇到一些图形重复使用，如果把经常使用的图形(如弱电系统中的信息插座、机械图中的某些标准件、常用件等)定义成块，并建立一个图库，当绘图时，可以将块从图库中调出使用，这样就可以避免了许多重复性工作。

(2) 避免逐个图修改

绘制好的工程图纸有时要进行修改。例如，在建筑图中，要更换楼房的窗户，工程图中有许多同样的窗户，如果逐个修改要花较多的时间。利用图库一致性，只要修改“窗户”这个块，则所有窗户就可一起修改了。这样，便节省了逐个修改的时间。

(3) 可节省磁盘空间

当一组图形在图中重复出现时，会占据较多的磁盘空间，若把这组图形定义成块并存入磁盘，对块的每次插入，AutoCAD仅须记住块的插入点坐标、块名、比例和转角，这样便起到节省内存空间的作用。

(4) 加入属性

若要在图中加入一些文本信息，这些文本信息可以在每次插入块时进行改变，并且可以像普通文本那样显示出来或隐藏起来，这样的文本信息被称为属性。用户还可以从图中提取属性值并为其他数据库提供数据。

总之，用户可以使用块系统地组织图形，从而可以设置、重新设计和排序图形中的对象以及与之相关的信息。

5.2 块的属性

5.2.1 属性的概念与特点

1. 属性的概念

在AutoCAD中，属性是从属于块的文本信息，它是块的组成部分。当插入带有属性的块时，用户可以交互地输入块的属性。当用户对块进行编辑时，包含在块中的属性也将被编辑。

2. 属性的特点

属性不同于一般的文本对象，它有如下特点。

属性包括属性标签(Attribute Tag)和属性值(Attribute Value)两方面内容。例如，在一个班级学生的档案中，包含Name(姓名)、Age(年龄)等项目，具体到每个学生，都有各自的姓名(如WangLi)和年龄(如20)。Name和Age指定的是哪类信息，称之为属性标签，而WangLi和20表示的是某类信息中的具体信息，称为属性值。

在定义块之前，每个属性都要用“Attribute Definition(属性定义)”对话框先进行定义。由它规定属性标签、属性提示、属性默认值、属性可见性、属性在图中的位置等。属性定义后以其标签(字符串)在图中显示出来,并把有关的信息保留在图形文件中。

在定义块之后,对做出的属性定义可以用CHANGE命令修改。

在块插入时,系统用属性提示要求用户输入属性值(也可以用默认值)。因此,同一个块在不同插入时,可以有不同的属性值。

块插入后,用户可以对属性进行下列操作。

(1) 属性编辑(Attedit):修改已定义好的属性。

(2) 属性显示(Attdisp):改变属性的显示状况。

(3) 属性提取(Attext):提取块中的属性,以供统计、制表之用。也可以和电子表格或数据库进行数据通信。

5.2.2 属性的定义

1. 执行途径

(1) 菜单:选择"绘图"→"块"→"定义属性"命令。

(2) 命令:ATTDEF、DDATTDEF。

2. "属性定义"对话框

执行"绘图"→ "块"→"定义属性"命令,弹出一个"属性定义"对话框,如图5-8所示。其中各选项含义如下。

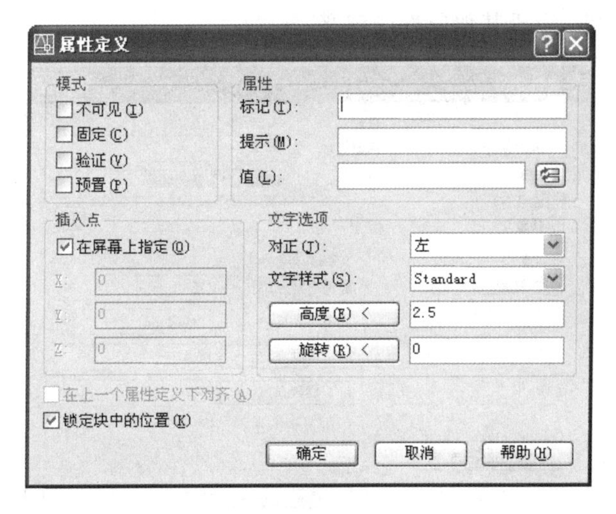

图5-8 "属性定义"对话框

(1) 模式:确定属性的模式。包括是否采用Invisible(不可见)、Constant(常量)、Verify(验证)和Preset(预设)。

(2) 属性:确定标记(属性标签)、提示和值(属性值)。属性标签位于定义的块中。当插入带有属性块时,属性提示将显示在命令行中。这里的属性值是预设值。

(3) 插入点:确定属性(包括属性标签、属性值)在块中的位置。可以在X、Y、Z坐标文本框内输入坐标值,但通常是通过选择"在屏幕上指定"复选框,在绘图区直接确定坐标。

(4) 文字选项：确定文本的对正(对齐方式)、文字样式、高度以及旋转(倾斜角度)，且与上一个属性对齐。

3. 操作示例

下面以绘制一间办公室内办公桌的平面布置图为例，具体介绍定义属性的方法。图5-9所示为每张桌子上面的内容，包括一部电话和一张卡片，办公桌定义为带属性的块。

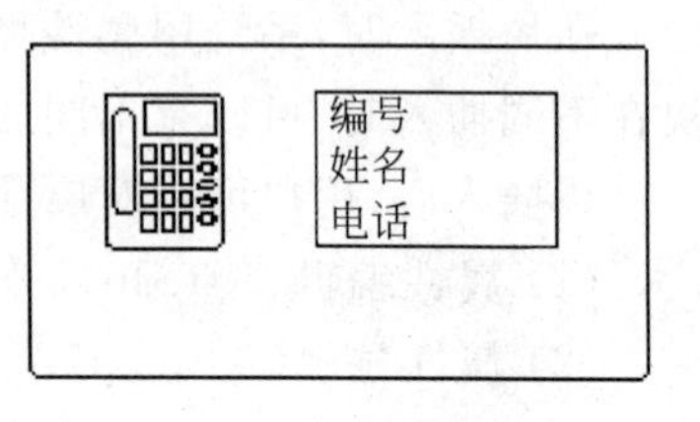

图5-9 带属性的块

定义步骤如下：

(1) 画好所需图形，即一张办公桌、办公桌上的电话及卡片。

(2) 定义块的属性，在下拉式菜单中选择"绘图"→"块"→"定义属性"命令，弹出"属性定义"对话框(见图5-8)。具体步骤如下：

① 在"属性"选项区域的"标记"文本框中输入：编号。

② 在"提示"文本框中输入：请输入办公桌的编号。该提示是在插入块时，在命令行中出现的。

③ 在"值"文本框中输入：01。01为预置值，也可以暂不输入。

④ 确定插入点及文本高度等后，完成一个属性的定义，如图5-10所示。

⑤ 重复以上4步，完成其他属性的定义。

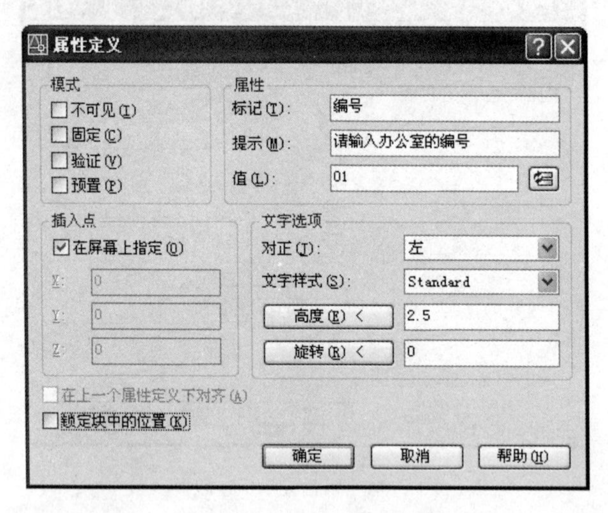

图5-10 属性对话框中输入的内容

(3) 定义好属性后，将图5-9所示桌子定义为块。块的名称为"办公桌"。

(4) 在一间办公室内，插入块(办公桌)。图5-11所示为6个办公桌在办公室内的布置形式，办公桌的卡片上显示出属性值。

插入块的步骤如下：

① 在下拉式菜单中选择"插入"→"块"命令，弹出如图5-5所示的对话框。

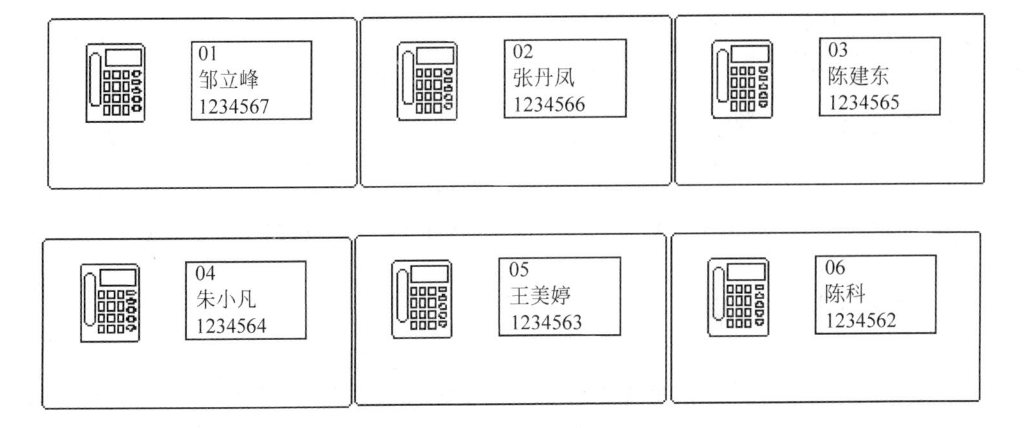

图 5-11　用块插入的 6 张桌子

② 在"名称"文本框中输入上面定义的块名(如办公桌)。

③ 接下来在命令行中的提示如下：

命令: _INSERT
指定插入点或[基点(B)/比例(S)/X/Y/Z/旋转(R)/预览比例(PS)/PX/PY/PZ/预览旋转(PR)]:
　　//在适当的位置上指定一点
输入属性值:
请输入电话号码: 1234567
请输入使用者姓名: 邹立锋
请输入办公桌的编号 <01>:　//这个提示就是在定义块的属性中 Tag 栏中的内容

④ 按 Enter 键后,块插入完毕。如图 5-11 的左上角所示。

⑤ 按以上 4 步,完成其余块的插入。

5.2.3　编辑属性

编辑属性通常采用个别编辑方式,具体操作如下:

(1) 在下拉式菜单中选择"修改"→"对象"→"属性"→"单个"命令,或输入 EATTEDIT 命令。

(2) 选择要编辑的块,弹出一个"增强属性编辑器"对话框,如图 5-12 所示。

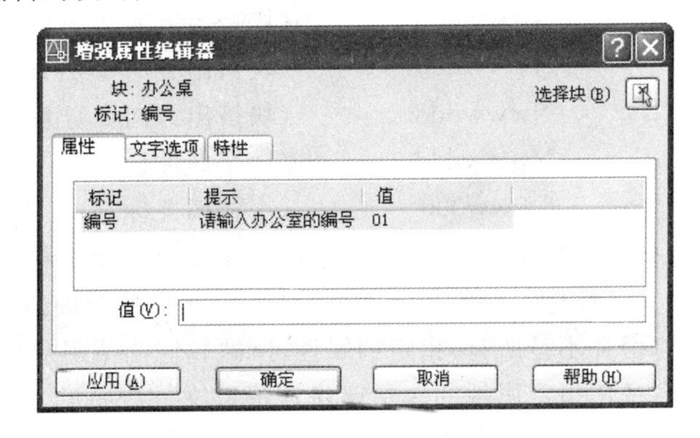

图 5-12　"增强属性编辑器"对话框

(3) 修改对话框中相应的属性值。

(4) 单击“确定”按钮。

5.2.4 属性显示控制

属性的显示状态(可见或不可见)可以改变,方法如下：在下拉式菜单中选择“视图”→“显示”→“属性显示”命令,显示出 3 种选择项：普通、开和关。用户可以根据需要进行选择。

5.3 提取属性信息

可以从图形中提取属性信息并创建独立的文本文件供数据库软件使用,而且提取属性信息不会影响图形。必须创建样板文件来告诉 AutoCAD 如何构造包含提取的属性信息文件,样板文件包含所有与属性标记相关联的信息,如编号、电话、姓名等。当创建样本文件后,AutoCAD 用此文件决定从图形中提取什么属性信息。

1. 创建样板文件

下面是样板文件中可能用到的 15 个字段。在样板文件中需要哪些字段可根据用户的需求选择。

BL：LEVEL	Nwww000	(块嵌套层)
BL：NAME	Cwww000	(块名)
BL：X	Nwwwddd	(块插入点的 X 坐标)
BL：Y	Nwwwddd	(块插入点的 Y 坐标)
BL：Z	Nwwwddd	(块插入点的 Z 坐标)
BL：NUMBER	Nwww000	(块计数器,与 MINSERT 相同)
BL：HANDLE	Cwww000	(块句柄,与 MINSERT 相同)
BL：LAYER	Cwww000	(块插入图层名)
BL：ORIENT	Nwwwddd	(块旋转角)
BL：XSCALE	Nwwwddd	(X 方向缩放比例)
BL：YSCALE	Nwwwddd	(Y 方向缩放比例)
BL：ZSCALE	Nwwwddd	(Z 方向缩放比例)
BL：XEXTRUDE	Nwwwddd	(块挤出方向 X 分量)
BL：YEXTRUDE	Nwwwddd	(块挤出方向 Y 分量)
BL：ZEXTRUDE	Nwwwddd	(块挤出方向 Z 分量)
Numeric	Nwwwddd	(数字属性标记)
Character	Cwww000	(字符属性标记)

样板文件可以包括上面列出的任何所有的 BL：xxx 字段名。样板文件至少必须包含一个属性标记字段。属性标记字段决定哪种属性(也就是哪个块)包含在提取文件中。如果块中只包含一些(但并不是所有)指定的属性,所缺属性的值用空格(字符型)或零(数字型)来填充。不包含任何指定属性的块参照将从提取文件中排除。每个字段在样板文件中只能出现一次。

在 Nwww000 中，N 表示数据类型为数字型，www 为字段总长度，000 表示小数的位数。其他的数据与此相似，例如：

BL：办公桌 C010000

表示：块名为“办公桌”；数据类型为字符型，长度 10，即有 5 个汉字；小数位为 0。

2. 实例

以图 5-11 为例，提取有关属性信息，以便统计。

(1) 用 Windows 下的写字板，创建样板文件(办公桌.txt)，内容如下：

BL：办公桌 C010000

姓名 C010000

电话 C008000

编号 C003000

(2) 命令：ATTEXT。

按 Enter 键后，将弹出如图 5-13 所示的“属性提取”对话框。

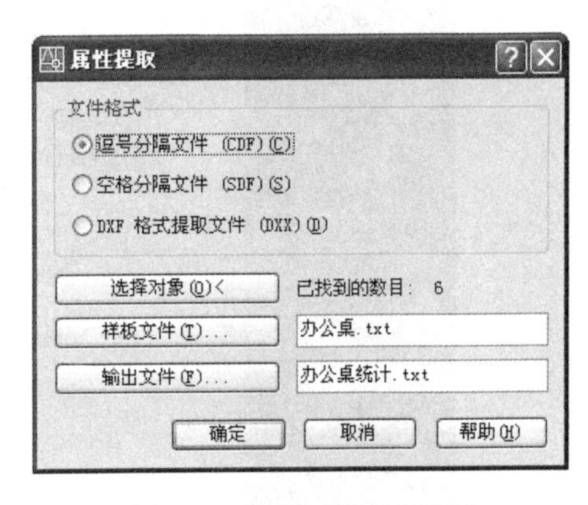

图 5-13 “属性提取”对话框

(3) 单击“选择对象”按钮，选择办公室中插入的 6 张桌子(即插入的块)。

在命令行中提示如下：

找到 6 个

(4) 在“样板文件”文本框输入样板的文件名。

(5) 在“输出文件”文本框写入输出的文件名。

(6) 再按“确定”按钮，完成属性的提取。

(7) 打开文件“办公桌统计.txt”，查看其中的内容，具体如下：

邹立峰 1234567 01

张丹凤 1234566 02

陈建东 1234565 03

朱小凡 1234564 04

王美婷 1234563 05

陈科 1234562 06

在图 5-13 中，文件格式有如下 3 种格式。

(1) 逗号分隔格式文件(CDF)。

(2) 空格分隔格式文件(SDF)。

(3) 图形交换文件(DXF)。

CDF 格式生成的文件包含图形中每个块参照的一个记录。逗号公开了每个记录的字段，单引号将字符字段括住。一些数据库应用程序可以直接读取这种格式。

SDF 格式生成的文件也包含图形中每个块参照的一个记录。每个记录的字段有固定的宽度，并且不使用字段分隔符或字符串分隔符。

DXF 格式生成了一个含参照、属性和序列终点对象的 AutoCAD 图形交换文件格式的子集。DXF 格式提取不需要的样板。扩展名.dxx 将输出文件与一般的 DXF 文件区分开来。

3. 功能强大且方便的块属性提取向导

从下拉式菜单中选择"工具"→"属性提取"命令，则会出现如图 5-14 所示的"属性提取-开始(第 1 页，共 6 页)"对话框。

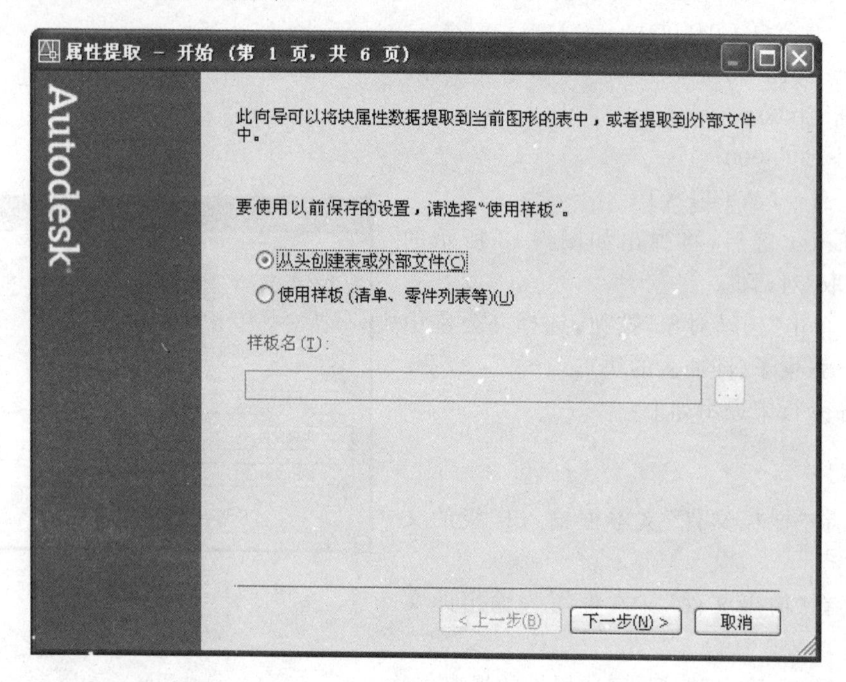

图 5-14 "属性提取-开始(第 1 页，共 6 页)"对话框

(1) 从头创建表或外部文件

创建 AutoCAD 图形内部引用的表或者外部文件的形式。

(2) 使用样板(清单、零件列表等)

使用样板指的是本节开始时介绍的样板文件，只要在样板名栏中输入样板文件名即可。

由于是向导性质的对话框，因此操作非常简单，在此不再赘述。

5.4 外部参照

5.4.1 外部参照概述

外部参照(XREF)是把其他图形链接到当前图形中。外部参照不同于块，当把图形作为块插入时，块定义和所有相关联的几何图形都将存储在当前图形数据库中。如果修改了原图形，块不会跟着更新。但是，当把图形作为外部参照插入时，它就会随着原图形的修改而自动更新。因此,包含有外部参照的图形总是反映出每个外部参照文件最新的编辑情况。

像块引用一样,外部参照在当前图形中作为单个对象显示。然而,外部参照不会显著增加当前图形的文件大小,并且不能被分解。就像对待块引用一样,可以嵌套附着在图形上的外部参照。

1. 外部参照的特点

(1) 外部图形引入主图后在主图形文件内记入了引用点,并不会使主图形文件增大许多。外部图表与主图形一般应存在一个路径内,以便调用。如果不在同一路径,那么在引用外部图形时,必须写清它的路径。

(2) 通过附着外部参照,可以确保显示参照图形的最新版本。当打开或打印图形时,AutoCAD 自动重载每个外部参照,所以它反映了参照图形文件的最新状态。

(3) 创建外部参照剪裁边界,以便在宿主图形中只显示外部参照文件指定的部分。

(4) 外部参照可以在屏幕上进行复制、移动、放大、删除等编辑操作。

(5) 外部参照可以嵌套,且嵌套次数不受限制。

(6) 外部参照虽然具有块的性质,但不能用 EXPLODE 命令分解。

2. 外部参照的用途

(1) 当项目开发时,将可能部件图集成为宿主图形。

(2) 通过把其他用户的图形放置在用户的图形上,合并用户和其他用户的工作,从而能够与其他用户所做的修改保持一致。

(3) 确保显示参照图形的最新版本。当打开或打印图形时,AutoCAD 自动重载每一个外部参照,所以它反映了参照图形文件的最新状态。

(4) 创建外部参照剪裁边界,以便在宿主图形只显示外部参照文件指定的部分。

5.4.2 外部参照的操作

1. 外部参照对话框

在下拉式菜单中选择"插入"→"外部参照管理器"命令,或输入"XREF"命令,即可弹出"外部参照管理器"对话框,如图 5-15 所示。

利用该对话框,可以管理所有外部参照图形。该对话框显示了每个外部参照的状态及它们之间的关系。在对话框中,可以附着新的外部参照、拆离现有的外部参照、重载或卸载现有的外部参照、将附加转换为覆盖或将覆盖转换为附加、将整个外部参照定义绑定到当前图形中、修改外部参照路径。

在"外部参照管理器"对话框中,有两个控制显示外部参照表的按钮:列表图按钮和树状图按钮。默认情况下,为列表图。列表图显示当前视图中的外部参照列表,它们是按字母顺序排列的。

单击"外部参照管理器"对话框中的"树状图"按钮,将显示外部参照的层次结构。树状图的顶层以字母顺序列出。显示的外部参照信息包含外部参照中的嵌套等级、它们之间的关系以及是否已被融入。树状图只显示外部参照间的关系,它不会显示与图形相关

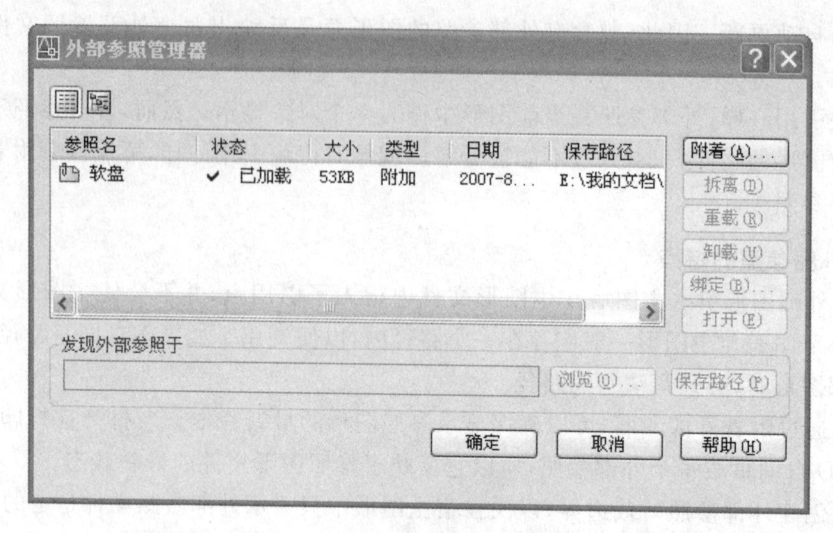

图 5-15 “外部参照管理器”对话框

的附加型或覆盖型图的数量。

2. 外部参照的有关操作

在“外部参照管理器”对话框的右侧有 5 个按钮，用于操作外部参照图形。下面分别对其进行说明。

(1) 附着

“附着”按钮用于将外部参照图形与当前图形链接。单击该按钮，弹出一个“选择参照文件”对话框，选定外部参照文件后，出现“外部参照”对话框，如图 5-16 所示。

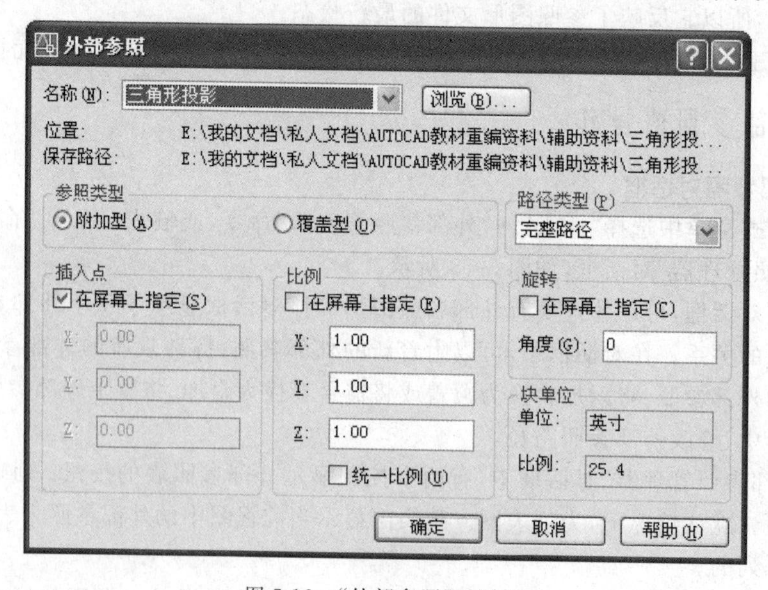

图 5-16 “外部参照”对话框

在“外部参照”对话框中，“浏览”按钮用于查找要附着的外部参照图形；“参照类型”选项区域用于选择外部参照类型；“插入点”、“比例”、“旋转”选项区域用于确定外部参照的插入点、比例和旋转角。

(2) 拆离

“拆离”按钮用于将外部参照从当前图形上删除。当执行拆离操作后，将删除外部参照的所有副本，并且将清除外部参照的定义。外部参照被拆离后，会从树状图和列表图中将其删除。所有依赖外部参照符号表的信息(如图层和线型)也将从当前图形符号表中清除。但不能拆离嵌套外部参照。

(3) 重载

如果外部参照图形正在被某个用户修改，而你正在使用这个外部参照附着的宿主图形，此时可以使用“重载”按钮更新外部参照图形。当重载时所选的外部参照图形将在宿主图形中更新。如果已卸载了外部参照，可以在任何时候通过选择该选项来重载此外部参照图形。

(4) 卸载

“卸载”按钮用于卸掉当前图形中不再使用的外部参照图形。卸载后，由于不必读入并且不显示不必要的几何图形或符号表信息，AutoCAD 的性能会有所提高。

(5) 绑定

“绑定”按钮用于将外部参照绑定到当前图形上，使之真正成为图形中的一部分，而不再是外部参照。当更新外部参照图形时，绑定的外部参照将不会跟着更新。

3. 外部参照的操作步骤

(1) 选择下拉式菜单中“插入”→“外部参照管理器”命令。

(2) 在“外部参照管理器”对话框中单击“附着”按钮，弹出“选择参照文件”对话框。

(3) 选择要附着的文件，弹出“外部参照”对话框。

(4) 指定插入比例因子和旋转角度。

(5) 单击“确定”按钮。

(6) 指定插入点，即可完成外部参照的操作。

5.5 综合实例

如图 5-17 所示为设计初期某学校简化后的校园平面图，在平面图上应有一些建筑物。假设平面图由设计组组长完成，而单体建筑物由组员完成。将单体建筑物作为外部参照，插入平面图中，这样组员只专心设计单体建筑物，而不必考虑该建筑物的位置。由于单体建筑物是作为外部参照插入平面图中的，随着单体建筑物设计的不断完善，在平面图中的建筑物会不断更新，从而使组长及时了解组员的设计进展情况。

在设计一段时间后，组员设计的单体建筑物有了一定的进展，单体建筑物发生了变化，这种变化可以很快在组长的设计图中反映出来(注意图中图书馆及体育场的变化)，如图 5-18 所示，这就是外部设计的好处。

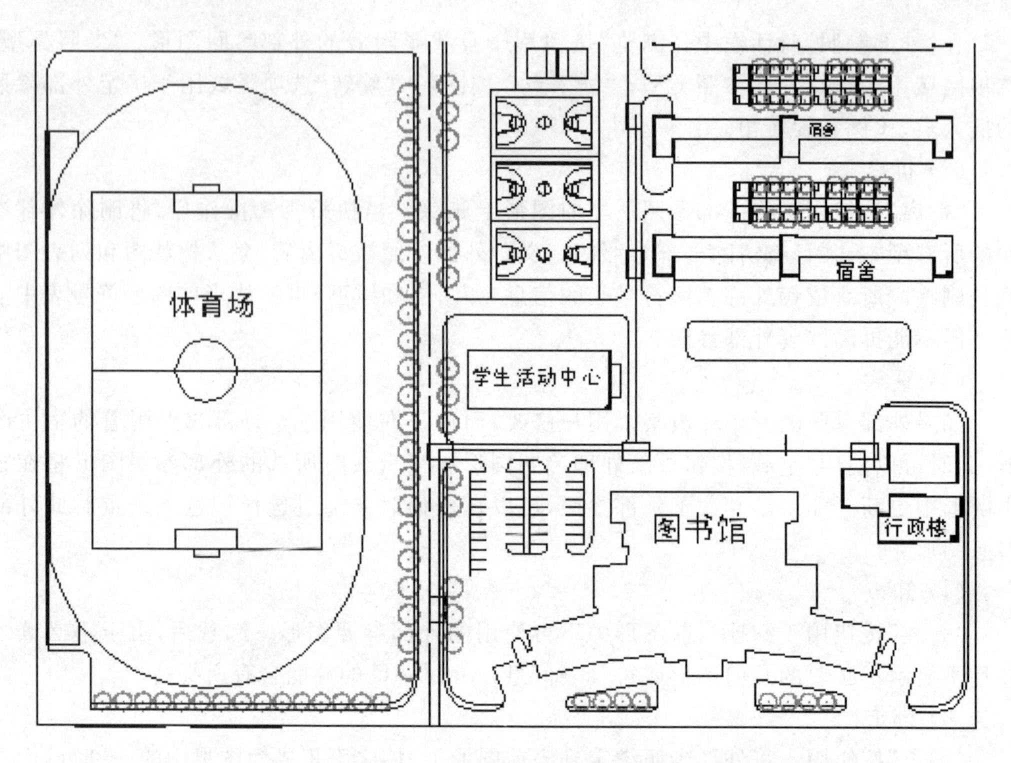

图 5-17　设计初期时的情况

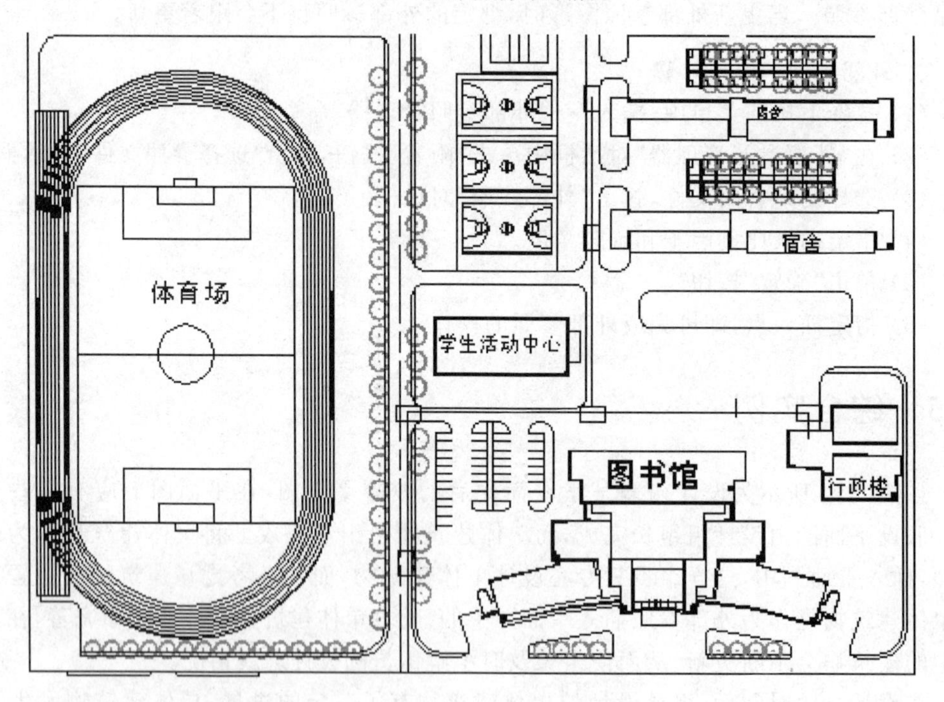

图 5-18　设计一段时间后的情况

5.6 小结

本章主要介绍了块和外部参照两部分内容。

(1) 在一幅图形中,如果重复用到相同的图形和符号,则块的定义与使用就非常有用,可以减少很多重复的工作量。特别是块属性信息的提取,对于数量统计工作的作用巨大。

(2) 块有两种:一种称为内部块(Block),另一种称为外部块。由于内部块是保存于当前图形文件中的,因此只能在当前图形中插入;而外部块是以 AutoCAD 图形格式独立保存的(也称为写块),因而能在任何 AutoCAD 图形文件中插入。

(3) 外部参照主要用于分组设计。在大型工程中,需要分工合作、相互协调,目前可以在互联网上更好地实现这种合作。外部参照是一个强大的实用工具。

5.7 习题

一、思考题

1. 什么是块? 它的主要用途是什么?
2. BLOCK 命令与 WBLOCK 命令有什么区别?
3. 什么是属性? 属性有哪些主要特点?
4. 什么是外部参照? 它的作用是什么? 它与块有何区别?
5. 简述外部参照的有关操作。

二、练习题

1. 外部参照练习。先分别创建两个零件图 part-1 和 part-2(见图 5-19 和图 5-20),并将 part-1 作为外部引用。

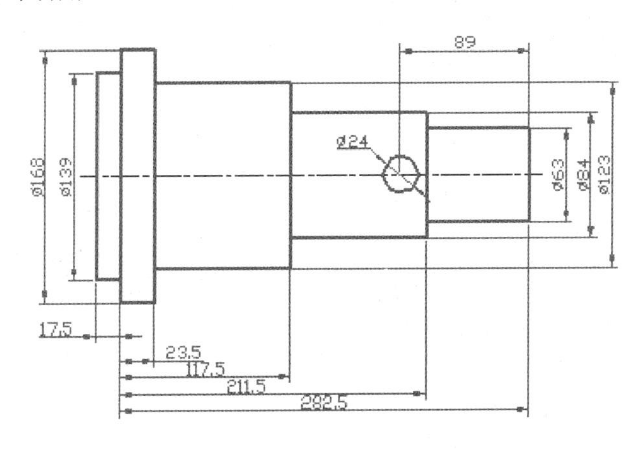

图 5-19 零件 part-1

(1) 开始创建一个新的图形 part-1,并设置图层如图 5-21 所示。

(2) 按要求画出 part-1,并以 part-1 为名存储。

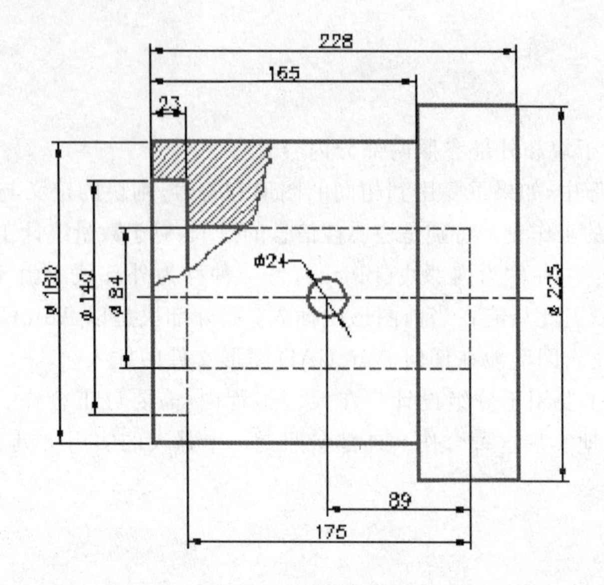

图 5-20　零件 part-2

Name	On	Free...	L...	Color	Linetype	Lineweight	Plot ...	P...
0				White	Continuous	Default	Color_7	
Object				Red	Continuous	Default	Color_1	
Hidden				Blue	HIDDEN2	Default	Color_5	
centr				White	CENTER2	Default	Color_7	

图 5-21　图层设置

(3) 按要求画出 part-2，并以 part-2 为名存储。

(4) 将 part-1 作为外部引用，插入 part-2 中，并将 ϕ24 孔对准，可以得到如图 5-22 所示的装配图，从中看出，两零件间有干涉现象。打开 part-1，修改尺寸 117.5 为 107.5，关闭 part-1。

(5) 再次打开 part-2，可以发现装配图中两零件的干涉现象消失，如图 5-23 所示。说明外部引用的图形修改后，在装配图中得到了自动更新。

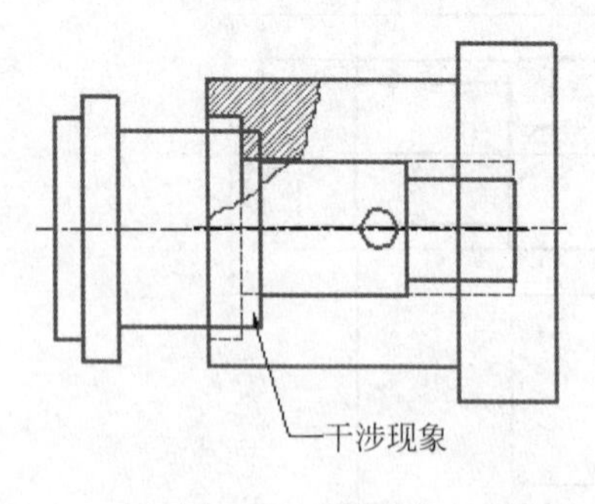

图 5-22　装配图

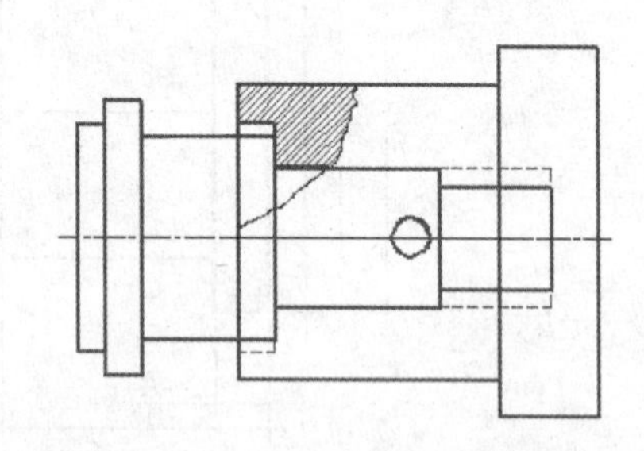

图 5-23　改变 part-1 后，装配图自动更改

2. 利用块完成图 5-24 所示的电路原理图，并提取块的属性信息。

提示：在图 5-24 中，“R”、“C”、“T”是文字而非块的属性，而其下标可定义为块的属性。

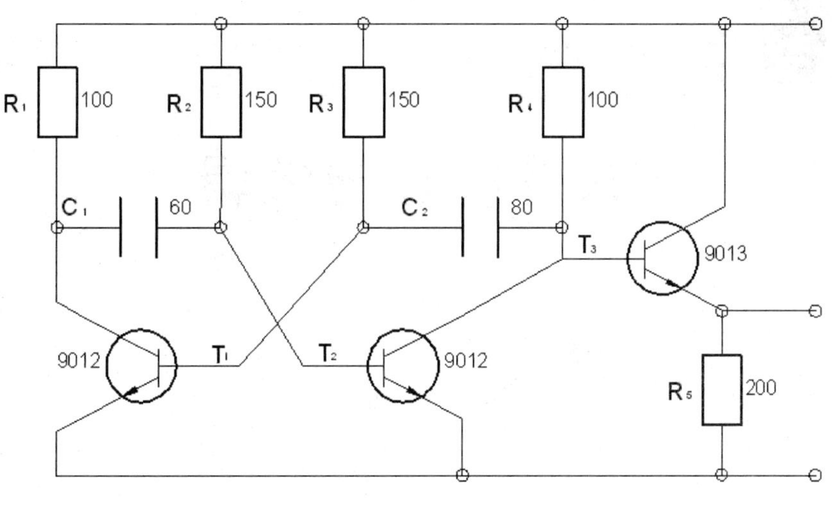
R1
100
R2
150
R3
150
R4
100
C1
60
C2
80
T3
9013
9012
T1
T2
9012
R5
200

图 5-24　电路原理图

第6章 尺寸标注与编辑

CHAPTER 6

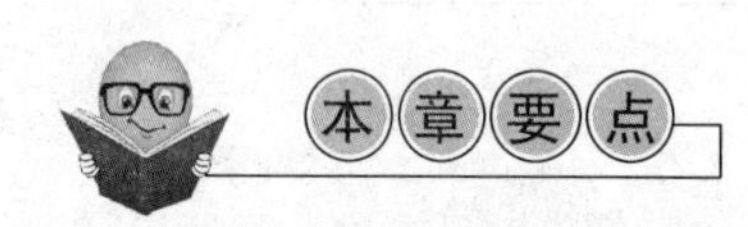

重点掌握线性、对齐、坐标、半径、直径、角度、基线、连续尺寸和引线的标注，在标注这些尺寸时，尺寸标注样式的建立和修改是十分重要的。

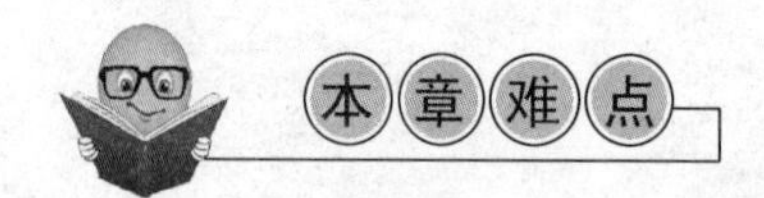

尺寸标注样式的建立及尺寸标注的修改。

由于尺寸标注是一般绘图过程中不可缺少的步骤，因此 AutoCAD 提供了一套完整的尺寸标注命令。通过这些命令，用户可方便地标注画面上的各种尺寸，如线性尺寸、角度、直径、半径等。当用户进行尺寸标注时，AutoCAD 会自动测量对象的大小，并在尺寸线上给出正确的数字。因此，这就要求用户在标注尺寸之前必须精确地构造图形。对于我国用户而言，在进行尺寸标注时，应按照国家有关规定以及 AutoCAD 提供的各种尺寸控制选项选择合适的尺寸标注特性。

6.1 尺寸标注概述

6.1.1 尺寸组成

一个典型的尺寸标注由以下 4 部分组成(见图 6-1)。

1. 尺寸线

尺寸线表示测量的方向和被测距离的长度。尺寸线的末端通常带有标记，如箭头或者小斜线。对于角度标注，尺寸线是一段圆弧。

2. 箭头

箭头显示在尺寸线的末端，用于确定测量开始和结束位置。AutoCAD 还提供了多

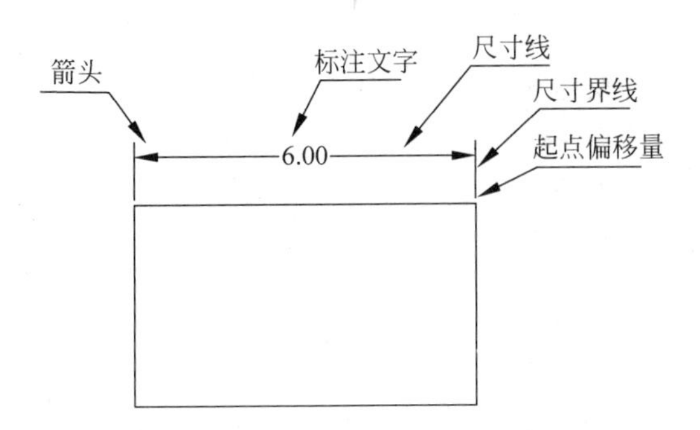

图 6-1 一个尺寸标注样式中的不同组成元素

种符号可供选择，包括建筑标记、小斜线箭头、点和斜杠，用户也可以创建自定义符号。

3. 尺寸界线

尺寸界线从标注对象延伸到尺寸线。除非调用“倾斜”选项，否则尺寸界线一般垂直于尺寸线。

4. 标注文字

标注文字由用于表示测量值和标注类型的数字、词汇、参数和特殊符号组成。

尺寸有时可以采用引线标注，引线是标注文字上的一点到要标注直径或半径尺寸的圆或圆弧的射线，通常用于注释。

对于尺寸的 4 个部分的具体规定和要求，请参考机械制图方面的书籍。

6.1.2 尺寸标注类型

可以使用的标注类型有线性、对齐、坐标、半径、直径、角度、基线、连续和引线标注。图 6-2 所示为几种常见的尺寸标注类型。

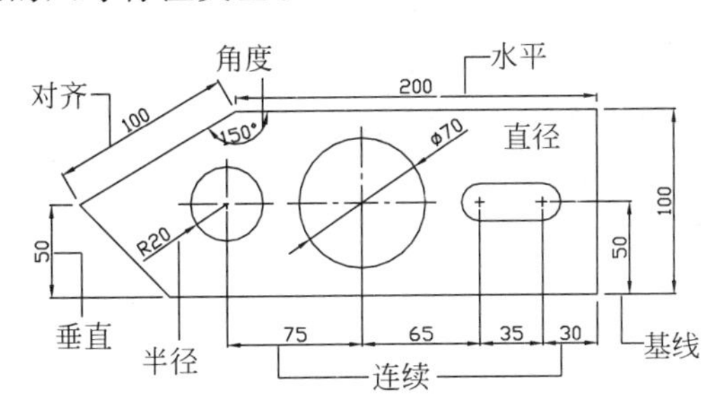

图 6-2 几种常见的尺寸标注类型

6.1.3 关联标注

AutoCAD 中的尺寸标注，根据系统变量 DIMASO 的设置，可以绘制为具有关联性的尺寸标注或不具有关联性的尺寸标注。

1. 关联性

如果要绘制具有关联性的尺寸标注，则必须将尺寸标注系统变量 DIMASO 的值设置为“ON”，这样组成尺寸标注的各个独立部分，将会变成一个单一的关联的尺寸标注。在这种情况下，如果要修改这个具有关联性的尺寸标注，只要选择了其中的任何一个标注元素，那么这个尺寸标注的所有组成元素都将亮显，并且所有标注元素都会被修改。

2. 不具有关联性

如果要绘制不具有关联性的尺寸，须将尺寸标注系统变量 DIMASO 的值设置为“OFF”，这样组成标注尺寸的各标注元素就是相互独立的对象。如果要修改其中的一个标注元素，那么也只有这一个元素被修改。

通过执行 EXPLODE 命令，可将一个具有关联性的尺寸标注转换成不具有关联性的尺寸标注。

图 6-3 “标注”下拉菜单

6.1.4 执行尺寸标注的途径

(1)“标注”下拉菜单如图 6-3 所示，利用该菜单可以标注尺寸、打开“标注式样管理”对话框编辑尺寸。

(2) Dimension 工具栏。执行“视图”→“工具栏”命令，弹出“自定义用户界面”对话框，调用“标注”工具栏，如图 6-4 所示。

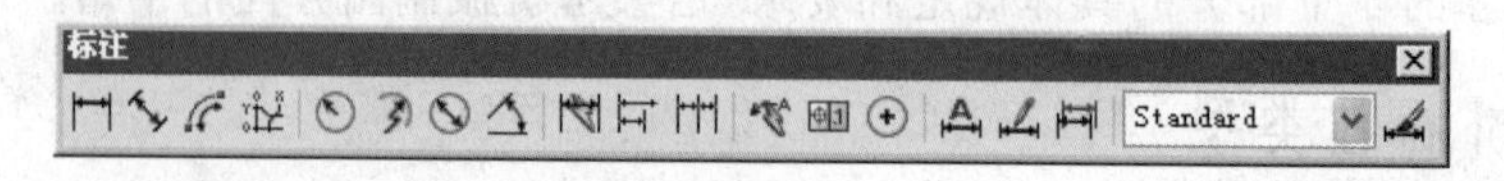

图 6-4 “标注”工具栏

(3) 也可以在命令行输入相应命令执行尺寸标注。

6.2 尺寸标注步骤及标注样式

6.2.1 尺寸标注步骤

下面给出进行尺寸标注的完整步骤。

1. 创建尺寸标注层

按下列步骤创建尺寸标注层。

(1) 选择“图层”工具栏中的“图层特性管理器”工具。

(2) 单击“新建”按钮，并在层名列中输入“尺寸标注”，如图 6-5 所示。

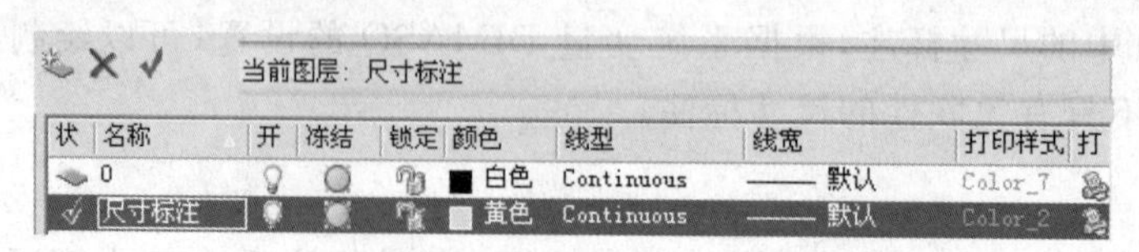

图 6-5 创建尺寸标注层

（3）单击“颜色”列下方的“颜色”按钮，在“标准颜色”选择区域中选择“黄色”。单击“确定”按钮。

（4）单击“置为当前”✔按钮。

（5）单击“确定”按钮，关闭“图层”工具对话框。

2. 建立用于尺寸标注的文本类型

（1）执行“格式”→“文字样式”命令，弹出“文字样式”对话框，在该对话框中创建用于标注的文本类型，其结果如图 6-6 所示。

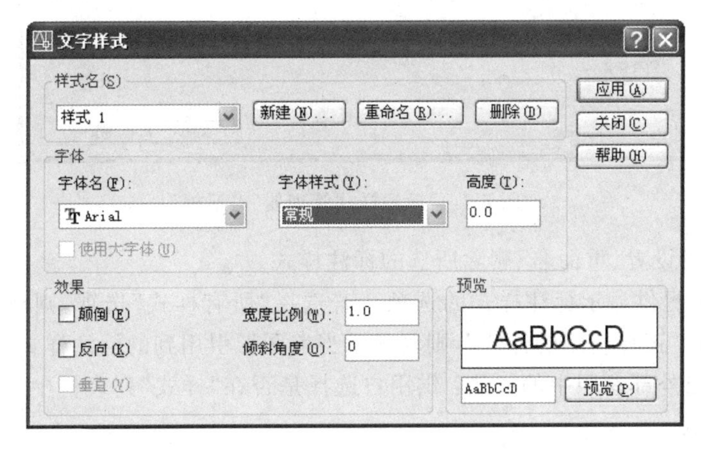

图 6-6 建立用于尺寸标注的文本类型

（2）单击“新建”按钮，取一个适当的名称。

（3）单击“应用”按钮。

（4）单击“关闭”按钮，退出“文字样式”对话框。

注意：

（1）应该总是把用于尺寸标注的文本的默认高度值设为零，以便将该文本类型作为尺寸标注文本类型。如果该值不设为零，则它将取代“标注样式”对话框“字体”选项区域中的“高度”设置。也就是说，如果某个文本类型的默认高度值不为 0，则“标注样式”对话框“字体”选项区域中的“高度”设置将不再起作用。

（2）可以新建多个标注样式。当标注汉字时，字体名建议用仿宋体。

3. 设置尺寸标注格式

利用“标注样式管理器”，用户可根据实际需要设置多种尺寸变量，建立尺寸标注样式。也可通过 DIMSTYLE（或 DDIM）命令、“标注”工具栏，或执行“格式”→“标注样式”命令，打开“标注样式管理器”对话框（见图 6-7），从而编辑已存在的尺寸样式或创建新的尺寸样式。

下面介绍“标注样式管理器”对话框中各个区域和按钮的功能。

（1）预览：显示 AutoCAD 当前正使用的标注样式，AutoCAD 默认标注样式为 ISO-25，即字体高度为 2.5 的标准式样。

（2）样式：显示当前图形可供选择的所有标注样式。当显示此对话框时，AutoCAD 突出显示当前标注样式。在“样式”列表里右击某一样式名，系统将弹出一快捷菜单，利用

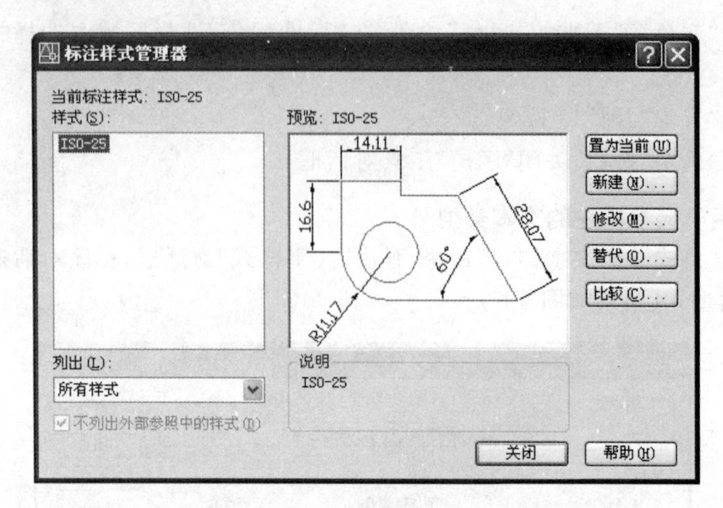

图 6-7 “标注样式管理器”对话框

该快捷菜单可以设置、重命名、删除所选的标注样式。

(3) 列出：提供显示标注样式的选项。若选择“所有样式”选项，则将显示所有的标注样式；若选择“正在使用的样式”，则仅显示当前图形引用到的标注样式。

(4) 不列出外部参照中的样式：供用户选择是否在“样式”列表框中显示外部参照图形中的标注样式。

(5) 置为当前：把在“样式”列表框中选定的标注样式设置为当前标注样式。

(6) 新建：打开“新建标注样式”对话框，可创建新的标注样式。

(7) 修改：打开“修改标注样式”对话框，可以修改标注样式。

(8) 替代：打开“替代”对话框，可以设置标注样式的临时替代值。

(9) 比较：打开“比较”对话框，可以比较两种标注样式的特性或浏览一种标注样式的特性。

6.2.2 设置尺寸线、尺寸界线、箭头和中心标记的尺寸

在单击“新建”、“修改”、“替代”按钮后，都会出现标注样式二级对话框。第一个选项卡为“直线”选项卡，如图 6-8 所示为新建标注式样时的情况。利用该选项卡，用户可设定尺寸线、尺寸界线等。该选项卡中各选项的意义如下。

(1) “尺寸线”选项区域：可设置尺寸线的颜色、线型和线宽、超出标记、基线间距，并控制是否隐藏尺寸线，其各设置项意义如下。

① 颜色、线型和线宽：用于设置尺寸线的颜色、线型和线宽。

② “超出标记”文本框：用于控制在使用倾斜、建筑标记、积分箭头或无箭头时，尺寸线延长到尺寸界线外面的长度。

③ “基线间距”文本框：控制使用基线型尺寸标注时，两条尺寸线之间的距离。

④ “隐藏”选项右边的“尺寸线 1”和“尺寸线 2”复选框：用于控制尺寸线两个组成部分的可见性。尺寸线被标注文字分成两部分，即使标注文字未被放置在尺寸线内(见图 6-9)。

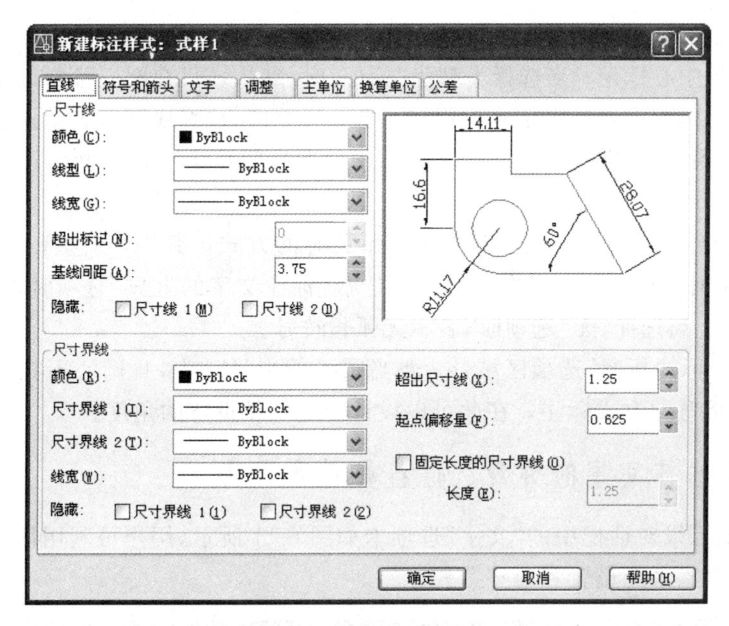

图 6-8 “直线”选项卡

(2)“尺寸界线”选项区域：可设置尺寸界线的颜色、线型、线宽、超出尺寸线的长度和起点偏移量，并控制是否隐藏尺寸界线。其各设置项的意义如下。

① 颜色、线型和线宽：设置尺寸界线的颜色、线型和线宽。

② “超出尺寸线”文本框：用于控制尺寸界线越过尺寸线的距离。

③ “起点偏移量”文本框：用于控制尺寸界线到定义点的距离，但定义点不会受到影响。

④ “隐藏”选项右边的“尺寸界线 1”和“尺寸界线 2”复选框：用于控制第一条和第二条尺寸界线的可见性，定义点也不受影响。

⑤ “固定长度的尺寸界限”复选框：若选中该复选框，则表示尺寸线的长度是固定的，其长度等于“长度”文本框中的长度加上“超出尺寸线”文本框中的数值。

(3)“符号和箭头”选项区域：用于选择尺寸线和引线(对应引线标注)箭头的种类及定义它们的尺寸大小(见图 6-10)。

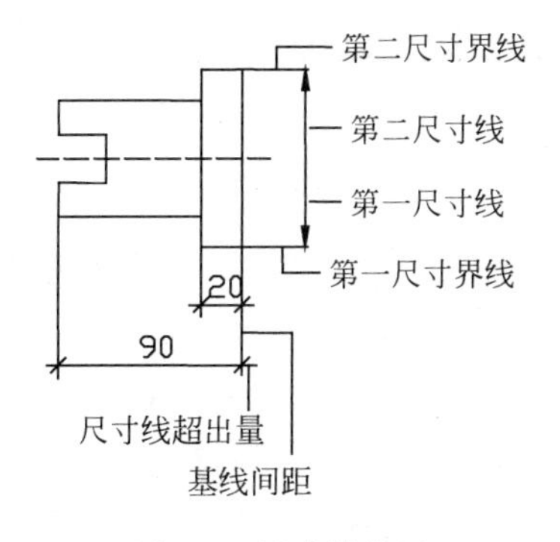

图 6-9 尺寸线设置

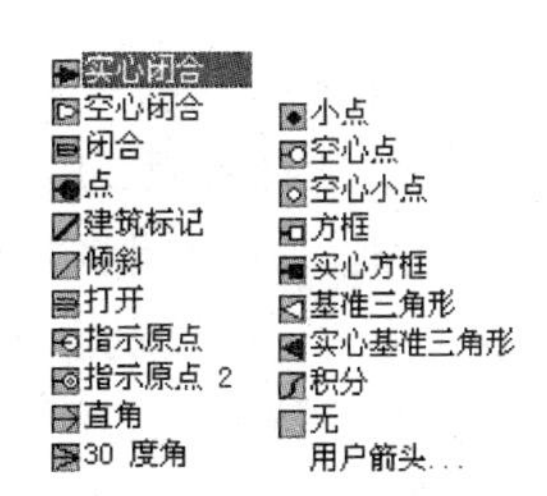

图 6-10 箭头设置

(4)“圆心标记”选项区域：用于控制圆心标记的类型和大小。其中，当选择类型为“无”时，将关闭中心标记；当选择类型为“标记”时(默认)，只在圆心位置以短十字线标注圆心，该十字线的长度由尺寸文本框设定；当选择类型为“直线”时，表示标注圆心标记时标注线将延伸到圆外，其后的尺寸文本框用于设置中间小十字标记和标注线延伸到圆外的尺寸。

(5)“弧长符号”选项区域：用于标注弧长时的方式。其中，当选择“标注文字的前方”选项时，在文字前加上弧长的符号；当选择“标注文字的上方”选项时，在文字上面加上弧长的符号；当选择“无”选项时，表示无弧长符号。

(6)“半径标注折弯”选项区域：一般当圆弧的半径较大，且圆心不在当前图形区域时，采用半径折弯的方式标注。在此可以设计确定半径折弯的角度。

6.2.3 设置标注文字的外观、位置和对齐方式

标注样式二级对话框中的“文字”选项卡如图 6-11 所示，用户可利用该选项卡设置标注文字的外观(格式)、位置和对齐方式。

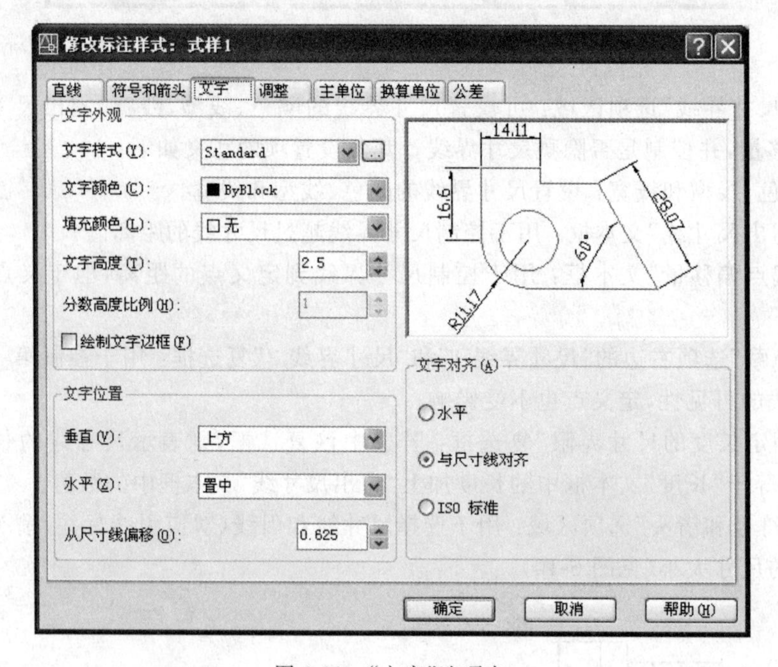

图 6-11 “文字”选项卡

“文字”选项卡中各选项的意义如下。

(1)“文字外观”选项区域：用于设置文字的样式、颜色、高度和分数高度比例以及控制是否绘制文字边框。其中，利用“文字高度”文本框可设置当前标注文字样式的高度。如果在文字样式中，文字高度的值不为 0，则表明“文字”选项卡设置的文字高度不起作用。换句话说，如果要使用“文字”选项卡上的高度设置，必须确保文字高度值设为 0。“分数高度比例”文本框用于设置标注分数和公差的文字高度，AutoCAD 首先把文字高度乘以该比例，然后用得到的值来设置分数和公差的文字高度。

(2)“文字位置”选项区域：控制文字的垂直、水平位置以及距尺寸线的偏移。

① 垂直：该选项控制标注文字相对于尺寸线的垂直位置(见图 6-12),它包括如下选项。

a. 置中：标注文字居中放置在尺寸界线间。

b. 上方：标注文字放置在尺寸线上。

c. 外部：标注文字放置在尺寸线离第一个定义点最远的尺寸界线一侧。

d. JIS：标注文字的放置符合 JIS 标准(日本工业标准)。

② 水平：该选项用于控制标注文字在尺寸线方向上相对于尺寸界线的水平位置(见图 6-12),它包括如下选项。

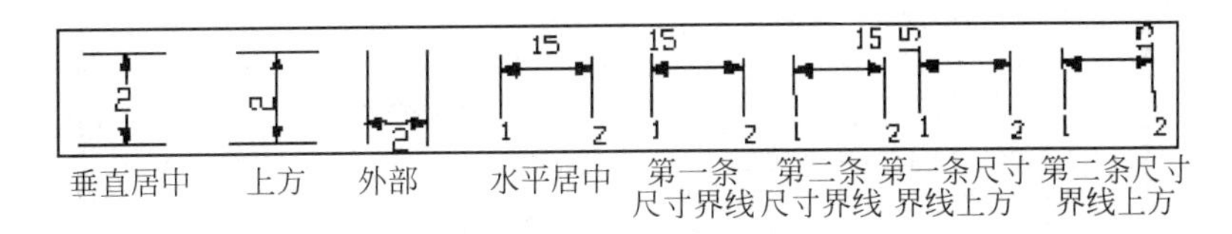

图 6-12　设置标注文字垂直及水平放置方法

a. 置中：将标注文字沿尺寸线方向,在尺寸界线之间居中放置。

b. 第一条尺寸界线：文本沿尺寸线放置并且左边和第一条尺寸界线对齐。文本和尺寸界线的距离为箭头尺寸加文本间隔值的 2 倍。

c. 第二条尺寸界线：文本沿尺寸线放置并且右边和第二条尺寸界线对齐。文本和尺寸界线的距离为箭头尺寸加文本间隔值的 2 倍。

d. 第一条尺寸界线上方：将文本放在第一条尺寸界线上或沿第一条尺寸界线放置。

e. 第二条尺寸界线上方：将文本放在第二条尺寸界线上或沿第二条尺寸界线放置。

③ 从尺寸线偏移：设置文字间距。文字间距就是指当尺寸线断开以容纳标注文字时标注文字周围的距离。

(3)“文字对齐”选项区域：用于控制标注文字是保持水平还是与尺寸线平行,或遵循 ISO 标准。

6.2.4 控制标注文字、箭头、引线和尺寸线的放置

选择标注样式二级对话框中的“调整”选项卡,如图 6-13 所示。用户可利用该选项卡控制标注文字、箭头、引线和尺寸线的位置。

调整选项卡中各选项的含义如下。

(1)“调整选项”选项区域：该选项根据尺寸界线之间的空间控制标注文字和箭头的放置,其默认设置为“Either the text or the arrows, whichever fits best”。当两条尺寸界线之间的距离足够大时,AutoCAD 总是把文字和箭头放在尺寸界线之间；否则,AutoCAD 按用户的选择移出文字或箭头。各单选钮的意义如下。

① 文字或箭头(最佳效果)：AutoCAD 自动选择最佳放置,这是默认选项。

② 箭头：如果空间足够放下箭头,AutoCAD 将箭头放在尺寸界线之间,而将文本放在尺寸界线之外。否则,将两者均放在尺寸界线之外。当移动尺寸文本时,尺寸界线自动移动(见图 6-14)。

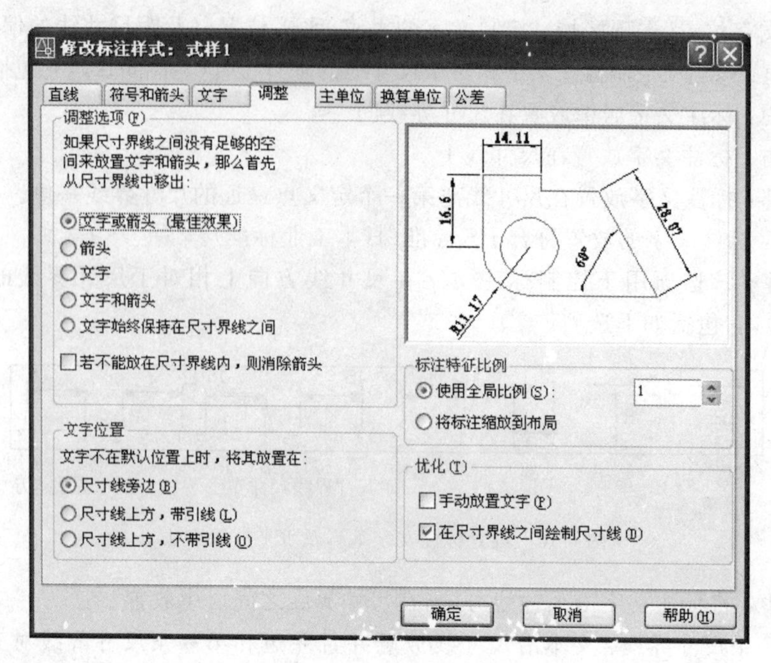

图 6-13 “调整”选项卡

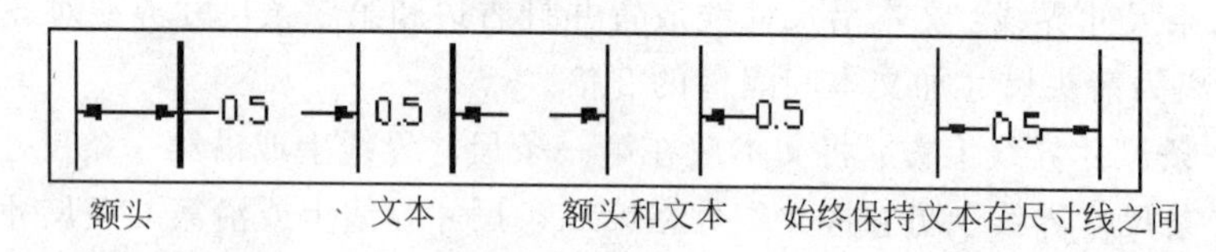

图 6-14 标注文字和箭头在尺寸界线间的放置

③ 文字：如果空间足够，AutoCAD将文本放在尺寸界线之间，并将箭头放在尺寸界线之外；否则，将两者均放在尺寸界线之外。当移动尺寸文本时，尺寸界线自动移动。

④ 文字和箭头：如果空间不足，系统将尺寸文本和箭头放在尺寸界线之外。当移动尺寸文本时，尺寸界线自动移动。

⑤ 文字始终保持在尺寸界线之间：总将文字放在尺寸界线之间。

⑥ 若不能放在尺寸界线之内，则消除箭头：如果不能将箭头和文字放在尺寸界线内，则消除(隐藏)箭头。

(2)“文字位置”选项区域：供用户设置标注文字的位置。标注文字的默认位置是位于两尺寸界线之间，当文字无法放置在默认位置时，可通过此处选择设置标注文字的放置位置。各单选钮的意义如图 6-15 所示。

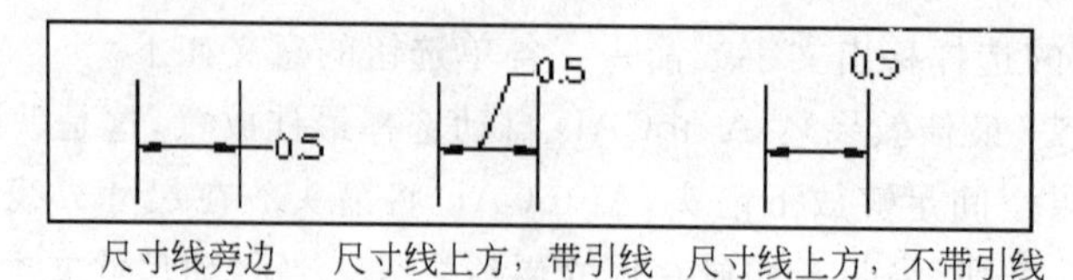

图 6-15 标注文字的位置

(3)“标注特征比例”选项区域：用于设置全局标注比例或图纸空间比例。

① 使用全局比例：用于设置尺寸元素的比例因子，使之与当前图形的比例因子相符。例如，在一个准备按 1∶2 缩小输出的图形中(图形比例因子为 2)，如果箭头尺寸和文字高度都被定义为 2.5，且要求输出图形中的文字高度和箭头尺寸也为 2.5，那么用户必须将该值(变量 DIMSCALE)设为 2。这样一来，在标注尺寸时，AutoCAD 会自动地把标注文字和箭头等放大到 5。而当用户用绘图仪输出该图时，长为 5 的箭头或高度为 5 的文字又会减为 2.5。

② 将标注缩放到布局：如果在该对话框中选中“将标注缩放到布局”，则系统会自动根据当前模型空间视口和图纸空间之间的比例设置比例因子。当用户工作在图纸空间时，该比例因子为 1。

(4)“优化”选项区域：用于设置其他调整选项。

① 手动放置文字：用户根据需要，手动放置标注文字。

② 在尺寸界线之间绘制尺寸线：无论 AutoCAD 是否把箭头放在测量点之外，都在测量点之间绘制尺寸线。

6.2.5　设置主标注单位格式和精度、标注文字的前缀和后缀

选择标注样式二级对话框中的“主单位”选项卡，如图 6-16 所示。利用该选项卡，用户可以设置主标注单位的格式和精度、标注文字的前缀和后缀等。

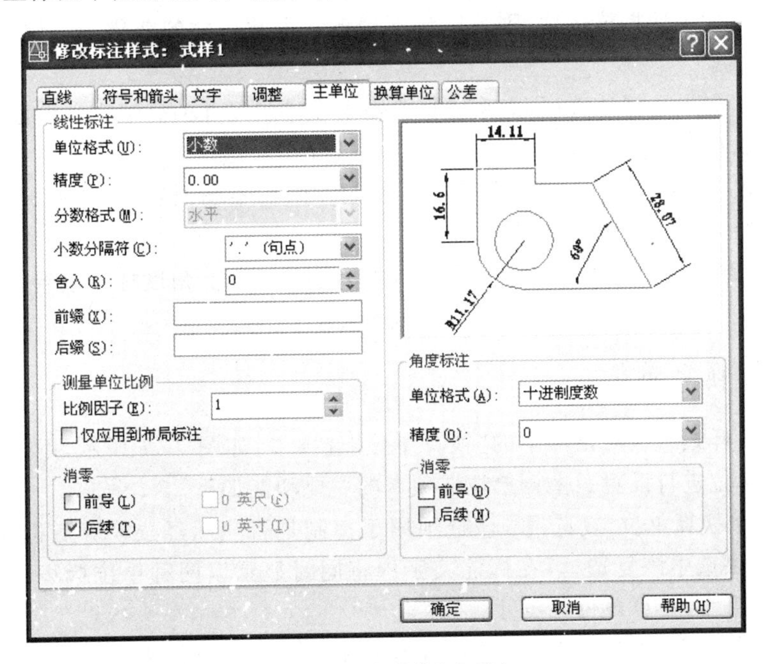

图 6-16　“主单位”选项卡

(1)“线性标注”选项区域：设置线性标注的格式和精度。

① 单位格式：除了角度之外，该下拉列表框可设置所有标注类型的单位格式。可供选择的选项有“科学”、“十进制”、“工程”、“建筑”、“分数”和“Windows 桌面”。

② 精度：设置标注文字中保留的小数位数。

③ 分数格式：设置分数的格式，该选项只有当在“单位格式”下拉列表框中选择了“分数”选项后才有效。可选择的选项包括“水平”、“对角”和“非堆叠”。

④ 小数分隔符：设置十进制数的整数部分和小数部分间的分隔符。可供选择的选项包括句点(.)、逗点(,)或空格( )。

⑤ 舍入：该文本框用于设定小数点精确位数。如原来两个标注尺寸分别为78.8507和75.6615，若将“舍入”值由0.0000改为0.0100，则用户将在画面上看到这两个数值已变为78.85和75.66。

⑥“前缀”及“后缀”文本框：用于设置放置标注文字前、后的文本。例如，如果用户使用的单位不是mm，则此处可设置单位，如m、km等。该符号将覆盖AutoCAD生成的前缀，如直径和半径符号。

(2)“测量单位比例”选项区域：可设置比例因子以及控制该比例因子是否仅应用到布局标注。

① 比例因子：设置除了角度之外的所有标注测量值的比例因子。AutoCAD按照该比例因子放大标注测量值。例如，如果输入2，则AutoCAD将把一英寸的尺寸显示成两英寸。

② 仅应用到布局标注：使上述比例因子仅对在布局里创建的标注起作用。

(3)“消零”选项区域：控制前导和后续零以及英尺和英寸里的零是否输出。

① 前导：如果选择该选项，则系统将不输出十进制尺寸的前导零。例如，0.5000将变成.5000。

② 后续：如果选择该选项，则系统将不输出十进制尺寸的后续零。例如，12.5000将变成12.5，30.0000将变成30。

③ 0英尺/英寸：当标注测量值小于1英尺/寸时，不输出英尺/寸型标注中的英尺/寸部分。例如，0′-6 1/2″将变成6 1/2″。

(4)“角度标注”选项区域：用于设置角度标注的格式。角度标注设置方法和线性标注类似。

6.2.6 设置换算单位

选择标注样式二级对话框中的“换算单位”选项卡，如图6-17所示，用户可利用该选项卡对换算单位进行设置。换算单位选项卡的主要功能如下。

(1)“显示换算单位”复选框：该选项用于控制是否显示经过换算后标注文字的值。也就是说，如果选中该复选框，在标注文字中将同时显示以两种单位标识的测量值。例如，主单位为毫米，换算单位为英寸。

(2)“换算单位”选项区域：该选项区域所有的选项都是用来控制经过换算后的值，其大部分功能在前面的叙述中已经谈到。前面没有涉及的选项是换算单位系数，用于指定主单位和换算单位之间的换算因子。AutoCAD用线性距离(用大小和坐标来测量)与当前线性比例因子相乘来确定转换单位的数值。如果主单位标注值为14.11，且换算因子为0.03937007874016，则换算后的标注值应为0.556。

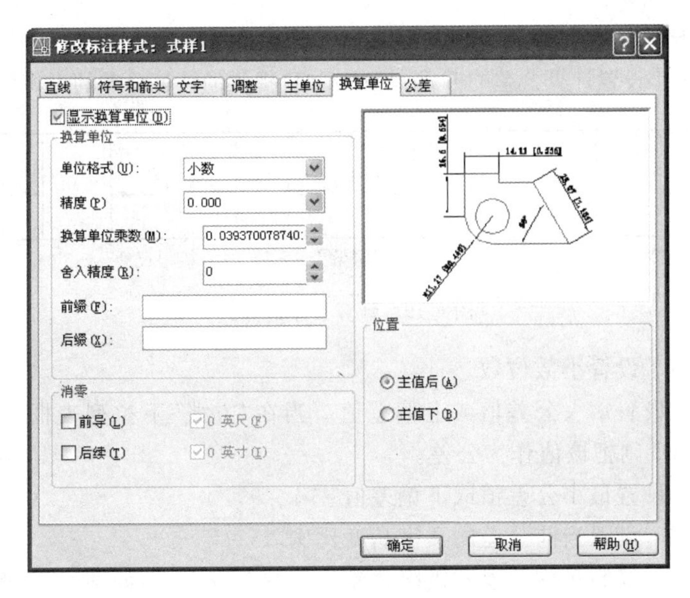

图 6-17 “换算单位”选项卡

(3)“位置”选项区域：用来控制换算单位的位置。

① 主值后：设置换算单位放在主单位的后面。

② 主值下：设置换算单位放在主单位的下面。

6.2.7 控制标注文字中公差的格式

选择标注样式二级对话框中的“公差”选项卡，如图 6-18 所示，用户可利用该选项卡控制标注文字中公差的格式。

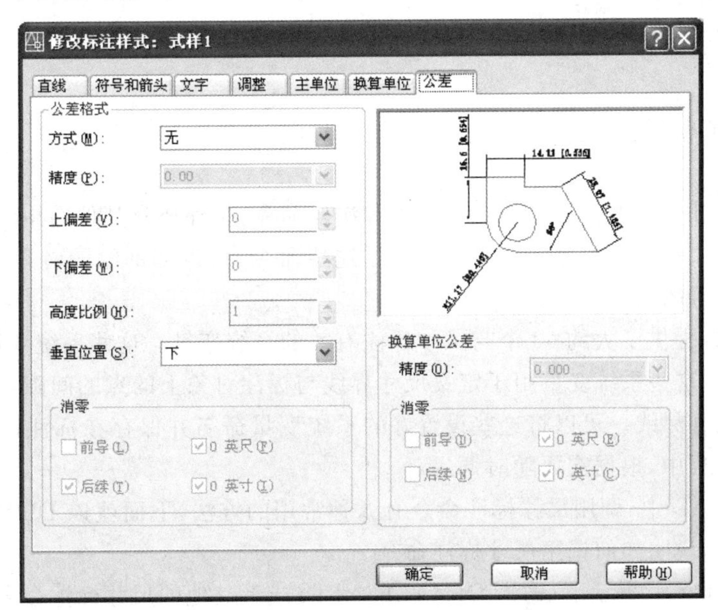

图 6-18 “公差”选项卡

(1)“公差格式”选项区域：控制公差格式，其中各选项意义如下。

① 方式：用于设置计算公差的方式。AutoCAD提供的计算公差的方式如图6-19所示。

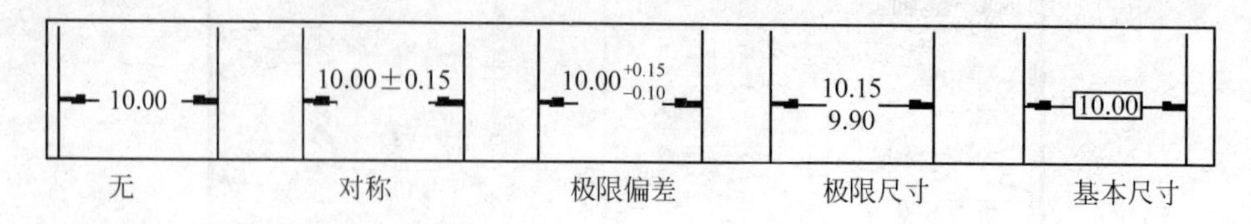

图6-19 计算公差的方式

② 精度：用于设置小数位数。

③ 上偏差：设置最大公差值或上偏差值。当在“方式”下拉列表框中选择了“对称”选项时，AutoCAD则把该值作为公差。

④ 下偏差：设置最小公差值或下偏差值。

⑤ 高度比例：设置当前公差的文字高度比例。

⑥ 垂直位置：控制对称公差和极限公差文字的对齐方式，如图6-20所示。

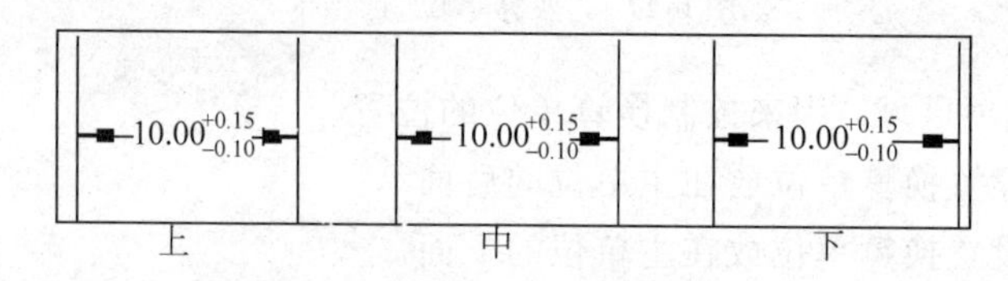

图6-20 公差文字的对齐方式

(2)“消零”选项区域：功能同前边介绍的一样。

(3)“换算单位公差”选项区域：设置换算公差单位的精度和消零的规则。其中，“精度”文本框用于设置小数位数。

当完成以上各种设置后，应从“标注样式管理器”对话框返回作图状态。

6.3 尺寸标注类型

每一种尺寸标注的类型都有主要命令和次要命令，另外还有其他通用的实用命令、编辑命令和与样式相关的命令及子命令。通过这些命令，可以帮助绘图者在图形中快速而精确地绘制正确的尺寸标注。

AutoCAD提供了大约60个与尺寸标注有关的系统变量。这些系统变量的名称大多以DIM打头。这些系统变量用于定义尺寸界线与标注对象上的点的间隙，或者控制是否抑制或显示尺寸界线。可以将这些设置好的系统变量命名并保存在标注样式中，以便在将来的绘图过程中，根据需要随时调用。

在AutoCAD中，调用尺寸标注命令有3种常用的方法，下面就以DIMALIGNED命令为例(对齐)，说明如何调用尺寸标注命令。

(1) 在“命令：”提示下，输入DIMALIGNED(或者其他的尺寸标注命令)。

(2) 在“标注”工具栏中单击“对齐标注”按钮(见图6-21)。

(3) 从“标注”下拉菜单中选择“对齐”命令(见图 6-22)。

图 6-21　在“标注”工具栏中单击“对齐标注”按钮

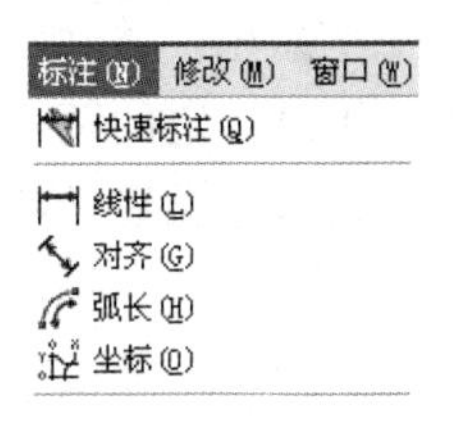

图 6-22　从“标注”下拉菜单中选择“对齐”命令

6.3.1　线性标注

1. DIMLINEAR 命令功能

该命令用于标注水平方向和垂直方向的尺寸。

2. 调用方法

(1) 命令：DIMLINEAR。

(2) 菜单：“标注”→“直线”命令。

(3) 工具栏：在“标注”工具栏中单击“直线标注”按钮(见图 6-23)。

图 6-23　在“标注”工具栏中单击“直线标注”按钮

AutoCAD 提示如下：

命令：DIMLINEAR ↙ //按 Enter 键
指定第一条尺寸界限原点或<选择对象>：

AutoCAD 用它作为第一条尺寸界线的开始点(原点)。这个点可以是一条直线的端点、多个对象的交点、圆心或者文本对象的插入点，此外还可以在对象上任意指定一点。

AutoCAD 在对象和尺寸界线之间留出了一个间隙，这个间隙的值等于由尺寸标注系统变量 DIMEXO 设置的值，并且可以在任何时候修改这个间隙值。在确定了第一条尺寸界线的起点后，AutoCAD 将提示如下：

指定第二条尺寸界限原点：

3. 各选项含义

(1) 动态的水平/垂直标注

分别用两个点响应 DIMLINEAR 命令的提示后，动态的水平方向/垂直方向标注是 DIMLINEAR 命令的下一个选项。如果指定的两个点在同一水平线上，上下移动光标就会看到一个预览的尺寸标注图像，并且 AutoCAD 假设认为要绘制水平方向的尺寸标注。

同样地，如果指定的两个点在同一垂直线上，那么 AutoCAD 将假设认为要绘制垂直方向的尺寸标注。

如果指定的两个点不在同一水平线或者垂直线上，那么 AutoCAD 会动态地拖动（在水平线与垂直线之间转换）尺寸标注，以确定其合适的位置。也就是说，这两个点可以被看做是一个具有长度和宽度的假想矩形的两个对角点。在指定了两个点之后，AutoCAD 将提示确定尺寸线的位置。这时，可以通过移动光标观察预览图像，以确定尺寸线的位置。如果光标位于假想矩形顶边的上面或底边的下面，则绘制水平方向的尺寸标注。如果光标位于假想矩形左边的左侧或右边的右侧，则绘制垂直方向的尺寸标注。如果光标在矩形内或者在某一象限外拖动，那么 AutoCAD 将保持光标移动前的尺寸标注类型。

指定了两条尺寸界线的起点后，AutoCAD 提示如下：

```
指定尺寸线位置或[多行文字(M)/文字(T)/角度(A)/水平(H)/垂直(V)/旋转(R)]:
    //确定尺寸线的位置或者右击，出现快捷菜单，选择其中的一个选项
```

（2）绘制尺寸线

在确定了两条尺寸界线的起点（或者使用右键快捷菜单修改了标注文字或类型）后，指定一点即可确定尺寸线通过的位置。AutoCAD 在绘制尺寸界线的同时，将标注文字也绘制在尺寸线上。如果在两条尺寸界线之间有足够的空间，那么 AutoCAD 将把标注文字放置在尺寸线的中间或尺寸线的上方。如果标注文字写在尺寸线中间，那么尺寸线将会被截断，以留出足够的空间标注文字。但是，如果两条尺寸界线之间的空间不足以放置尺寸线、箭头和标注文字，那么它们将被绘制在尺寸界线的外边，标注文字将位于第二条尺寸界线的附近。

（3）修改标注文字

"多行文字"和"文字"选项允许修改系统自动测量的标注文字。"角度"选项允许修改标注文字的旋转角度。当选择相应的值响应"文字"和"角度"选项后，AutoCAD 会继续提示确定尺寸线的位置。

（4）修改标注类型

"水平"选项用于绘制水平方向的尺寸标注（甚至在动态拖动转换成垂直方向时，也是如此）。同样地，"垂直"选项用于绘制垂直方向的尺寸标注（甚至在动态拖动转换成水平方向时，也是如此）。

（5）旋转

"旋转"选项用于绘制既不是水平方向，也不是垂直方向的尺寸标注，它根据指定的角度绘制尺寸标注。该角度不同于对齐标注（参见本章对齐标注的相关内容），不需要通过两点来确定角度值，图 6-24 所示为使用旋转尺寸标注的一种情况。在本例中，尺寸界线的定义点分别是 A

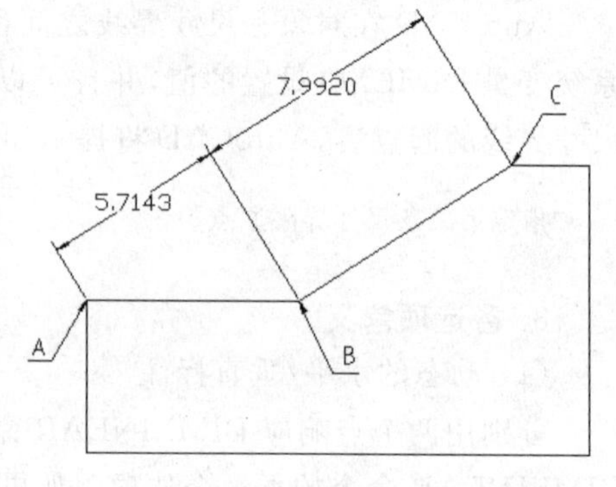

图 6-24　使用"旋转"选项标注的示例

点和B点，但是尺寸线的旋转角度由B点到C点连线的角度确定，因此在开始这一组尺寸标注时，首先选择“旋转”选项，然后指定A点和B点，最后指定B点和C点，以确定尺寸线旋转的角度。

右击，从弹出的快捷菜单中选择“旋转”选项，AutoCAD 2006将出现如下的提示。

```
指定尺寸线的角度<0>:              //确定尺寸线的角度
```

可以用两个已知点表示的角度代替具体的角度值，以确定尺寸线的旋转角度，但这两个已知点并不一定与标注的距离平行。

下面的一段命令提示为绘制水平的尺寸标注的实例，水平的尺寸线的两个点分别由第一条尺寸界线和第二条尺寸界线的原点控制，如图6-25所示。

```
命令：_DIMLINEAR↙           //按Enter键
指定第一条尺寸界线的原点<选择对象>:
指定第二条尺寸界线的原点<选择对象>:
指定尺寸线的位置或[多行文字(M)/文字(T)/角度(A)/水平(H)/垂直(V)/旋转(R)]:
```

下面为绘制垂直的尺寸标注的实例，垂直的尺寸线的两个点分别由第一条尺寸界线和第二条尺寸界线的原点控制，如图6-26所示。

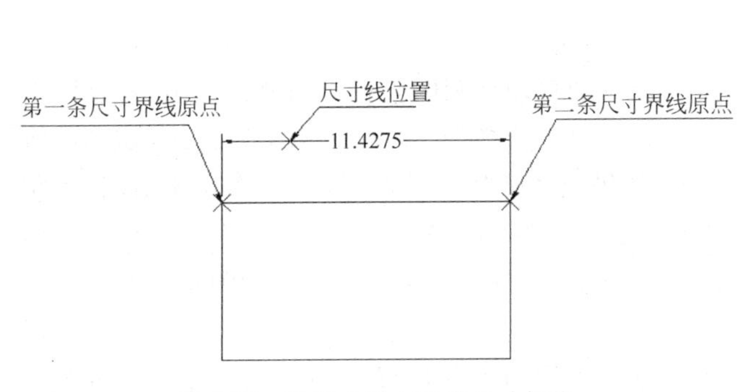

图6-25　绘制水平方向的尺寸标注

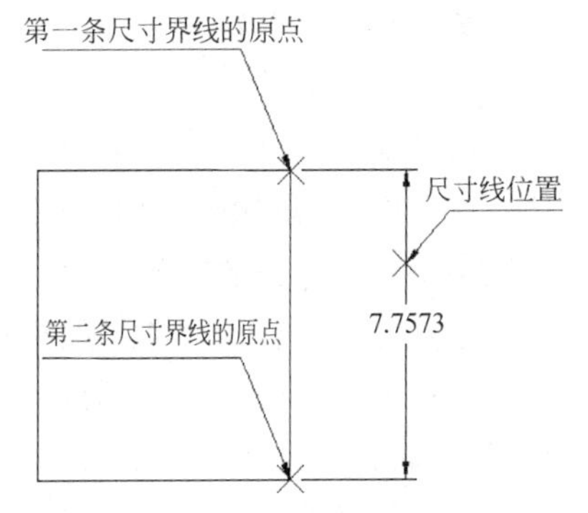

图6-26　绘制垂直方向的尺寸标注

(6) 通过选择对象进行线性尺寸标注

如果要标注的对象是两端点间的直线、圆或圆弧的直径，那么AutoCAD允许省略指定端点的步骤，这将大大提高尺寸标注的速度，尤其是在不得不用“对象捕捉”方式确定端点的时候。当调用DIMLINEAR命令并按Enter键来响应“指定第一条尺寸界线的原点或<选择对象>：”提示时，AutoCAD将出现以下提示。

```
选择标注对象：(选择直线、多段线、圆弧或圆等对象)
指定尺寸线的位置或[多行文字(M)/文字(T)/角度(A)/水平(H)/垂直(V)/旋转(R)]:
    //确定尺寸线的位置或者右击，出现快捷菜单，选择其中的一个选项
```

如果选择了一条直线作为标注对象，则AutoCAD会自动使用这条直线的两个端点作为测量距离的第一点和第二点，接着提示指定尺寸线的位置。如果右击并从快捷菜单中选择“水平”选项，那么将相应地将在图形中绘制一个水平的尺寸标注。同样，如果右击鼠标，并从快捷菜单选择“垂直”选项，那么相应地将在图形中绘制一个垂直的尺寸标注。

如果不选择标注方式,那么当决定尺寸线位置的点位于所选直线的上方或下方时,将绘制水平方向的尺寸标注;当决定尺寸线位置的点位于所选直线的左侧或右侧时,将绘制垂直方向的尺寸标注。如果右击并从快捷菜单中选择"对齐"选项,则 AutoCAD 将所选直线对象上的两个端点作为测量的第一点和第二点,并将这两点的连线方向作为测量的方向。如果右击并从快捷菜单中选择"旋转"方式,那么 AutoCAD 将使用直线的两个端点作为距离的参考点,且用随后指定的两点的连线方向作为尺寸线方向,并沿这个方向测量直线两个端点间的距离,尺寸线将通过最后确定的一点。

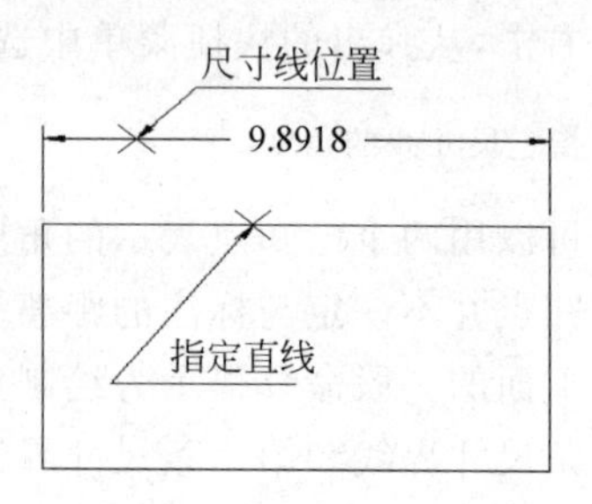

图6-27 选择一个单一对象绘制线性尺寸标注

下面一段指令为在绘制线性尺寸标注时,选择一个单一对象时的命令提示,绘制的尺寸如图 6-27 所示。

```
命令: _dimlinear ↙                //按 Enter 键
指定第一条尺寸界线的原点<选择对象>: ↙   //按 Enter 键
选择标注对象:   //选择直线
指定尺寸线的位置或[多行文字(M)/文字(T)/角度(A)/水平(H)/垂直(V)/旋转(R)]:
    //确定尺寸线位置
```

如果选择的对象是一个圆,则 AutoCAD 会自动将圆的直径作为测量距离,并将圆上的选择点作为沿测量方向上的直径的端点。如果选择了"水平"选项,那么 AutoCAD 将绘制一个水平方向的直径尺寸。同样地,如果选择了"垂直"选项,那么 AutoCAD 将绘制一个垂直方向的直径尺寸。如果选择了"旋转"选项,则 AutoCAD 将使用首先指定的两个点确定尺寸线的方向,并沿该方向将直径上两个端点之间的距离作为测量的距离。并且,尺寸线将通过最后确定的一点。

如果选择的对象是一个圆弧,则 AutoCAD 会自动将圆弧的两个端点作为测量距离的第一点和第二点,然后 AutoCAD 提示输入尺寸线的位置。如果选择了"水平"选项,那么 AutoCAD 将绘制一个水平方向的尺寸标注。同样,如果选择了"垂直"选项,那么 AutoCAD 将绘制一个垂直方向的尺寸标注。如果没有选择尺寸标注的方式,那么当决定尺寸线位置的点位于圆弧的上方或下方时,AutoCAD 将绘制水平方向的尺寸标注;当决定尺寸线位置的点位于圆弧的左侧或右侧时,AutoCAD 将绘制垂直方向的尺寸标注。如果选择了对齐方式,AutoCAD 将把圆弧的第一点和第二点的连线方向作为尺寸线的方向,并沿此方向测量两点间的距离。如果选择了"旋转"选项,AutoCAD 将使用首先指定的两个点确定尺寸线的方向,并沿该方向将直径上两个端点之间的距离作为测量的距离。并且尺寸线将通过最后确定的一点。

6.3.2 对齐标注

1. DIMALIGNED 命令功能

当标注一段带有角度的直线时,可能需要将尺寸线与对象直线平行,这时就要用到对齐尺寸标注(DIMALIGNED)命令。

2. 调用方法

(1) 命令：DIMALIGNED。

(2) 菜单：选择“标注”→“对齐”命令。

(3) 工具栏：在“标注”工具栏中单击“对齐标注”按钮(见图 6-28)。

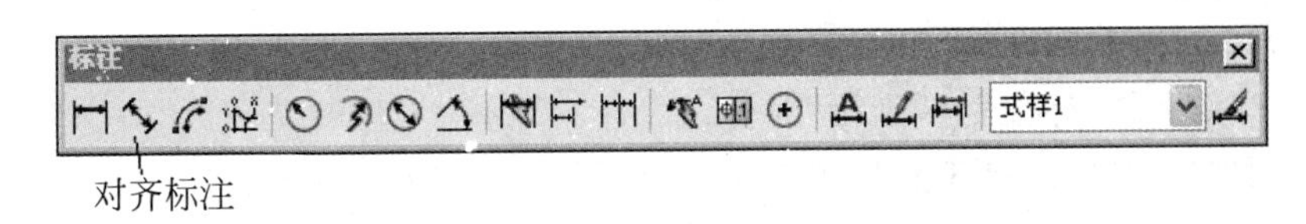

图 6-28　在“标注”工具栏中单击“对齐标注”按钮

AutoCAD 提示如下：

```
命令: _DIMALIGNED   //按 Enter 键
确定第一条尺寸界线的原点或<选择对象>:   //确定第一条尺寸界线的原点
确定第二条尺寸界线的原点:             //确定第二条尺寸界线的原点
```

确定了这两点后，AutoCAD 继续提示：

```
指定尺寸线位置或[多行文字(M)/文字(T)/角度(A)]:   //确定尺寸线位置或右击，从弹出的
                                                  快捷菜单中选择一个选项
```

指定一点确定尺寸线的位置或者选择一个可用的选项。“多行文字”、“文字”和“角度”选项的含义与线性尺寸标注中的选项含义相同，具体解释可参见本章前面所述内容。

下面斜线的两个基准点由第一条尺寸界线和第二条尺寸界线的原点确定，如图 6-29 所示。

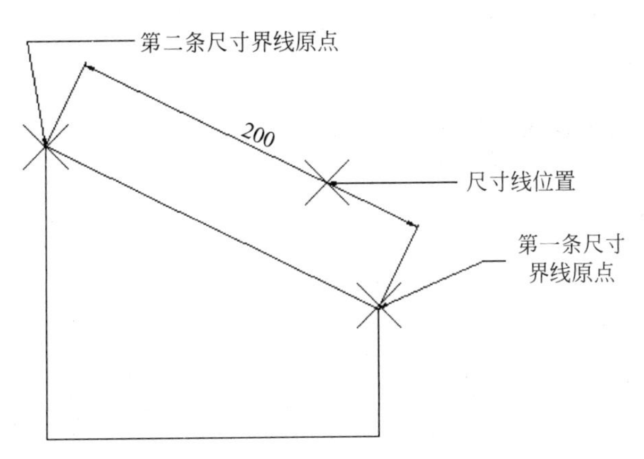

图 6-29　绘制带角度的直线的对齐尺寸标注

6.3.3　坐标标注

AutoCAD 使用世界坐标系或者当前用户坐标系中相互垂直的 X 轴和 Y 轴作为 X

坐标或 Y 坐标基准线的参考线，以坐标尺寸（有时是指一个已知尺寸）的形式显示选定点的 X 或 Y 坐标。

1. DIMORDINATE 命令功能

坐标标注基于原点（称为基准）可显示任意一点的 X 或 Y 坐标。

2. 调用方法

(1) 命令：DIMORDINATE。

(2) 菜单：选择“标注”→“坐标”命令。

(3) 工具栏：在“标注”工具栏中单击“坐标标注”按钮（见图 6-30）。

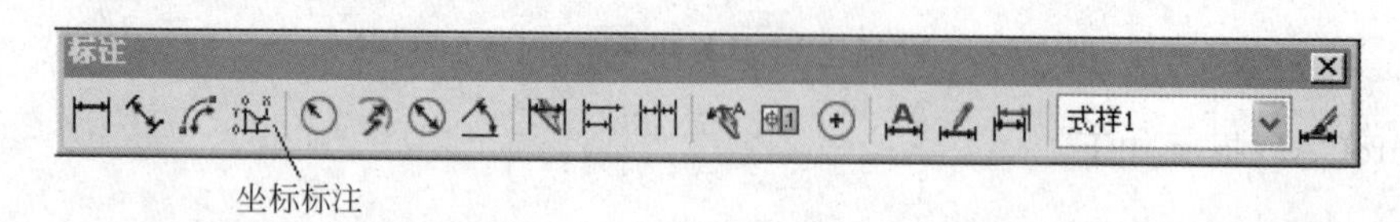

图 6-30 在“标注”工具栏中单击“坐标标注”按钮

AutoCAD 提示如下：

```
命令：DIMORDINATE  //按 Enter 键
指定点坐标：
```

虽然默认提示是“指定点坐标：”，但实际上 AutoCAD 搜寻对象上的一些重要的几何特征点，如端点、交点或者代表孔或轴的圆的圆心等。因此，在响应“指定点坐标：”提示时，通常需要调用对象捕捉，如端点、交点、象限点或圆心。指定的点决定了正交引线的原点，该引线指向要标注尺寸的特征。AutoCAD 提示如下：

```
指定引线端点或[X 基准(X)/Y 基准(Y)/多行文字(M)/文字(T)/角度(A)]：
    //指定一点或右击，从弹出的快捷菜单中选择合适的选项
```

如果打开“正交模式”，那么引线就会成为表示 Y 坐标的水平线，如图 6-31 所示；或者成为表示 X 坐标的垂直线，如图 6-32 所示。

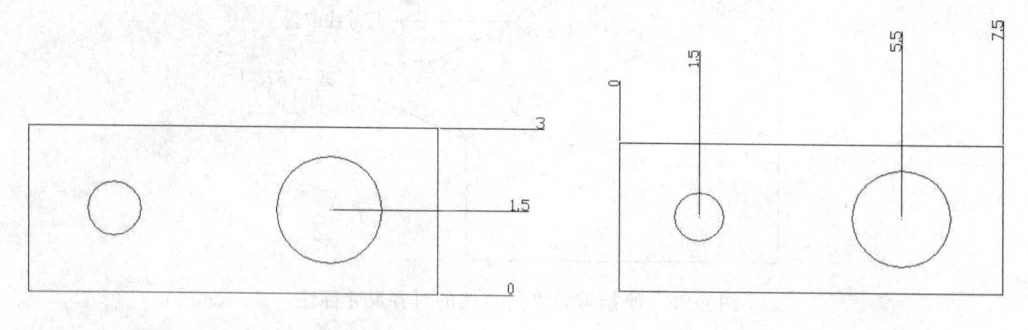

图 6-31 Y 坐标的水平线

图 6-32 X 坐标的垂直线

如果关闭“正交模式”，那么标注引线将由 3 部分组成，其中有两条正交的线，中间用一条对角线连接。如需要将标注文字偏移一段距离，以避免和其他图形对象相交，则关闭

“正交模式”将是非常有用的。绘制的尺寸类型(Y 坐标或 X 坐标)由“坐标点位置”和“引线端点”的坐标差来确定是 X 坐标标注还是 Y 坐标标注。如果 Y 坐标的坐标差较大,则标注就测量 X 坐标;否则,测量 Y 坐标。在指定“引线端点”时,将显示标注的预览图像。

右击,在弹出的快捷菜单中选择“X 坐标”或“Y 坐标”命令,则 AutoCAD 将分别绘制 X 坐标标注或 Y 坐标标注,而不考虑与“坐标点位置”相关的“引线端点”的位置。

6.3.4　半径标注和折弯标注

半径标注命令用于标注圆或圆弧的半径尺寸,如图 6-33 所示。AutoCAD 使用的标注类型由标注系统变量的设置决定。

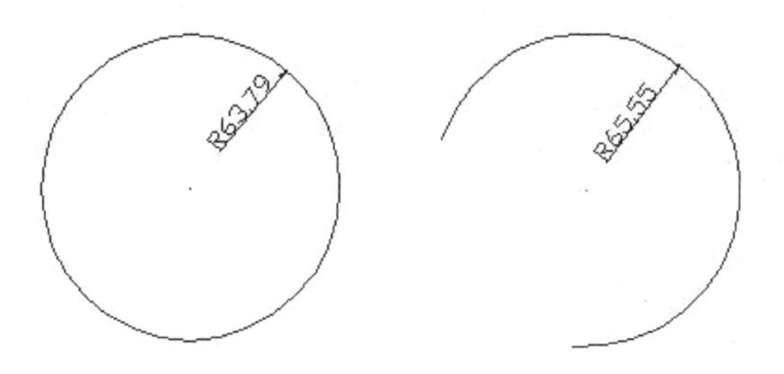

图 6-33　标注圆或圆弧的半径尺寸

1. DIMRADIUS 命令功能

该命令用于标注圆弧或圆的半径尺寸。

2. 调用方法

(1) 命令:DIMRADIUS。

(2) 菜单:选择“标注”→“半径”命令。

(3) 工具栏:在“标注”工具栏中单击“半径标注”按钮(见图 6-34)。

图 6-34　在“标注”工具栏中单击“半径标注”按钮

AutoCAD 提示如下:

```
命令: _DIMRADIUS: ↙ //按 Enter 键
选择圆或圆弧:  //选择要标注尺寸的圆或圆弧
指定尺寸线位置或[多行文字(M)/文字(T)/角度(A)]:
              //确定尺寸线位置或右击,从快捷菜单中选择合适的选项
```

“多行文字”、“文字”和“角度”选项的含义与线性尺寸标注中的选项含义相同,具体解释可参见本章前面所述内容。半径尺寸标注的标注文字都以字母 R 开头。

当圆心不能在当前图形中表示时,可以用折弯标注的方法。

下面为绘制圆弧的半径尺寸进行标注,由于半径较大,在当前图形中无法表示,所以采用折弯标注的方法进行标注,如图 6-35 所示。

命令: _DIMJOGGED //按 Enter 键
选择圆弧或圆: //选择要标注尺寸的圆弧或圆
指定中心位置替代: //指定替代的中心位置
指定尺寸线位置或[多行文字(M)/文字(T)/角度(A)]:
//选择适当的位置
指定折弯的位置: //选择适当的位置

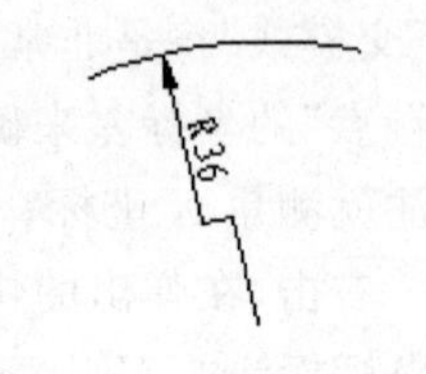

图 6-35 圆弧的半径尺寸（折弯标注）

6.3.5 直径标注

直径标注命令用于标注圆或圆弧的直径尺寸，如图 6-36 所示。AutoCAD 2006 使用的标注类型由标注系统变量的设置决定。

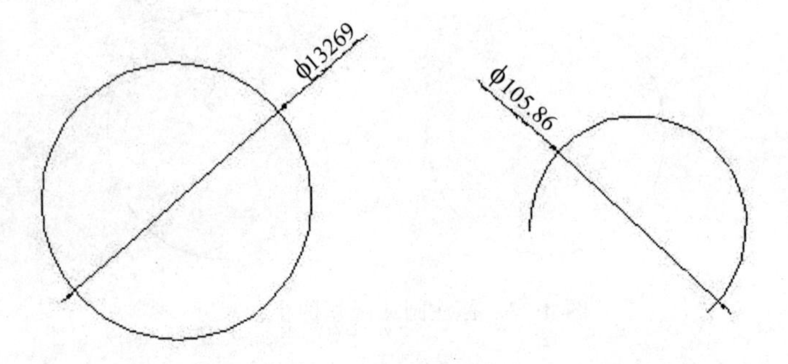

图 6-36 标注圆或圆弧的直径尺寸

1. DIMDIAMETER命令功能

该命令用于标注圆弧或圆的直径尺寸。

2. 调用方法

(1) 命令：DIMDIAMETER。
(2) 菜单：选择“标注”→“直径”命令。
(3) 工具栏：在“标注”工具栏中单击“直径标注”按钮(见图 6-37)。

图 6-37 在“标注”工具栏中单击“直径标注”按钮

AutoCAD 提示如下：

命令: _DIMDIAMETER //按 Enter 键
选择圆弧或圆: //选择要标注尺寸的圆或圆弧
指定尺寸线的位置或[多行文字(M)/文字(T)/角度(A)]:
//确定尺寸线位置或右击，从快捷菜单中选择合适的选项

下面为绘制圆的直径尺寸标注的命令提示，如图 6-38 所示。

命令: _DIMDIAMETER //按 Enter 键

选择圆弧或圆：（选择一个将要进行尺寸标注的圆或圆弧）
指定尺寸线位置或[多行文字(M)/文字(T)/角度(A)]：（指定一点确定尺寸线的位置）

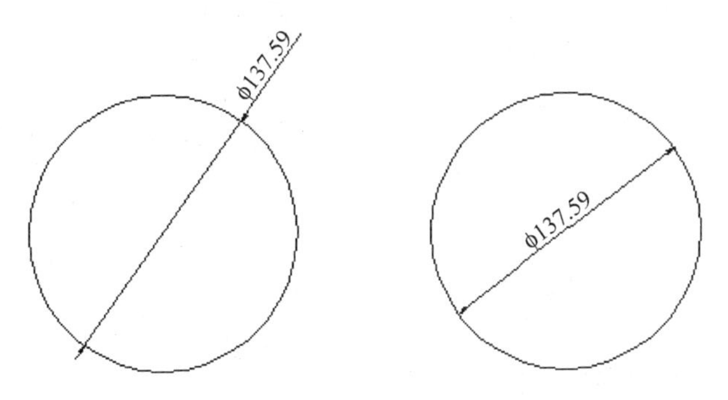

图 6-38　圆的直径尺寸标注

6.3.6　角度标注

"角度标注"命令允许用 3 个点（顶点、指定点、指定点）绘制角度尺寸标注。角度标注的对象可以是两条不平行的直线或者圆弧（圆弧的两个端点及圆弧的圆心作为顶点）、圆（圆上任意两点及圆的圆心作为顶点）。

1. DIMANGULAR 命令功能

该命令用于创建圆、圆弧或直线的角度尺寸标注。

2. 调用方法

(1) 命令：DIMANGULAR。
(2) 菜单：选择"标注"→"角度"命令。
(3) 工具栏：在"标注"工具栏中单击"角度标注"按钮（见图 6-39）。

图 6-39　在"标注"工具栏中单击"角度标注"按钮

AutoCAD 提示如下：

命令行：DIMANGULAR↙　//按 Enter 键
选择圆弧、圆、直线或 <指定顶点>：　//如果按 Enter 键，则表示要确定一个顶点

角度标注的默认方式是选择一个对象。如果选择的对象是一段圆弧，如图 6-40 所示，则 AutoCAD 会自动将圆弧的圆心作为顶点，并且将圆弧的两个端点分别作为第一条尺寸界线和第二条尺寸界线的端点，以响应角度标注的"顶点"→"端点"→"端点"的提示。AutoCAD 提示如下：

指定标注弧线位置或[多行文字(M)/文字(T)/角度(A)]：

指定一点确定尺寸线的位置，AutoCAD 会自动绘制一条圆弧尺寸线。

如果选择的对象是一个圆，如图 6-41 所示，则 AutoCAD 会自动将圆的圆心作为顶点，将选择圆时的点作为角度标注的第一个端点，然后提示如下：

指定角的第二个端点：　//选取需用的点，如图 6-41 所示

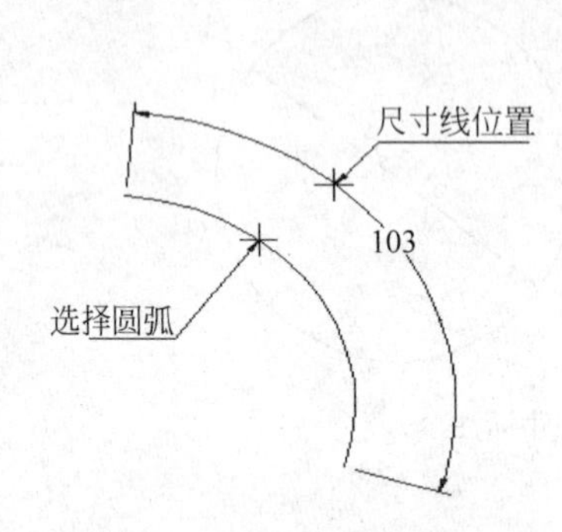

图 6-40　对圆弧进行角度标注

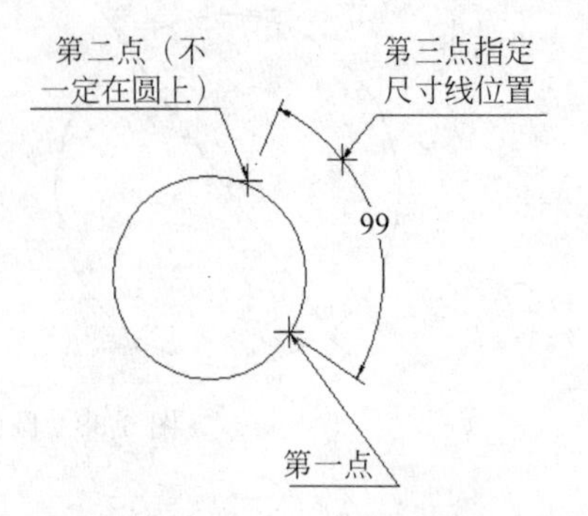

图 6-41　对一个圆进行角度标注

当指定一个点后，AutoCAD 会自动将这个点作为角度标注的第二个端点，并连同前面定义的两个点一起构成角度标注的 3 点（顶点/端点/端点）。注意，尽管最后一点定义了第二条尺寸界线的原点，但它并不一定非要位于圆上。然后，AutoCAD 提示如下：

指定标注弧线位置或[多行文字(M)/文字(T)/角度(A)]：
　　//将尺寸线移到适当的位置后，用鼠标左键确定

如果指定一点作为圆弧尺寸线的位置，则 AutoCAD 将自动绘制径向的尺寸界线，并根据放置标注的位置，确定是标注内角值还是标注选择的第一条直线外角值，这由光标是位于尺寸界线的内侧（内角）还是外侧（外角）决定。

如果选择的对象是一条直线，如图 6-42 所示，那么 AutoCAD 将有如下提示。

选择圆弧、圆、直线或 <指定顶点>：　//选择一条直线
选择第二条直线：

当选择另外一条直线后，AutoCAD 会自动将这两条直线的交点作为绘制顶点/顶点/顶点角度尺寸的顶点，用这两条直线作为角的两条边，然后，系统会提示指定圆弧尺寸线的位置，该尺寸线（弧线）张角通常小于 180°。如果圆弧尺寸超出了两直线的范围，那么系统会自动添加必要的尺寸界线的延长线。然后，AutoCAD 提示如下：

指定标注弧线位置或[多行文字(M)/文字(T)/角度(A)]：//将尺寸线移到适当的位置

如果按 Enter 键，而没有选择圆弧、圆或两条直线，AutoCAD 将使用 3 点方式绘制角度标注尺寸。下面的命令提示就是用 3 点方式绘制角度尺寸标注的实例，如图 6-43 所示。

命令：DIMANGULAR↙　//按 Enter 键
选择圆弧、圆、直线或 <指定顶点>：　//都不选，直接按 Enter 键
指定角的顶点：　//指定图中第一点
指定角的第一个端点：//指定图中第二点
指定角的第二个端点：//指定图中第三点

指定标注弧线位置或[多行文字(M)/文字(T)/角度(A)]:
　　　　//将尺寸线移到适当的位置后,用鼠标左键确定

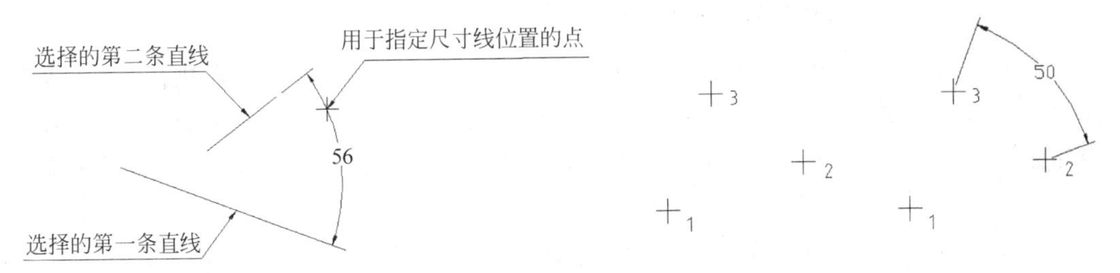

图 6-42　对直线进行角度标注　　　　图 6-43　用 3 点方式标注角度尺寸

6.3.7　基线标注

1. DIMBASELINE 命令功能

基线标注(有时称平行尺寸标注)用于多个尺寸标注使用同一条尺寸界线作为尺寸界线的情况,如图 6-44 所示。基线标注创建一系列由相同的标注原点测量出来的标注。因此,它们是共用第一条尺寸界线(可以是线性的、角度的或坐标尺寸标注)原点的一系列相关标注。在标注时,AutoCAD 将自动在最初(或者上一个基线)的尺寸线或圆弧尺寸线的上方绘制尺寸线或圆弧尺寸线。新尺寸线或圆弧尺寸线偏移的间距由系统变量 DIMDLI 的值控制。

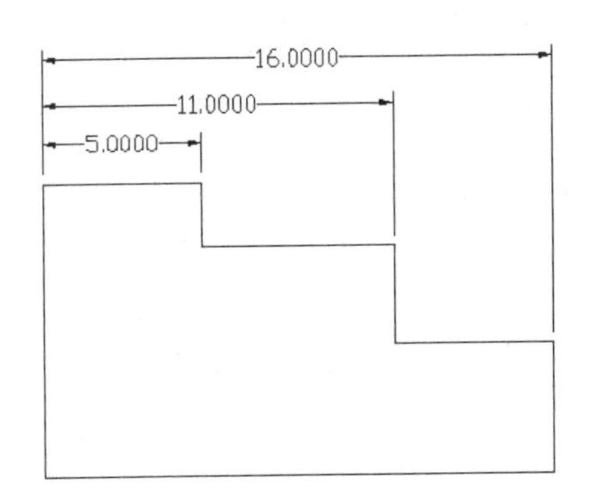

图 6-44　基线标注

2. 调用方法

(1) 命令:DIMBASELINE。

(2) 菜单:选择"标注"→"基线"命令。

(3) 工具栏:在"标注"工具栏中单击"基线标注"按钮(见图 6-45)。

图 6-45　在"标注"工具栏中单击"基线标注"按钮

AutoCAD 提示如下：

命令行：DIMBASELINE↙ //按 Enter 键
指定第二条尺寸界线原点或[放弃(U)/选择(S)] <选择 >:

AutoCAD 默认在基线标注前的尺寸标注为第一条尺寸界线，所以在执行了"基线标注"命令后，就要求用户确定第二条尺寸界线的原点，AutoCAD 用前一个线性、角度或者坐标标注的尺寸界线原点作为新尺寸的第一条尺寸界线的原点，并且命令提示不断重复出现，直到按 Enter 键或右击退出该命令。

要使 DIMBASELINE 命令有效，则必须存在一个线性、角度或者坐标标注尺寸。如果前一个尺寸不是线性、角度或者坐标尺寸标注，或者不选择第二条尺寸界线的原点而按下 Enter 键，AutoCAD 将有如下提示。

选择基准标注： //选择一个起始尺寸对象

这时，可选择一个基准尺寸，作为基准的尺寸界线是离选择点最近的尺寸界线。

下面为以"基线标准"方式绘制圆的角度尺寸标注的命令提示，如图 6-46 所示。

命令：DIMBASELINE //按 Enter 键
指定第二条尺寸界线原点或[放弃(U)/选择(S)] <选择 >: //确定一个点
指定第二条尺寸界线原点或[放弃(U)/选择(S)] <选择 >: //确定另一个点
指定第二条尺寸界线原点或[放弃(U)/选择(S)] <选择 >: //按 Esc 键，退出

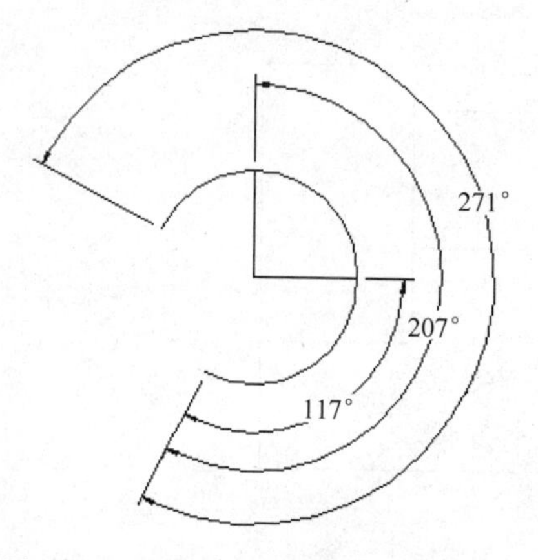

图 6-46 用"基线标注"方式标注圆形对象

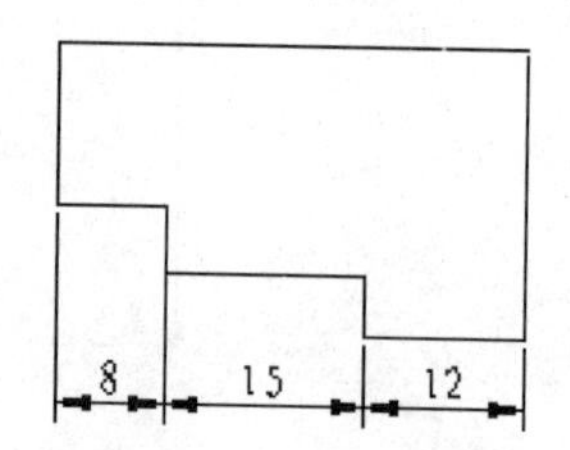

图 6-47 连续尺寸标注

6.3.8 连续标注

1. DIMCONTINUE 命令功能

连续尺寸标注，如图 6-47 所示，用于绘制一连串尺寸，每一个尺寸的第二个尺寸界线的原点是下一个尺寸的第一个尺寸界线的原点。

2. 调用方法

(1) 命令：DIMCONTINUE。

(2) 菜单：选择"标注"→"连续"命令。

（3）工具栏：在“标注”工具栏中单击“连续标注”按钮（见图 6-48）。

图 6-48 在“标注”工具栏中单击“连续标注”按钮

AutoCAD 提示如下：

命令：_DIMCONTINUE↙ //按 Enter 键
指定第二条尺寸界限原点或[放弃(U)/选择(S)] <选择>:

在指定了一点作为第二条尺寸界线的原点后，AutoCAD 将用前一个线性、角度或坐标标注的第二条尺寸界线作为下一个尺寸的第一条尺寸界线，并且命令提示不断重复出现。要退出该命令，可右击鼠标两次或按 Esc 键。

要使 DIMCONTINUE 命令有效，就必须存在一个线性、角度或者坐标标注尺寸。如果前一个尺寸不是线性、角度或者坐标尺寸标注，或者不选择第二条尺寸界线的原点而按下 Enter 键，将提示：

选择连续标注： //选择一个尺寸对象

这时，可选择一个连续尺寸，作为连续尺寸的尺寸界线是离选择点最近的尺寸界线。下面为用“连续标注”方式绘制线性尺寸的命令提示，如图 6-49 所示。

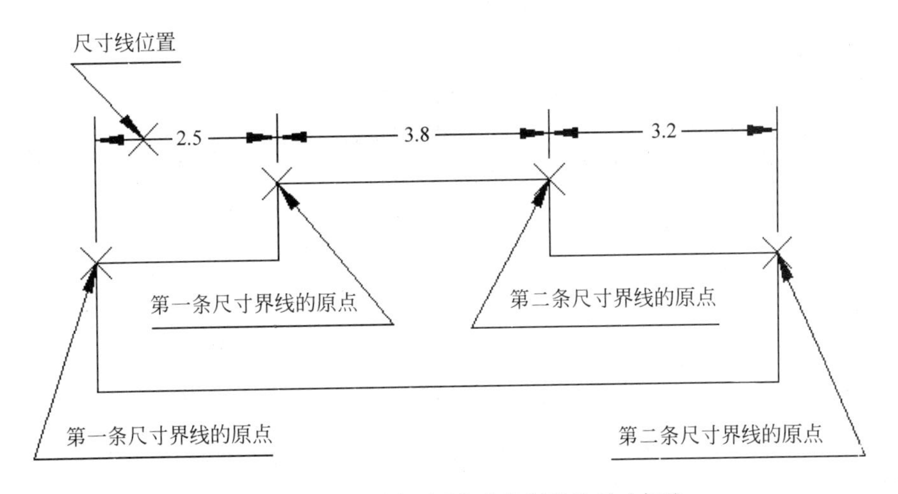

图 6-49 用“连续标注”方式绘制线性尺寸标注

命令：_DIMCONTINUE↙ //按 Enter 键
指定第二条尺寸界限原点或[放弃(U)/选择(S)] <选择>: //指定 3.6 单位长的直线的右侧
指定第二条尺寸界限原点或[放弃(U)/选择(S)] <选择>: //确定 1.8 单位长的直线的右侧
指定第二条尺寸界限原点或[放弃(U)/选择(S)] <选择>: //按 Esc 键或者右击鼠标两次退出

6.3.9 快速标注

1. QDIM命令功能

该命令用于在选定对象的端点和圆心点之间创建一系列的尺寸标注。

2. 调用方法

(1) 命令：QDIM。

(2) 菜单：选择“标注”→“快速标注”命令。

(3) 工具栏：在“标注”工具栏中单击“快速标注”按钮(见图6-50)。

图6-50 在“标注”工具栏中单击“快速标注”按钮

AutoCAD提示如下：

命令：QDIM↙ //按Enter键
关联标注优先级＝端点
选择要标注的几何图形： //选择一个或多个对象
指定尺寸线位置或[连续(C)/并列(S)/基线(B)/坐标(O)/半径(R)/直径(D)/基准点(P)/编辑(E)/设置(T)]＜连续＞：
//确定尺寸线位置或从提示中选择合适的选项

如果确定了尺寸线的位置，AutoCAD将根据指定的尺寸线位置的点(见图6-51)决定在所选对象的端点或圆心之间是绘制连续的水平尺寸标注还是垂直的尺寸标注。可以移动鼠标的位置选择绘制所需要的尺寸标注类型。

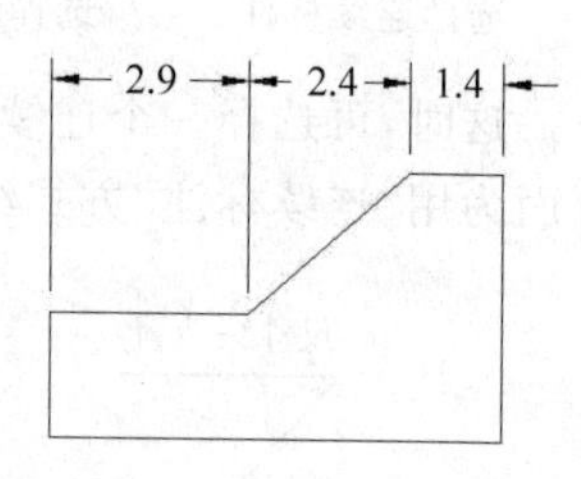

图6-51 快速尺寸标注的实例

6.3.10 引线与快速引线

1. 功能

将注释连接到图形特征上。它从被注释的对象特征开始，用一组相连的直线段或样条曲线连接标注文字或形位公差，并在起始端绘出箭头。

2. 调用LEADER(引线)命令的方法

命令：LEADER。

3. 调用QLEADER(快速引线)命令的方法

(1) 菜单：选择“标注”→“引线”命令。

(2) 工具栏：在“标注”工具栏中单击“快速引线”按钮(见图6-52)。

当在命令行中输入LEADER命令时，AutoCAD提示如下：

命令：LEADER↙ //按Enter键
指定引线起点： //指定引线箭头的端点

指定下一点：　//指定第一条引线的另外一点
指定下一点或[注释(A)/格式(F)/取消(U)] < 注释>:
//指定一点或从选项中选取合适的选项

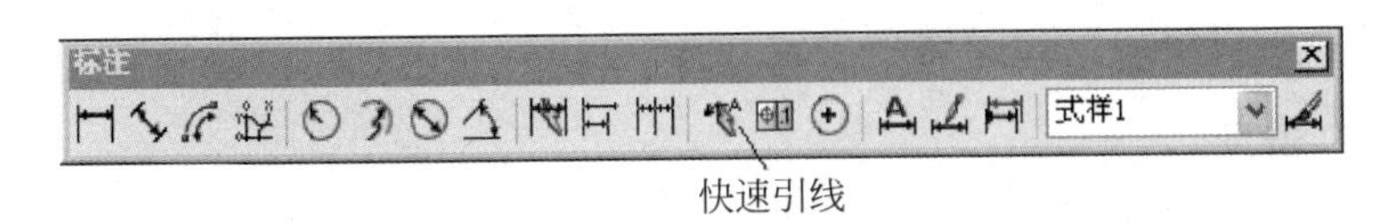

图 6-52　在“标注”工具栏中单击“快速引线”按钮

如果指定了另外的一点，则 AutoCAD 会将另一段引线连接到上一段引线并重复上一个提示。当最后绘制的引线段与水平方向的夹角超过 15°时，AutoCAD 将添加一段水平线段指向文本注释，由于这段水平线段的长度等于箭头的长度，因此大小由系统变量 DIMASZ 控制。

4. “注释”选项

“注释”选项用于将字母、数字、文字或者符号作为注释的文字，AutoCAD 提示如下：

输入注释文字的第一行或 <选项>:　　//可以输入注释文字或按 Enter 键

输入字母、数字、文字或者符号作为注释文字，将它连接到引线段与箭头方向相反的一端。如果这时按下 Enter 键，AutoCAD 将提示：

输入注释选项[公差(T)/副本(C)/块(B)/无(N)/多行文字(M)] <多行文字>:

若选择“多行文本”选项，将出现“多行文本编辑器”对话框，在该对话框中可以创建或编辑单行或多行注释文字。

AutoCAD 在“多行文字编辑器”对话框的文本窗口中用一对尖括号“< >”表示绘制的主要尺寸。如果测量的尺寸是 1/2″，并且“COPE < >”显示在文本窗口中，那么 AutoCAD 绘制的尺寸为“COPE 1/2″”。与之类似，在[ ](左、右方括号)中绘制次要的尺寸。“注释”选项的子选项如下。

(1) 公差：通过“形位公差”对话框绘制公差特性框以描述标准公差(有关的详细内容请参见本章中的公差部分)。

(2) 副本(复制)：注释的内容可以通过复制文字、公差特性框、多行文字或者块参照来实现。

(3) 块：用于插入有关的块参照(详细内容请参见有关块参照的内容)。

(4) 无：在引线后不添加任何注释而结束命令。

5. “格式”选项

“格式”选项用于确定引线和箭头的外观形式，AutoCAD 提示如下：

输入引线格式选项[样条曲线(S)/直线(ST)/箭头(A)/无(N)] <退出>:

格式选项的子选项如下。

(1) 样条曲线：用于绘制与 SPLINE 命令相似的样条曲线引线。

（2）直线：用于绘制直线引线。

（3）箭头：用于在引线的第一个指定点处绘制箭头。

（4）无：用于绘制不带箭头的引线。

（5）退出：可以退出“格式”选项。

6．“放弃”选项

“放弃”选项用于取消上一次绘制的引线。

7．QLEADER 命令

当从“标注”工具栏或“标注”下拉菜单下选择“引线”命令时，实际上都是调用 QLEADER 命令，AutoCAD 提示如下：

命令：_QLEADER↙ //按 Enter 键
指定第一个引线点或[设置(S)]＜设置＞：//指定引线箭头的端点
指定下一点： //指定第一条引线的另外一点
指定下一点： //指定引线折线的一点
指定文字宽度＜0＞
输入注释文字的第一行＜多行文字(M)＞：//输入相应的文字
输入注释文字的下一行： //输入下一行注释文字或按 Enter 键，完成 QLEADER 命令

值得注意的是，若指定了文本段的宽度，则当某行文字的宽度超过指定的宽度时，超出的文字将会自动转到下一行。如果没有指定宽度，那么所有的文字将会出现在一行上。

若选择“设置”选项，则会出现图 6-53 所示的对话框。

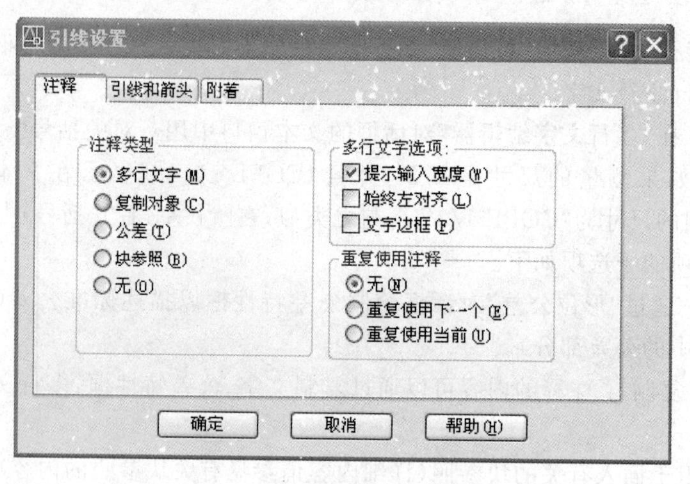

图 6-53 “引线设置”对话框

在这里主要介绍注释类型。

（1）多行文字：该项是默认选项。在使用引线时，可以注释多行文字。

（2）复制对象：在使用引线过程中，可以复制文字、公差特性框、多行文字或者块参照。

（3）公差：通过“形位公差”对话框，绘制公差特性框以描述标准公差（有关的详细内容请参见本章中的公差部分）。

（4）块参照：用于插入有关的块参照（详细内容请参见有关块参照的内容）。

(5) 无：在引线后不添加任何注释而结束命令。

6.3.11 公差

在 AutoCAD 中标注尺寸时，有时会用到公差符号和文字。AutoCAD 提供了一组子命令，通过这组命令可以定义两种特殊的公差：一种是一般公差(Lateral Tolerances)；另一种是形位公差(Geometric Tolerances)。

一般公差是常用的公差。虽然它们可以很容易地绘制到图形中，但是它们不能全方位(如圆度和同轴度)地表示所有的公差，特别是在国际交流中，许多公差对象都容易发生误译。

形位公差的值表示对象的轮廓和位置的规定尺寸的最大允许值。

注意：*一般公差的符号与文字可以在标注式样对话框中得到。形位公差的符号和文字可以在“标注”工具栏中、“标注”下拉菜单或“命令提示”中得到。*

1. 一般公差

一般公差用于绘制极限偏差、对称公差、加减公差、角度公差和基本尺寸公差的符号与文字。

一般公差规定了名义尺寸的最大和最小尺寸偏差。例如，如果一个尺寸为 2.50±0.05，那么该尺寸的公差值就是 0.1，表示该尺寸值可在 2.45～2.55 之间任意变化。这是一个对称公差。

如果尺寸为 $2.50^{+0.10}_{-0.00}$，那么其最大值将比 2.50 大 0.1，最小值不会小于 2.50。极限偏差尺寸允许将该尺寸写成 2.55/2.45。

要设置公差格式，首先要打开“标注样式管理器”对话框，如图 6-7 所示。单击“修改”按钮，将弹出图 6-8 所示的“新建标注样式：式样 1”对话框，选择“公差”选项卡，在“公差式样式”选项区域中选择所需的格式，如图 6-18 所示。在“公差格式”选项区域和“换算单位公差”选项区域中所有可用的选项。在方式栏内选择一种除“无”以外公差方式以供标注一般公差时使用。

在“公差格式”和“换算单位公差”选项区域中，“精度”文本框中的值决定了以十进制单位表示的文本的小数位数。该值记录在系统变量 DIMDEC 中。“上偏差”和“下偏差”文本框用于预置偏差值。“高度比例”文本框用于设置公差值的文本高度。“垂直位置”下拉列表框用于确定位于标注尺寸值之后的公差值的位置，是放置在文本空间的上部、中间还是底部。

在“公差格式”和“换算单位公差”选项区域中，“清零”子选项用于确定是否显示数字 0，详细解释如下。

若选择“前导”复选框，则系统不输出十进制尺寸的前导零，例如，0.7000 表示为 .7000。选择“后续”复选框，系统不输出十进制尺寸的后续零。又如，7.000 或 7.250 分别表示为 7 或 7.25。选择“0 Feet”复选框，当距离小于 1 英尺时，不输出英尺—英寸型标注中的英尺部分，而只输出英寸部分，例如，0′-7″或 0′-71/4″分别表示成 7″或 71/4″。选择“0 Inch”复选框，当距离是整数英尺时，不输出英尺—英寸型标注中的英寸部分，例如，7′-0″表示成 7′。

2. 形位公差

形位公差是用绘制的特征控制框描述按照形位公差规定的标准公差。形位公差定义图形中形状和轮廓、定向、定位的最大允许误差以及几何图形的跳动公差。图形中的形状和轮廓包括正方形、多边形、平面、圆柱面和圆锥面。

3. 调用形位公差的方法

(1) 命令：TOLERANCE。

(2) 菜单：选择"标注"→"公差"命令。

(3) 工具栏：在"标注"工具栏中单击"公差"按钮(见图 6-54)。

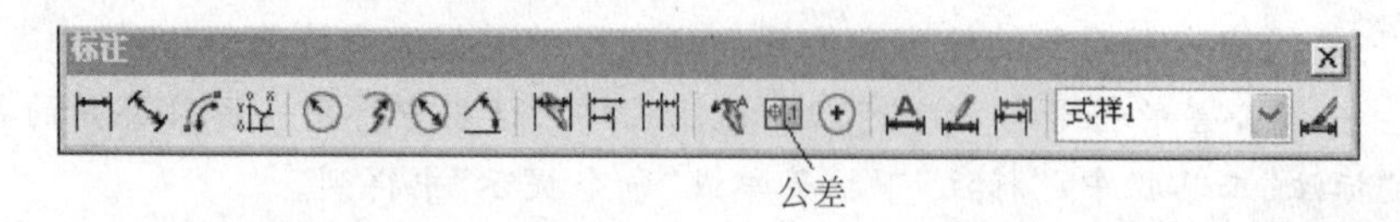

图 6-54 在"标注"工具栏中单击"公差"按钮

AutoCAD 的"形位公差"对话框，如图 6-55 所示。

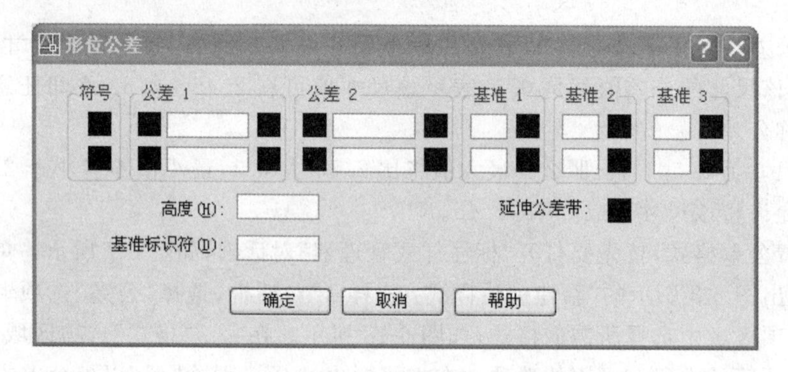

图 6-55 "形位公差"对话框

较为常用的表示单个尺寸的形位公差的方法是用特征控制框，该控制框包含了所有与尺寸相关的必要的公差信息。一个特征控制框由几何特征符号框和公差值框组成。在需要时，以增加"基准参照"和材料"包容条件"。特征控制框如图 6-56 所示。形位公差符号的含义如图 6-57 所示，基准符号的材料"包容条件"含义如图 6-58 所示。

一旦单击"形位公差"对话框的"符号"列中的符号按钮，AutoCAD 将弹出"特征符号"对话框，如图 6-59 所示。选择其中的任意一个符号并在公差值区中输入相应的公差值。

包容条件有以下 3 种。

(1) 最大实体状态(MMC)，它的含义是指特征要素在尺寸公差范围内具有材料量最多的状态。对孔类为最小极限尺寸，对轴类为最大极限尺寸。

(2) 最小实体状态(LMC)，它的含义是指特征要素在尺寸公差范围内具有材料量最少的状态。对孔类为最大极限尺寸，对轴类为最小极限尺寸。

(3) 独立原则(RFS)，是指标注的尺寸公差与形位公差各自独立、彼此无关、分别满足要求的原则。

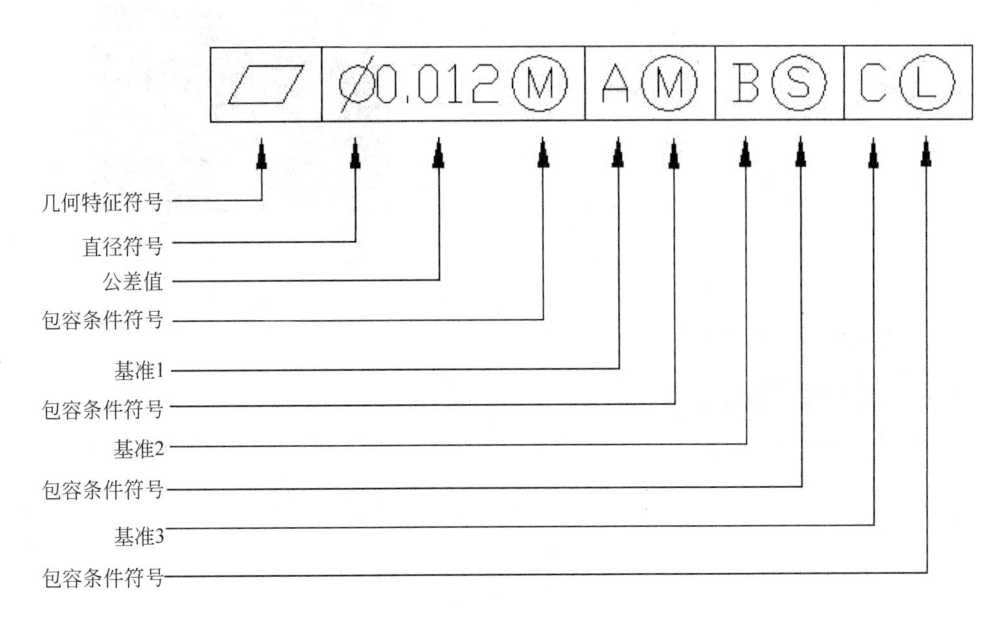

图 6-56 特征控制框

形位公差符号		
形状	⏥	平面度
	—	直线度
	○	圆度
	⌭	圆柱度
	⌒	线轮廓度
	⌓	面轮廓度
	∠	倾斜度
	//	平行度
	⊥	垂直度
位置	◎	同轴度
	⌖	位置度
	⌯	对称度
跳动	↗	圆跳动
	⌰	全跳动

图 6-57 形位公差符号的含义

基符号中的包容条件	
Ⓜ	最大实体状态（MMC）
Ⓢ	独立原则
Ø	直径

图 6-58　基准符号的材料“包容条件”含义

图 6-59　“特征符号”对话框

6.3.12　绘制圆心标记

1. DIMCENTER 命令功能

如图 6-60 所示，DIMCENTER 命令用于绘制十字标记表示圆或圆弧的圆心。

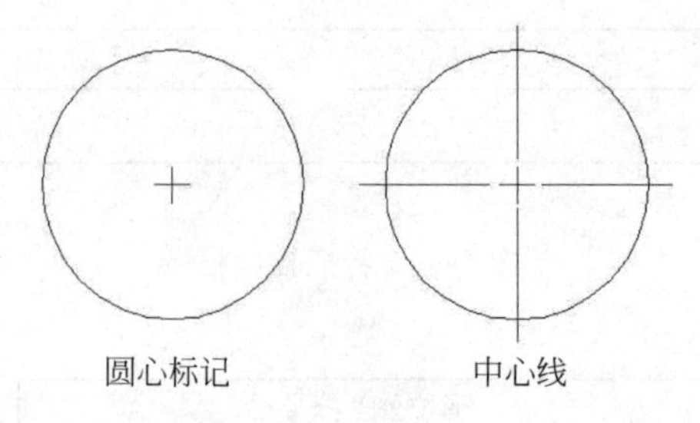

图 6-60　圆的十字圆心标记

2. 调用方法

(1) 命令：DIMCENTER。

(2) 菜单：选择“标注”→“圆心标记”命令。

(3) 工具栏：在“标注”工具栏中单击“圆心标记”按钮(见图 6-61)。

AutoCAD 提示如下：

命令行：DIMCENTER ↙
选择圆弧或圆：

当选择圆弧或圆后，AutoCAD 将根据系统变量 DIMCEN 的设置绘制十字标记。

图 6-61　在“标注”工具栏中单击“圆心标记”按钮

6.3.13　倾斜标注

1. 功能

Oblique 选项用于将一个线性尺寸的尺寸界线倾斜一定的角度。尺寸线将随着尺寸界线的倾斜而移动，但尺寸线仍保持原来的方向。当尺寸界线与图形中的其他特性发生干涉时，使用本选项可以很好地解决。它是等轴测图形中常用的标注方法。

2. 调用方法

在“标注”菜单中，选择“倾斜”命令。

AutoCAD 提示如下：

```
命令：DIMEDIT ↙
输入标注编辑类型或[默认(H)/新建(N)/放置(R)/倾斜(O)] <默认>: _O
                    //选择“倾斜”选项
选择对象：          //选择需要倾斜的尺寸对象
输入倾斜角度 (按 ENTER 表示无)：     //输入倾斜角度或按 Enter 键
```

注意：Oblique 选项实际上是编辑标注命令中的一个选项。选择“标注”菜单中的“倾斜”命令，AutoCAD 将自动选择倾斜选项。绘图者只需选择一个尺寸对象，输入要倾斜的角度即可。

选定的尺寸对象的尺寸界线将倾斜一定的角度。

6.4 尺寸标注编辑

在 AutoCAD 中，可以用“修改”命令和“夹点编辑”方式编辑所标注的尺寸。此外，AutoCAD 还提供了另外两个专门用于编辑标注文字对象的修改命令：DIMEDIT 和 DIMTEDIT。

6.4.1 DIMEDIT 命令

1. 功能

DIMEDIT 命令中的各选项用于将标注文字替换成新的文字、旋转一个已经存在的文字、移动文字到一个新的位置，还可以将标注文字移回到原始位置。另外，通过这些选项还可以修改(用“倾斜”选项)尺寸界线相对于尺寸线的角度(通常尺寸界线垂直于尺寸线)。

2. 调用方法

(1) 命令：DIMEDIT。

(2) 工具栏：在“标注”工具栏中单击“编辑标注”按钮(见图 6-62)。

图 6-62 在“标注”工具栏中单击“编辑标注”命令

AutoCAD 提示如下：

```
命令：DIMEDIT
输入标注编辑类型或[默认(H)/新建(N)/放置(R)/倾斜(O)] <默认>:
        //按 Enter 键选择“默认”选项或右击并在快捷菜单中选择合适的选项
```

3. 各选项含义

(1) 默认：该选项将移动或旋转的标注文字返回到原来的默认位置，AutoCAD 将提示：

选择对象： //选择尺寸对象或按 Enter 键

(2) 新建：该选项用于将标注文字值修改为新值，AutoCAD 弹出“多行文字编辑器”对话框，输入新的文字后，单击“确定”按钮，AutoCAD 将提示：

选择对象： //选择要用新的文字代替的尺寸对象

(3) 旋转：该选项将标注文字旋转指定的角度，AutoCAD 将提示：

指定标注文字的角度： //指定文字旋转的角度
选择对象： //选择需要旋转的尺寸对象

(4) 倾斜：该选项用于将线性尺寸的尺寸界线倾斜一定的角度。当尺寸界线与图形中的其他特征发生干涉时，使用该选项是非常有用的。此外，该选项也是等轴测图形中生成倾斜尺寸的最简单的方法，AutoCAD 将提示：

选择对象：//选择需要倾斜的尺寸对象
输入倾斜角度(按 Enter 键为无倾斜)： //输入倾斜角度或按 Enter 键

6.4.2 DIMTEDIT 命令

1. 功能

DIMTEDIT 命令用于沿尺寸线修改标注文字的位置(使用 Left、Right 和 Home 选项)和角度(使用 Rotate 选项)。

2. 调用方法

(1) 命令：DIMTEDIT。

(2) 工具栏：在“标注”工具栏中单击“编辑标注文字”按钮(见图 6-63)。

图 6-63 在“标注”工具栏中单击“编辑标注文字”按钮

AutoCAD 提示如下：

命令：DIMTEDIT↙
选择标注： //选择要修改的尺寸对象

在屏幕上将会出现标注的预览图像，文字位于光标处。接着，AutoCAD 提示：

指定标注文字的新位置或[左(L)/右(R)/中心(C)/默认(H)/角度(A)]：
//确定标注文字的新位置或右击并从快捷菜单中选择合适的选项

默认情况下，AutoCAD 允许用光标确定标注文字的位置，在拖动过程中动态更新。

3. 各选项含义

(1) 左：将标注文字移动到靠近左边的尺寸界线处。

(2) 右：将标注文字移动到靠近右边的尺寸界线处。

(3) 默认：将标注文字移回到原来的位置。

(4) 角度：改变标注文字的角度，AutoCAD 提示：

指定标注文字的角度：

指定了角度后，标注文字将以新的角度出现在屏幕上。

6.4.3 用夹点编辑尺寸标注

如果夹点特征是打开的，在启动命令前用定点设备选择对象时，AutoCAD 2006 将在选定对象的控制点上显示夹点标记。夹点将位于尺寸界线的端点、尺寸线与尺寸界线的交点和标注文字的插入点处。除了一般的夹点编辑功能，即将尺寸标注作为一个组编辑(如旋转、移动和复制等)外，还可以选择每一个夹点编辑尺寸对象，如移动尺寸界线端点处的夹点到另一指定点，可以修改标注文字的值等。如果拖动对齐尺寸的尺寸界线的夹点，将旋转尺寸线。水平和垂直的尺寸仍保持水平和垂直状态。移动尺寸线与尺寸界线交点处的夹点将使尺寸线靠近或远离要标注的对象。移动标注文字插入点处的夹点与移动交点处的夹点相同，并且允许沿尺寸线前后移动标注文字。

6.5 综合实例

尺寸标注是 AutoCAD 中的一个重点内容，读者要想掌握这部分内容，除了掌握 AutoCAD 的尺寸标注功能外，还要了解工程制图中有关尺寸标注的一些内容。

为了使读者能尽快掌握尺寸标注中的重点内容，下面以图 6-64 的图形为例，总结尺寸标注的方法和步骤。

尺寸标注的方法和步骤如下：

1) 设置标注样式。AutoCAD 提供的尺寸标注默认样式是 ISO-25 标准，不符合机械制图国家标准中有关尺寸标注的规定。为此，用户首先应设置尺寸标注样式。如果图形简单、尺寸类型单一，设置一种标注样式即可。如果图形较复杂、尺寸类型较多，应设置2～3 种标注样式。

标注图 6-64 中的尺寸，可设置一种用于线性尺寸的标注(ST)。线性尺寸的文本方向随尺寸线方向。

2) 为尺寸标注设置一个图层。为了便于尺寸的管理、编辑和输出，单独设置一个尺寸图层。尺寸图层的线型可设置为 Continuous，尺寸图层的颜色与其他图层的颜色应区别开，另外与背景的颜色对比应较强。在设置标注样式时，尺寸线、尺寸界线和尺寸文本的颜色可设置易于区分的颜色。

3) 标注线性尺寸。在“标注样式管理器”对话框中，将标注样式 ST 置为当前样式，以使用该样式标注线性尺寸。为使尺寸标注得清晰、合理，应注意以下问题。

(1) 尺寸应尽量标注在最能反映形体特征的视图上。

① 同一形体的尺寸应尽量集中标注。

② 同一方向的尺寸，小尺寸在内，大尺寸在外，尺寸一般不注在虚线上。

③ 圆柱的直径尺寸尽量标注在非圆视图上，而圆弧的半径必须标注在反映为圆弧实形的视图上。

(2) 当在圆柱或圆孔的非圆视图上标注直径时，直径符号 ϕ 可以采用下面两种方法加入。

① 单击“标注”工具栏中的“线性标注”按钮，确定尺寸界线起点后，AutoCAD 提示如下：

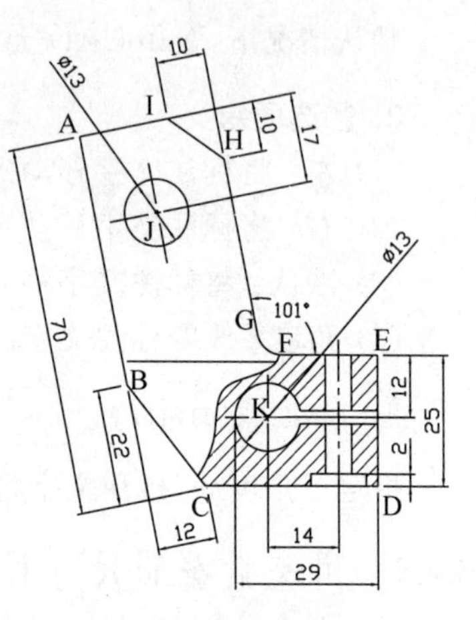

图 6-64 尺寸标注示例

尺寸线位置(多行文字(M)/文字(T)/角度(A)/水平(H)/垂直(V)/旋转(R)):
输入 T 并按 Enter 键，用户从命令行输入：%%C30，即可标注出 ϕ30

② 执行“格式”→“标注样式”命令，弹出“标注样式”对话框。单击“注释”按钮，弹出“标注注释”对话框，在“前缀”编辑框中输入：%%C。

在确定尺寸界线起点时，要利用对象捕捉，以便迅速、准确地指定尺寸界线起点。

6.6 小结

(1) 尺寸标注对于工程图纸来说是十分重要的，否则就无法施工。本章详细介绍了各种尺寸标注的方法，适应于不同的场合，要加以领会。实际上，尺寸标注与相关的行业有关，所以必须学习一些相关的专业知识，如建筑行业与机械制造行业所使用的单位和标注方法就有较大的差别。机械制造行业在标注尺寸的过程中，应符合机械制图国家标准。

(2) 对于初学者来说，建立新的尺寸标注样式因内容较多，感觉不易。一般情况下，只要在 ISO-25 的基础上，修改如下几项内容即可：在“直线和箭头”选项卡中，如果是建筑图纸，“箭头”选择“建筑标记”，否则不改；在“文字”选项卡中，“文字对齐”选择“ISO 标准”；在“调整”选项卡中，“调整”选项选择“文字和箭头”；“调整”选项，除原选项外，加选“标注时手动放置文字”选项；在“主单位”选项卡中，“线性标注/小数分隔符”选项选择“句点”。

6.7 习题

一、思考题

1. 尺寸由哪些要素组成？
2. 在 AutoCAD 中，尺寸标注的类型有哪些？
3. 什么是关联标注？它与图形编辑有何关系？

4. 什么是标注样式？简述标注样式的作用。
5. 如何设置尺寸线的间距、尺寸界线的超出量和尺寸文本的方向？
6. 如何控制公称尺寸的精度？
7. 什么是公称尺寸的消零？如何控制消零？
8. 什么是尺寸公差？有哪些标注公差的方式？
9. 什么是线性标注、对齐标注？
10. 什么是形位公差？如何标注形位公差？
11. 编辑尺寸标注的命令有哪些？简述它们的功能。

二、练习题

1. 画出图6-65所示的图形并进行尺寸标注。

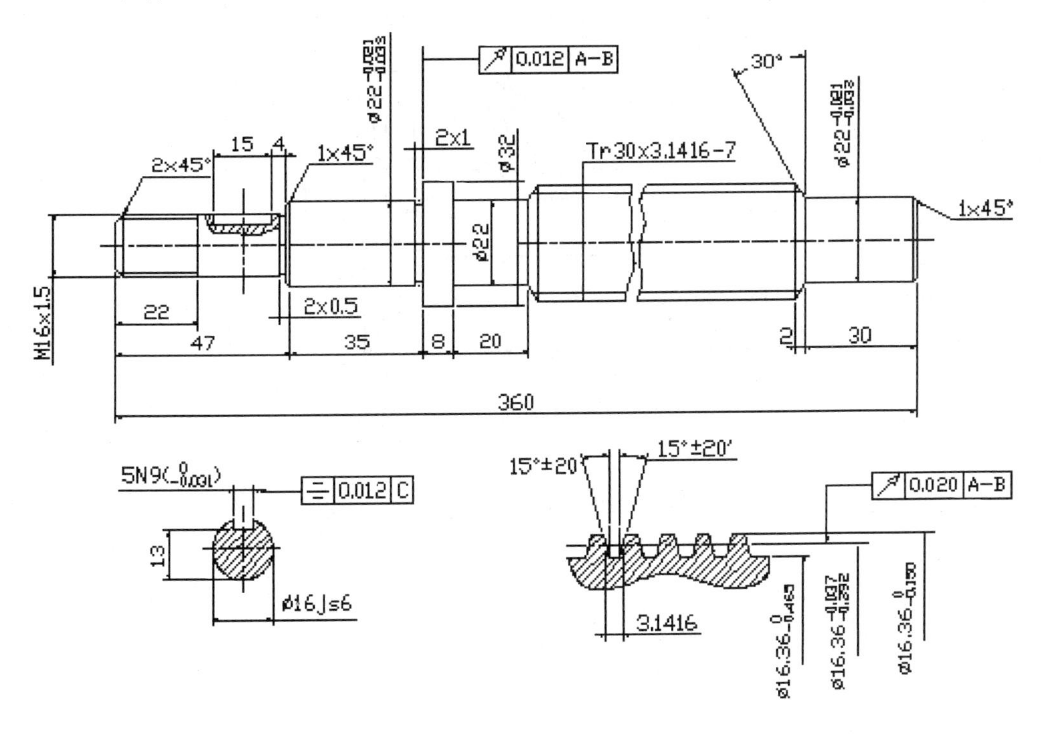

图6-65 练习题1

2. 画出图6-66所示的图形并进行尺寸标注。

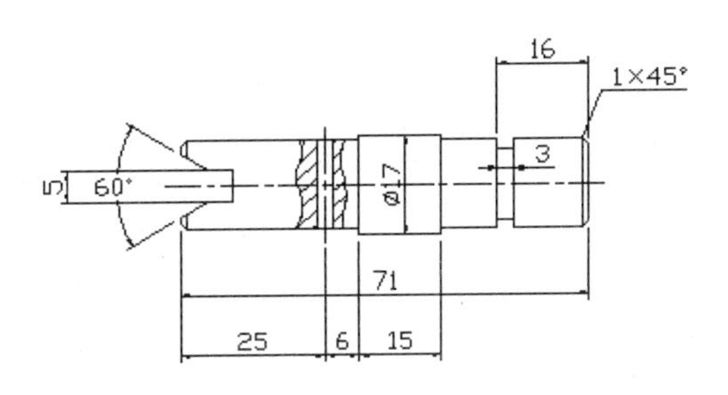

图6-66 练习题2

3. 画出图 6-67 所示的图形并进行尺寸标注。

4. 画出图 6-68 所示的图形并进行尺寸标注。

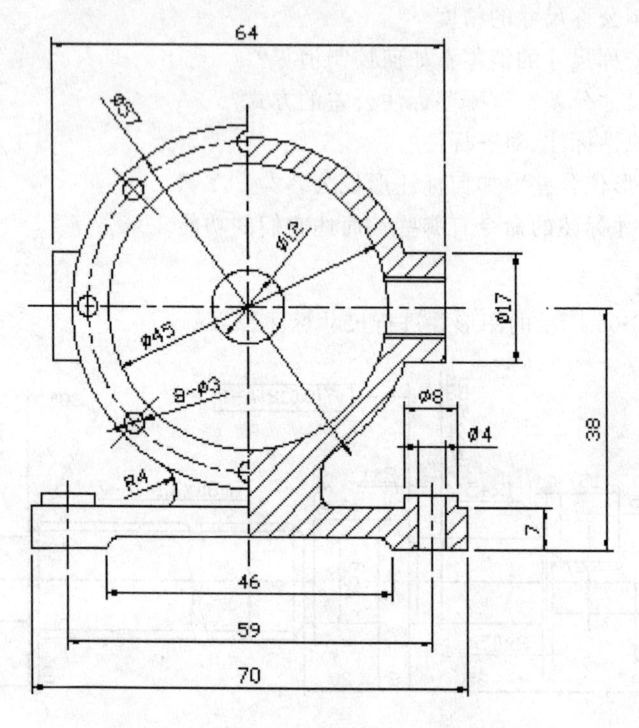

图 6-67 练习题 3

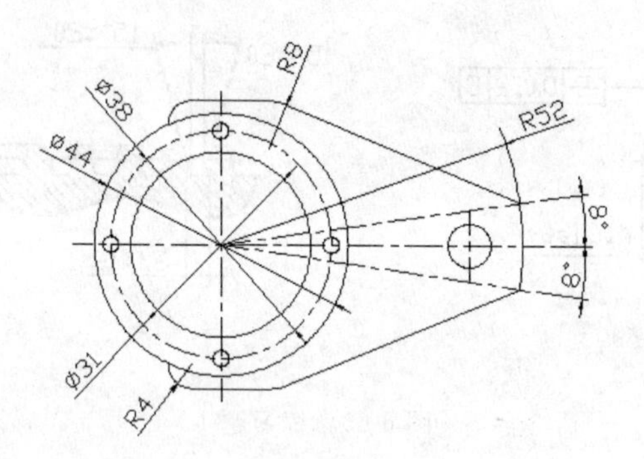

图 6-68 练习题 4

CHAPTER 7

第7章

AutoCAD在弱电系统中的应用

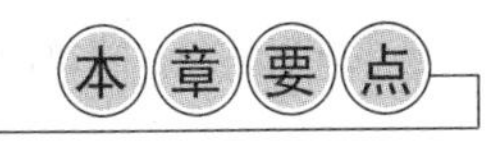

本章主要介绍AutoCAD在弱电系统设计中的一般应用以及电路印刷线路板的绘制方法和技巧。

常用弱电符号；弱电系统设计的一般知识。

弱电系统是智能建筑中智能化群体的基本成员，也是智能建筑的关键组成部分，是建筑电气专业人员日常工作的主要对象。20世纪70年代以前的弱电设计，只有电话与广播设计。而到了20世纪80年代以后，又增加了消防报警与联动控制、共用天线、保安监视、空调DDC控制等。弱电设计的内容在进一步扩展，技术越来越新，工作量也越来越大，所以应用AutoCAD进行设计是必然的。智能化大厦弱电系统一般包括以下几个分系统：楼宇自动化管理分系统(BAS)、消防自动报警分系统(FAS)、安保监控分系统(CCTV)、卫星接收及有线电视分系统(CATV)、地下车库管理分系统(CPS)、公共广播及紧急广播分系统(PAS)、程控交换机分系统(PABX)、结构化综合布线系统(PDS)。在楼宇自动化管理分系统中，往往包含出入口控制分系统及防盗报警分系统。

7.1 弱电工程中的常用符号

在用AutoCAD绘制弱电系统拓扑结构，尤其是弱电系统设计方案和施工图时，会遇到各种强、弱电符号。强电符号在电工、电子技术等课程中已经学到过，所以本节重点介绍在弱电工程中的常用术语和符号。

1. 术语

建筑与建筑群综合布线系统(Generic Cabling System For Building And Campus)，

是建筑物或建筑群内的传输网络。它既使语音和数据通信设备、交换设备和其他信息管理系统彼此相连,又使这些设备与外部通信网络相连接。它包括建筑物到外部网络或电话局线路上的连线点与工作区的语音或数据终端之间的所有电缆及相关联的布线部件。

(1) 配线子系统(水平子系统,Horizontal Subsystem):配线子系统由信息插座、配线电缆或光缆、配线设备和跳线等组成。国外称之为水平子系统。

(2) 干线子系统(垂直子系统,Backbone Subsystem):干线子系统由配线设备、干线电缆或光缆、跳线等组成。国外称之为垂直子系统。

(3) 工作区(Work Area)子系统:工作区为需要设置终端设备的独立区域。

(4) 管理(Administration)子系统:管理是针对设备间、交接间、工作区的配线设备、缆线、信息插座等设施,按一定模式标识和记录。

(5) 设备间(Equipment Room)子系统:设备间是安装各种设备的房间,对综合布线而言,主要是安装配线设备。

(6) 建筑群子系统(Campus Subsystem):建筑群子系统由配线设备、建筑物之间的干线电缆或光缆、跳线等组成。

(7) 交接间:安装楼层配线设备的房间。

(8) 安装通道:布放综合布线缆线的各种管网、电缆桥架、线槽等布线空间的统称。

(9) 安装空间:安装各种设备所需的房间或场地的统称。

2. 符号

一般在技术文件、拓扑结构图或弱电工程施工图中经常会出现一些说明符号或用于标注的符号,所以有必要熟悉各种符号。常用说明符号见表 7-1 和表 7-2,更多的说明符号及图形符号见附录 4。

表 7-1 常用说明符号

术语或符号	英 文 名	中文名或解释
ADU	Asynchronous Data Unit	异步数据单元
ATM	Asynchronous Transfer Mode	异步传输模式
BA	Building Automatization	楼宇自动化
BD	Building Distributor	建筑物配线设备
B-ISDN	Broadband ISDN	宽带 ISDN
100BASE-TX	100BASE-TX	100Mbps 基于 2 对线应用的以太网
CA	Communication Automatization	通信自动化
CD	Campus Distrbutor	建筑群配线设备
CP	Consolidation Point	集合点
dB	dB	电信传输单位:分贝
DCE	Data Circuit Equipment	数据电路设备
DDN	Digital Data Network	数字数据网
DSP	Digital Signal Processing	数字信号处理
DTE	Date Terminal Equipment	数据终端设备
ER	Equipment Room	设备间
FC	Fiber Channel	光纤信道

续表

术语或符号	英　文　名	中文名或解释
FD	Floor Distributor	楼层配线设备
FDDI	Fiber Distributed Data Interface	光纤分布数据接口
FEP	[(CF(CF)-CF)(CF-CF)]	FEP 氟塑料树脂
FR	Frame Relay	帧中继
FTTB	Fiber To The Building	光纤到大楼
FTTD	Fiber To The Desk	光纤到桌面
FTTH	Fiber To The Home	光纤到家庭
HUB	HUB	集线器
IBS	Intelligent Building System	智能大楼系统
IBDN	Integrated Building Distribution Network	建筑物综合分布网络
ISDN	Integrated Services Digital Network	综合业务数字网
ISO	Integrated Organization for Standardization	国际标准化组织
LAN	Local Area Network	局域网
MUTO	Multi-User Telecommunications Outlet	多用户信息插座
PDS	Premises Distribution System	建筑物布线系统
RF	Radio Frequency	射频
SM FDDI	Single-Mode FDDI	单模 FDDI
TO	Telecommunications Outlet	信息插座(电信引出端)
TP	Transition Point	转接点
UNI	User Network Interface	用户网络侧接口
UPS	Uninterrupted Power System	不间断电源系统
UTP	Unshielded Twisted Pair	非屏蔽对绞线
VOD	Video on Demand	视像点播
WAN	Wide Area Network	广域网

表 7-2　常用图形符号

图 形 符 号	名称及说明	图 形 符 号	名称及说明
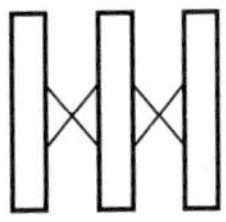	主配线架标,"CD"表示建筑群配线架；标"BD"表示建筑物配线架	 OTU	光纤端接箱
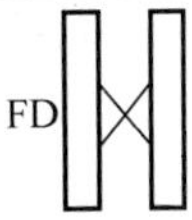 FD	楼层配线架(或称分配线架)	 LAM	适配器
 PBX	程控交换机	 SWH	网络交换机
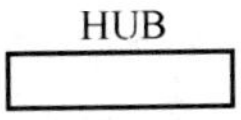 HUB	集线器	 RUT	路由器
 LIU	光纤配线设备	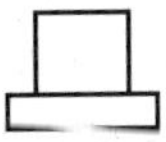	计算机

续表

图形符号	名称及说明	图形符号	名称及说明
TO	信息插座		电话机，一般符号 ＊09—05—01
	双口信息插座		监视器
	摄像机		直通段，一般符号 ＊11—17—01
	带云台的摄像机		组合的直通段(示出由两节装配的段) ＊11—17—02
	(电源)插座，一般符号 ＊11—13—01		电信插座，一般符号，根据有关 IEC 或 ISO 标准，可用以下的文字或符号区别不同插座： TP—电话 FX—传真 M—传声器 —扬声器 FM—调频 TV—电视 TX—电传 ＊11—13—09
TP	转接头		
	末端盖 ＊11—17—03		

7.2 结构化综合布线系统应用实例

在整个综合布线系统的设计中，大部分的图例都可以用 AutoCAD 画出，而且使用 AutoCAD 能使图例准确、易于修改，尤其是施工图，更显示出其优越性。本节主要讲解如何在综合布线的各种场合中应用 AutoCAD，而对方案具体设计的描述不是本书学习的内容，仅供参考。

综合布线系统作为数据、语音、多媒体信息的传输介质，主要应用于大楼的计算机网络系统、通信系统及大楼智能控制系统的上位管理系统。

综合布线系统是弱电系统数据和语音传递的基本通道。在布线系统的基础上，可以形成遍布整个基地的电话网络、计算机网络。布线系统是信息系统中最基础的组成部分，它的性能直接影响到信息系统的性能和寿命。布线系统由不同系列的部件组成，其中包括传输介质、线路管理硬件、连接器、插座、插头、适配器、传输电子线路、电器保护设备和支持硬件。

综合布线系统由工作区子系统、水平子系统、管理子系统、垂直主干子系统、设备间子系统和建筑群子系统构成。图 7-1 是用 AutoCAD 画的结构化综合布线系统示意图，在画图时，应将 AutoCAD 绘图区背景设为白色，当画好后，可用抓图软件摄下所需的图形。

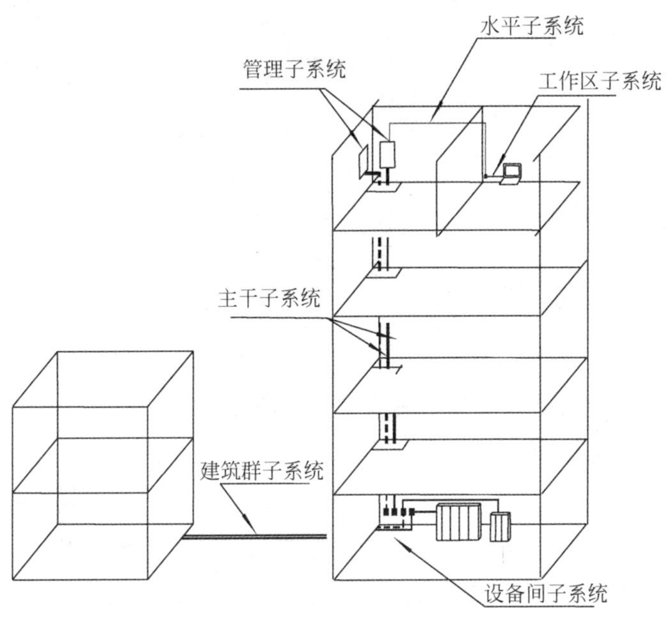

图 7-1 结构化综合布线系统示意图

(1) 结构化布线系统示意图(见图 7-2)

(2) 工作区子系统示意图(见图 7-3)

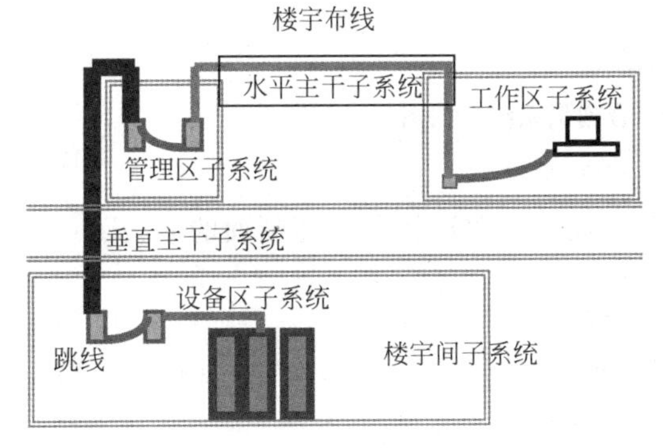

图 7-2 结构化布线系统示意图

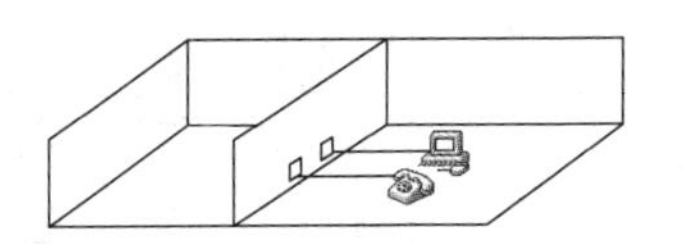

图 7-3 工作区子系统示意图

(3) 管理子系统示意图(见图 7-4)

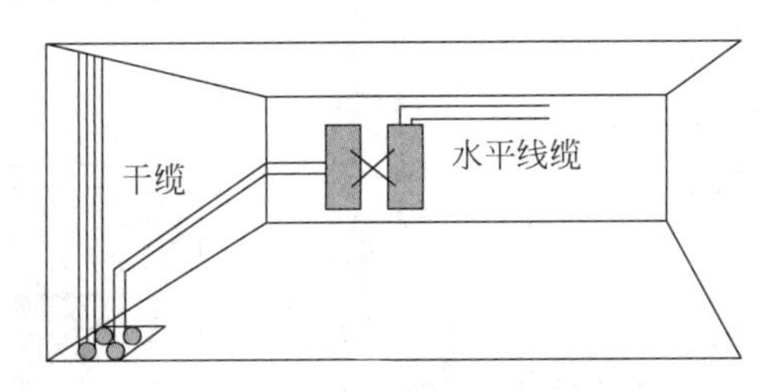

图 7-4 管理子系统示意图

(4) 垂直主干子系统示意图(见图 7-5)

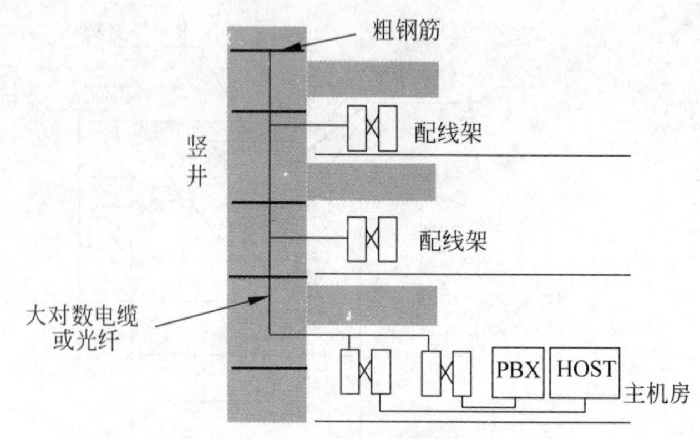

图 7-5 垂直主干子系统示意图

(5) 语音通信系统架构图(见图 7-6)

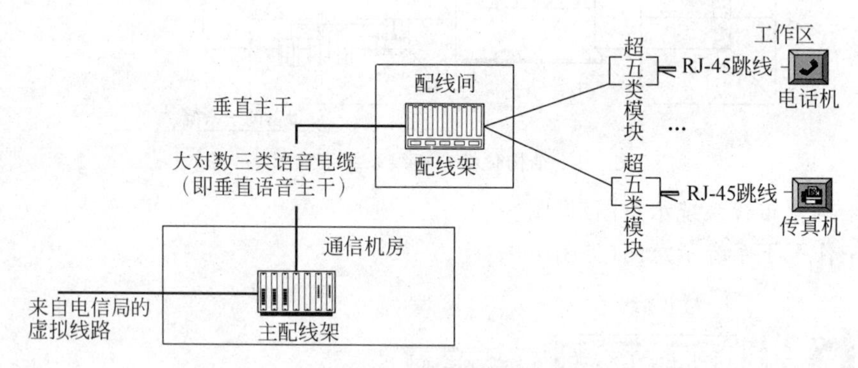

图 7-6 语音通信系统架构图

(6) 户外管道设计

图 7-7(a)为户外管道施工图的一部分,而图 7-7(b)则是管道断面的放大图。

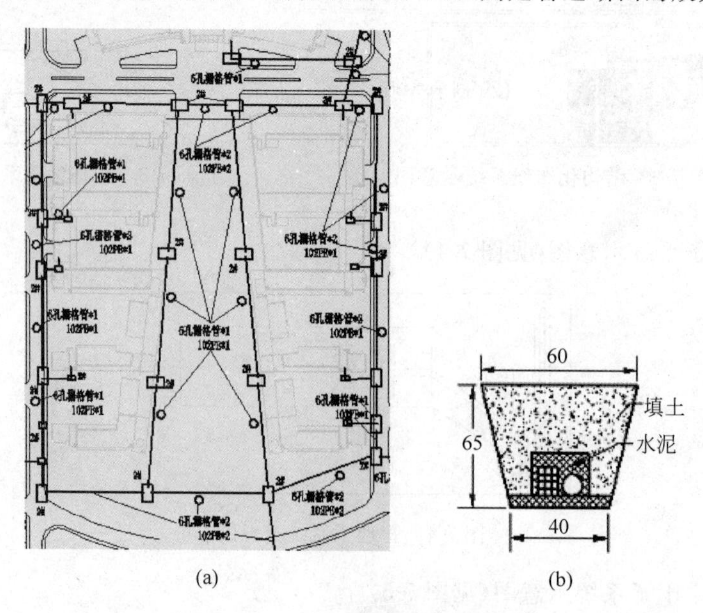

(a) (b)

图 7-7 户外管道设计图

(7) 建筑物单体内楼层(平面)综合布线施工图

图 7-8 所示为单体内综合布线中某一层的施工图,该图主要是为了说明作为施工图应包含以下几项内容。

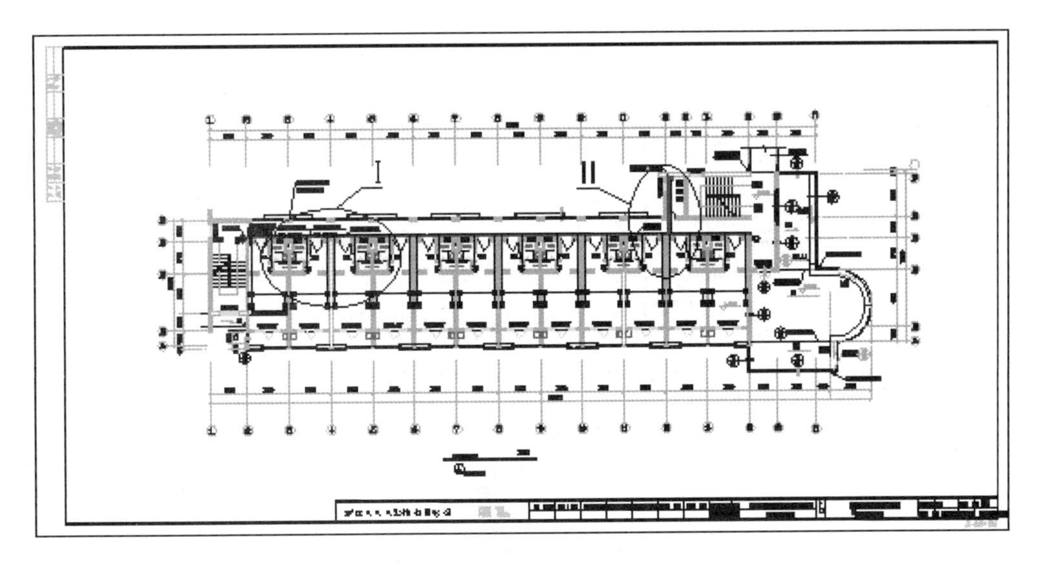

图 7-8 单体综合布线施工图

① 选择适当的图纸幅面。

② 画出图纸边框。

③ 合理布局图形。

④ 标题栏。

⑤ 要求说明。

在单体内的综合布线图如放大后的图 7-9 和图 7-10 所示。

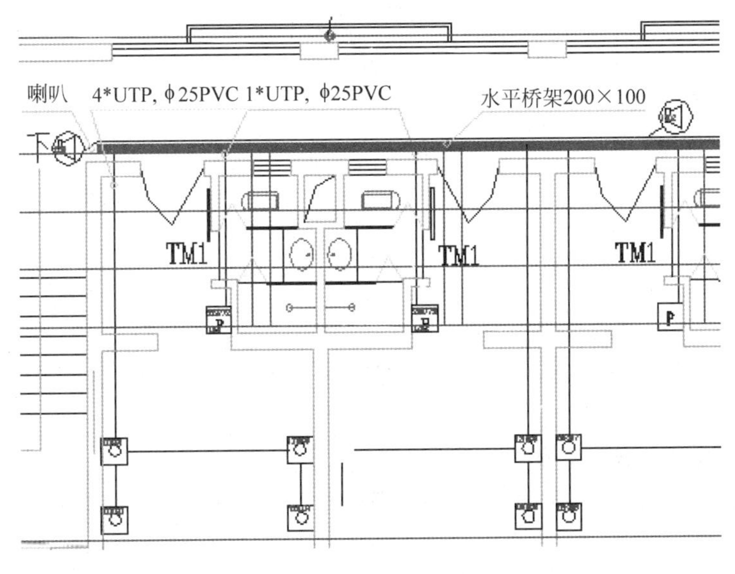

图 7-9 节点Ⅰ的放大图

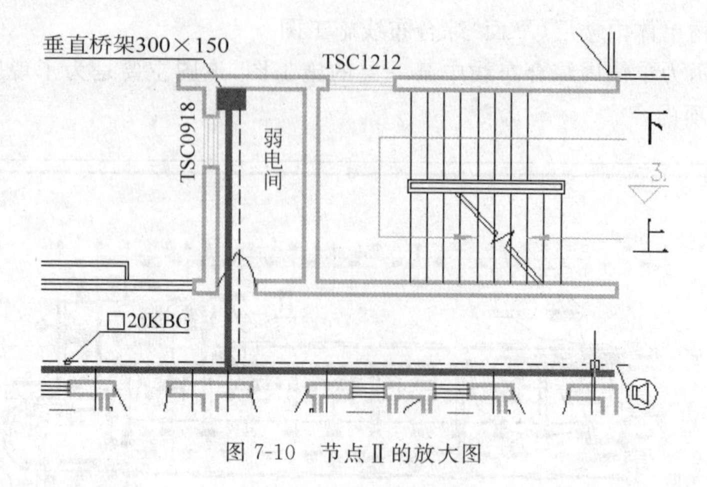

图 7-10 节点Ⅱ的放大图

(8) 建筑物单体(立面)综合布线施工图(见图 7-11)

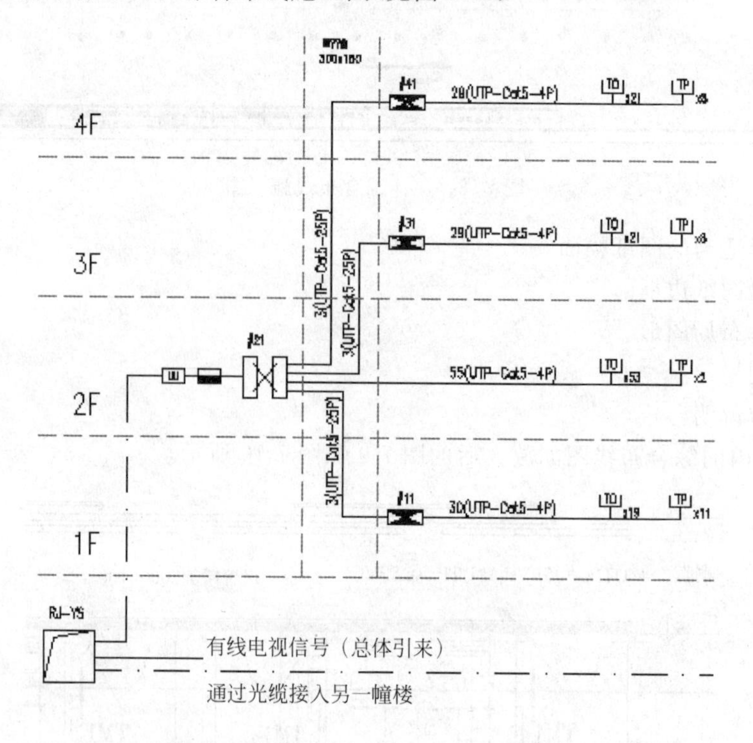

图 7-11 建筑物单体(立面)综合布线施工图

(9) 有线广播系统(立面)施工图

图 7-12 是有线广播系统(立面)施工图,由于本书页面的关系,省略了图框和标题栏。

(10) 有线电视系统(立面)施工图

图 7-13 是有线电视系统(立面)施工图,由于本书页面的关系,省略了图框和标题栏。

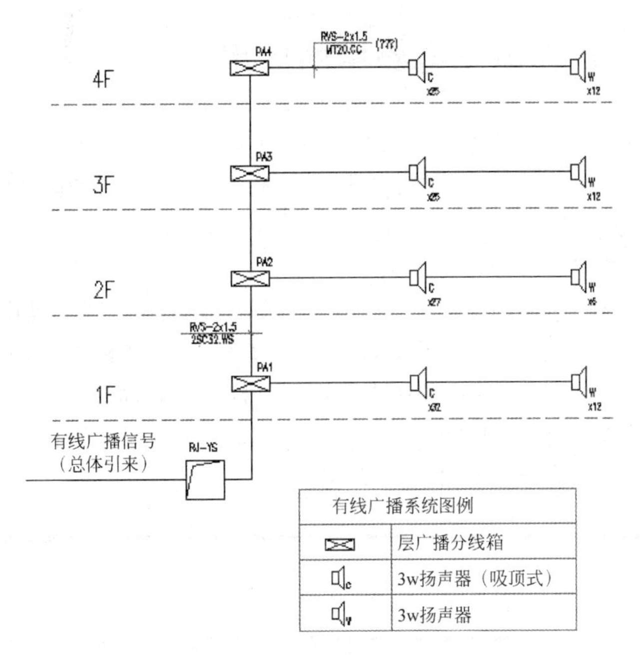

图 7-12 有线广播系统(立面)施工图

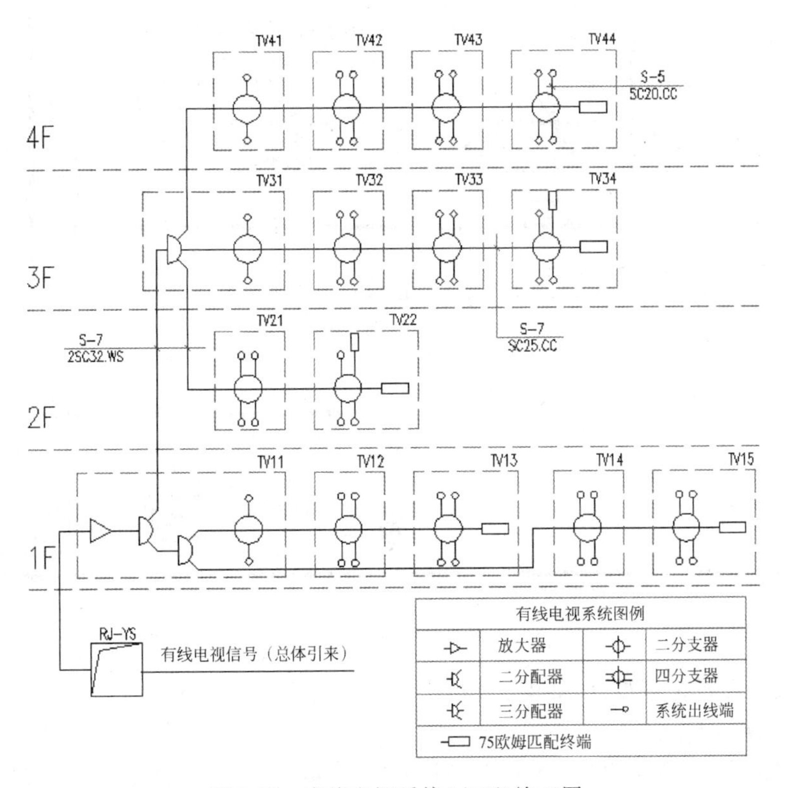

图 7-13 有线电视系统(立面)施工图

7.3 AutoCAD 在电子电路中的应用

AutoCAD 在电路设计中也有较好的应用，除利用 AutoCAD 绘制类似图 5-23 电路原理图外，还可以绘制机箱外壳、印制电路板、接线示意图等。在电子电路设计中，一般都采用 Protel 软件进行设计，但在实际生产中至少有两个原因，使人们仍然采用 Protel 和 AutoCAD 相结合的方法进行设计。其一是由于 Protel 全部是英文，所出的施工图不符合我国的电子制图标准，因而需采用 AutoCAD 输出施工图；其二是由于在 Protel 中对印制电路板的自动布线中，同一条线只能有一个宽度，而在实践中，印制电路要求有更多的灵活度，因此用 AutoCAD 绘制印制电路图有其优势的方面。

(1) 某仪器面板的施工图，如图 7-14 所示。该图与之前的平面图并没有什么不同，只是说明 AutoCAD 在电子仪器中的一个实例。

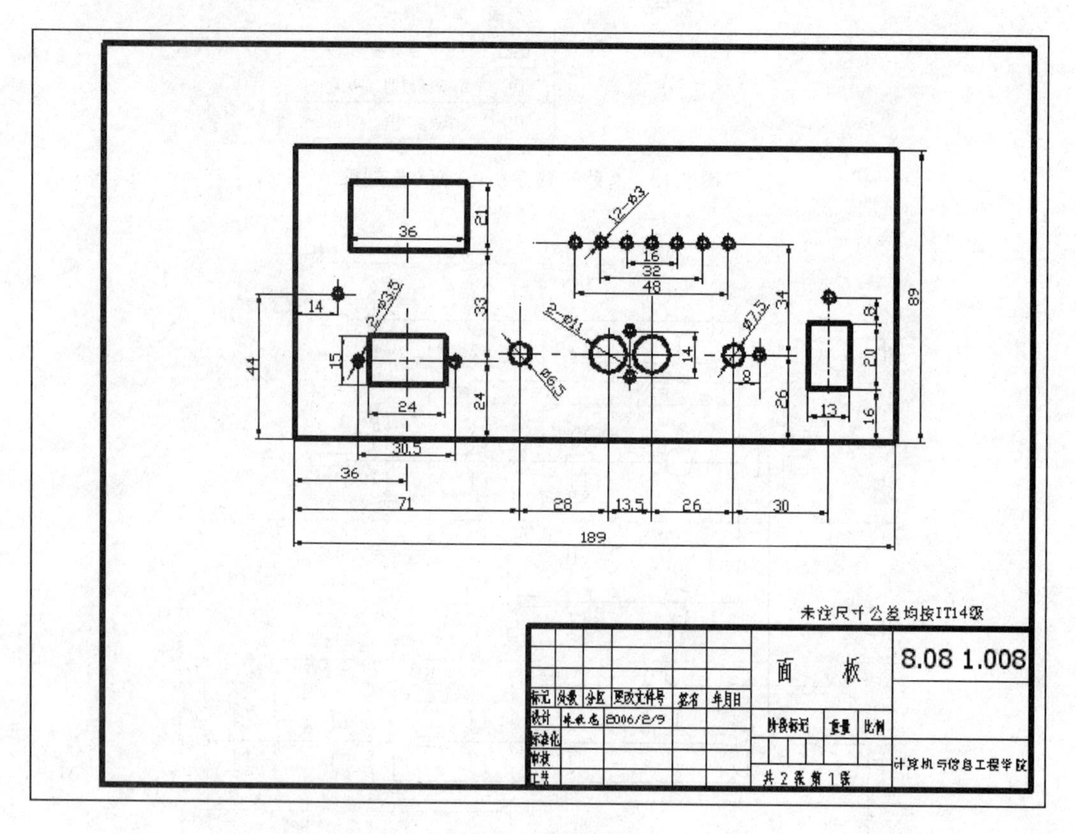

图 7-14 仪器面板

(2) 仪器面板标签设计，如图 7-15 所示。

操作步骤如下：

① 用“矩形”命令画出外框(标记 1)；用“图案填充”，选择填样式为“Solid”进行填充；最后修改所需颜色。

② 画出标记 2 所示的封闭轮廓；对不同颜色的封闭轮廓以“Solid”样式，分别进行填

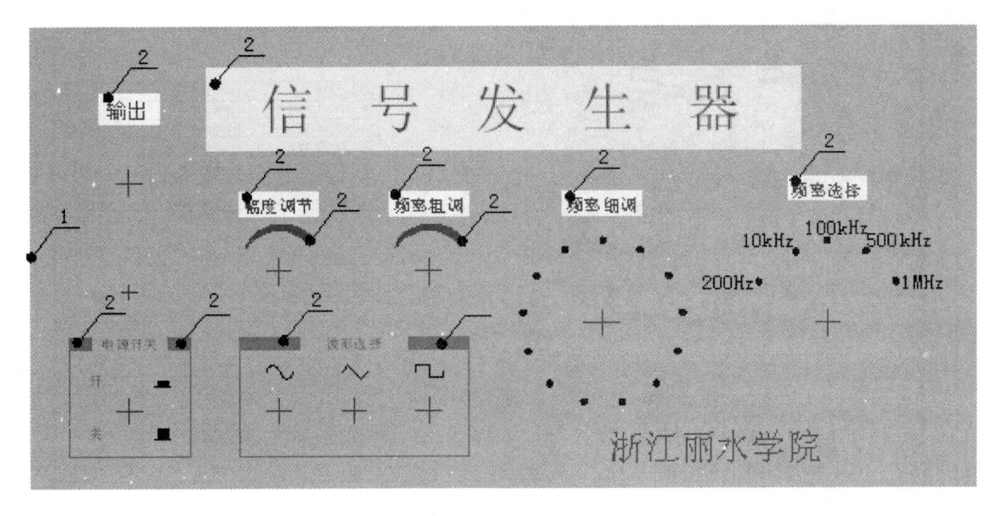

图 7-15　仪器面板标签

充；修改所需颜色。

③ 用 DTEXT 命令添加文字，并修改文字颜色。

④ 画出其他图形符号。

注意：由于面板背景、文字背景、文字等是叠加显示的，因此一般情况先画的图形在最底层。如果发现显示的顺序不对，可通过下拉式菜单中的“工具”→“显示顺序”命令进行调整后，执行全部重生成 REGENALL 命令即可。

(3) 印制电路板的绘制及利用 AutoCAD 绘制元器件的安装施工图，如图 7-16 所示。

用 AutoCAD 绘制印制电路板一般有两种不同情况：一种是把 Protel 中的 PCB 文件输出成 AutoCAD 的(＊.dxf、＊.dwg)文件格式，然后导入 AutoCAD 中进行修改；另一种情况是利用现有的印制电路板图，通过扫描仪扫描形成图形文件或现有的印制电路板通过数码照相机直接拍摄成图像，然后插入 AutoCAD 中进行描图和修改。在此，主要介绍后者。

① 绘制印制电路板的操作步骤。

a. 如上所述，准备好印制电路板的图形文件。

b. 新建 AutoCAD 图形文件，并设置绘图环境，如根据图形大小设置合适的图形界限；新建图层、文字样式及标注样式等。

c. 将印制电路板的图形文件通过下拉式菜单中的“插入”→“OLE 对象”命令，插入新建的 AutoCAD 图形文件中，如图 7-17 所示。

d. 调整图形大小，如图 7-18 所示。图形大小根据实际大小 1∶1 设定。

e. 用 PLINE 命令，照图描出印制电路板上的布线，如图 7-19 所示。

f. 图形画完后，将插入的图片移出，对 AotuCAD 图形进行修整，例如，图上圆形部分可以重画。

g. 用“Solid”样式进行图案填充，并改变所需颜色。

h. 最终，完成印制电路板的绘制。

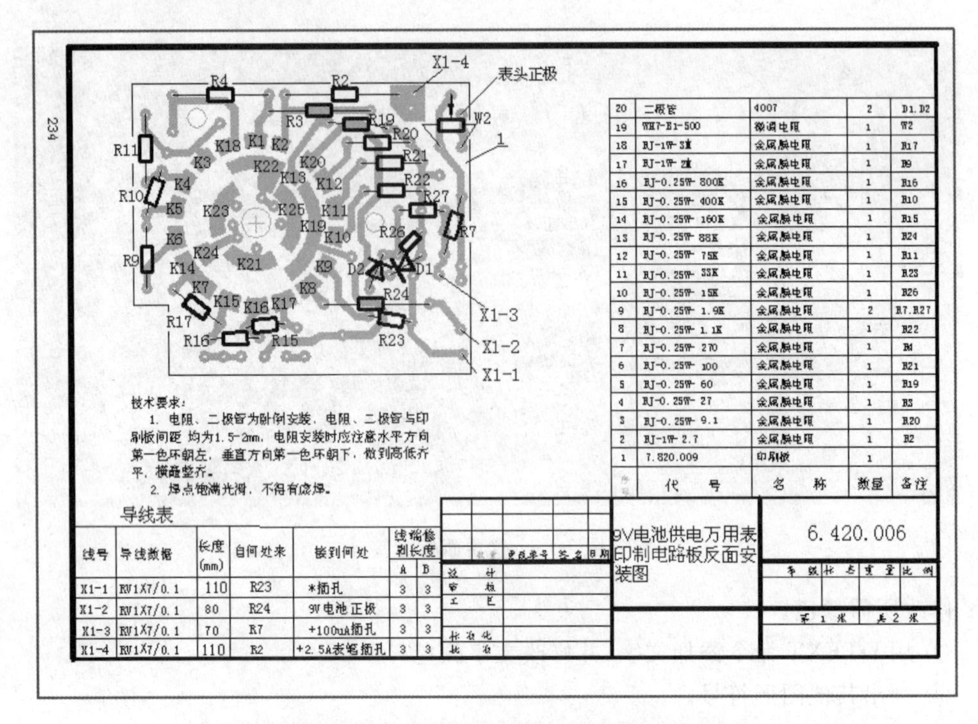

序号	代号	名称	数量	备注
20	二极管	4007	2	D1.D2
19	WH7-E1-500	微调电阻	1	W2
18	RJ-1W-3M	金属膜电阻	1	R17
17	RJ-1W-2M	金属膜电阻	1	R9
16	RJ-0.25W-800K	金属膜电阻	1	R16
15	RJ-0.25W-400K	金属膜电阻	1	R10
14	RJ-0.25W-160K	金属膜电阻	1	R15
13	RJ-0.25W-88K	金属膜电阻	1	R24
12	RJ-0.25W-75K	金属膜电阻	1	R11
11	RJ-0.25W-33K	金属膜电阻	1	R23
10	RJ-0.25W-15K	金属膜电阻	1	R26
9	RJ-0.25W-1.9K	金属膜电阻	2	R7.R27
8	RJ-0.25W-1.1K	金属膜电阻	1	R22
7	RJ-0.25W-270	金属膜电阻	1	R4
6	RJ-0.25W-100	金属膜电阻	1	R21
5	RJ-0.25W-60	金属膜电阻	1	R19
4	RJ-0.25W-27	金属膜电阻	1	R3
3	RJ-0.25W-9.1	金属膜电阻	1	R20
2	RJ-1W-2.7	金属膜电阻	1	R2
1	7.820.009	印刷板	1	

线号	导线数据	长度(mm)	自何处来	接到何处	线端修剥长度 A	线端修剥长度 B
X1-1	RV1X7/0.1	110	R23	*插孔	3	3
X1-2	RV1X7/0.1	80	R24	9V电池正极	3	3
X1-3	RV1X7/0.1	70	R7	+100uA插孔	3	3
X1-4	RV1X7/0.1	110	R2	+2.5A表笔插孔	3	3

图 7-16　印制电路板与接线图

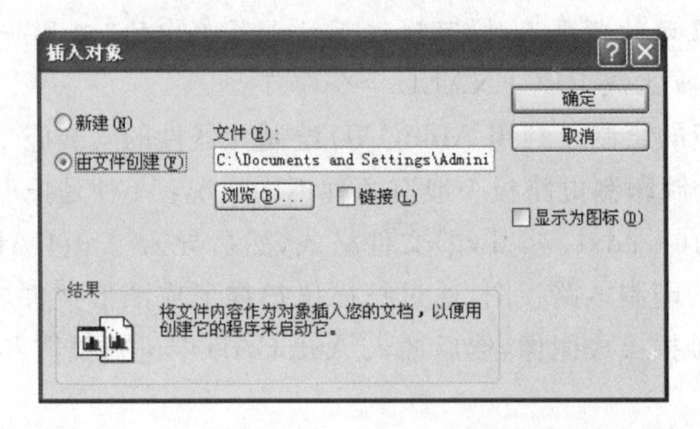

图 7-17　“插入对象”对话框

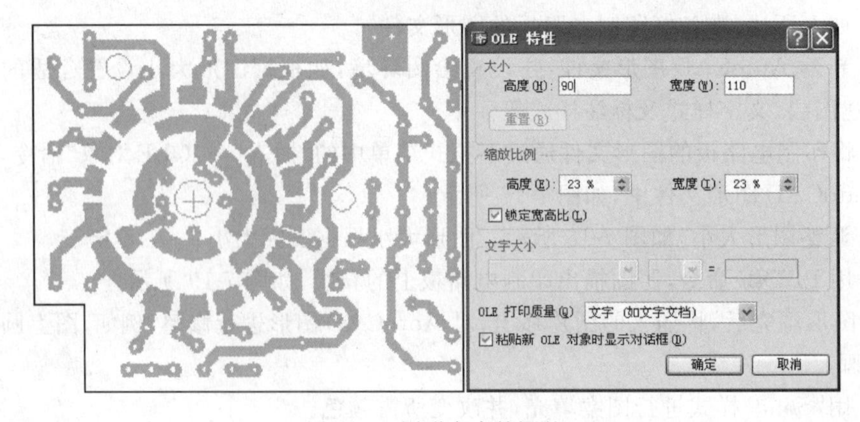

图 7-18　图形大小的调整

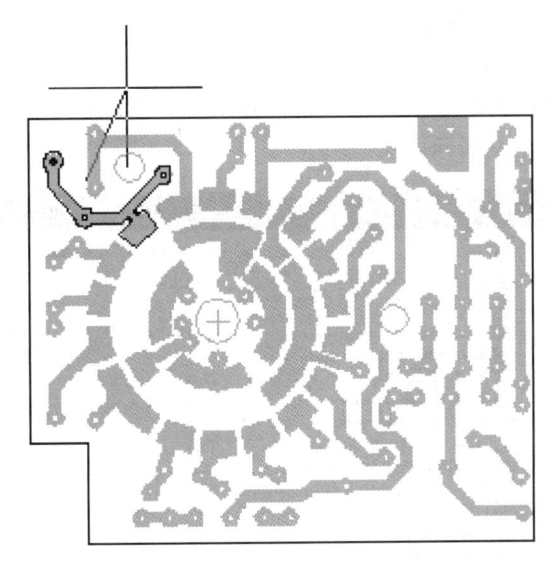

图 7-19　用 PLINE 命令描出电路板图形

② 绘制元器件安装图操作步骤(见图 7-16)。

a. 将元器件制作为块,然后插入相应位置。

b. 标注文字,如 K1 等。

c. 根据图形大小,确定符合国标的图框线、标题栏、明细表及接线表。在本例中采用 A4 图纸。

d. 填写技术要求。最终,完成安装设计图纸。

7.4　绘制工程图的几个问题

目前,我国大部分的建筑设计院,都是采用 AutoCAD 或者采用基于 AutoCAD 平台的天正建筑等软件进行设计的。而在综合布线工程设计中,完全可以在原有建筑设计图纸上,采用 AutoCAD 进行综合布线系统工程设计。为使绘制的工程图,既符合国家制图标准,又能提高绘图效率,本节介绍一些方法供参考。

7.4.1　AutoCAD 样板文件的制作及利用

细心的读者一定会注意到,在每次新建图形文件时,一般都要求选取样板文件,以便初始化图形界面。一般情况下是选用“acad. dwt”或“acadiso. dwt”作为新建文件时的样板。而这些样板文件规定的内容较少,不适合在实际工作中使用。在样板文件夹中,也可以看到“GB”系列的样板文件,但这些样板还不够完整,且只能在布局空间打印出图时使用(这一应用会在以后的图形输出章节中讨论)。因此,要想在模型空间中输出打印符合国家标准的工程图纸且提高绘图效率,就应该设计制作自己的样板文件。以下是样板文件制作的具体步骤(以横放带装订边的 A4 工程图纸为例)。

(1) 在新建图形文件中设置新的绘图环境,图形环境主要包括下拉式菜单“格式”下的一些内容。具体操作步骤如下：

① 新建图形文件。

下拉式菜单：执行“文件”→“新建”命令，弹出“选择样板”对话框，从中选择“acadiso.dwt”作为样板，如图 7-20 所示。

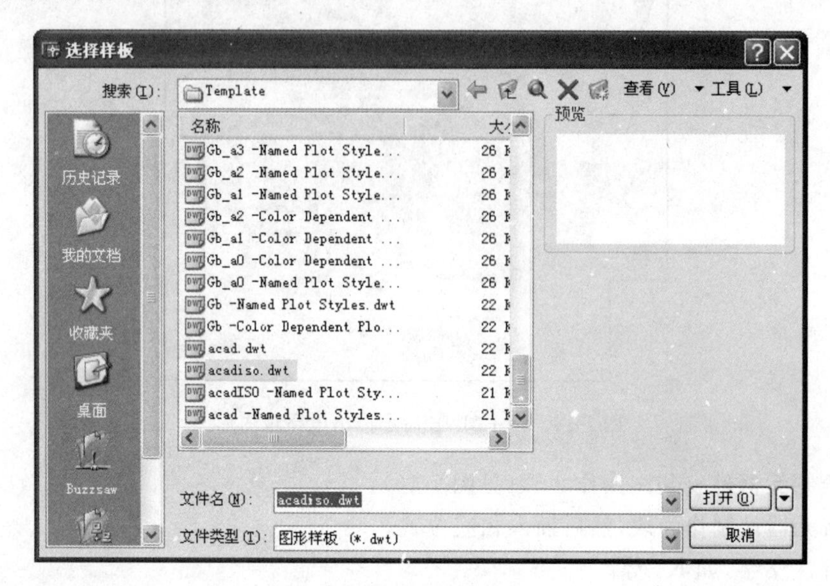

图 7-20 “选择样板”对话框

② 设置图形界限。

执行“格式”→“图形界限”命令后，提示如下：

指定左下角点或[开(ON)/关(OFF)]＜0.000,0.000＞ //默认按 Enter 键
指定右上角点＜420.000,297.000＞297,210 //A4 的尺寸

③ 设置图层。

执行“格式”→“图层”命令，打开“图层管理器”对话框。

根据不同的行业、图形的复杂程度，设置常用的图层，或作为练习用的图层。

④ 设置单位。

执行“格式”→“单位”命令。根据行业特点设定，建筑图长度精度小数取 0 位(即整数)，机械设计取 4 位。

⑤ 设置文字样式。

执行“格式”→“文字样式”命令，原有一种“Standard”样式，但不能显示汉字，必须新建一种文字样式，字库一般选“长仿宋体”或“仿宋体”。

⑥ 设置尺寸标注样式。

执行“格式”→“标注样式”命令，原有一种“ISO-25”的标注样式，但此种样式不符合国际标注习惯，且仅一种标注样式是不够的。应在“ISO-25”的基础上新建 2～3 种标注样式。

(2) 画出图框线和标题栏。

图框线和标题栏的尺寸见第 1 章表 1-1。

注意：在模型空间下打印图纸时，必须在绘图前确定打印比例。例如，确定将来以 1∶2 的比例打印出图，则首先要将图框线和标题栏以(0,0)点为基点，放大 2 倍，而所画图形仍以 1∶1 的比例绘出，同时将标注样式中的标注特征比例由“1”改为“2”，这样才能保证标注的尺寸及尺寸文本为原始大小；才能保证打印出来的图形为 1∶2；才能保持图框、标题大小符合原始大小。

(3) 保存样板图形。

执行“文件”→“另存为”命令，弹出“图形另存为”对话框，如图 7-21 所示。

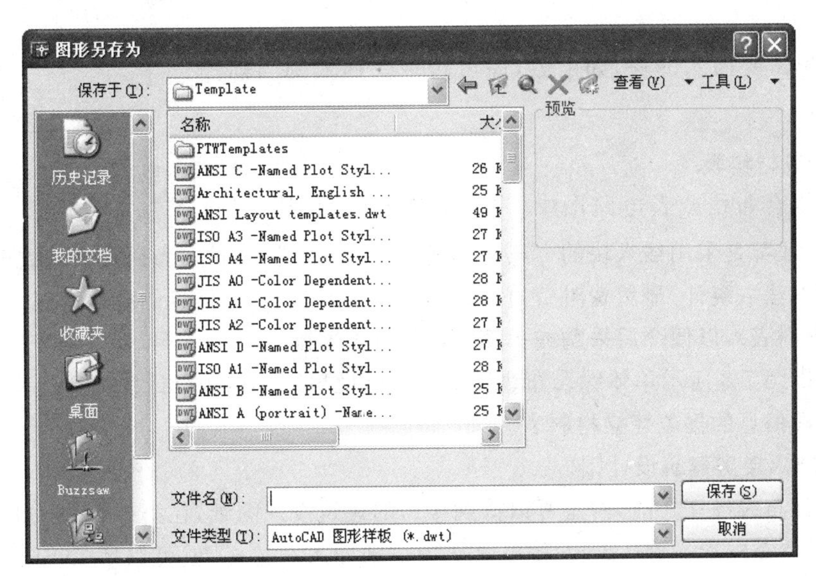

图 7-21 “图形另存为”对话框

首先选择文件类型为“AutoCAD 图形样板(＊.dwt)”，然后选择图形样板保存的位置，一般不要保存在 Template 文件夹中，以便将来使用时能快速找到自己的样板文件，最后给样板文件起名，如 MYA4_1。

(4) 样板文件的利用。

执行“文件”→“新建”命令，弹出“选择样板”对话框，从中选择“MYA4_1”作为样板，即可看到新建的图形文件中，图框、标题栏、图层、标注样式、文字样式等都已存在，接下来只要画出所需的图形即可。

7.4.2 AutoCAD 绘图中的几个技巧

AutoCAD 中的绘图技巧很多，在此只介绍一般设计中，设计人员容易忽视，但非常有用的技巧。

1. “工具”选项板的应用

在第 5 章中介绍了块、块的属性及属性信息的提取，但是在插入外部块的时候必须找到相应的块文件，如果创建的块很多，查找就比较麻烦，因此可以使用“工具”选项板来解决这个问题。具体操作如下：

(1) 准备好创建的块文件。

(2) 在下拉式菜单中找到“工具”→“工具选项板窗口”命令,打开“工具”选项板选项,如图 7-22 所示。

(3) 单击“特性”按钮,选择“新建工具选项板”选项,并命名为“我的块”,在选项页右击“我的块”,可移动选项页的显示顺序。单击则可激活该页。

(4) 单击“我的块”可激活该页,然后将块文件,单击并拖动到该页上,如图 7-22 所示。

(5) 单击要插入的块,如电容,即可将该块插入到当前图形中。

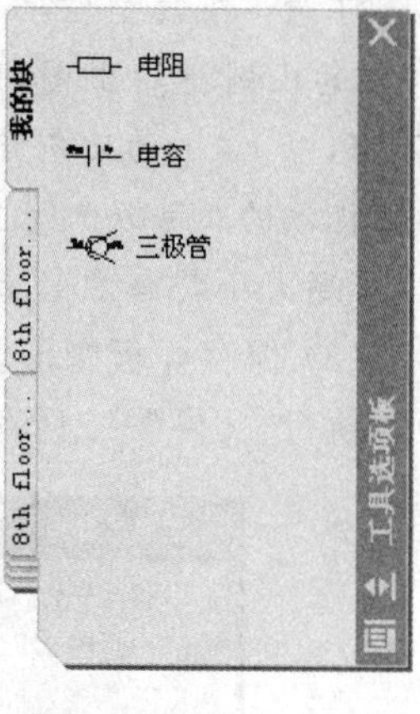

图 7-22 “工具”选项板

2. 生成材料表

由于综合布线或者电路图中,许多元器件的图形重复出现,因此一般都是采用插入块的方法来完成,特别是带属性的块,当插入块的数量较多时,用人工的方法去统计,显然费时费力,那么就可以利用块属性信息的提取来建立元件器表(或称为材料表),以便今后采购或预算成本的方便准确。

下面以图 7-8 所示单体综合布线施工图为例说明综合布线设计的大致过程以及如何应用块属性信息的提取建立材料表。

(1) 插入楼房建筑设计图。

在综合布线设计之前,一定可以得到楼房的建筑设计图纸,在第 5 章的 5.1.4 小节中介绍过,只要是图形文件(.dwg)就可以作为块来插入。这样,就可以用 INSERT 命令来插入建筑设计图。

(2) 按照业主单位的综合布线要求进行设计。

① 选择适当的层设为当前层。

② 在原建筑图纸上进行综合布线设计(略),如图 7-9 所示。

(3) 在设计中插入块,如喇叭、电话插座、信息插座等,这些块都定义了相关属性。

在一幢单体建筑物中,可能会有成千上万的设备和电器元件,但同类设备和元器件的外形是相同的,如果用块的形式,就不需要一次次地重复去画,只要插入即可,这样就大大地提高了设计效率。但这些块应该有属性,这样在设计完成后便可以进行统计。所以,采用带属性的块来完成这项工作是很合适的。如电话机,可以设置使用者姓名、电话号码、房间号等属性,以便设计完成后可以方便地进行统计。如图 7-9 中的信息插座、电话插座、喇叭等都是以“带属性块”的形式插入的。

(4) 根据块的属性与数据库关联,创建统计材料表。

AutoCAD 本身强大的数据管理能力,可以存储图形信息和非图形信息。利用其本身的数据库管理系统,可以统计出在整个综合布线中的材料表,为整个设计的用料提供准确的依据,其大致做法如下:

① 关闭原建筑施工图的所有“图层”,打开综合布线所有“图层”。

② 选择“工具”菜单下的“属性提取”命令,会出现第 5 章中图 5-14 所示的“属性提取”

对话框。

③ 按照对话框的提示即可将各种块中的属性信息保存到数据表中，如图 7-23 所示。

ATTRIBUTE_TABLE: 表

块名	计数	SPEAKER	TELNO_	ROOM	INFNO_
喇叭	1	1201			
喇叭	1	1202			
电话	1		2297721	1202	
电话	1		2297721	1201	
信息点	1				121003
信息点	1				121002
信息点	1				121001
信息点	1				121004
信息点	1				121005
信息点	1				121006
信息点	1				121007
信息点	1				121008

图 7-23　块属性值输出结果

④ 通过对数据表的操作，可以对各类设备、元器件进行分类统计。

从图 7-23 中可以看出，在设定块的属性时，不同的块应尽量设置相同的属性，如信息点编号(INFNO_)、电话号码(TELNO_)、喇叭编号(SPEAKER)都可以统一属性名称：编号。这样，表中的属性数(列数)就不会太多，对统计也无影响。

有了这张数据表，就可以对数据表按"块名"进行分类统计，从而得到综合布线的材料表。

3. 计算布线长度

在综合布线工程中，经常会遇到计算水平布线或垂直布线的线长计算问题。虽然，人们可以利用 AutoCAD→"工具"→"查询"→"距离"的方式来查询每段直线或圆弧的长度，但每次只能查询一条直线或圆弧的长度，而总长度仍要进行人工累加，要一次求得布线的总长度可以用以下方法实现。

(1) 打开图层管理器，关闭所有"图层"，同时打开要计算布线长度的那个层。

(2) 在下拉式菜单中选择"修改"→"对象"→"多段线"命令，将各段相连的直线和圆弧编辑成一条多段线。

(3) 在下拉式菜单中选择"工具"→"查询"→"列表显示"，然后选择已被编辑的多段线即可。或者使用 LENGTHEN 命令，即可查得布线总长度。

7.5　小结

(1) 本章重点介绍了 AutoCAD 在弱电系统中的应用，着重列举了弱电布线系统及电子电路中的应用实例，并且介绍了在工程实际应用中的一些技巧，供学习时参考。

(2) 应重点体会块、块属性信息的提取在绘图中的用途。同时，还应该掌握弱电系统中常用的符号，以便今后能够看懂和绘制综合系统布线施工图、电子电路图及印制电路板。

7.6 习题

一、操作题

1. 下列字符、图符各表示什么意思?

DDN　　FD　　FTTB　　ISON　　LAN　　TP　　UTP

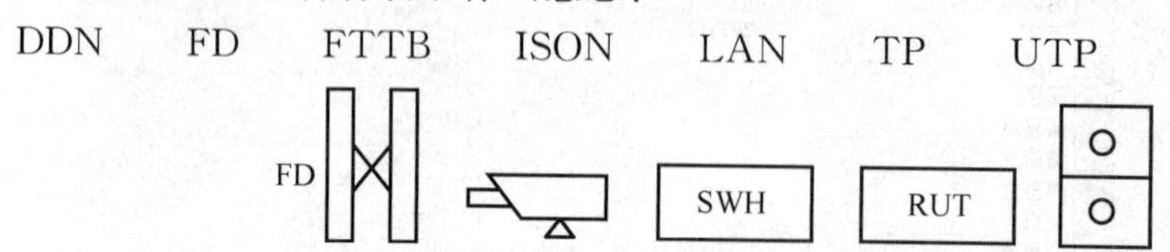

2. 用 AutoCAD 画出图 7-24。其中,喇叭、信息插座等用块进行插入,并提取块的属性进行统计。

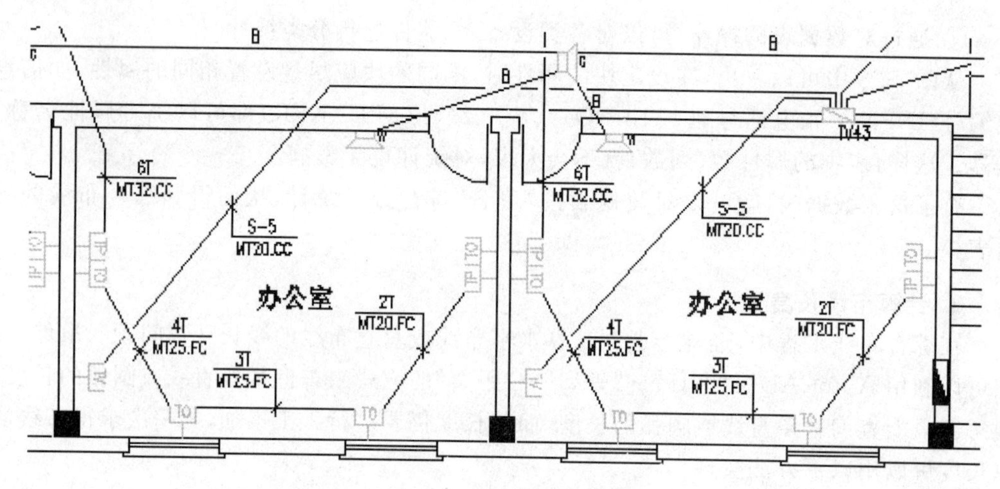

图 7-24　弱电布线系统

3. 用 AutoCAD 画出图 7-11、图 7-12、图 7-13。所有字符、图符都用块进行插入,并提取块的属性进行统计。

4. 绘出如图 7-19 所示的印制电路板及图 7-16 的印制电路板与接线图。

二、思考题

1. AutoCAD 的样板文件有何用途?如何建立 AutoCAD 的样板文件?

2. 总结你在使用 AutoCAD 中还有哪些绘图技巧。

CHAPTER 8 第8章

图形文件的输出

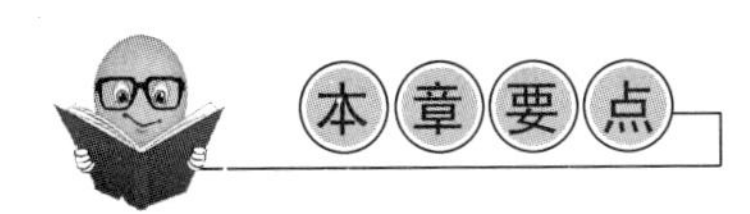

正确地输出图形是绘图的重要目的之一，要想达到理想的效果，就必须掌握打印机的设置、页面设置，图纸幅面的确定及输出比例等内容。

页面的正确布局、模板的使用及出图比例的确定。

8.1 配置输出设备

AutoCAD 提供多种出图方式，用户可以通过 Windows 系统打印机、本地非系统打印机以及网络的非系统打印机输出图形。图形输出设备可以分为两大类：打印机和绘图仪。通常，打印机连在并口 LPT1 上，而绘图仪则连在串口 COM1 或 COM2 上。这些操作都是通过 AutoCAD 中的绘图仪管理器的强大功能来实现的，本节将主要介绍打印机的配置和图形文件的打印输出。

8.1.1 打印机及其设置

用户要使用打印机进行图形输出，首先必须将打印机安装到计算机上，然后才能执行输出功能。打印机的安装分为两部分，即硬件安装和软件安装。

硬件安装是指将打印机连接到计算机、电源的过程。这一步操作，用户可以参照打印机使用说明书的有关要求进行。

打印机的连接线与计算机上的出图设备接口一般位于鼠标接口下方或旁边，用户可参照说明书的提示，用数据线将打印机与计算机连接起来。接下来，用户必须将打印机设备厂家提供的驱动程序安装到计算机上，让计算机识别该打印机的存在及打印机的类型，这样才能发出正确的指令,以满足用户的输出要求。

常用的打印机分为针式打印机、喷墨打印机以及激光打印机三大类,其设置大同小异。用户既可以在操作系统中配置打印机,也可以在 AutoCAD 中通过“添加打印机”向导来配置打印机。

1. 在操作系统中配置打印机

如果用户所用的操作系统是 Windows XP,则可按下列步骤来设置打印机的各种属性。

(1) 在“开始”菜单中,选择“设置”命令,然后再从弹出的子菜单中选择“打印机”命令,这时将弹出“打印机”对话框。

(2) 在“打印机”对话框中选择打印机型号使其醒目显示。如果用户的打印机型号没有列在其中,则需要选择“添加打印机”选项。

(3) 选择“属性”命令,弹出“属性”对话框。

(4) 在“属性”对话框中有多个选项卡,用户可通过各个选项卡来分别设置打印机的各种属性。

2. 在 AutoCAD 中配置打印机或绘图仪

如果用户要在 AutoCAD 中配置打印机,则可按下述步骤进行。

(1) 启动 AutoCAD 2006,从“文件”下拉菜单中选择“绘图仪管理(M)...”命令,将打开如图 8-1 所示的文件夹。

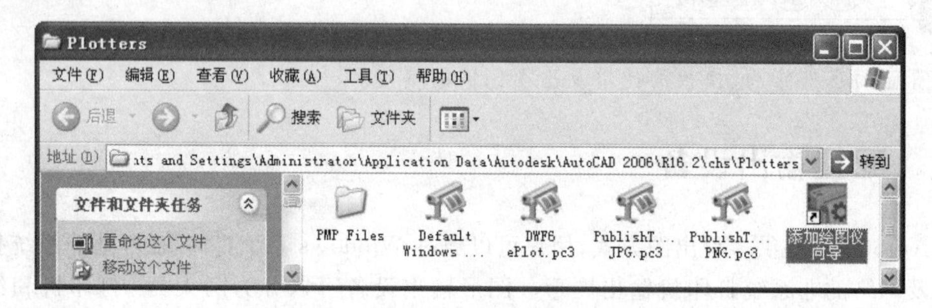

图 8-1 Plotters 文件夹

(2) 如果要添加新的绘图仪或打印机,则可在该文件夹中双击“添加绘图仪向导”图标,将弹出“添加绘图仪向导”对话框。单击“下一步”按钮,进入“添加绘图仪-开始”对话框,如图 8-2 所示。

(3) 在“添加绘图仪-开始”对话框中用户可以根据需要选择相应的选项,AutoCAD 将根据用户的选择显示下一步的对话框。下面以选中“我的电脑”单选按钮为例,说明添加打印机的过程,其他选项的操作类似。单击“下一步”按钮,进入“添加绘图仪-绘图仪型号”对话框,如图 8-3 所示。

(4) 在“添加绘图仪-绘图仪型号”对话框的“生产商”列表框中选择打印机的生产厂商,然后在“型号”列表框中选择打印机的型号。如果 AutoCAD 列出的打印机中没有用户所使用的打印机的型号,用户可以在列表中选择一个兼容的打印机进行配置。如果用

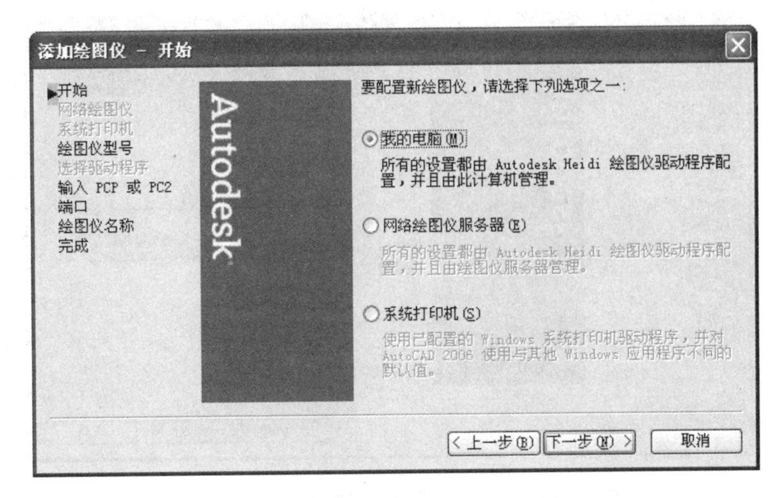

图 8-2 “添加绘图仪-开始”对话框

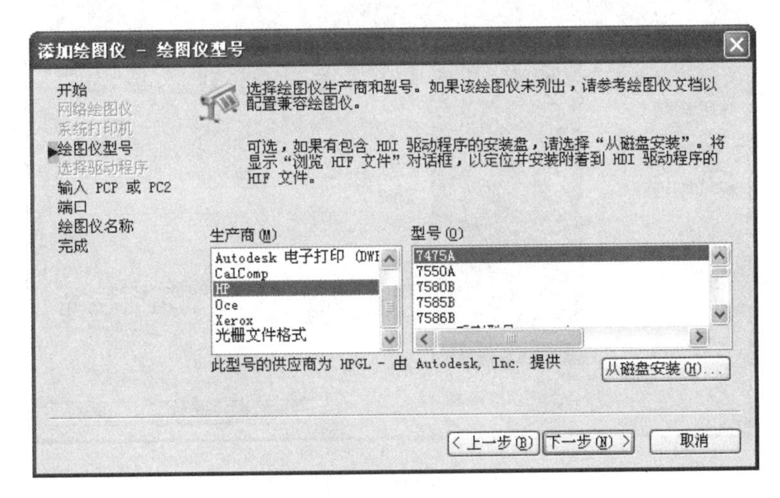

图 8-3 “添加绘图仪-绘图仪型号”对话框

户具有打印机的驱动程序，则可以单击“从磁盘安装(H)...”按钮来添加打印机。单击“下一步”按钮，进入“添加绘图仪-输入 PCP 或 PC2”对话框，系统将导入 PCP 或 PC2 文件，如图 8-4 所示。PCP 或 PC2 文件用于设置打印比例、尺寸、线型、偏移等内容(如果用户不需要导入 PCP 或 PC2 文件，则可直接单击“下一步”按钮)。

(5) 在“端口”对话框中，用户应选择打印机连接端口 LPT1，然后单击“下一步”按钮，进入“添加绘图仪-绘图仪名称”对话框，如图 8-5 所示。

(6) 在“添加绘图仪-绘图仪名称”对话框中用户可以指定新添加的打印机的名称，单击“下一步”按钮，进入“添加绘图仪-完成”对话框，如图 8-6 所示。单击“编辑绘图仪配置(P)...”按钮，系统会弹出相应对话框，用户可以在这个对话框中对在前面步骤中所设置的内容进行修改，以符合使用要求。单击“校准绘图仪(C)...”按钮，可对所有设置内容进行校正和测试，当确认无误后，单击“完成”按钮，就完成了对打印机的配置。上述过程完成后，记录有关此输出设备配置的 PC3 文件也将自动添加进 Plotters 文件夹。如果须更

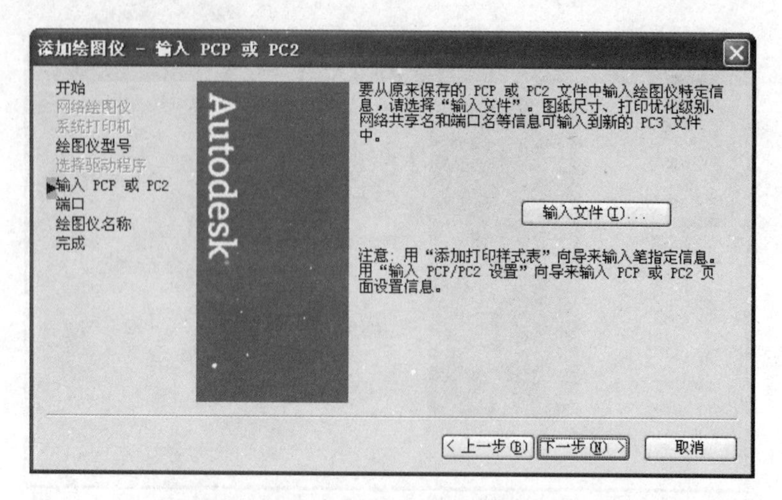

图 8-4 “添加绘图仪-输入 PCP 或 PC2”对话框

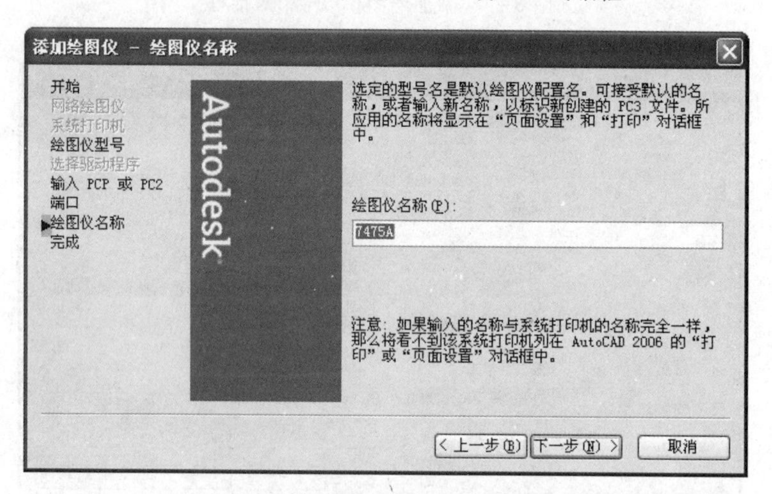

图 8-5 “添加绘图仪-绘图仪名称”对话框

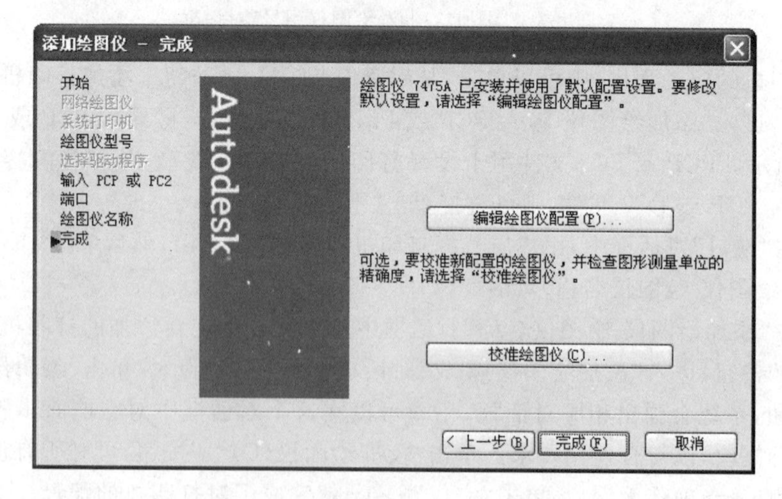

图 8-6 “添加绘图仪-完成”对话框

改其配置，只需选择“文件菜单中的绘图仪管理(M)...”，在弹出的 Plotters 文件夹中双击 PC3 文件，即可自动进入“绘图仪配置编辑”窗口。配置其他打印机的方法同上。

8.1.2 绘图仪及其设置

绘图仪主要用于绘制图形，如常见的机械设计结构图、电子线路连接图、建筑设计工程图等。自世界上推出第一台平板式自动绘图仪以来，绘图仪及其附属设备经过多年的改进和发展已日趋成熟。比较著名的绘图仪生产厂家有美国的 Calcomp 公司、HP 公司，日本的 Copyer 公司、Canon 公司，德国的 Aristo 公司，法国的 Benson 公司等。绘图仪种类繁多，大致可以归为两大类：笔式绘图仪和无笔式绘图仪。笔式绘图仪包括平板式、滚筒式等；无笔式绘图仪包括喷墨绘图仪、静电绘图仪、热敏绘图仪、激光绘图仪等。静电绘图仪、热敏绘图仪等都是近几年推出的较先进的无笔式绘图仪。

目前，对绘图仪产品的要求越来越高，人们希望绘图速度要快、精度要高、绘图软件要丰富、绘图语言实用性要强。绘图软件技术的发展，使绘图仪加快了向功能齐全化、技术综合化、产品系列化、成本低廉化方向发展。绘图仪常用的绘图语言有 HP-GL、HP-GL/2. HP-RTL，这些语言的兼容性强，几乎所有的绘图仪都给予支持。在众多的绘图语言中，以 HP-GL 控制语言最为流行，大多数软件都支持它。在绘图技术不断发展的今天，绘图仪已作为一种大幅面、全功能、数字化设备在 CAD 领域发挥着越来越大的作用。

在 AutoCAD 中配置绘图仪，与前面介绍添加打印机的方法和步骤相同。

8.2 模型空间、图纸空间与布局

AutoCAD 向用户提供了两种绘图环境，即通过利用模型空间(Model Space)和图样空间(Paper Space)来创建和布置图形。用户通常在模型空间中创建图形，而当准备绘图输出时，在图样空间设置图形的布局。布局是用于模拟真实图样的图样空间环境，在这里用户可以创建浮动视口等对象并插入标题和其他几何实体。在 AutoCAD 中，用户可以对同一图形创建多个布局视图，且各个布局允许使用不同的绘图输出比例和图样大小。

8.2.1 模型空间

模型空间是指用户建立模型(如机械模型、建筑模型等)所处的环境。模型就是用户所画的图形，可以是二维的或者是三维的。在模型空间中，不仅可以将绘图窗口设置成多个平铺视图，还可以在不同的视口显示模型的不同部分。用户在模型空间中通常按实际尺寸(比例 1：1)绘制图形，而不必考虑最后绘图输出时图样的尺寸和布局。

1. 模型空间的多视口显示(VPORTS)

在之前，都是用一个视口进行绘制图形，事实上模型空间可以有多个视口，并且每个视口可以从不同的角度显示图形。但模型空间的视口只能采用平铺的方式，即视口之间不能重叠放置。

模型空间多视口的设置：执行“视图”→“视口”→“新建视口...”命令，弹出“视口”对话框，如图 8-7 所示。

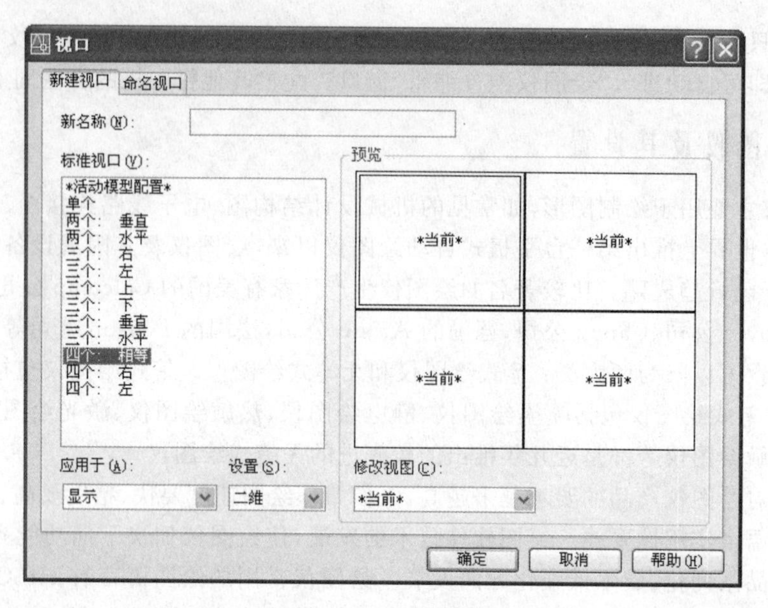

图 8-7 "视口"对话框

2. 模型空间多视口的应用

在模型空间绘图时，在任何时候都可以在单一视口与多视口之间切换，如图 8-8 所示为单一视口。

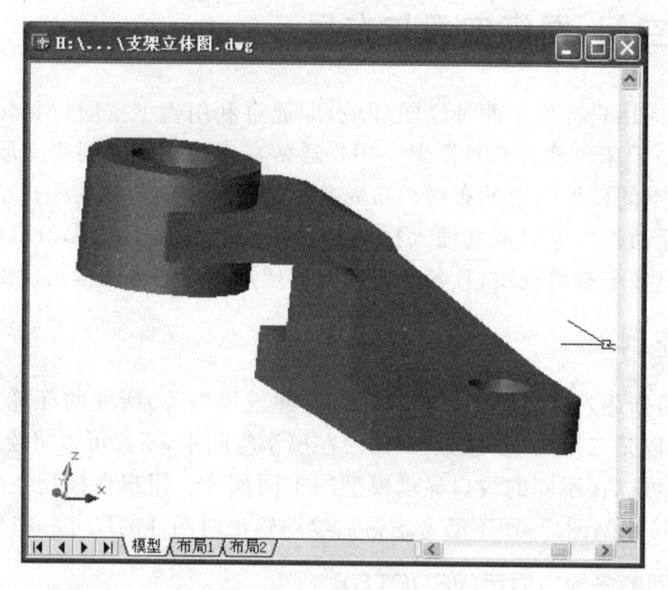

图 8-8 模型空间下的单一视口

打开如图 8-7 所示的对话框，在"新名称(N)"文本框中输入一个便于识别的名称，如"四视口"，在"标准视口(V)"区域中选择"四个：相等"，单击"确定"按钮，可得到如图 8-9 所示的效果。在 4 个视口中，同时只能有一个视口是活动的，即在某一时刻只能对活动视口中的图形进行绘制或编辑。

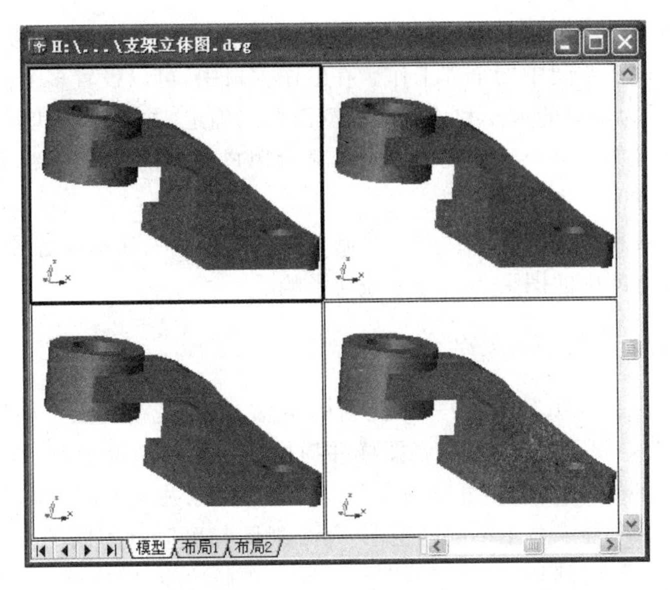

图 8-9 模型空间下的四视口

每个视口可以根据需要设置不同的视点，如单击左上角视口(激活该视口)，然后在菜单上选择"视图"→"三维视图"→"主视图"命令，并将着色模式选为"二维线框"；然后，分别依次激活左下和右上视口，并分别设置为俯视图与左视图，最后可得到如图 8-10 所示的效果。

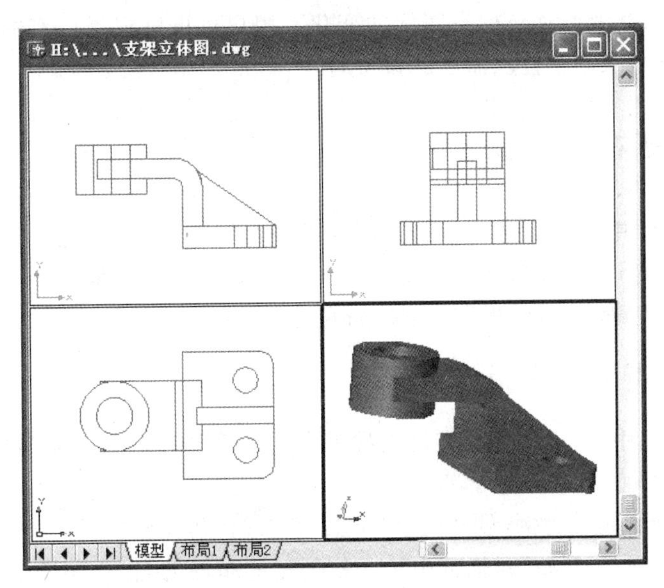

图 8-10 调整视点后的四视口

8.2.2 图纸空间

图纸空间是 AutoCAD 专为规划绘图布局而提供的一种绘图环境。作为一种工具，图纸空间用于在绘图输出之前设计模型在图样上的布局。同模型空间类似，在图纸空间用户可以完成在模型空间中的全部工作。在绘图窗口中，可以设置多个视口，一般称之为浮动视口，这是因为视口的大小和位置能根据需要来确定，并可以对其进行移动、旋转、按比例缩放等编辑操作。每个浮动视口都可以显示用户模型的不同视图，但在图纸空间中不能编辑在模型空间中创建的模型。

用户可以直接在图纸空间的视图中绘制对象（如标题块、注释等各种对象），且这些绘制的对象对模型空间中的图形不会产生任何影响。

8.2.3 布局

布局(Layout)是 AutoCAD 中一个全新的概念，布局是在图纸空间下完成的。所谓布局，是指在图纸空间下，模拟了一张图样并提供预置的打印设置，类似于 Excel 中的一张张电子表格。在布局中，用户可以创建和定位视口对象并增添标题块或其他几何对象。用户可以创建多个布局来显示不同的视图，每个视图都可以有不同的打印比例和图样大小，视图中的图形就是打印时所见到的图形。通过布局功能，用户可以从多侧面表现同一设置图形，真正实现了“所见即所得”。

AutoCAD 在图形窗口的底部有一个“模型”标签以及一个或多个“布局”标签，如图 8-8 所示。打开“模型”标签，表示图形窗口处于模型空间中，模型空间是用户创建和编辑图形的地方；打开“布局”标签，表示图形窗口处于图纸空间中，用户可以在此来构造模型的视图布局，以准备打印。通过单击“模型”标签与“布局”标签来随时在模型图形和布局图形间切换，请读者留意坐标系图标的变化。用户也可以根据已有的布局模板(.dwt 文件或.dwg 文件)来创建自己需要的新布局。

8.3 创建新布局

在 AutoCAD 中，可以通过执行“插入”→“布局”→“创建布局向导”命令或 Layoutwizard 命令，以向导方式创建新布局，也可以通过执行“插入”→“布局”→“新建布局”命令或 Layout 命令，以模板方式创建新布局。

8.3.1 使用向导创建布局

在 AutoCAD 中，可以以创建布局向导的方式引导用户一步步地创建新的布局。按下述方式之一激活创建布局向导。

以图 8-11 所示泵轴为例，创建一个“泵轴”新布局，其步骤如下：

(1) 在“创建布局-开始”对话框中输入新创建的布局的名称，如图 8-12 所示。例如，输入“泵轴”。单击“下一步”按钮。

(2) 在如图 8-13 所示的对话框中选择当前配置的打印机。例如，可以选择“Lenovo LJ2200”激光打印机作为输出设备。单击“下一步”按钮。

(3) 在如图 8-14 所示的对话框中选择打印图样的大小并选择所用的单位。图形单位可以是毫米、英寸或像素。例如，可以选择以毫米为单位，纸张大小为 A3(297 *

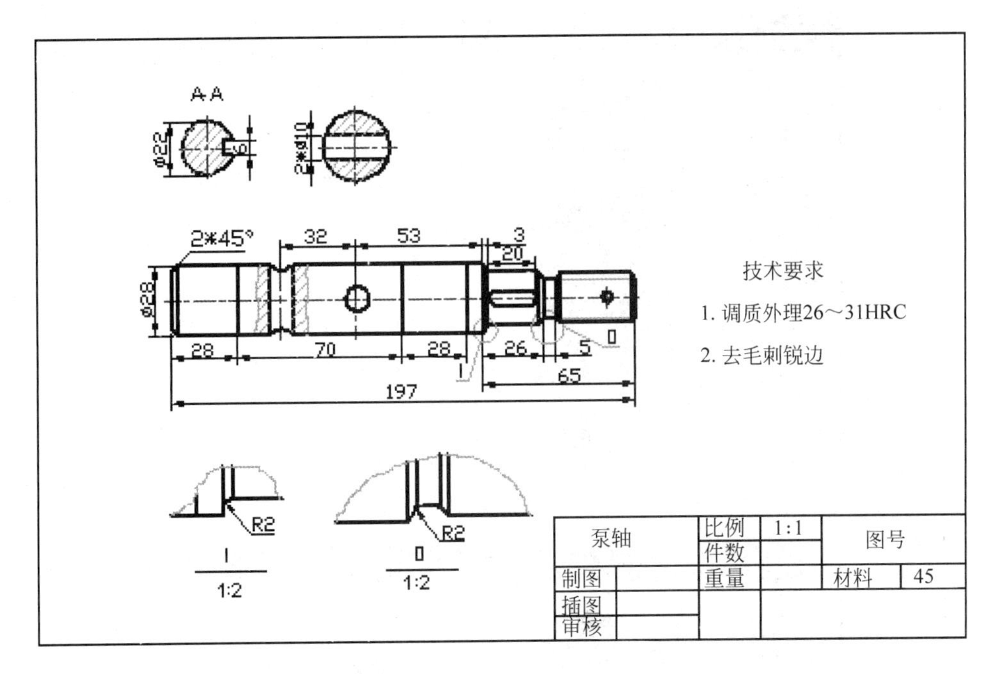

图 8-11 泵轴

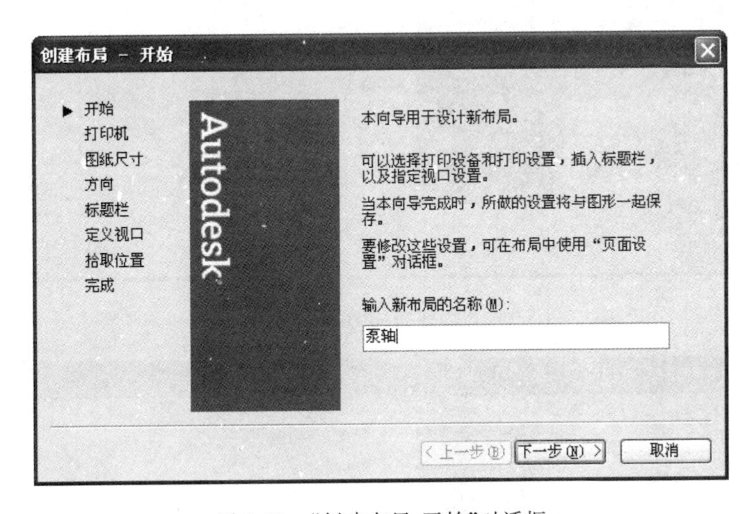

图 8-12 “创建布局-开始”对话框

420mm)。单击“下一步”按钮。

(4) 在如图 8-15 所示的对话框中设置打印的方向，可以按横向(Landscape)或纵向(Portrait)打印。单击“下一步”按钮。

(5) 在如图 8-16 所示的对话框中选择图样的边框和标题栏的样式。对话框右边的“预览”框中给出了所选样式的预览图像。在该对话框下部的“类型”选项区域中，可以指定所选择的标题栏图形文件是作为块还是外部参照插入到当前图形中。单击“下一步”按钮。

(6) 在如图 8-17 所示的对话框中指定新创建布局的默认的视口设置、视口比例等。单击“下一步”按钮。

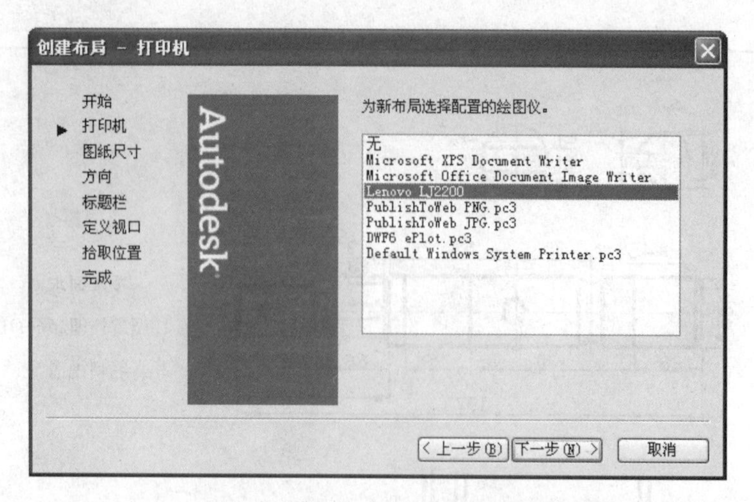

图 8-13 “创建布局-打印机”对话框

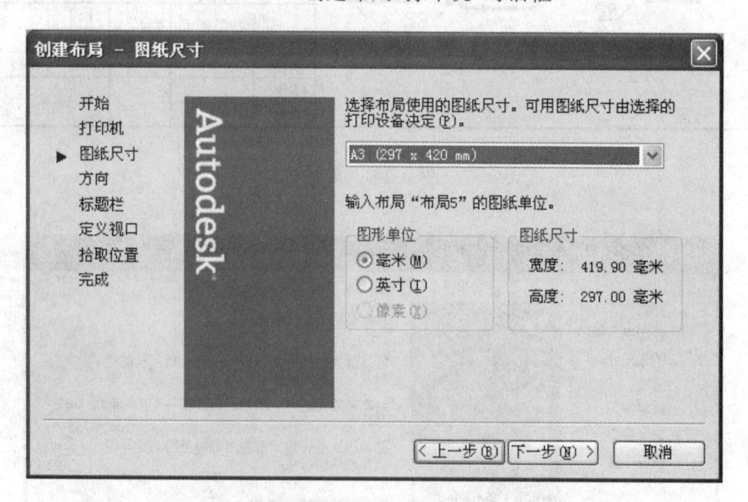

图 8-14 “创建布局-图纸尺寸”对话框

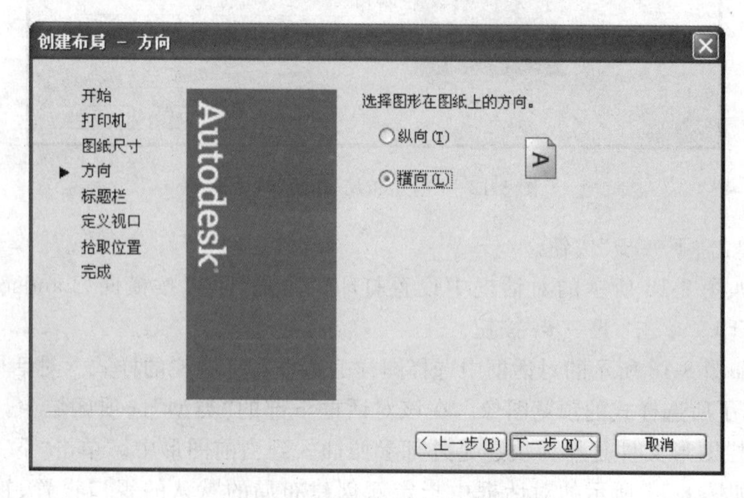

图 8-15 “创建布局-方向”对话框

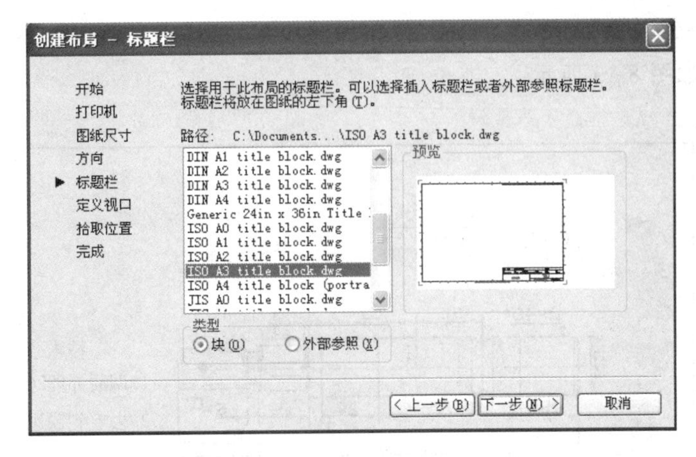

图 8-16　“创建布局-标题栏”对话框

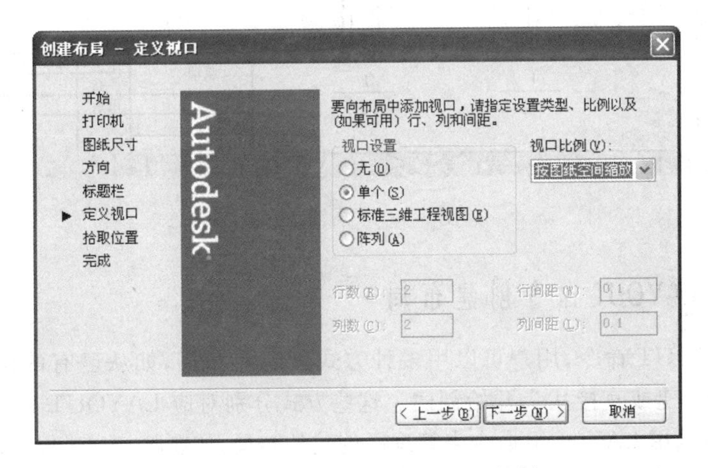

图 8-17　“创建布局-定义视口”对话框

(7) 在如图 8-18 所示的对话框中，通过选择“拾取位置”选项，在图形窗口中指定视口的大小和位置。单击“下一步”按钮。

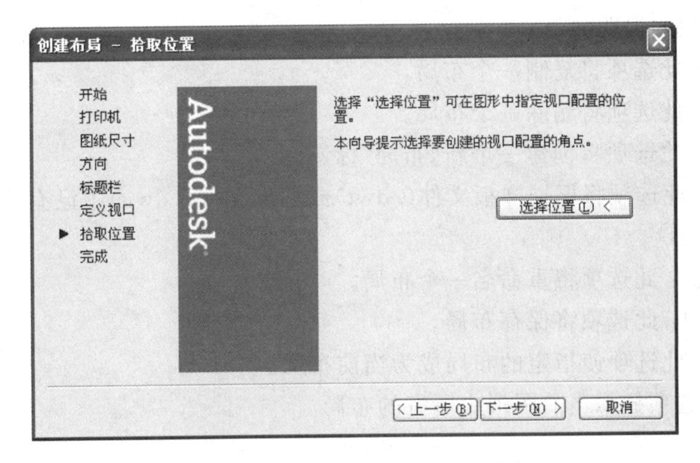

图 8-18　“创建布局-拾取位置”对话框

（8）上述步骤完成后，单击“完成”按钮即完成了布局及默认的视口的创建。新创建的“泵轴”布局如图 8-19 所示。

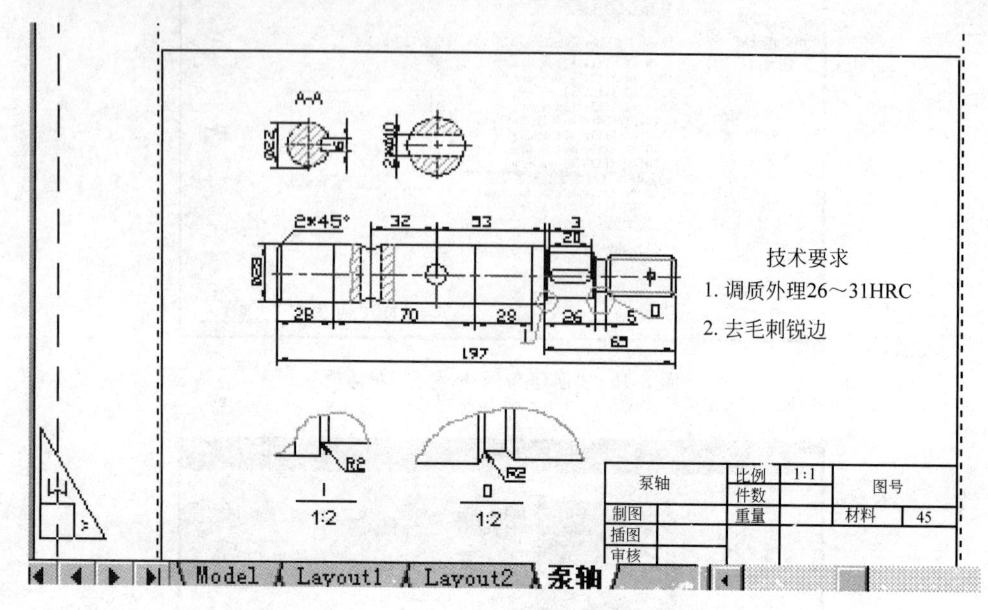

图 8-19 “泵轴”布局

8.3.2 使用 LAYOUT 命令创建布局

使用 LAYOUT 命令，用户可以用多种方式创建新布局，如从已有的模板开始创建、从已有的布局创建或直接从头开始创建。这些方式分别对应 LAYOUT 命令的相应选项。另外，用户还可以用 LAYOUT 命令来管理已创建的布局，如删除、改名、保存以及设置等。

激活 LAYOUT 命令后，AutoCAD 提示如下：

```
Command: LAYOUT
输入布局选项[复制(C)/删除(D)/新建(N)/样板(T)/重命名(R)/另存为(SA)/设置(S)/?]:
```

其中各选项的说明如下。

（1）复制：此选项将复制一个布局。

（2）删除：此选项将删除一个布局。

（3）新建：此选项将创建一个新“布局”标签。

（4）样板：此选项将根据样板文件(.dwt)或图形文件(.dwg)中已有的布局来创建新的布局。

（5）重命名：此选项将重命名一个布局。

（6）另存为：此选项将保存布局。

（7）设置：此选项使指定的布局成为当前布局。

（8）?：此选项显示当前图形中所有的布局。

8.3.3 布局的页面设置

用户在模型空间(“模型”标签)中完成图形的设计和绘图工作后,就要准备打印图形。此时,可使用布局功能(“布局”标签)来创建图形的多个视图的布局,以完成图形的输出。

当用户第一次从“模型”标签切换到“布局”标签时,将显示一个默认的单个视口,并显示在当前打印配置下的图样尺寸和可打印区域,然后 AutoCAD 就显示“页面设置”对话框。

在“页面设置”对话框中,用户可以指定布局设置和打印设备设置,并可以非常形象地预览布局的结果而不用实际打印输出。这样,就可大大地节省时间和物力,具体步骤与上一节的打印机“页面设置”类同。

8.3.4 制作和使用模板

可以从标准的样板文件中选择模板,也可以基于样板文件中的布局在当前图形中创建新布局,所有的布局将保存在样板文件中。为了方便,可以根据国家制图标准和部门行业标准制作一些标准的模板,如“A3 模板”、“A4 模板”、“泵轴”、“箱体”、“电子接插件”等常用的模板,以备选用。具体操作步骤同“新建布局”或“来自样板的布局”选项。

8.4 图形输出(PLOT 命令)

8.4.1 出图比例

对于一幅图形而言,用户既可将其输出至 A4 图样,也可将其输出至 A3 图样,只要相应调整其图形输出比例即可。但这却给非连续线型、文本和尺寸标注一类的对象造成了一定麻烦。例如,若用户在图形中输入的文本高度为 5mm,如按 2∶1 的比例输出图形,则文本也相应放大,都变成了 10mm,而这在很多情况下是不允许的。

1. 调整线型比例和文本高度

除了连续(Continuous)线型外,其他的线型都是由点或短划线组成的断续线。当以不同的比例输出时,同一种线型的外观是不一样的,它们会随着输出比例的改变而改变。若想避免因图形输出比例不一样而导致同一种线型的疏密不一致,可使用 LTSCALE 变量调整线型比例。这是一个全局线型比例,对所有图形对象均有效。例如,若将 LTSCALE 设置为 0.5,则以 2∶1 缩小输出图形时,非连续线型将恢复原状。又如,如果希望将图形放大 20 倍输出,则 LTSCALE 也应设置为 20,从而保证线型恢复原状。当改变 LTSCALE 的值后,屏幕上非连续线的疏密程度将相应改变。此外,对于每个对象而言,其自身还有一个线型比例 CELTSCALE。因此,模型空间中对象的线型比例应等于 LTSCALE×CELTSCALE。

在不同比例的浮动视口中显示模型空间文本时,也要考虑这类问题。通常在模型空间按实际尺寸绘制图形时,文本的高度不能采用实际尺寸,而要考虑到最后的输出比例。

2. 调整尺寸标注

同样,不同比例的浮动视口会使模型空间尺寸看起来大小不一样。在前面的做法是,在标注尺寸时即考虑图形的输出比例，然后据此确定文本、箭头等尺寸。对于这种方法，当改变图形的输出比例时，可统一修改各尺寸所使用的尺寸类型。

此外，AutoCAD还提供了几种尺寸标注比例因子，用于调整模型空间尺寸标注在图样空间中的大小。具体可采用如下两种方法。

(1) 在“标注样式管理器”对话框中选定某个使用的尺寸类型，单击“修改”按钮打开对话框，在该对话框中选定“调整”选项卡，并选中“将标注缩放到布局”单选框，AutoCAD会自动将浮动视口的显示比例因子设置为尺寸标注比例因子。

(2) 使用DIMSCALE系统变量。该变量的默认值为1，相当于不选择“将标注缩放到布局”单选框。若将其设置为0，则相当于选定“将标注缩放到布局”单选框。

8.4.2 出图命令(PLOT)

要输出当前图形(见图8-9)，则需要从“文件”下拉菜单中，选择“打印(P)...”命令，AutoCAD将显示“打印-布局1”对话框，如图8-20所示。

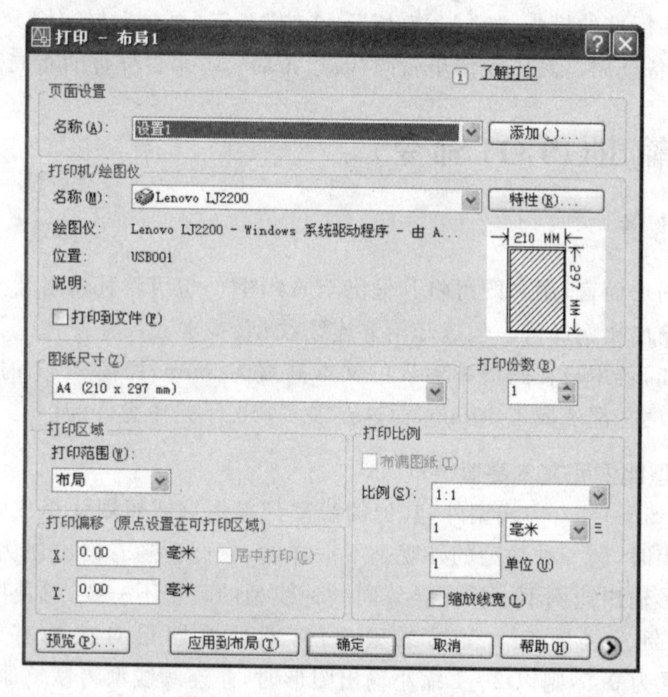

图8-20 “打印-布局1”对话框

在“页面设置”选项区域，单击“添加()...”按钮，填写新页面名称，默认为“设置1”，以便以后调用；选择与电脑连接的打印机设置；选择图纸尺寸；选择打印比例。通过单击“预览(P)...”按钮，查看打印区域是否合适，如不合适，可用“打印偏移”进行调整。合适后即可单击“确定”按钮，进行打印。如果选中复选框“打印到文件”，则不会将图形直接打印出来，而是将图形打印到文件中，文件类型为“*.plt”，以便在以后再进行打印或在其他打印机上进行打印。

以上各项选定后，单击“确定”按钮，即可把在“布局1”标签中所看见的布局图形，通过所配置的打印机或绘图仪输出到图样，如图 8-21 所示为泵轴图打印结果。

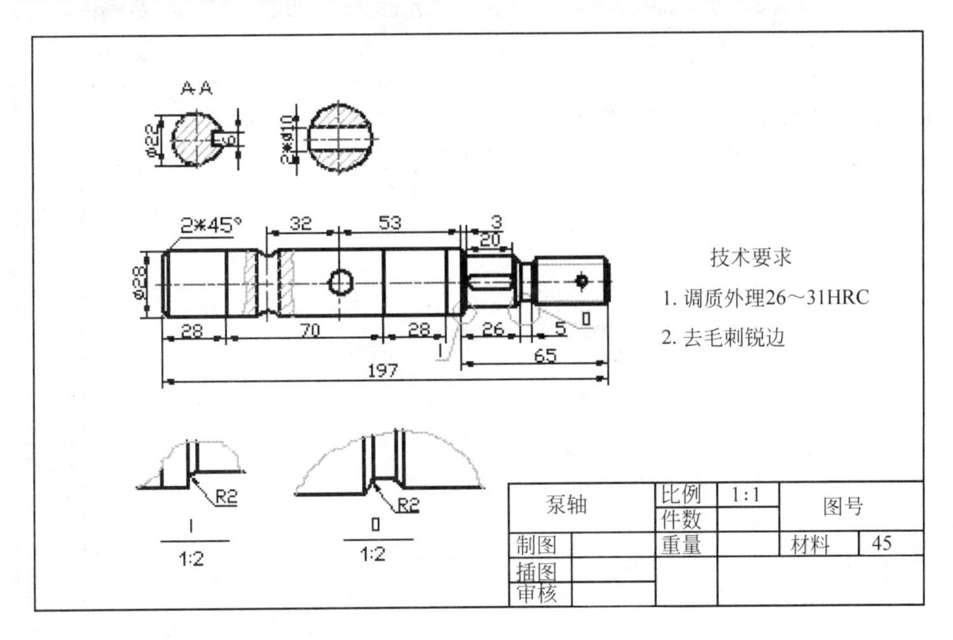

图 8-21 泵轴图打印结果

8.4.3 图形文件其他输出命令

1. ePlot(电子打印)方式

电子打印可以将图形文件(.dwf 格式)在 Internet 网上发布或通过电子邮件(E-mail)传递到世界各地。详细内容参考 AutoCAD 2006 的 Internet 功能。

2. DXFOUT 命令

该命令的功能是将图形文件以 DXF 的格式输出到指定的位置。

3. EXPORT 命令

该命令的功能是将图形文件输出为其他格式文件，以供其他应用软件调用。详细内容参考文件管理部分。

8.5 综合实例

将图 8-22 所示的住宅套型设计在图纸空间通过布局后打印出图。操作步骤如下：

(1) 在模型空间将图形绘制完毕后，单击标签“布局 1”，如图 8-22 所示。

(2) 执行“文件”→“打印”命令，弹出如图 8-20 的打印对话框，按 8.4.2 小节进行设置。

(3) 用鼠标选中图纸空间的浮动窗口(图 8-22 中的矩形框)，单击右下角的夹点，将矩形框缩小，以便有空间建立和布置其他的浮动窗口。

(4) 建立其他的浮动窗口。

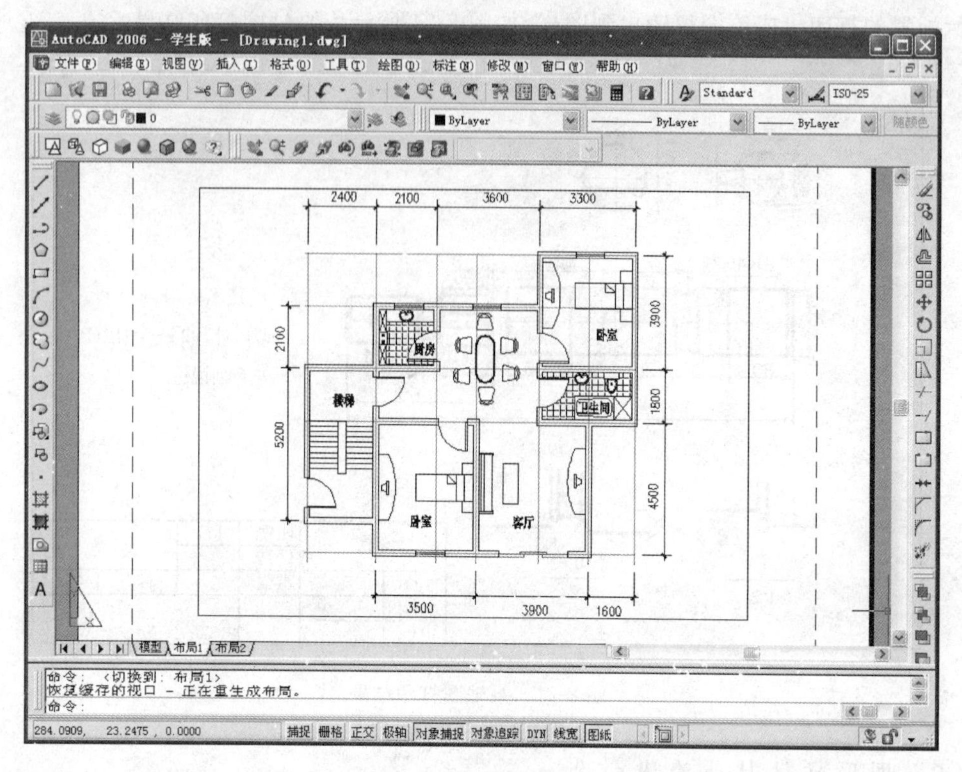

图 8-22 布局

根据需要,建立图 8-23 中圆形窗口和左下角的矩形窗口建立。

① 在图纸空间下,画出圆和左下角的矩形。

② 执行"视图"→"对象"命令,用鼠标选取圆,即可完成圆形浮动窗口的建立。用同样的方法,建立左下角矩形浮动窗口。

(5) 转换图纸空间与模型空间。

如图 8-23 中建立了 3 个浮动窗口(两个矩形窗口和一个圆形窗口),此时在图纸空间下,要想在浮动窗口内正确显示图形,就要将图纸空间转换至模型空间,转化的方法如下:将鼠标移至该浮动窗口内,然后双击鼠标左键即可(亦可用 MSPACE 命令)。而要将模型空间转化至图纸空间,则应将鼠标移至浮动窗口之外,双击鼠标左键即可(亦可用 PSPACE 命令)。具体操作如下:

① 首先在图纸空间下,画出图框及标题栏,如图 8-23 所示。这一步骤可以在第 7 章制作 AutoCAD 模板文件中完成,这样在新建图形文件时调用该模板,就无须再做这一步了。

② 将鼠标移至图 8-23 右上角的矩形框内,双击鼠标左键,即可进入模型空间。进入模型空间后,可对模型空间的图形进行缩放操作,将图形缩放至合适的大小。

③ 将鼠标移至右上角的圆形窗内,双击鼠标左键,可进入圆形窗口中的模型空间,将厨房部分放大到合适大小。用同样的方法,将左下角的浮动窗口,显示为卫生间的图形。这样,就完成了"布局 1"的设置,单击图 8-20 中的"确定"按钮,即可完成打印出图。

要注意的是，在“布局”标签下，虽然浮动窗口是可以叠加的，但一般不会用到这一功能，因为浮动窗口叠加在一起不便图形的观察。

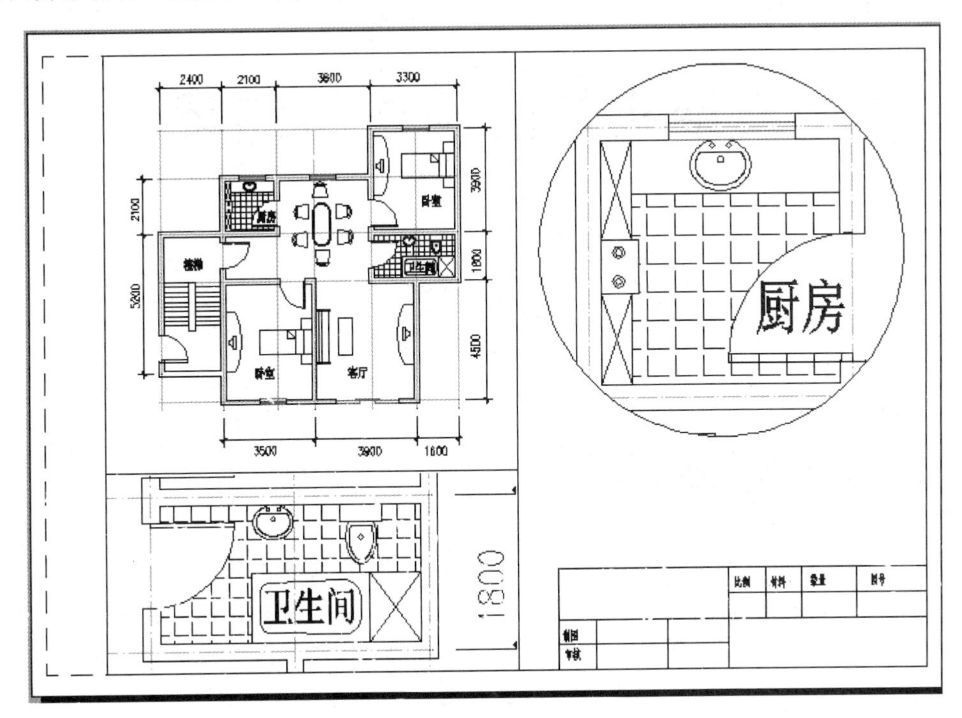

图 8-23　图纸空间下建立浮动窗口

8.6　小结

本章主要介绍了打印机的配置、图样布局及图形输出。图纸的打印输出，可以在“模型”标签下进行直接打印，也可在“布局”标签下，经过适当布局后再打印。但显然在“布局”标签下打印要灵活得多。

(1) 在“模型”标签下，如果不是 1∶1 进行打印，则要考虑文字的高度、标注样式中尺寸文字的高度及图框、标题栏大小的比例，具体参见 8.4.1 小节内容。总之，打印到图纸上后，图纸幅面和图形输出的比例应符合机械制图国家标准的规定，当然示意图除外。

(2) 在“布局”标签下打印出图，可将图框线和标题栏画在纸空间下，这样就不需要另外考虑框线和标题栏的比例问题了。

8.7　习题

1. 自己练习设计一个 A2 图样的布局。
2. 根据实际情况，配置一台激光(或喷墨、针式)打印机，然后将图 8-11 打印出来。

第 9 章

CHAPTER 9

三维实体的画法与编辑

AutoCAD 中三维实体的画法主要有线框模型法、表面模型法和实体模型法。从计算机与电子专业实用的角度出发，在本章中主要介绍实体模型法。重点掌握基本实体、拉伸、旋转三维实体的绘制及编辑；掌握剖切、干涉等方法的使用；学会用户坐标系（UCS）的使用。利用三维实体模型，一方面可以形象地表现形体的三维效果；另一方面也为学习工程制图打下一定基础。

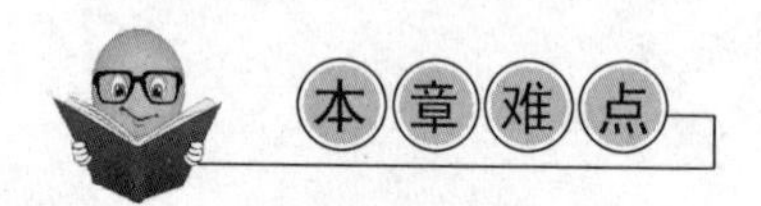

正确理解和应用用户自定义坐标（UCS）。

9.1 用户坐标系（UCS）

用户坐标系 UCS，顾名思义，就是指用户自定义的坐标系，它是一个可变化的坐标系。用户坐标系 UCS 的坐标轴方向按照右手法则定义。当用户进行平面绘图时，无论是处于 WCS 还是 UCS，其 Z 轴均垂直于屏幕。但是，在绘制三维图形时，必须了解的另一个重要概念是用户坐标系 UCS 及其设置方法。用户坐标系 UCS 的功能是能根据要求灵活调整，使三维绘图问题转化成二维平面绘图。UCS 命令可帮助用户方便、准确、快速地完成这项工作。大多数 AutoCAD 编辑命令都与 UCS 的位置和方向有关。下面将介绍 UCS 命令及其选项。

9.1.1 UCS 坐标的设置

当绘制基本实体或拉伸、旋转所需的截面时，其底面或截面默认应画在 XY 平面上，而当这些底面或截面不在 WCS（世界坐标系）的 XY 平面上时，就需要用到 UCS。下面就介绍 UCS 的设置。

操作步骤如下：

```
Command:UCS ↙
输入选项[新建(N)/移动(M)/正交(G)/前一个(P)/恢复(R)/保存(S)/删除(D)/应用(A)/?/世界]＜W＞:(选择一选项或直接按 Enter 键)
```

直接按 Enter 键后，将当前用户坐标系统置为默认的世界坐标系。各选项的意义分别如下。

1. 新建

本选项提供 6 种定义一个新用户坐标系的方法。选择该选项后，AutoCAD 提示如下：

```
指定新的 UCS 原点或[Z 轴(ZA)/三点(3)/对象(OB)/面(F)/视图(V)/X/Y/Z]＜0,0,0＞: ↙
        //输入一个三维点,输入选项或直接按 Enter 键
```

如果输入新的三维点，则 AutoCAD 通过移动坐标系的原点到该点来定义一个新的用户坐标系，坐标系的 3 个轴的方向不改变，这个新的原点坐标值是该原点在当前用户坐标系中的值。直接按 Enter 键，则坐标系的原点不变，其他选项如下。

(1) Z 轴：本选项通过定义坐标系的原点和 Z 轴正方向来确定新的用户坐标系统。选择选项后 AutoCAD 提示如下：

```
指定新的原点＜0,0,0＞:                //输入一个新原点
指定绕 Z 轴的旋转角度＜90＞:          //输入一点或直接按 Enter 键
```

第二点是用来指定一个新用户坐标系 Z 轴的正方向，若按 Enter 键，则保持当前的 Z 轴方向不变。

(2) 三点：本选项通过定义坐标系的原点、X 轴及 Y 轴的正方向来定义新的用户坐标系。选择该选项后 AutoCAD 提示如下：

```
指定新的原点＜0,0,0＞:                                   //输入一个新原点
在正 X 轴范围上指定一点＜3,2,3＞:                        //输入在新坐标 X 正半轴上一点
在 UCS XY 平面上的正 Y 轴范围上指定点＜2,3,2＞:  //输入在新坐标系 Y 正半轴上一点
```

第一点确定新用户坐标系的原点，第二点确定 X 轴的正方向，第三点确定新用户坐标系的 Y 轴正方向。

(3) 对象：本选项根据所选择的对象来确定新的用户坐标系，新坐标系 Z 轴正方向与所选三维对象的延伸方向一致。选择该选项后 AutoCAD 提示如下：

```
选择对齐 UCS 的对象:  //选择一个图形对象
```

下列图形对象不能用于本选项：三维实体、三维多义线、三维网格、视区、多行平行线、面域、样条曲线、椭圆、射线、构造线、多行文本。选择不同的实体所定义的用户坐标系见表 9-1。

表 9-1　选择不同的实体所定义的用户坐标系

实体对象	定义用户坐标系的方式
Arc(圆弧)	UCS坐标系原点为圆弧中心,X轴通过最新近选择点的那个圆弧端点
Circle(圆)	UCS坐标系原点圆心,X轴通过选择点
Dimension(尺寸标注)	UCS坐标系原点为尺寸文本的中心,X轴方向与尺寸文本书写方向相同
Line(直线)	UCS坐标系原点为最新近选择点的那个端点,X轴由此端点指向直线另一端点
Point(线)	UCS坐标系原点由此确定,X、Y、Z轴方向不变
2D(二维多义线)	UCS坐标系原点为多义线的起点,X轴方向从多义线起点指向选择点
2D(实体)	UCS坐标系原点为实体的第一个点,X轴方向沿实体前两个点的连线方向
Trace(轨迹线)	UCS坐标系原点为所选轨迹线的起点,X轴沿它的中心线方向
3D(三维表面)	UCS坐标系原点为三维表面的第一点,X轴由曲面的第一、第二两点确定,Y轴由曲面的第一点指向第四点
Insert Objects(插入的目标)	UCS坐标系原点为所选对象的插入点,X轴与插入对象的转动方向平行

对于除三维表面的其他对象而言,新坐标系的XY平面总与绘制对象时的那个坐标系的X轴平面平行。

(4) 面:把用户坐标系对准到一个实体对象所选中的面中。用鼠标在对象面的边界内或棱边上单击不可以选中三维对象的面,选中实体面后,该实体面变成高亮度状态,新的X轴是沿第一个面最近的边。选择该选项后,AutoCAD提示如下:

```
选择实体对象的面:              //拾取实体对象面
输入选项[下一个(N)/X轴反向(X)/Y轴反向(Y)]<接受>:
                              //选择一项或按Enter键接受当前选择
```

选择[下一个]是把用户坐标系放置在所选棱边的相邻面或背面上。选项X轴反向是将用户坐标系X轴翻转180°。选项Y轴反向将用户坐标系Y轴翻转180°。按Enter键,即按所选的位置确定新的用户坐标系,<接受>选项会不断显示直到选定了坐标系位置为止。

(5) 视图:本选项建立一个XY平面垂直于观察方向的新用户坐标系,而原点保持不变。

(6) X/Y/Z:这三个选项通过把当前的用户坐标系沿指定的轴旋转得到新的用户坐标系。选择该选项后,AutoCAD提示如下:

```
指定新的UCS原点或[Z轴(ZA)/三点(3)/对象(OB)/面(F)/视图(V)/X/Y/Z]<0,0,0>: x
(让当前坐标绕X轴转动)
指定绕X轴的旋转角度 <90>:                 //绕X轴转动的角度默认为90°
```

2. 移动

本选项通过移动当前用户坐标系的原点或Z方向来定义一个新的用户坐标系。改变Z方向的深度,是将用户坐标系沿它的Z轴的正方向或负方向移动。选择该项后,AutoCAD提示如下:

```
指定新的原点或[Z向深度(Z)]<0,0,0>:    //输入新原点或选择Z选项
```

输入新原点后，将用户坐标系的原点移到所指定的点。选Z选项后，AutoCAD提示如下：

指定Z向深度<0,0,0>：　　　　//输入一段距离，原点将从原先的位置移动此距离到新位置

如果激活了多视区显示方式，那么用户坐标系的移动仅与开始执行本命令时处于当前状态的视区有关。

3. 正交

本项选择由AutoCAD提供的6个正交用户坐标系中的一个，这6个用户坐标系在观察和编辑三维模型时经常用到。选择该选项后，AutoCAD提示如下：

输入选项[俯视(T)/仰视(B)/主视(F)/后视(BA)/左视(L)/右视(R)]<俯视>：　//输入一选项

俯视(T)、仰视(B)、主视(F)、后视(BA)、左视(L)、右视(R)是由AutoCAD提供的6个用户坐标系。

4. 前一个

本选项恢复前一个用户坐标系。AutoCAD保存了在图纸空间内定义的最近10个用户坐标系和在模型空间中定义的最近10个用户坐标系。重复本选项将按保存的坐标系列表逐个恢复以前的用户坐标系，所恢复的坐标系与当前所选择的是模型空间还是图纸空间有关。如果在不同的视区中保存不同的用户坐标系设置，则在这些视区之间进行切换，则AutoCAD将不会把这些不同的用户坐标系保存在用户坐标系列表中。如果在某个固定的视区中改变用户坐标系设置，则AutoCAD将不会把前一个用户坐标系设置保存在用户坐标系列表中。

举例来说，先把用户坐标系从世界坐标系变到UCS1，这将把世界坐标系保存在坐标系列表的顶部。如果接着把用正视图作为当前用户坐标系的视区激活，然后把用户坐标系变成右视图，这样正视图用户坐标被保存在坐标系列表的顶部，即在先前所保存的世界坐标系的上面。如果在这之后连续操作本选项两次，那么用户坐标系的设置，先恢复正视图，再恢复到世界坐标系。

5. 恢复

本选项恢复一个先前保存过的用户坐标系，使它成为当前用户坐标系。恢复一个先前保存的用户坐标系，不能恢复在保存该用户坐标系时有效的观察方向。选择该选项后，AutoCAD提示如下：

输入要恢复的UCS名称或[?]：
　　　　//输入用户坐标系的名称或输入选项?以显示当前的用户坐标系

6. 保存

本选项用以保存当前用户坐标系，用户可以为坐标系起名。这个名字最多可以用255个字符，包括字母、数字、空格和任何没有被Microsoft Windows和AutoCAD用作其他用途的特殊字符。选择该选项后，AutoCAD提示如下：

输入保存当前UCS的名称或[?]：
　　　　//输入用户坐标系的名称或输入选项?以显示当前的用户坐标系

7. 删除

本选项把指定的用户坐标系从用户坐标系列表中删除。选择该选项后，AutoCAD提示如下：

输入要删除的 UCS 名称<none>:　　//输入用户坐标系名

AutoCAD 删除所输入的坐标系，如果所删除的是当前用户坐标系，AutoCAD 把当前用户坐标系重命名为 UNNAMED。

8. 应用

本选项把当前用户坐标系的设置应用到指定的视区或全部有效视区上。选择该选项后，AutoCAD 提示如下：

拾取要应用当前 UCS 的视口或[全部(A)]<当前>:

在此提示下，用户应指定一个视区或选择选项 All 指定所有视区。用鼠标在视区内单击一下就可以选中一个视区。

9. ?

本选项列出用户坐标系的名字，并显示每个被保存的用户坐标系相对于当前坐标系的原点、X、Y、Z 轴。如果当前用户坐标系没有被命名，那么，当前用户坐标系将被显示为 WORLD 或 UNNAMED，这取决于当前坐标系是否与世界坐标系相同。输入“?”选项后，AutoCAD 提示如下：

UCS name to list<＊>:(输入用户坐标系名)

10. 世界

本选项把当前用户坐标系设置为世界坐标系，由于世界坐标系是定义所有用户坐标系的基础，因此它不能被重命名。

9.1.2 管理用户坐标系 UCS

在 AutoCAD 2006 中，用户可以使用 UCSMAN(或 DDUCS)命令通过 UCS 对话框来管理已定义的用户坐标系，包括恢复已保存的 UCS 或正交 UCS，指定视口中的 UCS 图标和 UCS 设置，命名和重命名当前 UCS。

可按以下方式激活 UCSMAN 命令。

(1) 在 UCS Ⅱ工具条中单击“命名 UCS...”图标。

(2) 在“工具”下拉菜单中选择“命名 UCS...”命令。

(3) 在“Command:”提示符下输入“UCSMAN”，并按 Enter 键。

激活 UCSMAN 命令后，AutoCAD 将显示 UCS 对话框，其中共有 3 个选项卡：命名 UCS、正交 UCS 设置。

1. “命名 UCS”选项卡

“命名 UCS”选项卡(见图 9-1)主要用于显示已定义的用户坐标系的列表并设置当前

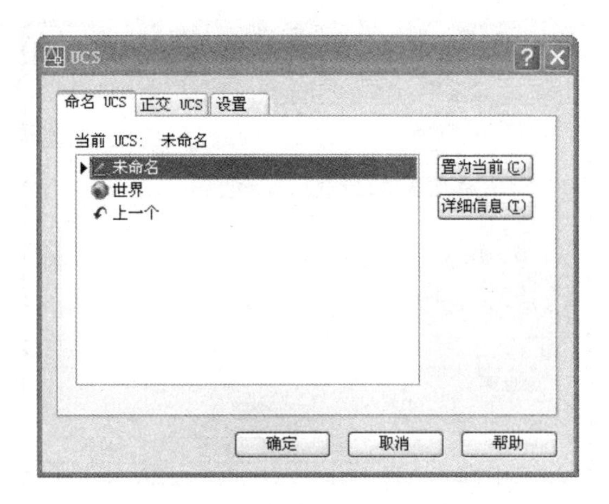

图 9-1 “命名 UCS”选项卡

的 UCS。它包括以下选项。

(1) 当前 UCS：显示当前 UCS 的名称，如果 UCS 没有命名并保存，则当前 UCS 名为“未命名”。

(2) UCS 名称列表：在该列表框中，列出了当前图形中的已定义的用户坐标系。如果有多个视口和未命名的 UCS 设置，则列表中只包括当前视口中的未命名 UCS。

在列表中，当前 UCS 的名称前面有一个三角符号。如果当前 UCS 未命名，则列表中的第一项始终是“未命名”。“世界”项将始终出现在列表中，并且不能被重命名和删除。如果用户对当前活动的视口定义了不同的 UCS 设置，则列表中还将出现“上一个”UCS 项。

(3) “置为当前”按钮：此按钮将恢复在列表中选择的 UCS。用户也可以通过双击 UCS 名或右击 UCS 名，然后从显示的快捷菜单中选择“置为当前”选项来恢复所选的 UCS。

(4) “详细信息”按钮：选择此按钮，将弹出“UCS 详细信息”对话框，如图 9-2 所示，它提供了关于当前 UCS 的详细信息。

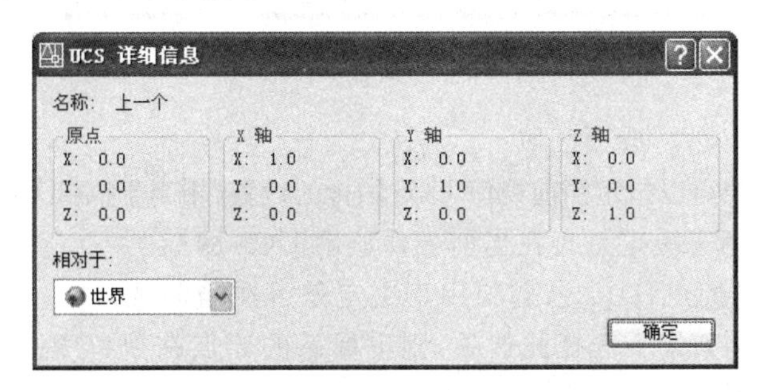

图 9-2 “UCS 详细信息”对话框

2. “正交 UCS”选项卡

“正交 UCS”选项卡如图 9-3 所示，可用于将当前 UCS 改变为 6 个正交 UCS 中的一个。

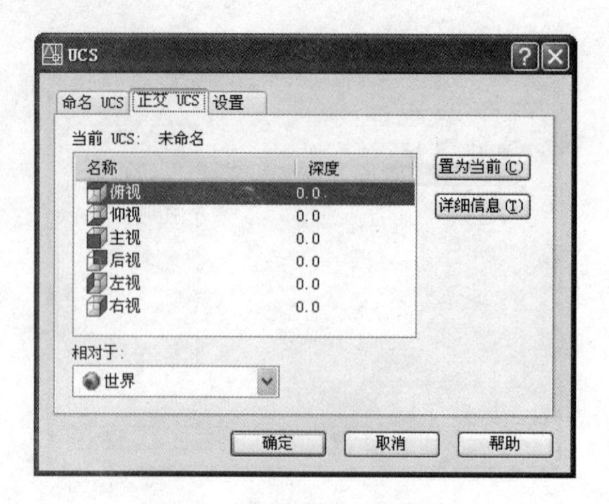

图 9-3 “正交 UCS”选项卡

3. “设置”选项卡

“设置”选项卡如图 9-4 所示。它用于显示和修改 UCS 图标设置以及保存到视口中的 UCS 设置。

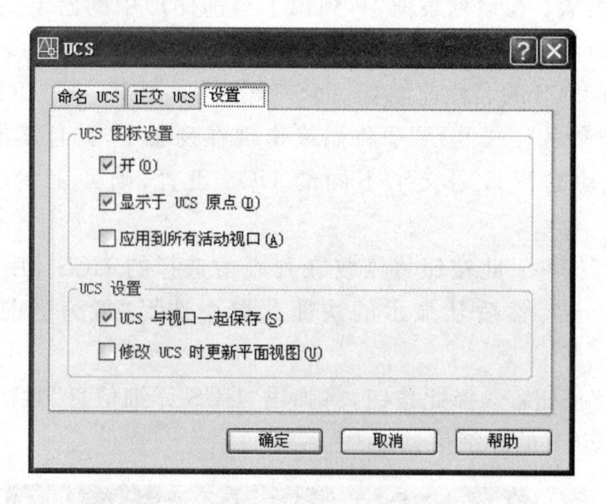

图 9-4 “设置”选项卡

(1)“UCS 图标设置”选项区域

在该部分中,用户可以指定当前视口 UCS 图标的设置(相当于执行 UCSICON 命令)。

① 开:该选项用于决定是否在当前视口显示 UCS 图标。

② 显示于 UCS 原点(D):该选项用于决定是否在当前视口中,将 UCS 图标显示在当前坐标系的原点。如果不选择此选项,则坐标系的原点在视口中是不可见的,UCS 图标显示在视口的左下角。

③ 应用到所有活动视口:该选项用于决定是否将有关 UCS 图标的设置应用于当前图形中所有活动的视口。

(2)“UCS 设置”选项区域

在该部分中,用户可以指定当前视口的 UCS 设置。

① UCS与视口一起保存：该选项用于是否将UCS保存到视口中。如果不选择此选项，则新打开的视口将采用当前视口的UCS。通过此选项可设置系统变量UCSVP的值。

② 修改UCS时更新平面视图(U)：该选项用于决定当视口中的UCS改变时，是否恢复平面视图。

9.2 三维图形显示

在绘制三维图形时，经常要变换不同的角度来显示三维图形，以便在绘制中能够方便地选择、捕捉某些对象或者用于观察所绘图形是否正确。在AutoCAD中，提供了各种显示方式，有平行投影方式、透视方式、三维动态观察器、消隐、着色和渲染等，如图9-5所示。

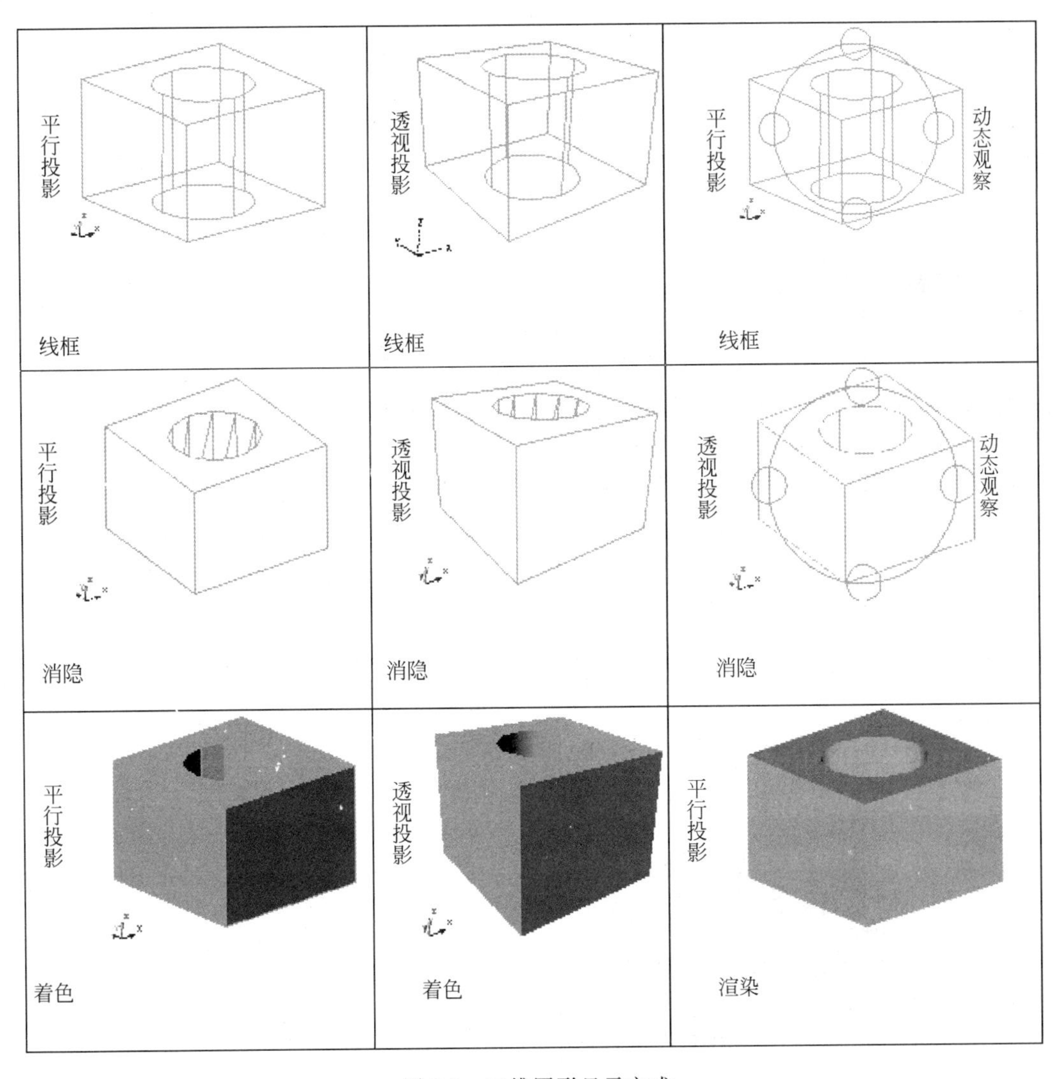

图9-5 三维图形显示方式

9.2.1 平行投影显示(VPOINT)

VPOINT 命令控制三维图形的平行投影显示。VPOINT 主要用于设置观察点视点的方向,方向的确定是由观察点与坐标原点相连直线与 XY 平面的夹角及该连线与 X 轴的夹角来决定的,如图 9-6 所示。由于是平行投影,故在确定观察点方向后,观察点到原点的距离(如视点 1、视点 2、视点 3)不影响观察的效果。

1. 通过命令设置视点

(1) 操作

命令:VPOINT
当前视图方向:VIEWDIR=0.0000,0.0000,1.0000
指定视点或[旋转(R)] <显示坐标球和三轴架>:

(2) 说明

① 指定视点:输入视点的坐标,是指该点到坐标原点连线的方向为观察方向,但与距离无关,如(1,1,1)与(2,2,2)观察方向是一致的。

② 旋转(R):当输入“R”并按 Enter 键后,AutoCAD 提示如下:

输入 XY 平面中与 X 轴的夹角 <270>: 235
输入与 XY 平面的夹角 <90>: 45
正在重生成模型

③ 显示坐标球和三轴架,该方式是 VPOINT 的预选项,只需直接按 Enter 键即可。选择该方式后,显示坐标球和三轴架,如图 9-7 所示。图中两个大小圆和一个十字即是坐标球,也称之为罗盘。小圆称为内环,代表赤道;大圆称为外环,代表南极,十字中心点代表北极。十字分割的 4 个区域为 XY 平面的 4 个象限。移动鼠标可移动罗盘内的“+”字光标,同时三轴架也将随之变动。当光标位于内环以内时,表示从 Z 值正方向向下观察。当光标位于内环与外环之间时,表示从 Z 值负方向向上观察。当调整好观察位置后,单击鼠标左键确定观察点。

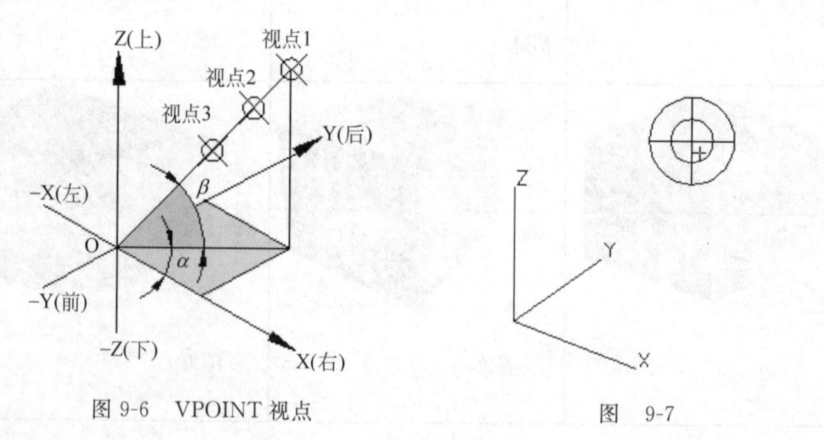

图 9-6 VPOINT 视点　　图 9-7

2. 使用对话框设置视点

执行 DDVPOINT 命令或在执行“视图”→“三维视图”→“视点预置”命令,将弹出“视图预置”对话框，如图 9-8 所示。在该对话框中，可以设置在 XY 平面上，视线与 X 轴的夹角 α 及与 XY 平面的夹角 β。

3. 使用预定义标准视点

如图 9-9 所示，在 AutoCAD 中预设了 10 个标准视点，用户可按需求选择相应视点。

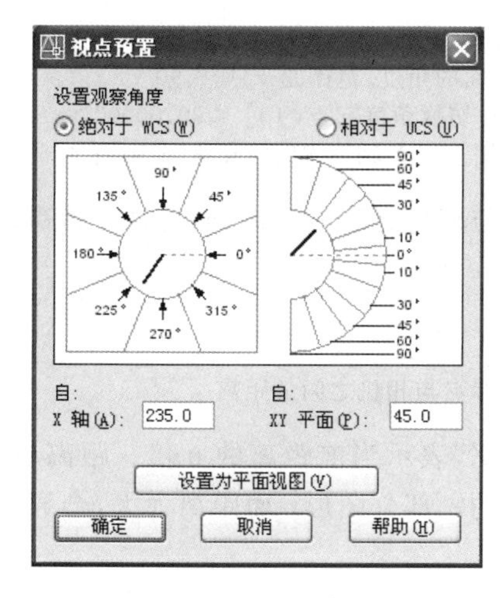

图 9-8　“视点预置”对话框

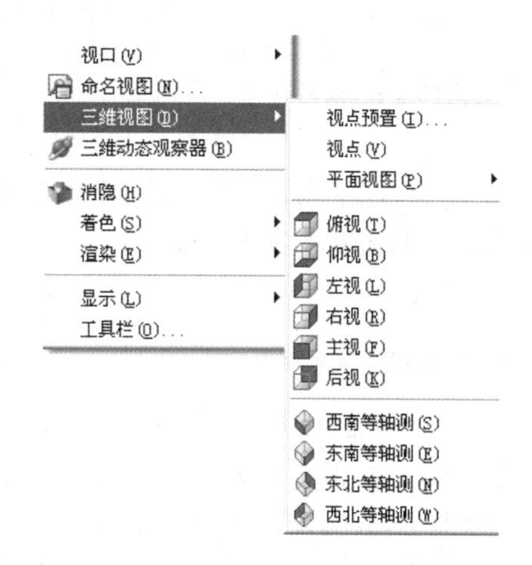

图 9-9　预定义的标准视点

9.2.2　透视投影显示(DVIEW)

平行投影显示缺乏真实感，与人们肉眼观察到的形体不同，不论离观察点距离的远近，所看到的形体宽度都是一样的，而透视图的效果更接近于肉眼看到的形体。从图 9-5 中可以看出，平行投影与透视的不同。用 DVIEW 命令显示三维图形，是用中心投影法得到的一种立体图形，其观察效果与距离、目标点和视点有关，其功能类似于用“照相机”表示视点，用目标点表示观察对象上的点，两者连线即为观察方向。改变“照相机”的位置及两者之间的距离，便可得到不同的显示效果。

1. 操作

命令：DVIEW
选择对象或 <使用 DVIEWBLOCK>：　//选择观察对象
输入选项[相机(CA)/目标(TA)/距离(D)/点(PO)/平移(PA)/缩放(Z)/扭曲(TW)/裁剪(CL)/隐藏(H)/关(O)/放弃(U)]：

2. 选项说明

(1) 相机(CA)：当输入“CA”时，则表示在目标不动的情况下，确定相机相对目标点的位置。

提示如下：

指定相机位置，输入与 XY 平面的角度或[切换角度单位(T)] <30>：
　　　　//输入相机与目标点连线与 XY 平面的角度，范围是－90°～90°
指定相机位置，输入在 XY 平面上与 X 轴的角度或[切换角度起点(T)] <－70>：

//输入相机与目标点连线在 XY 平面上与 X 轴下方向的夹角,范围是－180°～180°

(2) 目标(TA):当输入"TA"选项时,与"CA"相反,是在相机不动的情况下,确定目标点相对相机的位置。

提示如下:

指定相机位置,输入与 XY 平面的角度或[切换角度单位(T)] ＜30.0000＞:
//输入目标点与相机连线与 XY 平面的角度,范围是－90°～90°
指定相机位置,输入在 XY 平面上与 X 轴的角度或[切换角度起点(T)] ＜30.00000＞:
//输入目标点与相机连线在 XY 平面上与 X 轴下方向的夹角,范围是－180°～180°

(3) 距离(D):当输入"D"时,可指定目标点与相机之间的距离,同时打开透视显示方式,屏幕上出现透视显示标志。

提示如下:

指定新的相机目标距离 ＜1200.0000＞: //输入目标点与相机之间的距离

透视显示标志说明:"1X"表示当前距离,"nX"表示当前距离的 n 倍。距离越小,观察到的图形越大,但距离太小可能只观察到目标的一部分图形;而距离太大,会导致观察到的目标很小,故应设置合适的距离。

(4) 点(PO):当输入"PO"时,可确定相机和目标点的位置。

提示如下:

指定目标点＜0,0,0＞: //输入目标点位置,输入坐标亦可用捕捉方式
指定相机点＜0,0,0＞: //输入相机的位置,输入坐标亦可用捕捉方式

当输入目标点后,会出现一条从目标点到光标之间的橡皮筋,以便于用户确定新的相机位置。

(5) 平移(PA):当输入"PA"时,可平移图形。

提示如下:

指定位移基点: //输入基点坐标,亦可用鼠标确定
指定第二点: //输入第二点坐标或位移量,亦可用鼠标确定

(6) 缩放(Z):调整相机焦距或缩放系数。

提示如下:

指定镜头长度＜50.000mm＞:
//在透视方式下,输入焦距值,亦可通过调整杆调整

或者

指定缩放比例因子＜1＞:
//在非透视方式下,输入缩放系数

(7) 扭曲(TW):使图形绕视线旋转,如图 9-10 所示。

提示如下:

指定视图扭曲角度＜0.00＞ //输入旋转角度

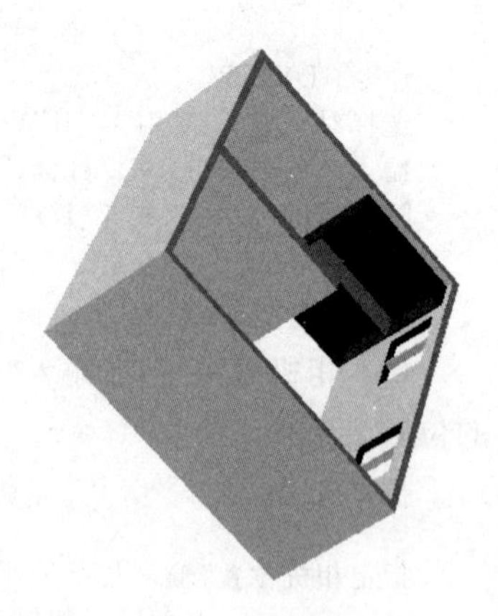

图 9-10　扭曲

(8) 裁剪(CL)：当输入"CL"时，可使用剪裁面在相机和目标点之间裁剪图形。提示如下：

输入"裁剪"选项[后向(B)/前向(F)/关(O)] <关>:

其中，"后向"，表示裁剪掉裁剪平面后的图形，如图 9-11 所示，当输入"B"后，提示如下：

指定与目标的距离或[开(ON)/关(OFF)]:
　　//指定裁剪平面到目标点的距离；开启裁剪平面；关闭裁剪平面

"前向"表示剪裁掉裁剪平面前的图形，如图 9-12 所示，输入"F"选项后，提示如下：

指定与目标的距离或[设置为镜头(E)] <2000.0000>:
　　//指定裁剪平面到目标点的距离；将镜头的位置设置到裁剪平面的位置，镜头后面的图形为不可见

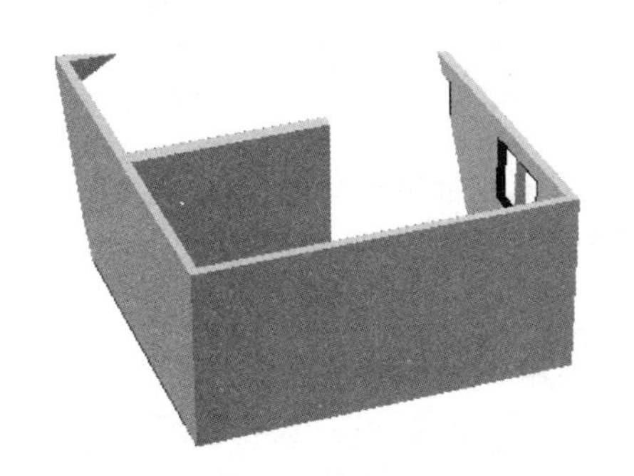

图 9-11　裁剪-后向

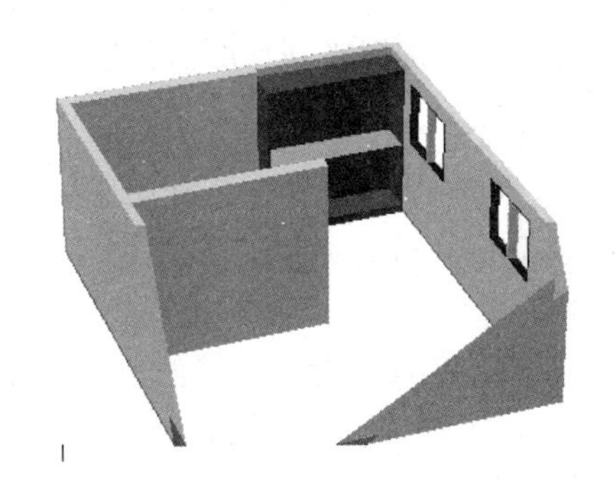

图 9-12　裁剪-前向

"关"，表示关闭裁剪平面。

(9) 隐藏(H)：当输入"H"选项时，可对图形进行消隐处理，如图 9-13 所示。

(10) 关(O)：表示关闭透视方式。

(11) 放弃(U)：表示取消前一个 DVIEW 操作的效果。

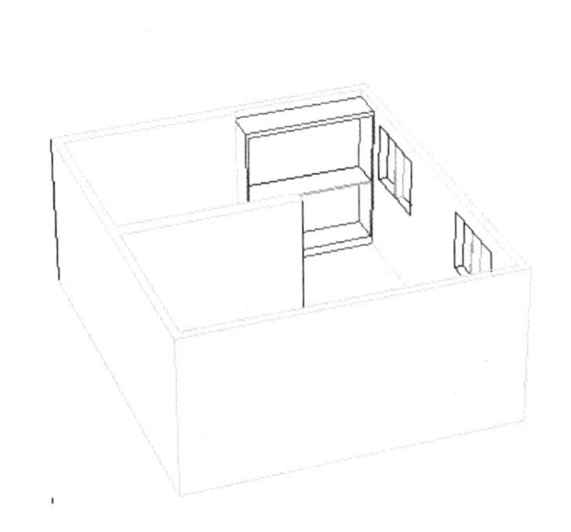

图 9-13　隐藏

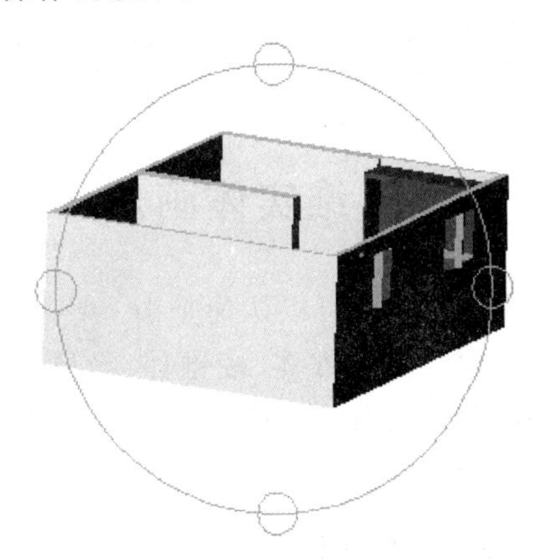

图 9-14　"三维动态观察器"图标

9.2.3 三维动态观察器(3DORBIT)

“三维动态观察器视图”标为一个转盘(被 4 个小圆平分的一个大圆,如图 9-14 所示)。当三维动态观察器处于活动状态时,查看的目标保持不动,而相机的位置(或查看点)则绕目标移动。目标点是转盘的中心,而不是被查看对象的中心。

1. 调用方法

(1) 执行“视图”→“三维动态观察器”命令。

(2) 执行“视图”→“工具栏”→“三维动态观察器”命令。

(3) 命令:3DORBIT。

提示:按 Esc 或 Enter 键退出,或者右击鼠标显示快捷菜单。

命令执行后,在绘图区出现如图 9-14 所示的“三维动态观察器”图标,按住鼠标左键,上下左右拖动鼠标,坐标及观察对象将同时旋转,从而实现动态观察。当旋转到合适位置后,放开鼠标左键即可观察所需位置的图形。右击鼠标可做其他操作。

2. 说明

在三维图形的显示中,还有如下几个相关的系统变量值得注意。

(1) ISOLINES 系统变量控制用于显示线框弯曲部分的素线数目,有效整数值为 0～2047。

(2) VIEWRES 命令设置的值可以控制圆、圆弧和椭圆的显示精度。然后,可使用许多短直线段在屏幕上绘制出这些对象。VIEWRES 命令设置的值越高,所绘制的圆弧或圆看起来就越平滑,但重生成时也会花去更多的时间。如果图形中的圆看起来像多边形,那么渲染后看起来也像多边形。在绘图时,为了改善性能,VIEWRES 命令设置的值可以低一些。然而,为了获得高质量的渲染图形,在渲染包含圆弧或圆的图形之前,应提高 VIEWRES 的值。其有效值的范围是 1～20000。

(3) FACETRES 系统变量控制着色和渲染的曲线实体的平滑度。它与 VIEWRES 命令设置的值相关联:当 FACETRES 设置为 1 时,圆、圆弧和椭圆的视图分辨率与实体对象的镶嵌之间一一对应。例如,当 FACETRES 设置为 2 时,镶嵌将是 VIEWRES 命令设置的镶嵌的两倍。FACETRES 的默认值为 0.5,有效值为 0.01～10.0。

9.3 基本三维实体画法

许多复杂实体可以认为是由一些基本实体组合而成的。基本三维实体主要包括长方体、棱锥体、楔体、圆柱体、圆锥体、球体和圆环体。绘制这些基本体的命令可在下拉菜单下选择“绘图”→“实体”命令,即可看到图 9-15 所示的菜单。

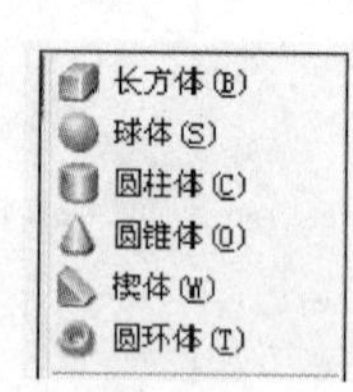

图 9-15 基本三维实体

9.3.1 长方体的绘制

选择“长方体”命令后,提示如下:

命令：_BOX
指定长方体的角点或[中心点(CE)] ＜0,0,0＞://指定长方体底面的一个角点；选择中心点(CE)，则提示如下
(1) 指定长方体的中心点 ＜0,0,0＞：　//指定长方体底面的几何中心
(2) 指定角点或[立方体(C)/长度(L)]://指定长方体中心到指定角点的距离，以此作为长方体底面对角线长度的一半
指定角点或[立方体(C)/长度(L)]://指定长方体底面的加一角点；若选择"立方体(C)"选项则表示绘制正方体，长方体4条边相等，提示如下
指定长度://输入正方体边长
指定高度://输入长方体的高度

9.3.2　球体的绘制

选择"球体"命令后，提示如下：

命令：_SPHERE
当前线框密度：　ISOLINES=4(注：ISOLINES为系统变量，它指定对象上每个面的轮廓线数目，初始值为4，有效整数值为0～2047.可在退出该命令后，输入ISOLINES命令改变其值，使图形看上去更为光滑.)
指定球体球心 ＜0,0,0＞：
指定球体半径或[直径(D)]：

9.3.3　圆柱体的绘制

选择"圆柱体"命令后，提示如下：

命令：_CYLINDER
当前线框密度：　ISOLINES=4
　指定圆柱体底面的中心点或[椭圆(E)] ＜0,0,0＞：
　　//输入圆柱底面的中心点位置，若选择"椭圆(E)"选项，另外介绍
　指定圆柱体底面的半径或[直径(D)]://输入圆柱体底面半径
　指定圆柱体高度或[另一个圆心(C)]：
　　//输入圆柱体高度，若选择"另一个圆心(C)"选项，另外介绍

(1) 在上述提示中选择"椭圆(E)"选项，则只要在提示后输入"E"，提示如下：

指定圆柱体底面椭圆的轴端点或[中心点(C)]://输入椭圆体底面的椭圆轴的第一个点，若选择"中心点(C)"选项，则采用椭圆中心点及两个半轴的长度画底面的椭圆
指定圆柱体底面椭圆的第二个轴端点://输入椭圆轴的另一个点，两点之间为椭圆轴的长度
指定圆柱体底面的另一个轴的长度://输入椭圆另一轴的半轴长度
指定圆柱体高度或[另一个圆心(C)]：//输入圆柱体高度，若选择"另一个圆心(C)"选项，另外介绍

(2) 若在上述提示中选择"另一个圆心(C)"选项，则只要在提示后输入"C"，即可画出与底面不垂直的圆柱体或椭圆体，如图9-16所示。当输入"C"时，提示如下：

指定圆柱的另一个圆心://输入圆柱体或椭圆体上表面的圆心，其半径或椭圆大小与下底面相同

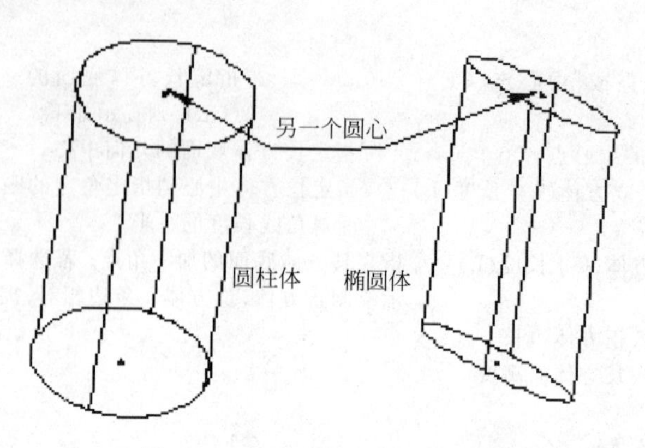

图 9-16 斜圆柱体和斜椭圆柱体

9.3.4 圆锥体的绘制

选择圆锥体命令后，提示如下：

命令：_CONE

当前线框密度： ISOLINES=4

指定圆锥体底面的中心点或[椭圆(E)] <0,0,0>:

//输入圆锥底面中心点位置，如选择"椭圆(E)"选项，则画椭圆锥或斜椭圆锥，方法与椭圆柱底相同

指定圆锥体底面的半径或[直径(D)]://输入底面半径或输入"D"后输入底面直径

指定圆锥体高度或[顶点(A)]： //输入圆锥体高度或输入"A"后，画斜圆锥

9.3.5 楔体的绘制

楔体是以长方形为底的三角形体，如图 9-17 所示，选择"楔体"命令后，提示如下：

命令：_WEDGE

指定楔体的第一个角点或[中心点(CE)] <0,0,0>:

//输入楔体底面长方形的一个角点或选择"中心点(CE)"选项，指定底面长方体中心

指定角点或[立方体(C)/长度(L)]： //指定底面长方形一个角点

指定高度： //指定楔体直边高度

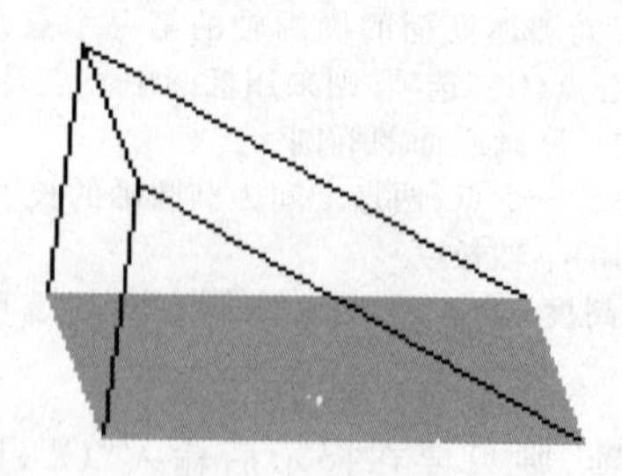

图 9-17 楔体

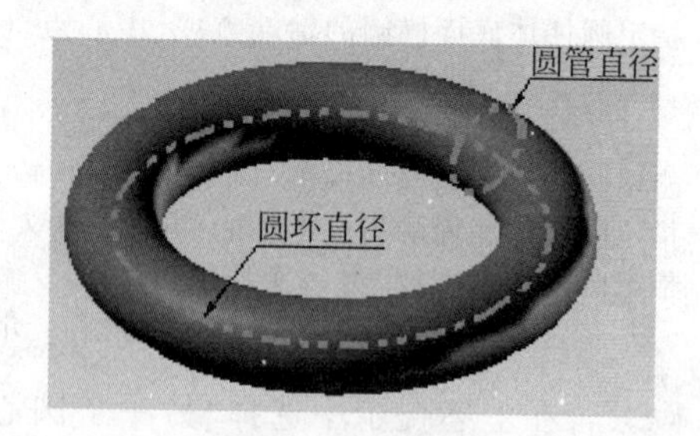

图 9-18 圆环体

9.3.6 圆环体的绘制

圆环体如图 9-18 所示，选择“圆环体”命令后，提示如下：

命令：_TORUS
当前线框密度：　ISOLINES=4
指定圆环体中心 <0,0,0>：//输入圆环中心
指定圆环体半径或[直径(D)]：//输入圆环半径或直径
指定圆管半径或[直径(D)]：//输入圆管半径或直径

9.4 拉伸、旋转三维实体

除用长方体、圆锥体、圆柱体、球体、圆环体和楔体来创建实体之外，还可以通过沿路径拉伸二维对象或者绕轴旋转二维对象来创建实体。

9.4.1 拉伸(扫掠)实体

被拉伸的剖面可以是平面三维面、封闭多段线、多边形、圆、椭圆、封闭样条曲线、圆环和面域，但不能拉伸包含在块中的对象，也不能拉伸具有相交或自交线段的多段线。多段线应包含至少 3 个顶点，但不能多于 500 个顶点。如果选定多段线具有宽度，则将忽略宽度并从多段线路径的中心拉伸多段线。如果选定对象具有厚度，则将忽略厚度。

拉伸可以沿 Z 轴给定高度，也可以是沿路径拉伸(扫掠)，拉伸路径可以是直线、圆、圆弧、椭圆、椭圆弧、多段线或样条曲线。路径既不能与轮廓共面，也不能在具有高曲率的区域。

拉伸实体始于剖面所在的平面，止于在路径端点处与路径垂直的平面。路径的一个端点应在剖面平面上，如果不在，路径将移动到剖面的中心。如果路径是一条样条曲线，那么它在路径的一个端点处应该与轮廓所在的平面垂直。如果不是，配置将旋转，以与样条曲线路径垂直。如果曲线的一个端点位于剖面平面上，将围绕该点旋转剖面；否则，样条曲线路径将移动到剖面的中心，剖面将围绕其中心旋转。如果路径包含不相切的线段，那么程序将沿每个线段拉伸对象，然后沿线段形成的角平分面斜接接头。如果路径是封闭的，轮廓应位于斜接面上，并允许实体的起始截面和终止截面相互匹配。如果剖面不在斜接面上，则剖面将旋转直至位于斜接面上。下面具体说明剖面为多段线的拉伸实体的方法。

(1) 在 XY 平面画出被拉伸的闭合剖面，要注意的是，闭合剖面必须是一条多段线。如果不是多段线，则应通过执行“编辑”→“对象”→“多段线”命令，将封闭截面编辑为一条多段线。当然，也可以通过执行“绘图”→“边界(B)...”命令来创建一条多段线或者通过执行“绘图”→“面域(N)”命令来创建一个面域。

(2) 给出拉伸的高度(沿 Z 轴方向)或者画出拉伸(扫掠)的路径，该路径的起点应与剖面垂直，要想做到这一点，一般应用到 UCS 命令，将坐标的 XY 面与剖面所在的平面垂直。

上述两步完成后，即可进行拉伸操作，如图 9-19 所示。

执行“绘图”→“实体”→“拉伸”命令后，提示如下：

命令：_EXTRUDE
当前线框密度： ISOLINES=4
选择对象：找到 1 个 //用鼠标选择图 9-19 中的剖面后的提示
选择对象： //可以选择多个截面一起拉伸，选择结束后，按 Enter 键
指定拉伸高度或[路径(P)]：p //如果直接给出拉伸高度，则按 Z 轴直线拉伸，并可以用拔模角度拉伸．在此选择“路径(P)”选项后，按 Enter 键，则是按路径拉伸
选择拉伸路径或[倾斜角]： //选择图 9-19 中的路径，即可得到图 9-20 拉伸后着色的效果

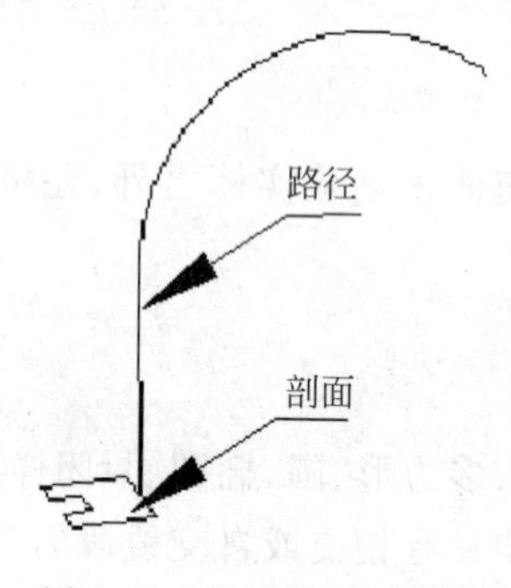

图 9-19 拉伸截面和路径

图 9-20 拉伸后着色的效果

9.4.2 旋转实体

可以旋转闭合多段线、多边形、圆、椭圆，闭合样条曲线、圆环和面域。不能旋转包含在块中的对象。不能旋转具有相交或自交线段的多段线。REVOLVE 命令忽略了多段线的宽度，并从多段线路径的中心处开始旋转，一次只能旋转一个对象。下面具体说明旋转闭合多段线生成实体的方法。

(1) 在 XY 平面画出被旋转的闭合多段线剖面，如图 9-21 所示。

(2) 画出旋转轴，如图 9-21 所示。旋转轴根据需要亦可利用 X 轴或 Y 轴。

在完成上述两步后，在旋转实体前，先设置系统变量 ISOLINES、VIEWRES、FACETRES 的值，具体操作步骤如下：

命令：ISOLINES↙
输入 ISOLINES 的新值 <4>：16↙ //输入 16 后，按 Enter 键
命令：VIEWRES↙
是否需要快速缩放?[是(Y)/否(N)] <Y>：↙ //选择默认值“Y”
输入圆的缩放百分比 (1-20000) <1000>：6000↙
正在重生成模型
命令：FACETRES
输入 FACETRES 的新值 <0.5000>：3↙
命令：_REVOLVE↙
当前线框密度： ISOLINES=16
选择对象：找到 1 个 //用鼠标选择图 9-21 中的剖面

选择对象:↙　//选择结束

指定旋转轴的起点或定义轴依照[对象(O)/X 轴(X)/Y 轴(Y)]: O↙　//用选择对象的方法确定旋转轴

选择对象:　//用鼠标选择图 9-21 中绘制的旋转轴

指定旋转角度 <360>:↙　//确定旋转角度,此处采用默认值

完成后得到经着色后的效果图,如图 9-22 所示。

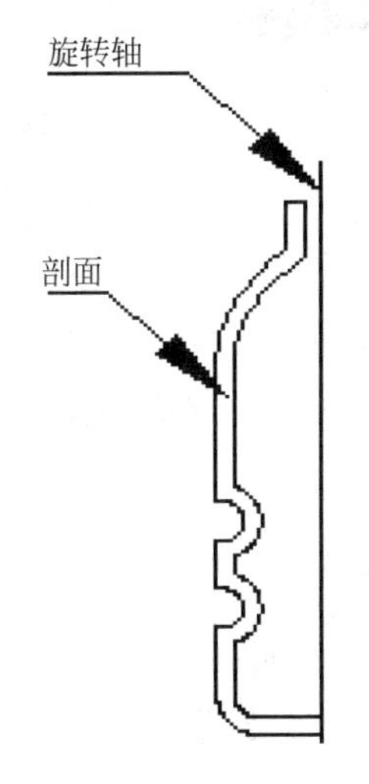

图 9-21　旋转轴与剖面

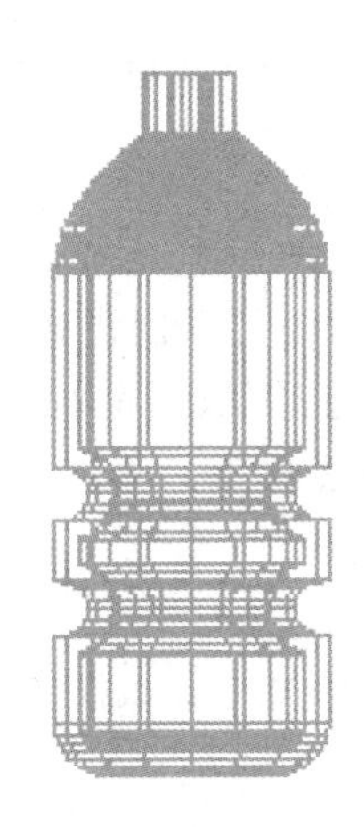

图 9-22　旋转后着色的效果

9.5　剖切、截面、干涉

9.5.1　剖切

剖切可以创建穿过三维实体的相交截面,只有实体才能进行剖切。使用 SLICE 命令可以切开现有实体并移去指定部分,从而创建新的实体。也可以保留剖切实体的一半或全部。剖切实体保留原实体的图层和颜色特性。剖切实体的默认方法如下:先指定 3 个点定义剪切平面,然后选择要保留的部分。也可以通过其他对象、当前视图、Z 轴或 XY、YZ 或 ZX 平面来定义剪切平面。具体操作如下:

命令: _SLICE

选择对象: 找到 1 个 //用鼠标选择要剖切的对象

选择对象:↙　//可以同时剖切多个对象,选择完毕后按 Enter 键,完成选择

指定切面上的第一个点,依照[对象(O)/Z 轴(Z)/视图(V)/XY 平面(XY)/YZ 平面(YZ)/ZX 平面(ZX)/三点(3)] <三点>:　//默认以 3 个点确定剖切平面,用鼠标捕捉图 9-23 中的第"1"点圆心

指定平面上的第二个点: //选择图 9-23 中的第"2"点圆心

指定平面上的第三个点: //选择图 9-23 中的第"3"点圆心

在要保留的一侧指定点或[保留两侧(B)]:　//用鼠标指定剖切面后面的部分保留,则可得到图 9-24 所示效果

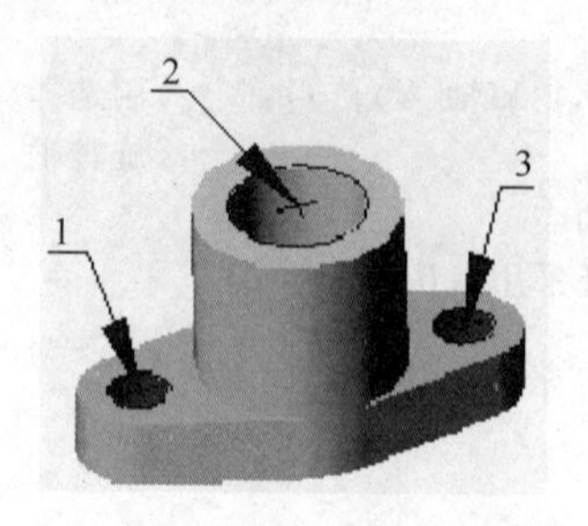

图 9-23 三点确定剖切平面

图 9-24 剖切后保留部分

9.5.2 截面

使用 SECTION 命令可以创建穿过实体的相交截面。默认方法是指定 3 个点定义一个面。也可以通过其他对象、当前视图、Z 轴或 XY、YZ 或 ZX 平面来定义相交截面平面，该截面放置在当前图层上。具体操作如下：

```
命令: _SHADEMODE 当前模式: 体着色  //为了便于观察,将图 9-25 的着色模式改为"二维线
                                     框"模式
输入选项[二维线框(2D)/三维线框(3D)/消隐(H)/平面着色(F)/体着色(G)/带边框平面着色
(L)/带边框体着色(O)] <二维线框>: 2D↙  //选择"二维线框(2D)"模式
命令: _SECTION↙
选择对象: 找到 1 个
选择对象:  //用鼠标选择图 9-25 中的实体
指定截面上的第一个点,依照[对象(O)/Z 轴(Z)/视图(V)/XY 平面(XY)/YZ 平面(YZ)/ZX 平面
(ZX)/三点(3)] <三点>:  //用鼠标捕捉图 9-23 中的第"1"点圆心
指定平面上的第二个点: //用鼠标捕捉图 9-23 中的第"2"点圆心
指定平面上的第三个点: //用鼠标捕捉图 9-23 中的第"3"点圆心
```

求出的截面如图 9-25 所示，可将得到的截面通过“复制”或“移动”命令，将截面移出，通过编辑可以得到工程制图中的剖面图或剖视图，如图 9-26 所示。

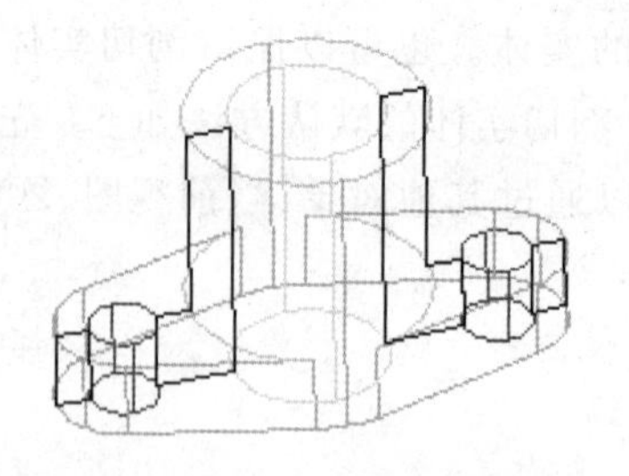

图 9-25 求截面后的图形圆环

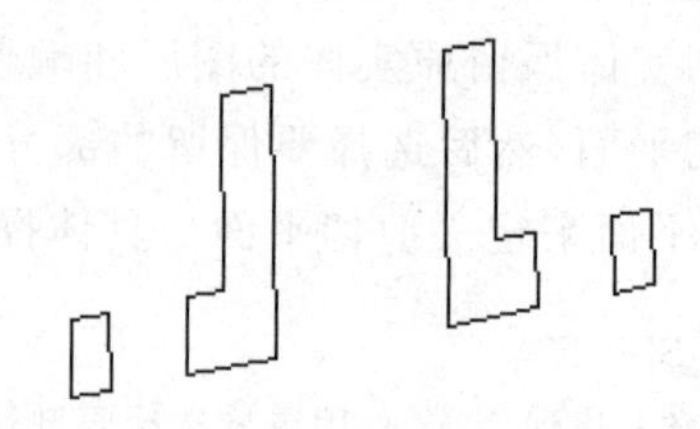

图 9-26 将截面复制或移出

9.5.3 干涉

干涉是指两个或两个以上实体重叠的部分。在零件的装配中，如果由于设计或装配的错误，可能会出现不希望的两个或多个零件有相互重叠的情况，可利用 INTERFERE 命令来检查是否有重叠现象产生，以便纠正设计或装配上的错误。

通过 INTERFERE 命令可亮显重叠的三维实体。如果定义了单个选择集，INTERFERE 将对比检查集合中的全部实体。如果定义了两个选择集，INTERFERE 将对比检查第一个选择集中的实体与第二个选择集中的实体。如果在两个选择集中都包括了同一个三维实体，则 INTERFERE 会将此三维实体视为第一个选择集中的一部分，而在第二个选择集中忽略它。

如图 9-27 所示，其中“1”为齿轮的齿根圆(柱)，“2”为另一齿轮的齿顶圆(柱)，当一对齿轮啮合时，“1”和“2”是不能产生干涉的。当一台设备有几十个甚至更多的零件装配在一起后，用肉眼是很难检查出来的，如果利用“干涉”检查，那就方便得多。干涉检查的具体操作步骤如下：

```
命令：_INTERFERE 选择实体的第一集合：
选择对象：找到 1 个                //用鼠标选择图 9-27 中的第“1”个实体
选择对象：找到 1 个，总计 2 个      //用鼠标选择图 9-27 中的第“2”个实体
选择对象：↙                        //选择结束，按 Enter 键
选择实体的第二集合：
选择对象：↙                        //若无第二个集合，则直接按 Enter 键
未选择实体.
互相比较 2 个实体.
干涉实体数：2
干涉对数： 1
是否创建干涉体？[是(Y)/否(N)] <否>：y   //选择创建干涉体
```

结果如图 9-28 所示，干涉体可用“移动”命令移出，如图 9-29 所示，以便测量干涉体的尺寸。

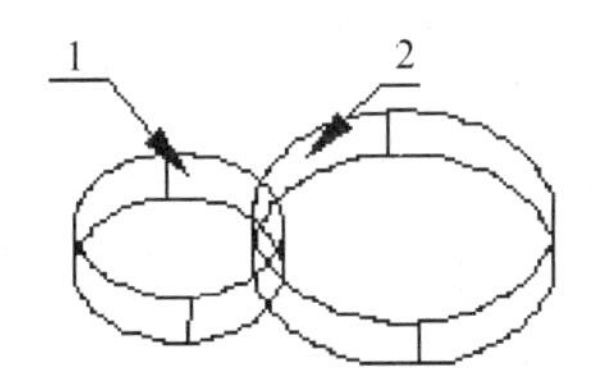

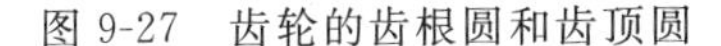
图 9-27　齿轮的齿根圆和齿顶圆

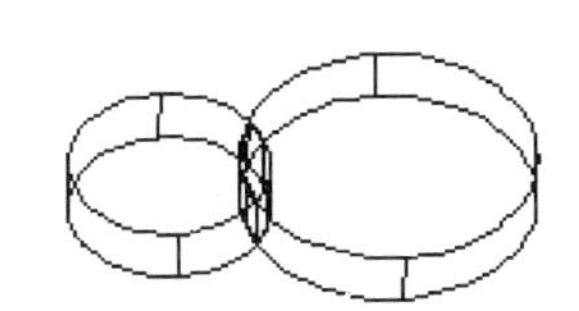
图 9-28　干涉检查结果

图 9-29　移出的干涉体

9.6　三维对象的操作

在工程实践中，对于复杂图形，有了三维对象的操作功能，绘图会更加容易。三维对象操作主要包括三维阵列、三维镜像、三维旋转及对齐。

9.6.1　三维阵列(3DARRAY)

对于创建多个定间距的对象，阵列比复制要快。三维阵列可以在矩形或环形(圆形)阵列中创建对象的副本。对于矩形阵列，可以控制行和列的数目以及它们之间的距离。对于环形阵列，可以控制对象副本的数目并决定是否旋转副本。

(1) 三维矩形阵列复制,如图 9-30 所示。

在行(X 轴)、列(Y 轴)和层(Z 轴)矩形阵列中复制对象。一个阵列必须具有至少两个行、列或层。如果只指定一行,就须指定多列,反之亦然。若只指定一层,则须创建二维阵列。输入正值将沿 X、Y、Z 轴的正向生成阵列。输入负值将沿 X、Y、Z 轴的负向生成阵列。

具体操作如下:

命令: _3DARRAY
选择对象: 找到 1 个　　　　　//用鼠标选择要阵列的对象
选择对象: ↙　　　　　　　　//选择结束,按 Enter 键
输入阵列类型[矩形(R)/环形(P)] <矩形>:R　//选择矩形阵列
输入行数 (---) <1>: 3　　　　//输入 3 行
输入列数 (|||) <1>: 4　　　　//输入 4 列
输入层数 (...) <1>: 5　　　　//输入 5 层
指定行间距 (---): 200　　　　//输入行间距,见图 9-30 所示
指定列间距 (|||): 350　　　　//输入列间距,见图 9-30 所示
指定层间距 (...): 100　　　　//输入层间距,见图 9-30 所示

(2) 三维环形阵列复制,如图 9-31 所示。

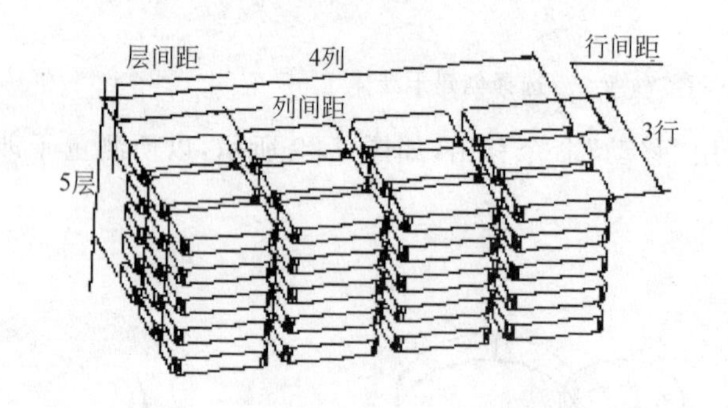

图 9-30　三维矩形阵列

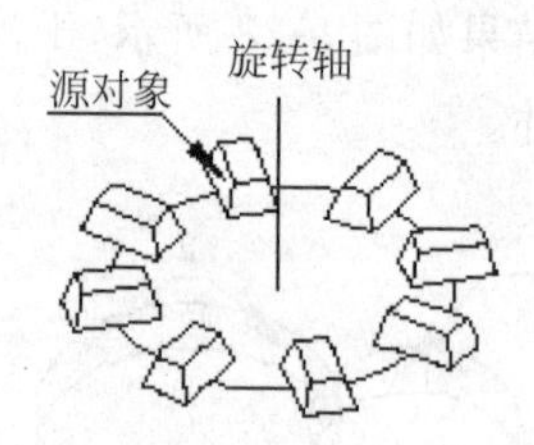

图 9-31　环形阵列

三维环形阵列是源对象绕旋转轴复制对象,其与二维阵列复制不同的是,它可以在任意平面内进行阵列,如图 9-31 所示,具体操作如下:

命令: _3DARRAY
正在初始化……　已加载 3DARRAY
选择对象: 找到 1 个　//用鼠标选择源对象
选择对象:　　　　　//选择完毕,按 Enter 键
输入阵列类型[矩形(R)/环形(P)] <环形>:P　　　//选择环形阵列复制
输入阵列中的项目数目: 8　　　　　//输入总项目数,含源对象
指定要填充的角度(+=逆时针, -=顺时针) <360>:　//总项目数等分的圆周角度
旋转阵列对象?[是(Y)/否(N)] <Y>:↙
　//复制出来的对象,保持源对象与回转轴的角度相一致,如果选"否(N)"选项,则在环形复制时,保持与源对象一样的方位
指定阵列的中心点:　//用鼠标选择回转轴线的下端点
指定旋转轴上的第二点: //用鼠标选择回转轴线的上端点

9.6.2 三维镜像(MIRROR3D)

与二维镜像有些相似，三维镜像主要用于对称的图形。但二维镜像局限在 XY 平面上，并需要一条对称线，而三维镜像无 XY 平面的限制，且需要一个镜像面。

使用 MIRROR3D 命令，可以镜像指定镜像平面中的对象。镜像平面可以是以下平面。

(1) 平面对象所在的平面。

(2) 通过指定点且与当前 UCS 的 XY、YZ 或 XZ 平面平行的平面。

(3) 由 3 个指定点定义的平面。

图 9-32 所示为一零件的三视图。从图形中看出，由于在 135°上分布两个相同的形状，因此在绘制成三维实体时，可以考虑只绘出其中一个三维图形，而另一个可利用三维镜像命令完成。最后，再利用“三维并集”将其结合在一起成为一个完整的三维实体零件。首先，画出中间及左边的圆柱体及连接板的三维实体，如图 9-33 所示。其次，在 XY 平面画出 135°的平分线，用作确定镜像平面。然后，进行镜像。在图 9-33 中，“1”、“2”点为中间圆柱体底圆和顶圆的圆心，该条直线可以不画出，在需要时可捕捉其圆心。

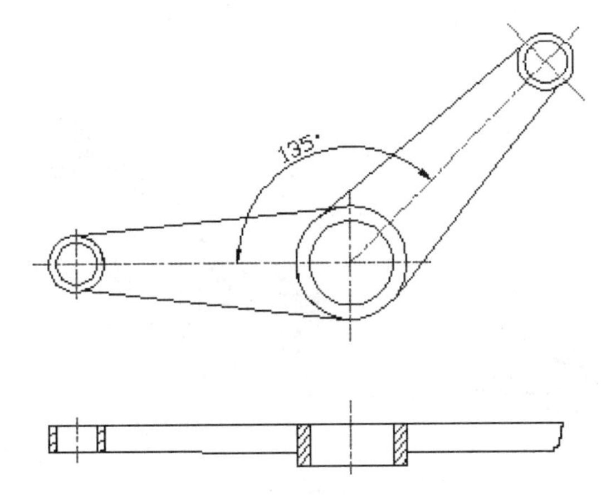

图 9-32 具有相同结构的零件

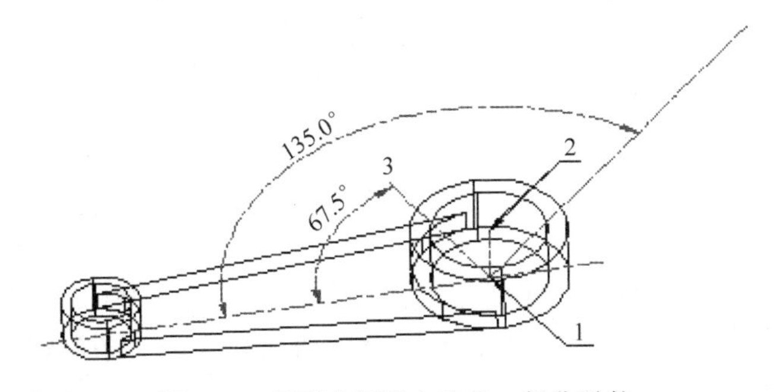

图 9-33 图形中间及左边的一部分零件

具体操作步骤如下：

(1) 如图 9-33 所示，在 XY 平面画出图一条从“1”至“3”直线，该线是 135°的平分线。

选择“直线”命令后，提示如下：

命令：_LINE 指定第一点：//捕捉中间圆柱体底圆圆心
指定下一点或[放弃(U)]：@150＜112.5 //长度大于中间圆柱半径即可，角度从 X 正方向逆时针计算，应为 67.5＋45＝112.5
指定下一点或[放弃(U)]：↙ //按 Enter 键结束直线命令

(2) 镜像对象，如图 9-34 所示，执行“修改”→“三维操作”→“三维镜像”命令后，提示如下：

命令：_MIRROR3D
选择对象：找到 1 个 //选择左边圆柱体
选择对象：找到 1 个，总计 2 个 //选择左边的连接板
选择对象：↙ //按 Enter 键结束选择
指定镜像平面(三点)的第一个点或[对象(O)/最近的(L)/Z 轴(Z)/视图(V)/XY 平面(XY)/YZ 平面(YZ)/ZX 平面(ZX)/三点(3)]＜三点＞：//用 3 个点确定镜像平面，此时可直接用鼠标捕捉图 9-32 中的第“1”点(下底面圆心)
在镜像平面上指定第二点：//用鼠标捕捉图 9-32 中的第“2”点
在镜像平面上指定第三点：//用鼠标捕捉图 9-32 中的第“3”点(直线的端点)
是否删除源对象?[是(Y)/否(N)]＜否＞：↙ //不删除源对象

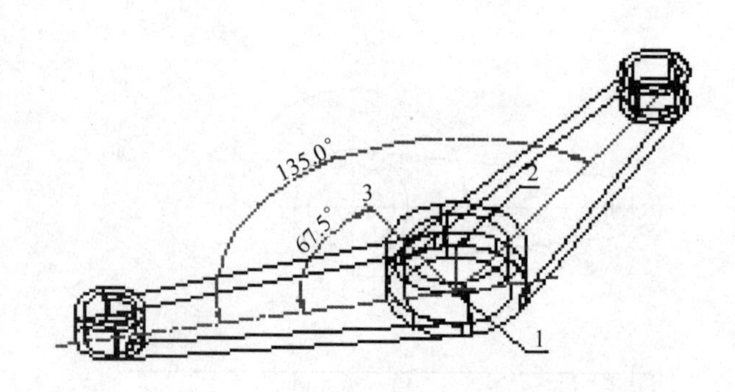

图 9-34 镜像后的零件

(3) 合并对象，执行“修改”→“实体编辑”→“并集”命令后，提示如下：

命令：UNION
选择对象：指定对角点：找到 18 个 //选择图 9-34 中全部对象
选择对象：↙ //按 Enter 键结束选择，三维零件图完成

9.6.3 三维旋转

二维旋转与三维旋转的主要区别在于：二维旋转只能在 WCS 和 UCS 坐标系中的 XY 平面中实现。二维旋转只需一个基准点，而三维旋转需要一条旋转轴，该旋转轴可以是任意位置的。三维对象如果是在同一平面内作旋转，也可用二维旋转命令。下面以图 9-33为例，说明三维旋转的应用。

(1) 将图 9-33 中左边圆柱体和连接板在原地复制一份。执行“修改”→“复制”命令，提示如下：

命令: _COPY
选择对象: 找到 1 个 //用鼠标选择左边圆柱体
选择对象: 找到 1 个,总计 2 个 //用鼠标选择连接板
选择对象: ↙ //按 Enter 键,完成选择
指定基点或[位移(D)] <位移>: //在绘图区任选一点
指定第二个点或 <使用第一个点作为位移>: @ //在原地复制
指定第二个点或[退出(E)/放弃(U)] <退出>:↙ //按 Enter 键,完成复制

(2) 旋转三维对象,执行"修改"→"三维操作"→"三维旋转"命令后,提示如下:

命令: ROTATE3D
当前正向角度: ANGDIR=逆时针 ANGBASE=0.0
选择对象: p //p 表示先前复制对象时选择的那些对象
找到 2 个
选择对象: ↙ //按 Enter 键,完成选择
指定轴上的第一个点或定义轴依据[对象(O)/最近的(L)/视图(V)/X 轴(X)/Y 轴(Y)/Z 轴(Z)/两点(2)]: 2 //采用 2 点确定旋转轴
指定轴上的第一点: //选择图 9-33 中的第"1"点,可用鼠标捕捉圆心的方法
指定轴上的第二点: //选择图 9-33 中的第"2"点,可用鼠标捕捉圆心的方法
指定旋转角度或[参照(R)]: −135 ↙ //操作完成,如图 9-34 所示

9.6.4 对齐

在未学习 ALIGN"对齐"命令之前,在二维和三维空间中要将一个对象与其他对象对齐,可以通过移动、旋转等方法来对齐对象。而使用 ALIGN 命令,能方便地将两个对象对齐,如图 9-35 所示,将圆柱体底面圆心与长方体上表面几何中心对齐,ALIGN 命令实际上是旋转、移动等多个命令的集合。执行"修改"→"三维操作"→"对齐"命令后,提示如下:

命令: _ALIGN
选择对象: 找到 1 个 //选择圆柱体作为源对象,而长方体不动
选择对象: ↙ //选择完毕,按 Enter 键
指定第一个源点: //捕捉圆柱体下底面圆心"1"
指定第一个目标点: //捕捉长方体上表面几何中心点,即对角线的中点"1′"
指定第二个源点: //捕捉圆柱体下底面象限点"2"
指定第二个目标点: //捕捉长方体上表面右边线的中点"2′"
指定第三个源点或 <继续>: //捕捉圆柱体下底面象限点"3"
指定第三个目标点: //捕捉长方体上表面左上角点"3′"

对齐结果如图 9-36 所示。

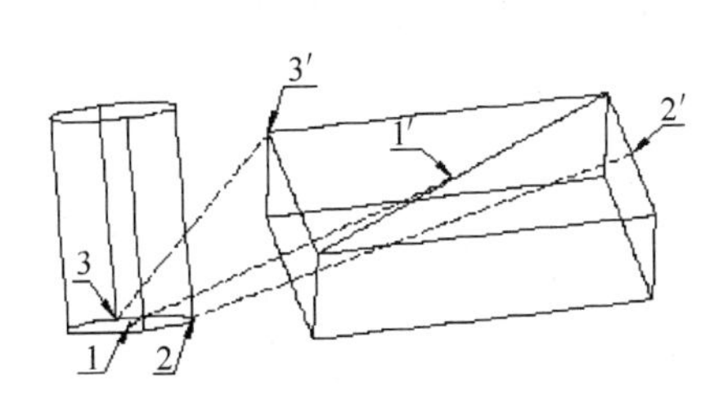

图 9-35 两对象对齐

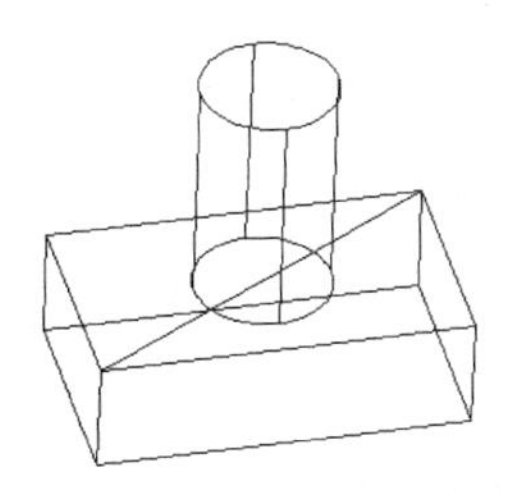
图 9-36 对齐的结果

说明：

(1) 在对齐操作中，第一点是基准点，源对象和目标对象相应的点可以完全重合。

(2) 第二点是确定方位的点，如图 9-36 所示，圆柱体下表面右边的象限点与长方体上表面右边线中心方位相同。

(3) 第三点是确定平面对齐的点(加上第一点和第二点，共 3 点可确定一个平面)，即圆柱体下底面与长方体上表面对齐。

9.7 三维实体编辑

要想绘制比较复杂的三维图形，除上节提到的三维实体的镜像、阵列和旋转外，还必须使用更多的 AutoCAD 的三维实体编辑功能，才能完成更复杂的三维实体。三维实体的修改和编辑内容较多，本章主要介绍实体的布尔操作、抽壳、倒角、圆角等命令，而对于实体面的拉伸、移动、偏移、旋转、压印等命令请参照 AutoCAD 的相关手册或帮助文件。

9.7.1 实体的布尔操作

在三维绘图中，许多复杂实体是由简单实体通过切割、叠加组合而成的，而要完成这些任务，布尔操作是必不可少的。在 AutoCAD 中，布尔操作主要是实体的并集、差集和交集，其概念与数学中的概念相类似。布尔操作也可用于同一平面的面域。

1. 并集

将两个或两个以上的对象组合在一起，得到的组合实体包括所有选定实体所封闭的空间。得到的组合面域包括子集中所有面域所封闭的面积。图 9-37 所示为一个圆柱体与一个长方体，现在将它们组合在一起，执行“修改”→“实体编辑”→“并集”命令，提示如下：

```
命令：_UNION
选择对象：指定对角点：找到 2 个   //同时或分别选择圆柱体和长方体
选择对象：↙   //选择完毕，按 Enter 键，得到图 9-38 所示效果
```

2. 差集

从第一个选择集中的对象减去第二个选择集中的对象，然后创建一个新的实体或面域。执行减操作的两个面域必须位于同一平面上。以图 9-37 为例，用圆柱体减去长方体。执行“修改”→“实体编辑”→“差集”命令，提示如下：

```
命令：_SUBTRACT
选择要从中减去的实体或面域……
选择对象：找到 1 个   //选择被减对象，选择圆柱体
选择对象：↙   //被减对象选择完毕，按 Enter 键
选择要减去的实体或面域……
选择对象：找到 1 个   //选择要减去的对象，选择长方体
选择对象：↙   //减去对象选择完毕，按 Enter 键完成操作，如图 9-39 所示
```

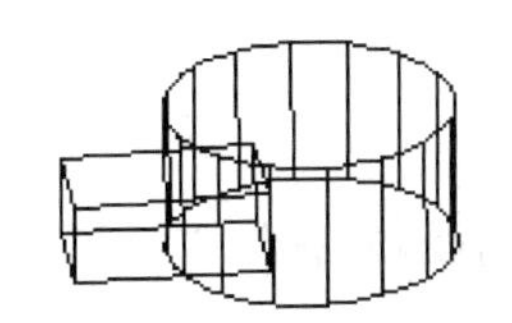

图 9-37　圆柱体与长方体

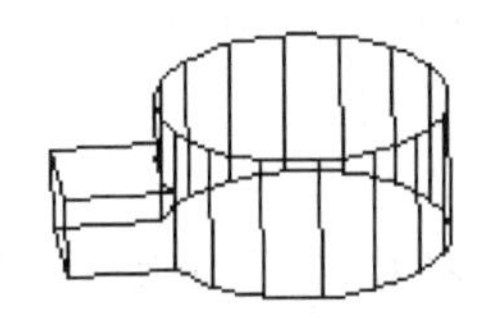

图 9-38　并集

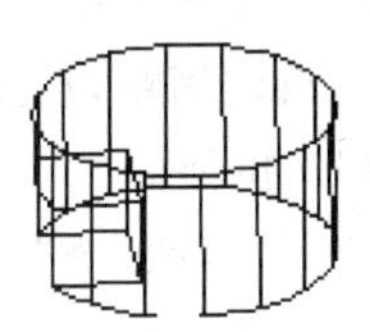

图 9-39　差集

3. 交集

交集是指两个子集公共的部分，以图 9-37 为例，求圆柱体与长方体的公共部分，即交集。执行"修改"→"实体编辑"→"交集"命令，提示如下：

命令：_INTERSECT
选择对象：指定对角点：找到 2 个　//同时或分别选择圆柱体和长方体
选择对象：↙ //选择完毕，按 Enter 键结束操作，得到图 9-40 所示的结果

4. 面域的布尔操作

面域的布尔操作与实体的布尔操作类似，如图 9-41 所示。

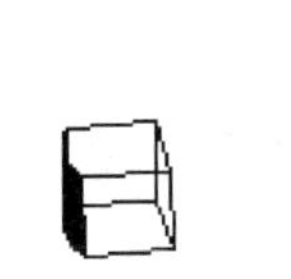

图 9-40　交集

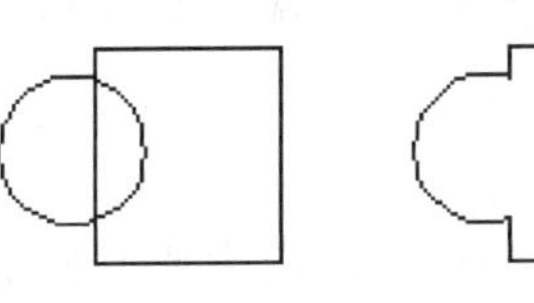

两个面域

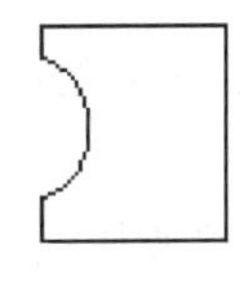

面域的并集

面域的差集

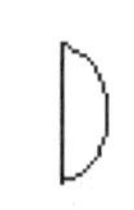

面域的交集

图 9-41　面域的布尔运算

9.7.2　实体编辑(SOLIDEDIT)

实体的编辑主要包括实体的面、边、体 3 个方面，具体操作如下：

命令：_SOLIDEDIT
实体编辑自动检查：　SOLIDCHECK=1
输入实体编辑选项[面(F)/边(E)/体(B)/放弃(U)/退出(X)] <退出>：
//选择要编辑的选项.其中，(F)为编辑实体的面、(E)为编辑实体的边、(B)为编辑实体、(U)为放弃所做的编辑、(X)为退出编辑实体命令.前 3 个选项也可直接在修改菜单下选择，如要编辑面，则可以直接执行"修改"→"实体编辑"→"拉伸面"命令

1. 实体面的编辑

当在上述命令中选择"面(F)"时，表示是编辑实体的面，提示如下：

输入面编辑选项
[拉伸(E)/移动(M)/旋转(R)/偏移(O)/倾斜(T)/删除(D)/复制(C)/着色(L)/放弃(U)/退出(X)] <退出>：　//这些选项是编辑实体面的内容

实体面的编辑(修改)，实质上是利用这些面作为下一步操作的对象(剖面)，如 9.4 节中介绍的实体拉伸，需要有一个剖面才能沿高度方向或路径拉伸，而这个剖面可以在已经

形成的实体面上抽取而得到。通过实体面的编辑可以改变实体的大小和形状。由于实体面的编辑较简单,在此仅做简单介绍。

(1) 拉伸面

执行"修改"→"实体编辑"→"拉伸面"命令后,得到拉伸的剖面,之后与 9.4 节中的拉伸操作方法类似。

(2) 移动面

执行"修改"→"实体编辑"→"移动面"命令后,可以选多个面,但只能沿与要移动的面垂直的方向移动,实质上可改变原实体的尺寸。

(3) 偏移面

执行"修改"→"实体编辑"→"偏移面"命令后,可以选择多个面同时进行偏移,但多个面偏移的距离必须相同,并沿各面垂直的方向偏移。

(4) 删除面

执行"修改"→"实体编辑"→"偏移面"命令后,被选中的面被删除,该面的所有角点变为一点,且该点位于删除面的几何中心上。

(5) 旋转面

执行"修改"→"实体编辑"→"旋转面"命令后,选中要旋转的面,确定旋转轴,旋转轴根据需要可以是任意位置,然后确定旋转角度。

(6) 倾斜面

执行"修改"→"实体编辑"→"倾斜面"命令后,选中要倾斜的面,确定基点,基点的位置是不变的,然后用基点与另一点构成的直线来确定倾斜的方向和角度。

(7) 着色面

执行"修改"→"实体编辑"→"着色面"命令后,选中要着色的面,附着相应的颜色,这样实体上每个面都可以有不同的颜色。

(8) 复制面

执行"修改"→"实体编辑"→"复制面"命令后,可以复制实体上的一个或多个面,以便他用。

2. 实体边的编辑

当选择"边(E)"选项时,提示如下:

输入边编辑选项[复制(C)/着色(L)/放弃(U)/退出(X)] <退出>: //实体边的编辑包括复制边和着色边两项

(1) 复制边

复制三维边,即所有三维实体边被复制为直线、圆弧、圆、椭圆或样条曲线。执行"修改"→"实体编辑"→"复制边"命令,可以复制选中的边,并要求指定复制的基点和第二点位置。

(2) 着色边

着色边是指更改边的颜色。

3. 编辑体

当选择“体(B)”选项时，提示如下：

输入体编辑选项
[压印(I)/分割实体(P)/抽壳(S)/清除(L)/检查(C)/放弃(U)/退出(X)] <退出>:

(1) 压印

在选定的对象上压印一个对象。为了使压印操作成功，被压印的对象必须与选定对象的一个或多个面相交。“压印”选项仅限于以下对象执行：圆弧、圆、直线、二维和三维多段线、椭圆、样条曲线、面域、体和三维实体。当在上述选项中选择“压印(I)”时(以图 9-42为例)，提示如下：

选择三维实体: //选择长方体
选择要压印的对象:　//选择要压印的字“工程制图”，由于“工程制图”4 个字在之前已经被拉伸为三维实体对象，其对象数不止一个
是否删除源对象[是(Y)/否(N)] <N>:　//不删除源对象
选择要压印的对象:　//选择第二个字
是否删除源对象[是(Y)/否(N)] <N>:
选择要压印的对象:　//全部选完之后，按 Enter 键退出，将字移走之后得到图 9-43 所示的结果

图 9-42　压印

图 9-43　压印结果

(2) 分割

将通过并集运算创建的不相交的三维实体对象分割为几个独立的三维实体对象，也可以认为是一种并集的反操作。通过分割，可以单独对被分割的实体进行编辑。执行“修改”→“实体编辑”→“分割”命令后，提示如下：

命令: _SOLIDEDIT
实体编辑自动检查:　SOLIDCHECK=1
输入实体编辑选项[面(F)/边(E)/体(B)/放弃(U)/退出(X)] <退出>: _body
输入体编辑选项
[压印(I)/分割实体(P)/抽壳(S)/清除(L)/检查(C)/放弃(U)/退出(X)] <退出>: _separate
选择三维实体:　//选择三维实体

(3) 抽壳

抽壳是指用指定的厚度创建一个空的薄层,可以为所有面指定一个固定的薄层厚度。通过选择面将这些面排除在壳外,一个三维实体只能有一个壳。以图 9-44 的实体为例做一抽壳。执行"修改"→"实体编辑"→"抽壳"命令后,提示如下:

命令: _SOLIDEDIT
实体编辑自动检查: SOLIDCHECK=1
输入实体编辑选项[面(F)/边(E)/体(B)/放弃(U)/退出(X)] <退出>: _body
输入体编辑选项
[压印(I)/分割实体(P)/抽壳(S)/清除(L)/检查(C)/放弃(U)/退出(X)] <退出>: _shell
选择三维实体: //选择图 9-44 中的三维实体
删除面或[放弃(U)/添加(A)/全部(ALL)]: 找到一个面,已删除 1 个 //选择圆柱体的上表面
删除面或[放弃(U)/添加(A)/全部(ALL)]: ↙ //选择完毕,按 Enter 键
输入抽壳偏移距离: 5 //输入抽壳厚度
已开始实体校验
已完成实体校验
输入体编辑选项
[压印(I)/分割实体(P)/抽壳(S)/清除(L)/检查(C)/放弃(U)/退出(X)] <退出>: ↙
//按两次 Enter 键后退出该命令

图 9-45 所示为抽壳后的效果,为了看清抽壳后内部的情况,执行"剖切"命令,剖开后的抽壳体如图 9-46 所示,从中可以看到,实体抽壳后,壁厚是相等的。

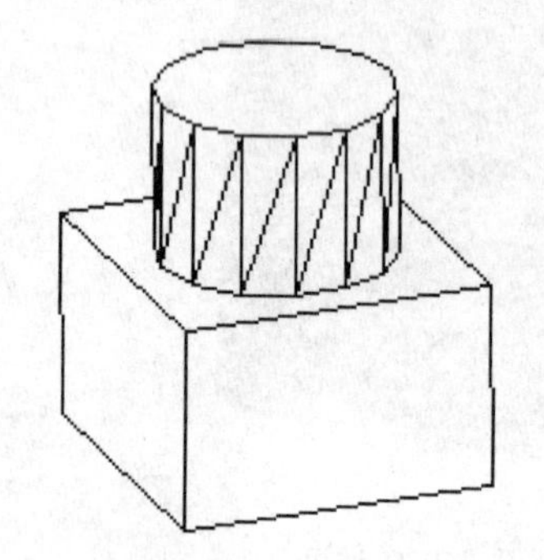

图 9-44 三维实体

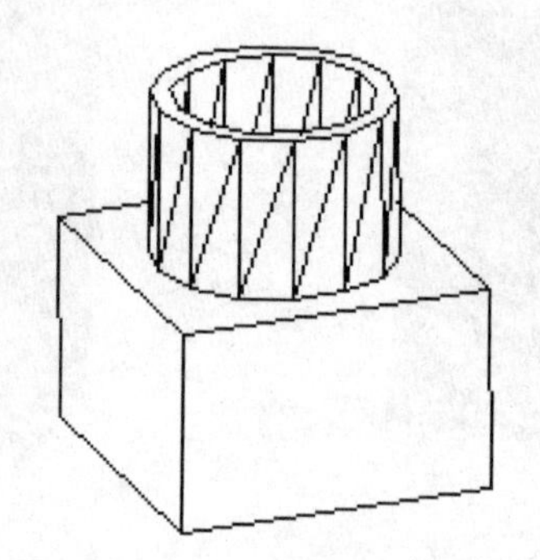

图 9-45 抽壳后的实体

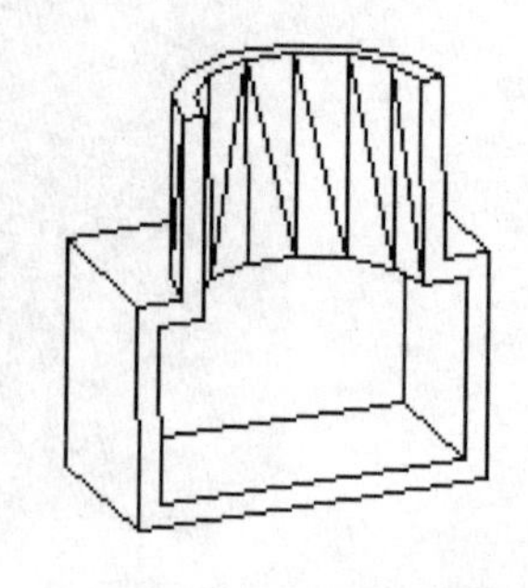

图 9-46 剖切后的抽壳体

(4) 清除

删除共享边以及那些在边或顶点具有相同表面或曲线定义的顶点。删除所有多余的边和顶点、压印的以及不使用的几何图形。执行"修改"→"实体编辑"→"清除"命令后,提示如下:

命令: _SOLIDEDIT
实体编辑自动检查: SOLIDCHECK=1
输入实体编辑选项[面(F)/边(E)/体(B)/放弃(U)/退出(X)] <退出>: _body
输入体编辑选项
[压印(I)/分割实体(P)/抽壳(S)/清除(L)/检查(C)/放弃(U)/退出(X)] <退出>: _clean
选择三维实体: //选择要清除的三维实体

(5) 检查

验证三维实体对象是否为有效的 ShapeManager 实体，此操作独立于 SOLIDCHECK 设置。执行“修改”→“实体编辑”→“检查”命令后，提示如下：

```
命令: _SOLIDEDIT
实体编辑自动检查:  SOLIDCHECK=1
输入实体编辑选项[面(F)/边(E)/体(B)/放弃(U)/退出(X)] <退出>: _body
输入体编辑选项
[压印(I)/分割实体(P)/抽壳(S)/清除(L)/检查(C)/放弃(U)/退出(X)] <退出>: _check
选择三维实体: 此对象是有效的 ShapeManager 实体  //选择图 9-44 所示的三维实体
```

9.7.3 倒角和圆角

在二维图形编辑命令中已经介绍过这两个命令，这两个命令不但能在二维图形中使用，也能用于三维实体的倒角和圆角。不同的是，二维图形是在两边条之间形成倒角或圆角，而在三维实体中，是在两个面之间形成倒角面或圆角面。

1. 倒角

执行“修改”→“倒角”命令后，提示如下：

```
命令:  CHAMFER
("修剪"模式) 当前倒角距离 1 = 0.0000,距离 2 = 0.0000
选择第一条直线或[放弃(U)/多段线(P)/距离(D)/角度(A)/修剪(T)/方式(E)/多个(M)]:
    //在实体上选择要倒角的线,选中后会高亮显示该线所在的面,将该面作为倒角的基准面
基面选择……
输入曲面选择选项[下一个(N)/当前(OK)] <当前>: n
    //如果高亮显示的面不是你所要求的,可输入"n",AutoCAD 会为你找到与该线相邻的另一
      个面,只有基面上的边才能被倒角
输入曲面选择选项[下一个(N)/当前(OK)] <当前>:↙
    //找到需要的面后,按 Enter 键,结束选择基面
指定基面的倒角距离://指定在基面上的倒角距离
指定其他曲面的倒角距离 <10.0000>:  //指定另一个面的倒角距离
选择边或[环(L)]:  //选择要倒角的边,注意:只有基面上的边才能被倒角
选择边或[环(L)]:L  ↙ //如果基面上所有边都要倒角,则选择"L"后,按 Enter 键,则会提示:
选择边环或[边(E)]:  //选择基面上任意一条边
选择边环或[边(E)]:↙  //选择完毕后,按 Enter 键结束
```

2. 圆角

执行“修改”→“圆角”命令。圆角命令与倒角命令完全类似，在此不再赘述。

9.8 综合实例

9.8.1 实例一

画出如图 9-47 所示的实体，作图思路：先画出带斜边的四边形、拉伸实体、画出宽 14 高 19 的长方体(长度大于 62 即可)，最后做实体的差集即可完成。具体操作步骤如下：

(1) 画出如图 9-48 所示的图形，并创建面域。

(2) 执行“绘图”→“实体”→“拉伸”命令后，提示如下：

命令： EXTRUDE
当前线框密度： ISOLINES=4
选择对象：找到 1 个 //选择创建的面域
选择对象： ↙ //选择完毕后，按 Enter 键
指定拉伸高度或[路径(P)]：38 //拉伸高度为 38
指定拉伸的倾斜角度 <0>：↙

(3) 在拉伸体上表面画出长方体槽。

① 定义 UCS，如图 9-49 所示。

命令：UCS
当前 UCS 名称：＊主视＊
输入选项[新建(N)/移动(M)/正交(G)/上一个(P)/恢复(R)/保存(S)/删除(D)/应用(A)/?/世界(W)] <世界>：N ↙ //新建 UCS 坐标
指定新 UCS 的原点或[Z 轴(ZA)/三点(3)/对象(OB)/面(F)/视图(V)/X/Y/Z] <0,0,0>：3 ↙
指定新原点 <0,0,0>：//用鼠标捕捉图 9-49 中的第“1”点
在正 X 轴范围上指定点 <667.2047,121.0325,0.0000>： //用鼠标捕捉第“2”点
在 UCS XY 平面的正 Y 轴范围上指定点 <666.2047,120.0325,0.0000>：
　　//用鼠标捕捉第“3”点，如图 9-49 中的坐标

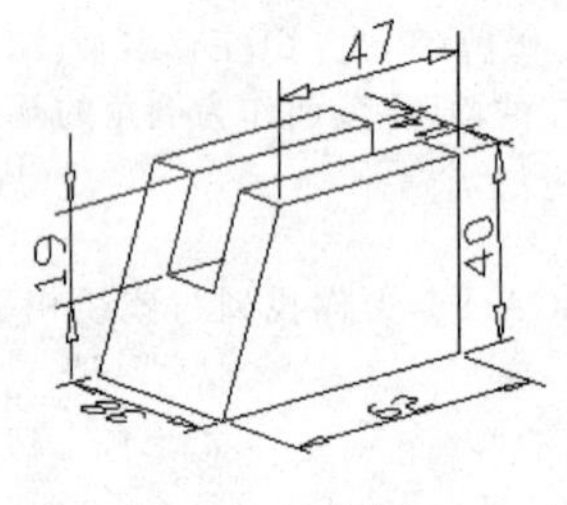

图 9-47　实例一

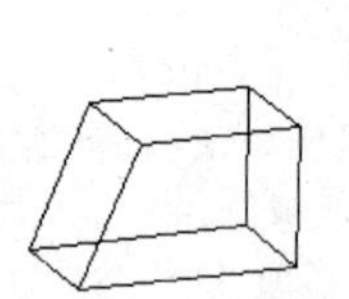
图 9-48　拉伸

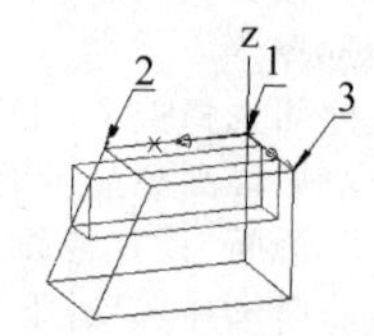

图9-49　画出长方体槽

② 在 UCS 坐标的 XY 平面，画出一长方形(65×14)，其右边中心与图 9-48 上表面右边的中点对齐。

③ 拉伸长方槽。执行“绘图”→“实体”→“拉伸”命令后，提示如下：

命令：_EXTRUDE
当前线框密度： ISOLINES=4
选择对象：找到 1 个 //选择(65×14)的长方形
选择对象： ↙ //选择结束，按 Enter 键
指定拉伸高度或[路径(P)]：−19 ↙ //因拉伸高度与 Z 轴相反，所以其值是负值
指定拉伸的倾斜角度 <0>： ↙ //拔模角为零，直接按 Enter 键，完成拉伸，如图 9-49 所示

(4) 求实体的差集。

执行“修改”→“实体编辑”→“差集”命令后，提示如下：

命令：_SUBTRACT
选择要从中减去的实体或面域……

选择对象：找到 1 个　//选择带斜边的实体(大的)
选择对象：↙　//选择结束
选择要减去的实体或面域 ……
选择对象：找到 1 个　//选择小的长方槽
选择对象：↙　//选择结束，同时得到最后的效果图，如图 9-47 所示

9.8.2 实例二

画出如图 9-50 所示的办公桌，桌面为 1600mm×800mm×50mm，抽屉为 600mm×300mm×100mm，抽屉面板为 400mm×170mm，除桌面板厚外的板厚约为 15mm，其余尺寸自定。该办公桌主要由桌面、桌承、抽屉和抽屉拉手组成。

1. 画桌面

如图 9-51 所示，画长方体后，作圆角。

命令：_BOX
指定长方体的角点或[中心点(CE)] <0,0,0>：↙
指定角点或[立方体(C)/长度(L)]：@1700,800 ↙
指定高度：50 ↙
命令：_FILLET
当前设置：模式 = 修剪，半径 = 5.0000
选择第一个对象或[放弃(U)/多段线(P)/半径(R)/修剪(T)/多个(M)]：//选择长方体上面的一条边
输入圆角半径 <5.0000>：20 ↙
选择边链或[边(E)/半径(R)]：　//选择桌面上表面的一条边线
选择边链或[边(E)/半径(R)]：　//选择桌面上表面的另一条边线
选择边链或[边(E)/半径(R)]：　//选择桌面上表面的另一条边线
选择边链或[边(E)/半径(R)]：　//选择桌面上表面的最后一条边线
已选定 4 个边用于圆角

图 9-50　办公桌

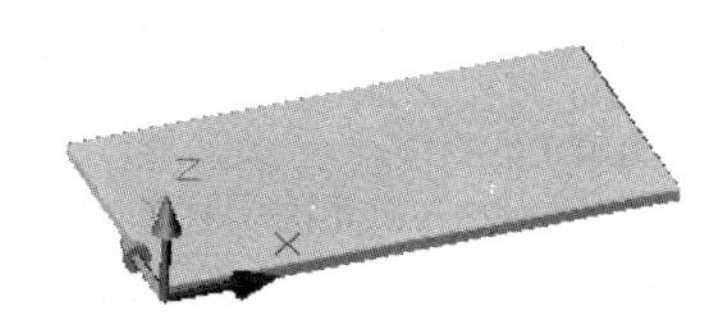

图 9-51　桌面

2. 画桌承(见图 9-52)

(1) 画桌承的长方体(见图 9-53)。

命令：_BOX　//画长方体
指定长方体的角点或[中心点(CE)] <0,0,0>：
指定角点或[立方体(C)/长度(L)]：@400,650 ↙
指定高度：600 ↙

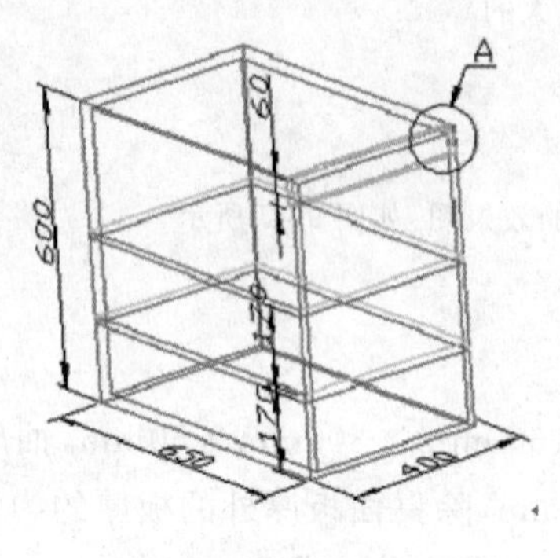

图 9-52 桌承

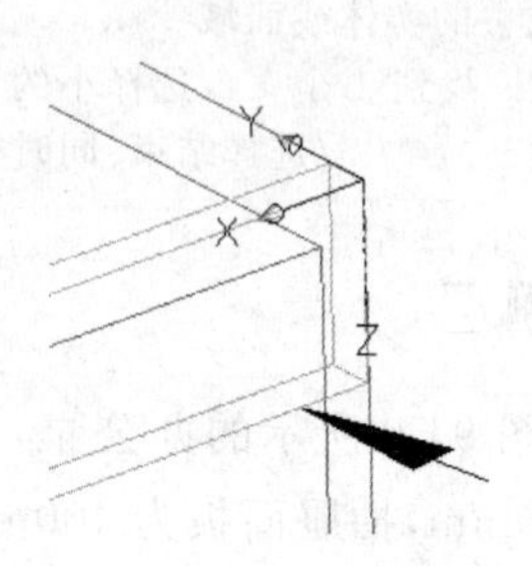

图 9-53 A 节点放大图

(2) 抽壳

```
命令: _SOLIDEDIT
实体编辑自动检查:  SOLIDCHECK=1
输入实体编辑选项[面(F)/边(E)/体(B)/放弃(U)/退出(X)] ＜退出＞: _body
输入体编辑选项
[压印(I)/分割实体(P)/抽壳(S)/清除(L)/检查(C)/放弃(U)/退出(X)] ＜退出＞: _shell
选择三维实体:
删除面或[放弃(U)/添加(A)/全部(ALL)]: 找到一个面,已删除 1 个
删除面或[放弃(U)/添加(A)/全部(ALL)]: ↙
输入抽壳偏移距离: 15 ↙
已开始实体校验
已完成实体校验
输入体编辑选项
[压印(I)/分割实体(P)/抽壳(S)/清除(L)/检查(C)/放弃(U)/退出
(X)] ＜退出＞: *取消*   //按 ESC 键退出该命令
```

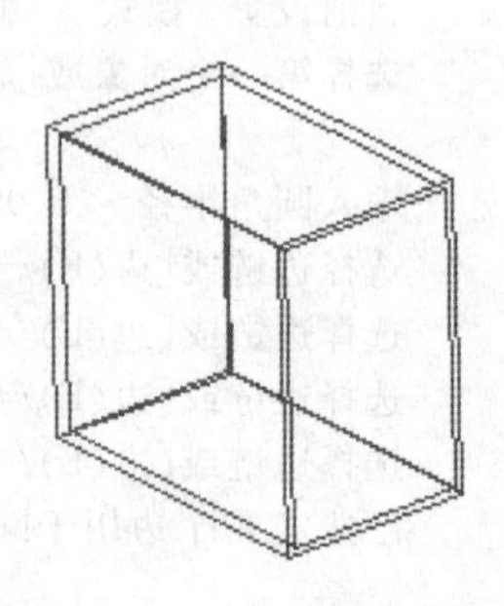

图 9-54 抽壳后的结果

将长方体抽壳后,得到的结果如图 9-54 所示。

(3) 画抽屉隔板

① 复制两个面,然后拉伸为抽屉隔板。

```
命令: _SOLIDEDIT
实体编辑自动检查:  SOLIDCHECK=1
输入实体编辑选项[面(F)/边(E)/体(B)/放弃(U)/退出(X)] ＜退出＞: _face
输入面编辑选项
[拉伸(E)/移动(M)/旋转(R)/偏移(O)/倾斜(T)/删除(D)/复制(C)/着色(L)/放弃(U)/退出
(X)] ＜退出＞: _copy
选择面或[放弃(U)/删除(R)]: 找到两个面  //选择桌承底部外框线,结果显示选择了两个面
选择面或[放弃(U)/删除(R)/全部(ALL)]: r  //选择非底面的那个面,删除之
删除面或[放弃(U)/添加(A)/全部(ALL)]: 找到两个面,已删除一个
删除面或[放弃(U)/添加(A)/全部(ALL)]:  ↙  //按 Enter 键,结束选择复制面
指定基点或位移:  //用鼠标指定任意点
指定位移的第二点: @0,0,170 ↙  //将复制的面沿 Z 轴移动 170
输入面编辑选项[拉伸(E)/移动(M)/旋转(R)/偏移(O)/倾斜(T)/删除(D)/复制(C)/着色(L)/
放弃(U)/退出(X)] ＜退出＞: c  //再复制一个面
```

选择面或[放弃(U)/删除(R)]： //用鼠标选择底面边线，如果选对底面一个面则为正确.如果选中了两个面则删除非底面
必须选择三维实体
找到一个面
删除面或[放弃(U)/添加(A)/全部(ALL)]： ↙ //按 Enter 键，结束选择面
指定基点或位移： 用鼠标指定任意点
指定位移的第二点：@0,0,340↙
输入面编辑选项
[拉伸(E)/移动(M)/旋转(R)/偏移(O)/倾斜(T)/删除(D)/复制(C)/着色(L)/放弃(U)/退出(X)]<退出>：*取消* //按 ESC 键退出该命令

② 拉伸面。

命令：_EXTRUDE
当前线框密度： ISOLINES=16
选择对象：找到一个
选择对象：找到一个，总计两个
选择对象： //选择复制好的两个面
指定拉伸高度或[路径(P)]：15↙
指定拉伸的倾斜角度<0>:↙

③ 求并集。

命令：_UNION
选择对象：指定对角点：找到 3 个 //选择抽壳体和拉伸的两个面
选择对象： ↙ //结束该命令

(4) 画桌承封板，参照图 9-53 所示的 A 节点放大图。

① 定义 UCS。

命令：UCS
当前 UCS 名称：*没有名称*
输入选项
[新建(N)/移动(M)/正交(G)/上一个(P)/恢复(R)/保存(S)/删除(D)/应用(A)/?/世界(W)]<世界>：n
指定新 UCS 的原点或[Z 轴(ZA)/三点(3)/对象(OB)/面(F)/视图(V)/X/Y/Z]<0,0,0>：3
指定新原点<0,0,0>： //选择图 9-53 中的角点
在正 X 轴范围上指定点<-838.4472,42.7443,600.0000>： 选择图 9-53 中的 X 轴的那条边
在 UCS XY 平面的正 Y 轴范围上指定点<-839.4472,41.7443,600.0000>:选择图 9-53 中的 Y 轴的那条边

② 画封板长方体(见图 9-55)。

命令：_BOX
指定长方体的角点或[中心点(CE)]<0,0,0>： ↙
指定角点或[立方体(C)/长度(L)]：@400,15↙
指定高度：60↙

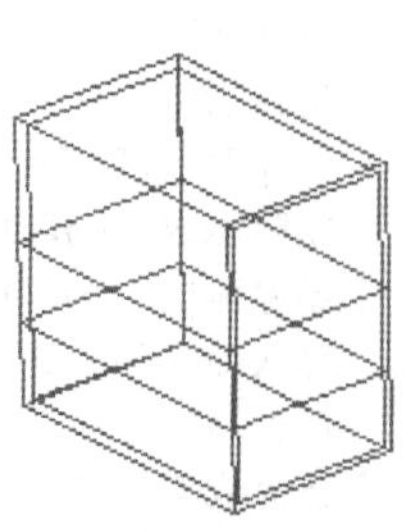

图 9-55 复制两个面

③ 修改长方体高度(应为 90)。在这里主要是学习如何利用"修改"→"编辑实体"→"拉伸面"命令。执行该命令，提示如下：

```
命令: _SOLIDEDIT
实体编辑自动检查:  SOLIDCHECK=1
输入实体编辑选项[面(F)/边(E)/体(B)/放弃(U)/退出(X)] <退出>: _face
输入面编辑选项
[拉伸(E)/移动(M)/旋转(R)/偏移(O)/倾斜(T)/删除(D)/复制(C)/着色(L)/放弃(U)/退出(X)] <退出>: _extrude
选择面或[放弃(U)/删除(R)]: 找到两个面  //选择图 9-53 箭头所指的线,但有时会同时选中两个面
选择面或[放弃(U)/删除(R)/全部(ALL)]: r ↙
删除面或[放弃(U)/添加(A)/全部(ALL)]: 找到两个面,已删除一个  //保留向 Z 轴方向拉伸的面,删除另一个面
删除面或[放弃(U)/添加(A)/全部(ALL)]:
指定拉伸高度或[路径(P)]: 30  //在原基础上拉伸 30,则封板总高度为 90
指定拉伸的倾斜角度 <0>:↙
已开始实体校验
已完成实体校验
输入面编辑选项
[拉伸(E)/移动(M)/旋转(R)/偏移(O)/倾斜(T)/删除(D)/复制(C)/着色(L)/放弃(U)/退出(X)] <退出>: *取消*  //按 Esc 键退出该命令
```

3. 画抽屉(见图 9-56)

(1) 抽屉盒画法

① 画长方体。UCS 坐标应与画桌面时相同,XY 坐标处于抽屉盒底面上,如果 UCS 与本例不同,则当将抽屉画好后,应通过三维旋转得到正确的方位,以便于装配。

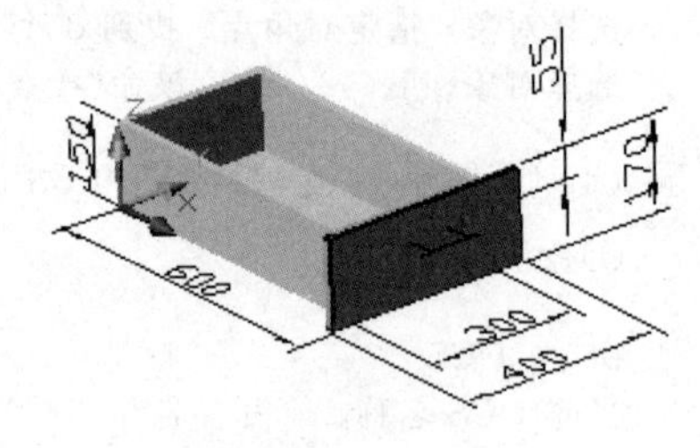

图 9-56 抽屉

```
命令: _BOX
指定长方体的角点或[中心点(CE)] <0,0,0>:↙
指定角点或[立方体(C)/长度(L)]: @300,600 ↙
指定高度: 150 ↙
```

② 抽壳,如图 9-56 所示。

```
命令: _SOLIDEDIT
实体编辑自动检查:  SOLIDCHECK=1
输入实体编辑选项[面(F)/边(E)/体(B)/放弃(U)/退出(X)] <退出>: _body
输入体编辑选项
[压印(I)/分割实体(P)/抽壳(S)/清除(L)/检查(C)/放弃(U)/退出(X)] <退出>: _shell
选择三维实体:  //选择长方体
删除面或[放弃(U)/添加(A)/全部(ALL)]: 找到一个面,已删除一个  //选择长方体上表面
删除面或[放弃(U)/添加(A)/全部(ALL)]: 找到一个面,已删除一个  //选择长方体上前面
删除面或[放弃(U)/添加(A)/全部(ALL)]: ↙  //按 Enter 键,结束选择
输入抽壳偏移距离: 15  ↙
已开始实体校验
已完成实体校验
输入体编辑选项
[压印(I)/分割实体(P)/抽壳(S)/清除(L)/检查(C)/放弃(U)/退出(X)] <退出>: *取消*
```

//按 Esc 键结束该命令

(2) 画抽屉面板

命令：_BOX
指定长方体的角点或[中心点(CE)] ＜0,0,0＞：600,－50↙
指定角点或[立方体(C)/长度(L)]：@15,400↙
指定高度：170↙

(3) 画抽屉拉手(见图 9-57)

① 移动 UCS 原点位置。

命令：_UCS
当前 UCS 名称：*没有名称*
输入选项[新建(N)/移动(M)/正交(G)/上一个(P)/恢复(R)/保存(S)/删除(D)/应用(A)/?/世界(W)] ＜世界＞：n↙
指定新 UCS 的原点或[Z 轴(ZA)/三点(3)/对象(OB)/面(F)/视图(V)/X/Y/Z] ＜0,0,0＞：
　　//在抽屉旁边任选一点

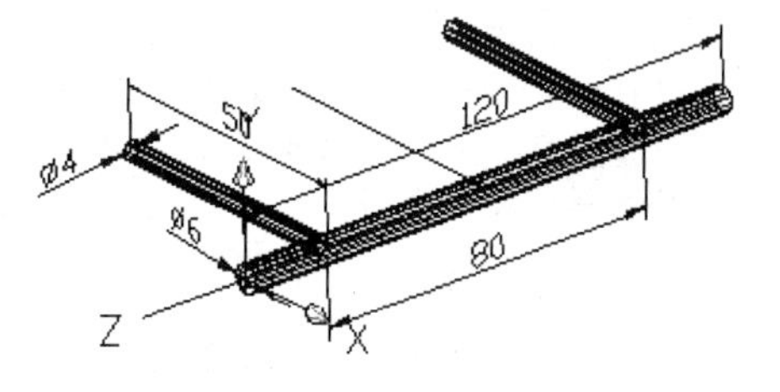

图 9-57　拉手

② 画 ϕ6 的圆柱体。

命令：_CYLINDER
当前线框密度：　ISOLINES=16
指定圆柱体底面的中心点或[椭圆(E)] ＜0,0,0＞：　↙
指定圆柱体底面的半径或[直径(D)]：6　↙
指定圆柱体高度或[另一个圆心(C)]：－120　↙　//与 Z 轴方向相反，所以取负值

③ 画 ϕ4 的圆柱体。

命令：_UCS
当前 UCS 名称：*没有名称*
输入选项[新建(N)/移动(M)/正交(G)/上一个(P)/恢复(R)/保存(S)/删除(D)/应用(A)/?/世界(W)] ＜世界＞：n↙
指定新 UCS 的原点或[Z 轴(ZA)/三点(3)/对象(OB)/面(F)/视图(V)/X/Y/Z] ＜0,0,0＞：y↙
指定绕 Y 轴的旋转角度 ＜90＞：↙
命令：_CYLINDER
当前线框密度：　ISOLINES=16
指定圆柱体底面的中心点或[椭圆(E)] ＜0,0,0＞：20,0↙　//画左边的支撑杆
指定圆柱体底面的半径或[直径(D)]：2↙
指定圆柱体高度或[另一个圆心(C)]：－50↙ //支撑杆长度，与 Z 轴方向相反取负值
命令：_CYLINDER
当前线框密度：　ISOLINES=16
指定圆柱体底面的中心点或[椭圆(E)] ＜0,0,0＞：100,0↙　//画右边的支撑杆
指定圆柱体底面的半径或[直径(D)]：2↙
指定圆柱体高度或[另一个圆心(C)]：－50↙

④ 求并集，将 3 个圆柱体组合在一起(略)。

⑤ 画辅助线，以便于安装。

命令：_LINE 指定第一点： //捕捉 ϕ6 圆柱体左端圆心
指定下一点或[放弃(U)]： //捕捉 ϕ6 圆柱体右端圆心
指定下一点或[放弃(U)]： ↙ //结束直线命令
命令：_LINE 指定第一点： //捕捉上面刚画直线的中点
指定下一点或[放弃(U)]： @ 0,0,－50 //参照图 9-53 拉手中间的直线
指定下一点或[放弃(U)]： ↙ //结束直线命令

(4) 安装

① 抽屉拉手与抽屉的安装。

命令：MOVE
选择对象：指定对角点：找到 3 个 //选择把手与两条辅助线
选择对象： ↙ //选择完成，按 Enter 键
指定基点或[位移(D)]＜位移＞： //选择把手中间的辅助线端点
指定第二个点或 ＜使用第一个点作为位移＞： //选择抽屉面板上边线的中点
命令：MOVE
选择对象：找到 3 个 //选择把手与两条辅助线
选择对象： ↙ //选择完成，按 Enter 键
指定基点或[位移(D)]＜位移＞： //在绘图区任选一点
指定第二个点或 ＜使用第一个点作为位移＞： @0,－55,0 //将拉手向下移动 55，如图 9-56 所示

② 将抽屉拉手与抽屉组合，求并集(略)。

③ 将抽屉装入桌承。

命令：MOVE
选择对象：找到 1 个 //选择抽屉
选择对象： ↙ //选择完成，按 Enter 键
指定基点或[位移(D)]＜位移＞： //选择图 9-58 中所示的抽屉的安装点
指定第二个点或 ＜使用第一个点作为位移＞： //选择桌承的安装点

④ 用矩形阵列复制另两个抽屉。

在阵列之前应当将 UCS 设置为图 9-58 所示的方位，此时用二维阵列命令即可。

执行"修改"→"阵列(A)..."命令后，将弹出对话框，选择"矩形阵列"选项卡，设置 3 行 1 列，行间距：170，列间距不为零即可，旋转角度：0，然后拾取对象(抽屉)，单击"确定"按钮即可完成，如图 9-59 所示。

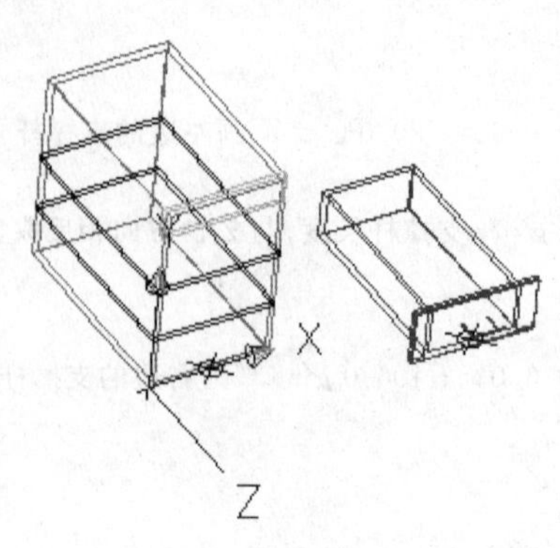

图 9-58 抽屉的安装

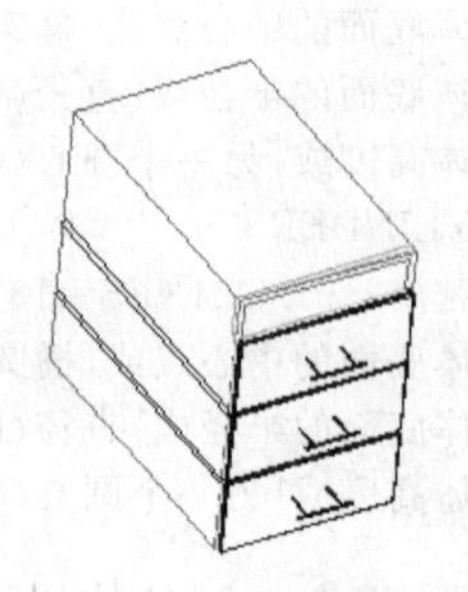

图 9-59 抽屉安装完成

⑤ 桌面与桌承的安装，桌承不动，移动桌面。

```
命令: MOVE
选择对象:找到 1 个   //选择桌面
选择对象: ↙   //选择完成,按 Enter 键
指定基点或[位移(D)] <位移>:  //选择桌面左边下边线的中点
指定第二个点或 <使用第一个点作为位移>:  //选择桌承上表面左边中点,此时桌面左边与桌
                                        承左边对齐
命令:MOVE
选择对象:找到 1 个   //选择桌面
选择对象: ↙  //选择完成,按 Enter 键
指定基点或[位移(D)] <位移>:  //选择桌面左边下边线的中点
指定第二个点或 <使用第一个点作为位移>:@-100,0,0   //将桌面向左移动 100
```

⑥ 用三维镜像命令复制右边桌承及抽屉。

```
命令: _MIRROR3D
选择对象: 指定对角点: 找到 10 个   //选择桌承及抽屉
选择对象: ↙  //选择完成,按 Enter 键
指定镜像平面(三点)的第一个点或[对象(O)/最近的(L)/Z 轴(Z)/视图(V)/XY 平面(XY)/YZ
平面(YZ)/ZX 平面(ZX)/三点(3)] <三点>: yz  ↙  //选择 YZ 平面为镜像面,此时 UCS 坐标
为图 9-58 所示的方位.
指定 YZ 平面上的点 <0,0,0>:  //选择面板前边线的中点
是否删除源对象?[是(Y)/否(N)] <否>:↙  //不删除源对象
```

至此，办公桌的绘制全部完成，结果如图 9-50 所示。

9.8.3 实例三

画出如图 9-60 所示零件图的三维模型。该零配件是由切割后的基本体组合而成的，可以大致分为 3 个部分：长方体底板、带孔的立板及被切割的长方体。下面介绍 3 个部分的画法。

(1) 画长方体底板，如图 9-61 所示。

```
命令: _BOX
指定长方体的角点或[中心点(CE)] <0,0,0>:↙
指定角点或[立方体(C)/长度(L)]: @60,32↙
指定高度: 10↙
```

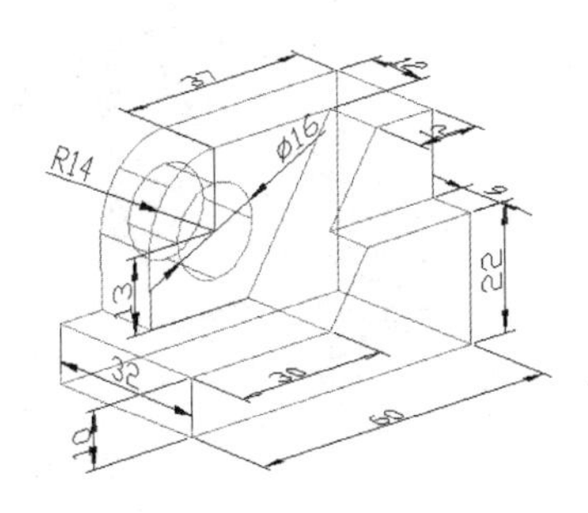

图 9-60 实例三

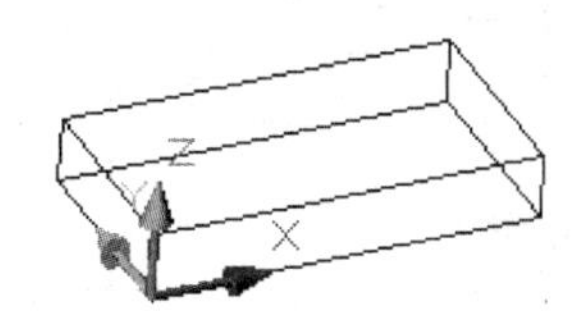

图 9-61 底板

(2) 画带孔的立板。

① 转换 UCS 坐标,选择“视图/三维视图/主视图”。

命令: _VIEW 输入选项
[?/分类(C)/图层状态(A)/正交(O)/删除(D)/恢复(R)/保存(S)/UCS(U)/窗口(W)]: _front
正在重生成模型

② 为了便于观察,用三维动态观察器,调整适当的角度,如图 9-62 所示。

③ 画出立板的截面。

命令: _RECTANG
指定第一个角点或[倒角(C)/标高(E)/圆角(F)/厚度(T)/宽度(W)]: //捕捉底板上面右后角点标记处指定另一个角点或[面积(A)/尺寸(D)/旋转(R)]: @−51,27↙
命令: _FILLET //画圆角
当前设置: 模式 = 修剪,半径 = 0.0000
选择第一个对象或[放弃(U)/多段线(P)/半径(R)/修剪(T)/多个(M)]: r↙
指定圆角半径 <0.0000>: 14↙
选择第一个对象或[放弃(U)/多段线(P)/半径(R)/修剪(T)/多个(M)]: //选择立板截面上边线
选择第二个对象,或按住 Shift 键选择要应用角点的对象: //选择立板截面左边线
命令: _CIRCLE
指定圆的圆心或[三点(3P)/两点(2P)/相切、相切、半径(T)]: //捕捉圆角的圆心
指定圆的半径或[直径(D)]: 8↙

④ 拉伸立板。

命令: _EXTRUED
当前线框密度: ISOLINES=4
选择对象: 找到 1 个 //选择立板截面
选择对象: 找到 1 个,总计 2 个 //选择圆
选择对象: ↙ //对象选择结束,按 Enter 键
指定拉伸高度或[路径(P)]: 12↙
指定拉伸的倾斜角度 <0>:↙

⑤ 求差集,得到孔(略),如图 9-62 所示。

(3) 画被切割的长方体。

① 转换 UCS 坐标,如图 9-63 所示。

② 用多段线画出拉伸(梯形)截面,如图 9-63 所示(步骤略)。

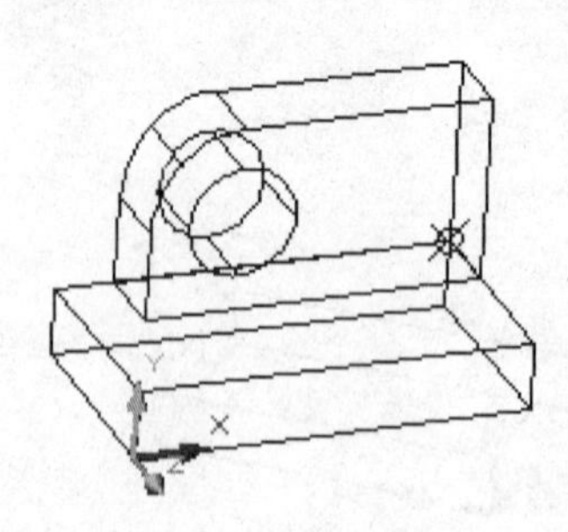

图 9-62 底板与立板

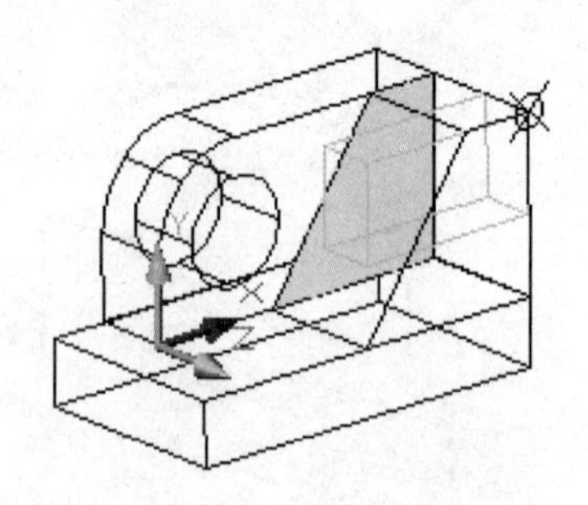

图 9-63 被切割的长方体

③ 拉伸,高度为 20。

④ 画一长方体。

```
命令: _BOX
指定长方体的角点或[中心点(CE)] <0,0,0>: //捕捉右前方标记点
指定角点或[立方体(C)/长度(L)]: @-30,-15↙
指定高度: -9↙
```

⑤ 求差集,用梯形块减去长方体。

(4) 最后,利用"并集"命令将 3 个部分组合在一起,即可得到最后结果。

9.9　小结

(1) 在绘制三维实体中,基本体的底面或拉伸、旋转的截面均在 XY 平面上(即二维图形只能在 XY 平面上画出),如果要画的二维图形不在当前坐标系的 XY 平面上,就应该用 UCS 自定义坐标系命令新建坐标系,将 XY 坐标平面通过旋转或 3 点定义的方法重新定位到想要绘制二维图形的平面上或者与之平行。因此,要求熟练掌握 UCS 的灵活运用。

(2) 对于复杂的三维图形,可以将其拆分为基本体或被切割后的基本体,分别画出这些基本体,然后进行布尔操作,即可得到所需图形。

9.10　习题

1. 根据图 9-64 中尺寸,画出三维实体。

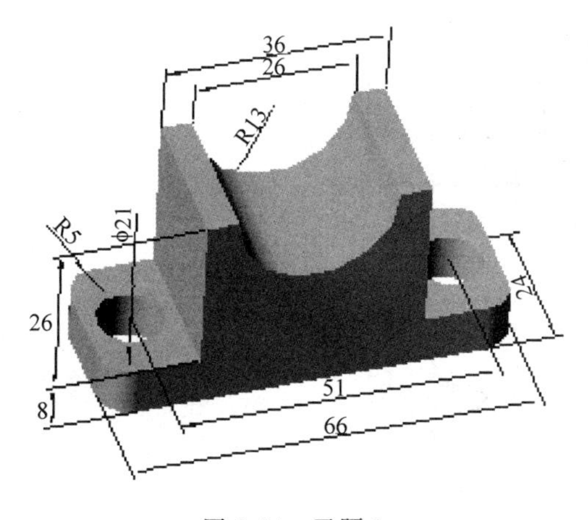

图 9-64　习题 1

2. 根据三视图(见图 9-65)中的尺寸,画出三维实体。

3. 根据三视图(见图 9-66)中的尺寸,画出三维实体。

4. 根据三视图(见图 9-67)中的尺寸,画出三维实体。

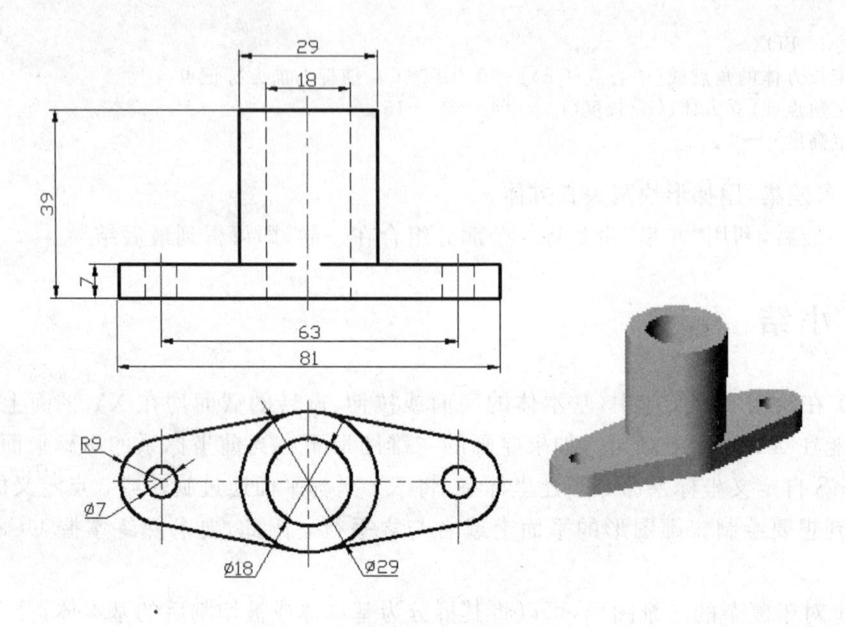

图 9-65 习题 2

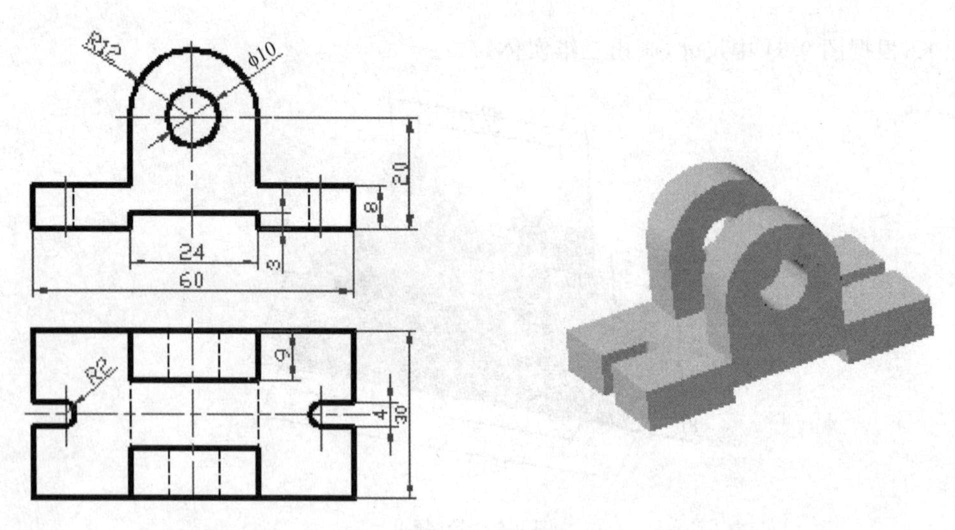

图 9-66 习题 3

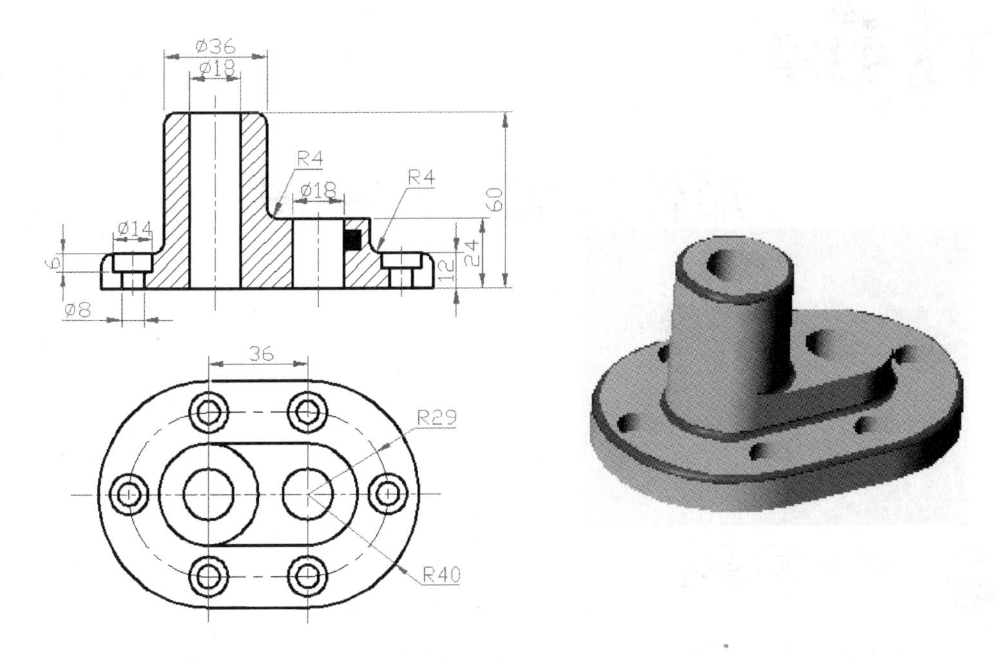

图 9-67　习题 4

第10章 CHAPTER 10

形体投影与三视图

AutoCAD 作为十分流行的计算机辅助设计软件，实际上也只是一个工具。要掌握工程设计绘图，还必须学习工程制图的有关知识，如正投影法原理、形体的投影以及由投影产生的不同视图等。只有熟练掌握了如何在二维平面图纸上表达三维形体的形状结构，才能谈得上应用 AutoCAD 进行工程设计。三维形体在二维平面上的表达是按正投影法绘制的，正投影法是绘制工程图的理论基础。

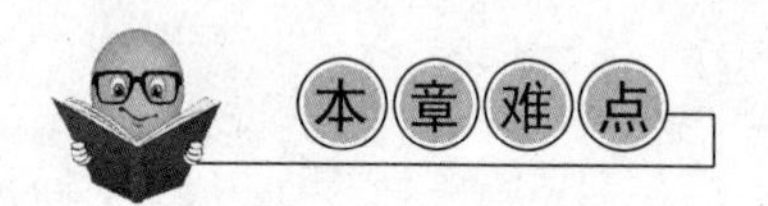

形体的投影、三视图的绘制与补画第三视图。

10.1 正投影法与三视图

10.1.1 正投影法

在日常生活中，常见到形体在光线的照射下，地面或墙壁上出现形体影子的现象。人们将组成这个形体的几何元素按一定规则投射到一个平面上得到投影图形的方法称为投影法。投影法分为中心投影法和平行投影法。

1. 中心投影法

如图 10-1(a)所示，设空间有一个平面 H 和不在平面 H 上的一个定点 S，平面 H 称为投影面，定点 S 称为投影中心。另设空间有一平面△ABC，过投影中心 S 分别向△ABC的各顶点引射线，与投影面分别交于 a、b、c，则△ABC 在投影面 H 上的投影为△abc。射线 SAa、SBb、SCc 称为投影线。这些投影线交于投影中心 S。这种投影线交于一点的投影方法称为中心投影法，用中心投影法可以绘制透射图，如建筑物的外观图等。

2. 平行投影法

若将投影中心S沿某一不平行于投影面的方向移到无穷远处，则各投影线互相平行，这种投影线互相平行的投影法称平行投影法。这时，投影线的方向称为投影方向。

平行投影法又分为两种。当投影方向S倾斜于投影面H时，称为平行斜投影法，如图10-1(b)所示。当投影方向垂直于投影面H时，称为平行正投影法，如图10-1(c)所示。用正投影法得到的投影称为正投影。

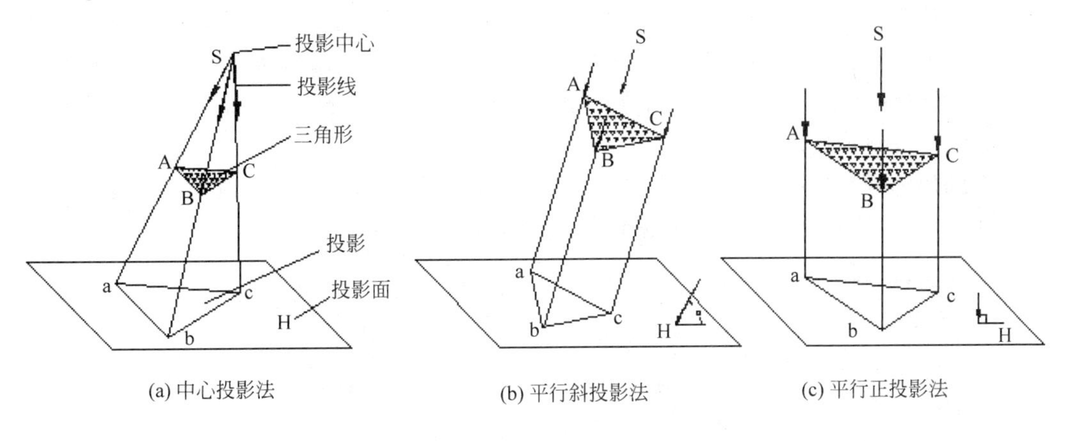

图 10-1　投影法基本概念

10.1.2　三视图

1. 三投影面体系

以3个互相垂直的平面作为投影面，构成一个三投影面体系，如图10-2(a)所示。三个投影面把空间分为8个分角，将形体放在第一分角中进行投影，称为第一画法。我国机械制图国家标准规定采用第一画法。在图10-2(b)中，直立在观察者正对面的投影面称为正面投影面，简称正平面，用字母V表示；在水平位置与正面垂直的投影面称为侧面投影面，简称侧平面，用字母W表示。

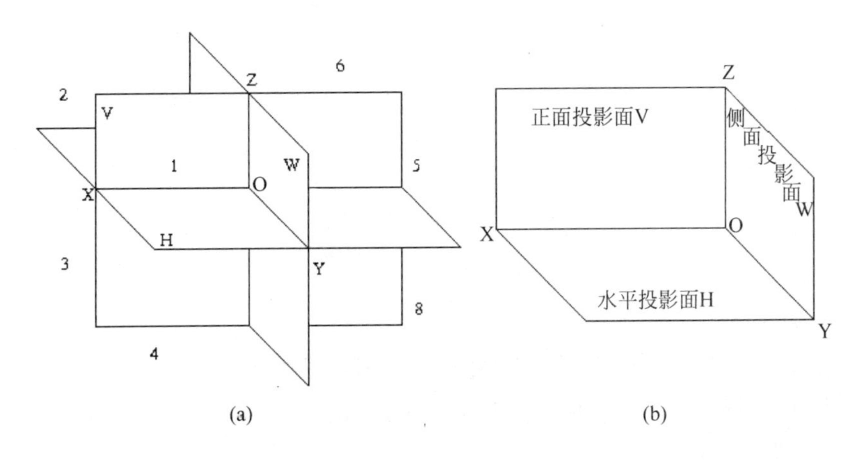

图 10-2　三投影面体系和分角

3 个投影面的交线 OX、OY、OZ 称为投影轴，3 个投影轴在空间互相垂直，且交于一点 O，称为原点。

2. 三视图的形成

如图 10-3(a)所示，将形体分别向 3 个投影面投影，就可得到形体的三面投影。按机械制图国家标准规定，形体向投影面投影所得的图形称为视图。在 V 面上的视图为主轴视图，在 H 面上的视图称为俯视图，在 W 面上的视图称为左视图。

为了便于画图，必须使空间的 3 个投影面处于同一平面内。将投影面展开摊平，如图 10-3(b)所示，规定 V 面不动，H 面绕 OX 轴向下旋转 90°，与 V 面重合成一平面。W 面绕 OZ 轴向右旋转 90°，也与 V 面重合成一平面。即展开后的 3 个投影面就成为同一个平面，如图 10-3(c)所示。

在画形体的三视图时，不必画出投影面的边框线和投影轴。各个视图的名称也不需要标注，可由 3 个视图的位置关系来识别，如图 10-3(d)所示。

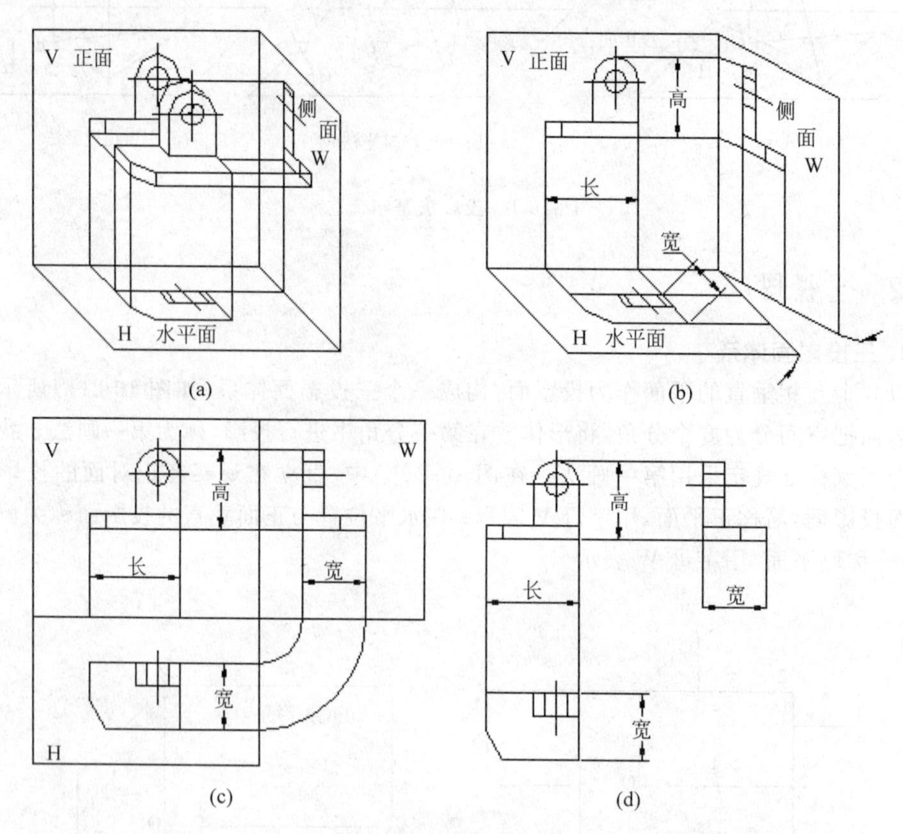

图 10-3 三视图的形成

3. 三视图的投影规律

由展平后的三视图可以看出，以主视图为主，俯视图在其正下方，左视图在其正右方，三视图的相对位置是一定的，任何一个形体都有长、宽、高 3 个方向的尺寸。在三视图中，它们之间保持着如下的投影关系。

(1) 主视图与俯视图长对正。

(2) 主视图与左视图高平齐。

(3) 俯视图与左视图宽相等。

这就是三视图的投影规律,可简述为"长对正、高平齐、宽相等"。应当注意形体的前后位置在视图上的反映,在俯视图和左视图中,靠近主视图的一边为形体的后面,远离主视图的一边为形体的前面。

"长对正、高平齐、宽相等"不但是整个形体3个投影之间的投影规律,也是物体上每一点、线、面的投影规律。

4. 第三分角投影

我国制图国家标准规定采用第一角投影画法,世界上有些国家采用第三角投影画法,AutoCAD系统中为第三角投影画法,如图10-4(a)所示。

在第三角投影画法中,投影面视为透明的,形体置于投影面后,并保持人—投影面—形体的相对位置,如图10-4(b)所示。其投影面的展开和视图之间的位置关系,如图10-4(c)、图10-4(d)所示。

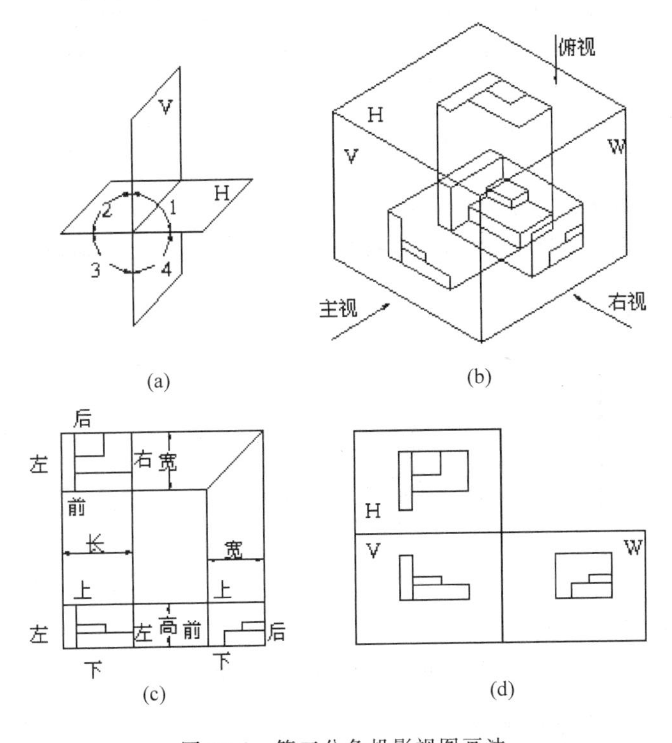

图10-4　第三分角投影视图画法

10.2　形体上点、线、面的投影分析

点、线、面是组成形体的基本几何要素,形体的投影实质是形体上的点、线、面的投影。了解点、线、面的投影规律,能加深人们对形体的投影认识。

10.2.1 形体上点的投影分析

点的投影还是点,点的三面投影就是从该点分别向 3 个投影面所作垂线的垂足。点的三面投影也遵守“长对正、高平齐、宽相等”的投影规律。

为了方便分析说明,这里规定,空间点用大写字母表示,其水平投影用相应的小写字母加一撇表示,侧面投影用相应的小写字母加两撇表示。可见形体表面上的点投影一定可见,否则为不可见,不可见的点投影一定可见,否则为不可见,不可见的点投影用带括号的字母表示。

(1) 点的投影及三投影面展开,如图 10-5 所示。

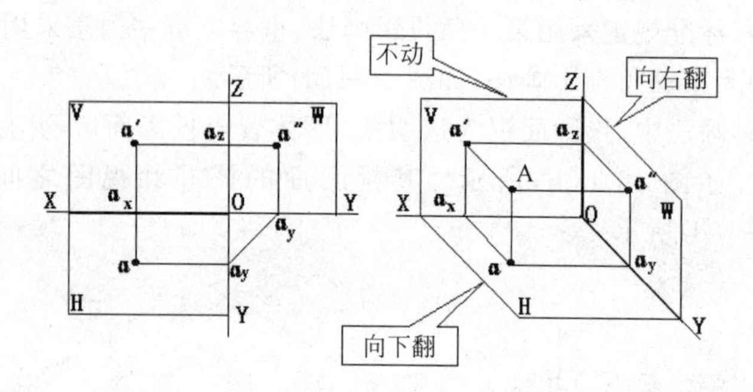

图 10-5 点的投影面展开

(2) 点的投影和坐标之间关系。

① 如图 10-6 所示,把三投影面体系看作空间直角坐标体系,则点的每个投影反映点的两个坐标。

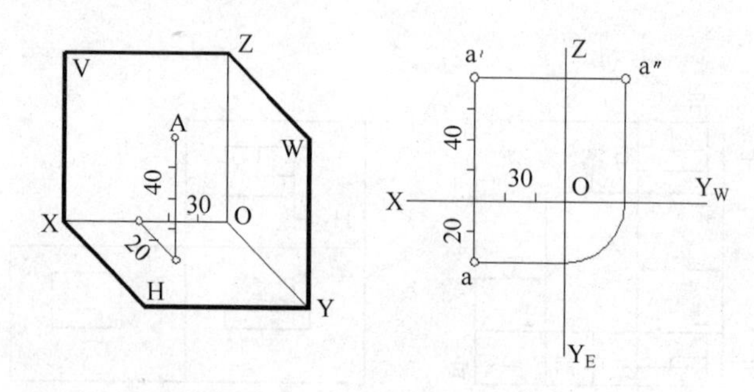

图 10-6 点的投影与点的坐标

a. V 面投影反映 Z 坐标和 X 坐标($a'a_X$ 和 $a'a_Z$);

b. H 面投影反映 Y 坐标和 X 坐标(aa_X 和 aa_{Y_H});

c. W 面投影反映 Z 坐标和 Y 坐标($a''a_{Y_W}$ 和 a''_Z)。

② 点与投影面的各种位置关系。点与投影面的各种位置关系有两种:一般位置点和特殊位置点。

a. 一般位置点是指坐标值 X、Y、Z 均不为零。

b. 特殊位置点有以下 3 种情况。

(a) 投影面上的点：点的 3 个坐标值有一个为零。

(b) 投影轴上点：点的 3 个坐标值中有两个为零。例如：X 轴上点(X,0,0)，Y 轴上点(0,Y,0)，Z 轴上点(0,0,Z)。

(c) 原点上的点：点的 3 个坐标均为零(0,0,0)。

如图 10-7 所示，点 A、B、C 与投影面具有特殊位置关系，读者可自行分析这些点与投影面的位置关系。

③ 点的投影规律。

点的投影规律同样符合三视图的投影规律。如图 10-8 所示，A 点的正面投影与水平投影在同一条垂直线上(X 坐标值相等)；点的正面投影与侧面投影在同一条水平线上(Z 坐标值相等)；点的水平投影到所选取的基准的宽度等于侧面投影到同一基准的宽度(Y 坐标值相等)。

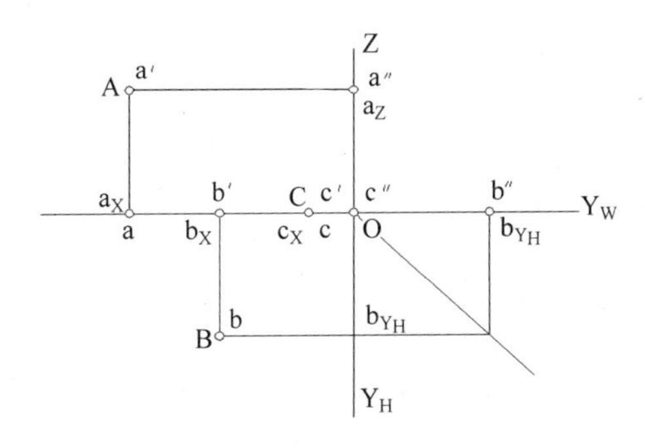

图 10-7　特殊位置点的投影

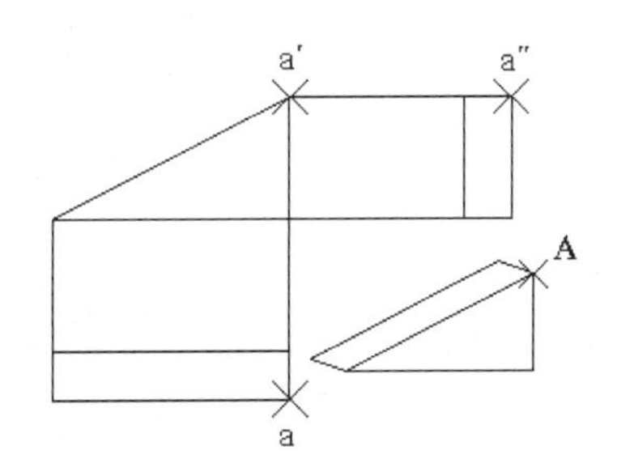

图 10-8　点的投影

④ 已知点的两个投影面投影，求第三个投影面的投影，如图 10-9(a)所示。

a. 作图原理

在平面坐标系中，要确定一个点的位置，需确定点在该坐标系中的两个坐标值。而在立体空间，即三维坐标系中，要确定一个点的位置，必须确定 X、Y、Z 3 个坐标值。

在三面投影面体系展开后，就转变成了平面上的三个二维坐标平面，通过这 3 个平面坐标，同样能够确定点在空间的位置。因为在正面投影面(V)是 X 和 Z 坐标，水平面(H)是 X 和 Y 坐标，侧面(W)是 Y 和 Z 坐标，又由于同一个点的投影(如 A 点)在 V 面上的 X 坐标和 H 面上的坐标是相等的(Y 和 Z 坐标值类同)，所以由 3 个平面坐标中的任意两个平面坐标，就能够提取到同一点的 X、Y、Z 3 个坐标值。因而在已知一个点的两个投影面的投影后，该点在空间的位置就能确定，并一定能求出第三个投影平上该点的投影。

b. 作图方法

为了保证“宽相等”(即 YH 和 YW)，一般有 3 种方法，如图 10-9(a)中的 1、2 和 3。

第一种方法是最常用的方法，即通过坐标原点，画一个 45°的斜线作为辅助线；第二种方法是先画水平线与 YH 轴相交，然后以该交点到坐标原点为半径画一圆弧与 YW 相交；第三种方法是用分规测量，这种方法只适合手工画图。

A、B、C 3 点的在另一投影面的上求法，如图 10-9(b)所示。

⑤ 判断图 10-9(b)中 A、B、C 3 点的在空间的相对位置。正确判断其相对位置，对于今后的学习非常重要。相对位置是指上下、左右、前后。

从图 10-9(b)中可以看到，在正投影面上，如果按 X 坐标值的大小来看，b′>a′>c′，表明空间 A 点在 C 点右边，B 点在 A 点右边；如果按 Z 坐标来看，b′>c′>a′，表明 B 点最上面，C 点在中间，A 点在最下面；从水平面或侧面看 Y 坐标，b′>c′>a′，表明 B 点最靠前，C 点在中间，而 A 点在最后面。

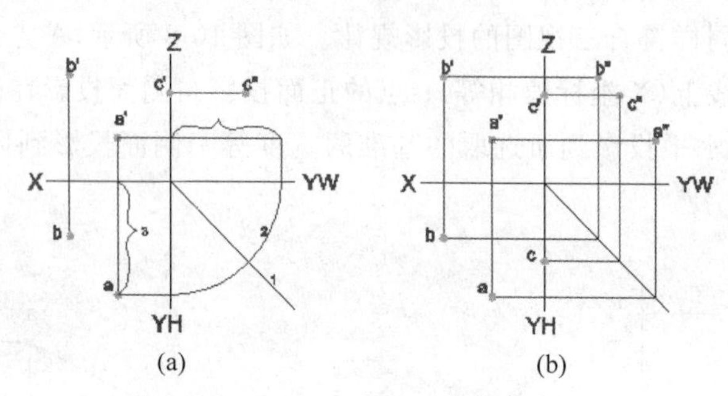

图 10-9 求第三个投影面的投影

10.2.2 形体上直线的投影分析

直线的投影一般为直线。由于两点可以确定一条直线，因此直线的投影是直线两端点的同面投影(即同一投影面上的投影)的连线。如果直线相对于投影面平行或垂直，则称之为特殊位置直线。

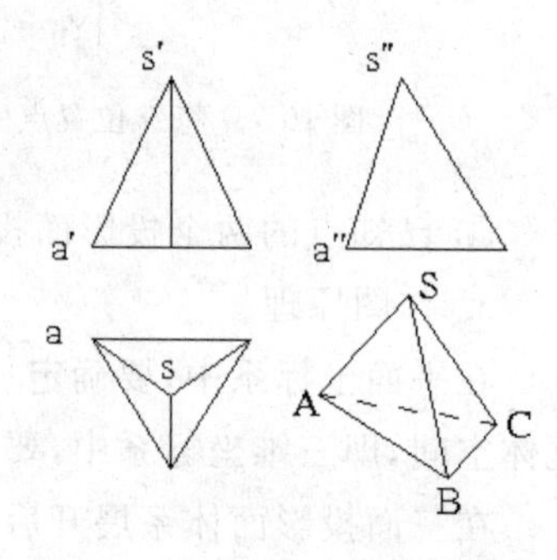

图 10-10 一般位置直线投影

1. 一般位置直线

对于 3 个投影面都倾斜的直线，称为一般位置直线。例如，图 10-10 中三棱锥的侧棱 SA 为一般位置直线。它的投影特点是 3 个投影均倾斜于投影轴(图中未画出)，且小于实长。

2. 投影面平行线

投影面平行线平行于一个投影面，且倾斜于其他两个投影面。其中有：

(1) 正平线——平行于 V 面。

(2) 水平线——平行于 H 面。

(3) 侧平线——平行于 W 面。

投影面平行线的投影及投影特性见表 10-1。

表 10-1　投影面平行线的投影及投影特性

名　称	立　体　图	投　影　图
正平线（//V 面）	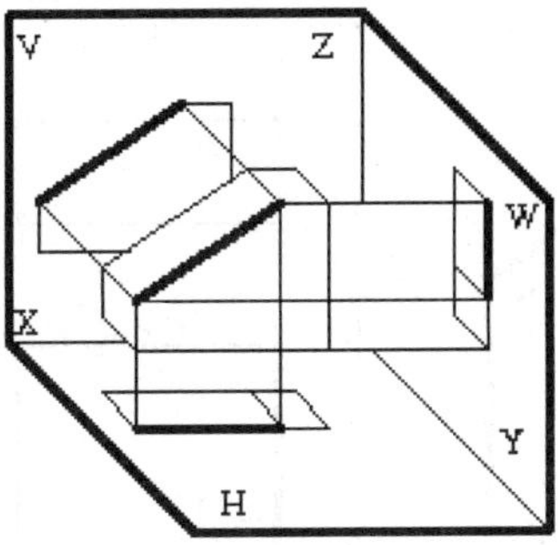	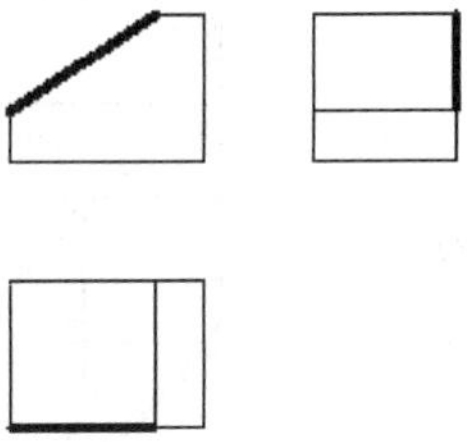
水平线（//H 面）	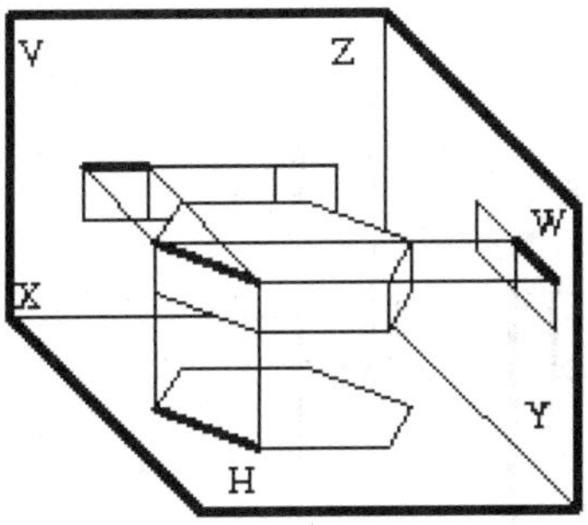	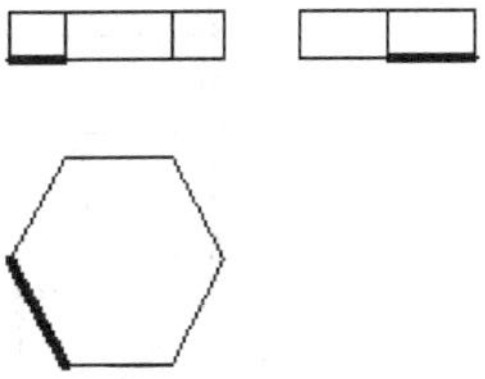
侧平线（//W 面）	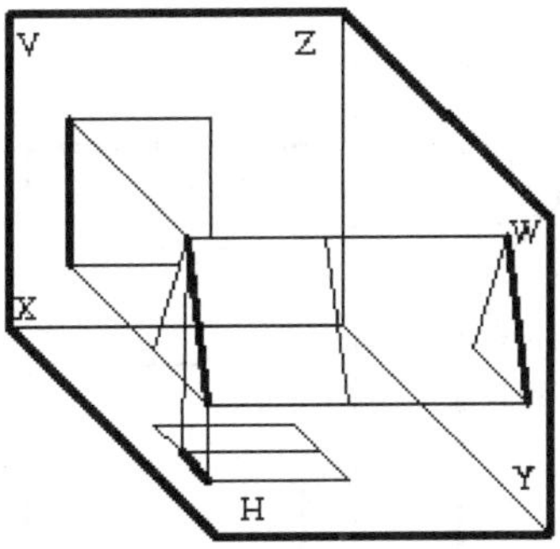	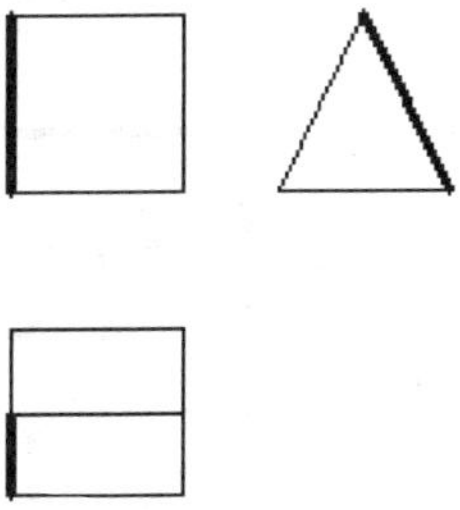
投影特性：在所平行投影面上的投影为一段反映实长的斜线；在其他两投影面上的投影各为一段小于实长的横或竖线		

3. 投影面垂直线

投影面垂直线垂直于一个投影面，且与另外两个投影面平行。其中有：

(1) 正垂线——垂直于 V 面。

(2) 铅垂线——垂直于 II 面。

(3) 侧垂线——垂直于 W 面。

投影面垂直线的投影及投影特性见表 10-2。

表 10-2　投影面垂直线的投影及投影特性

名　称	立 体 图	投 影 图
正垂线（⊥V 面）	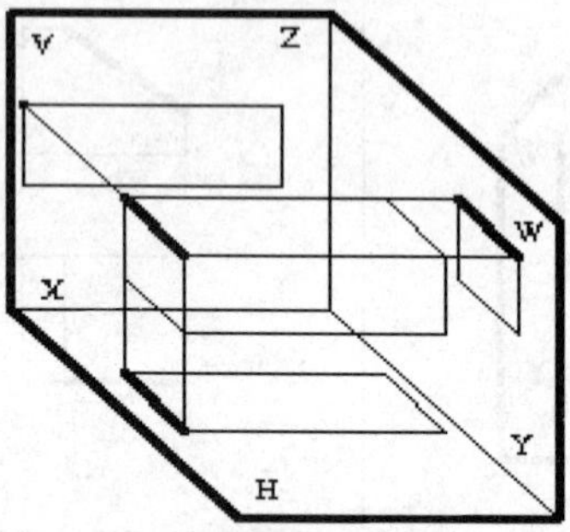	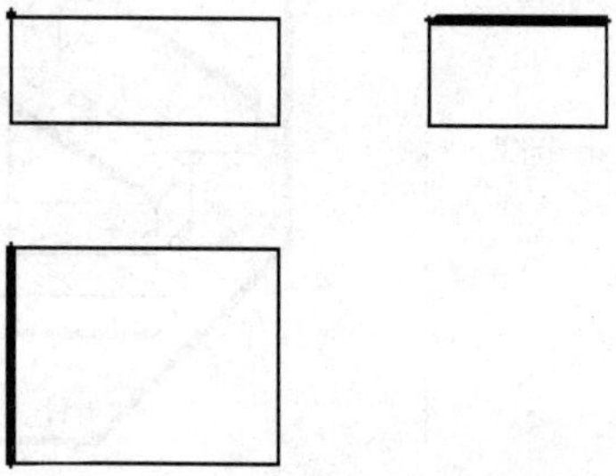
铅垂线（⊥H 面）	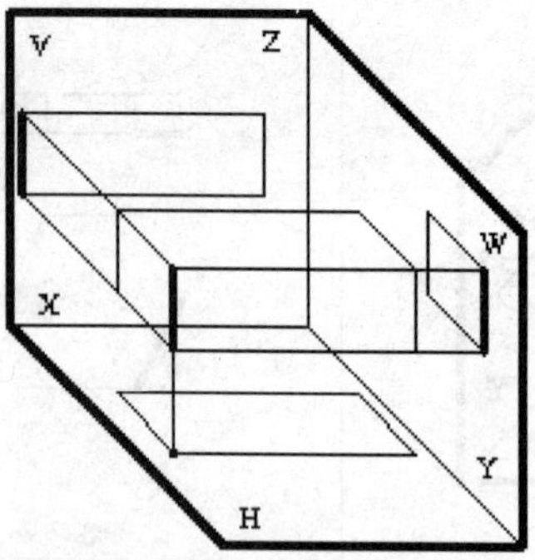	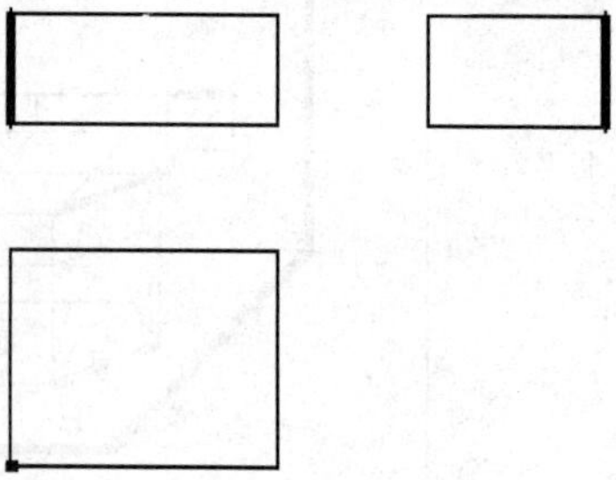
侧垂线（⊥W 面）	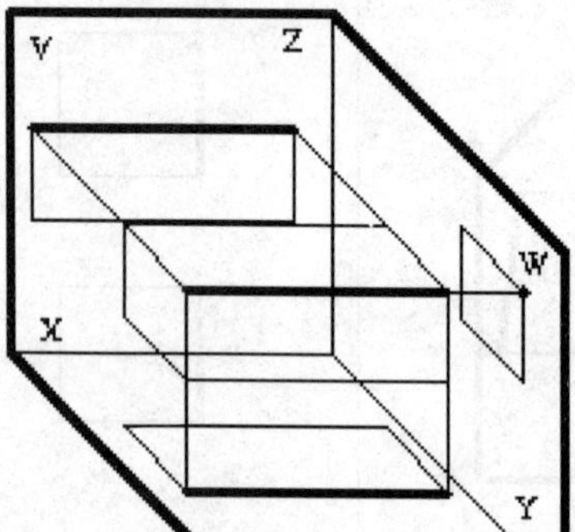	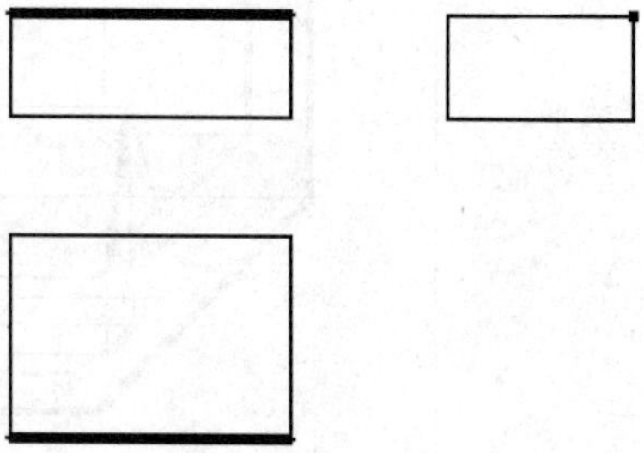
投影特性：在所垂直的投影面上的投影积聚为一点；在其他两投影面上的投影各为一段反映实长的横或竖线		

10.2.3　形体上平面的投影分析

由于形体上的平面是由若干条线围成的平面图形，因此形体上平面的投影就是这些线的投影。平面的三面投影同样符合“长对正、高平齐、宽相等”的投影规律。

平面在三投影面体系中，其位置可分为 3 种：一般位置平面、投影面平行面和投影面垂直面。后两种平面称为特殊位置平面。

1. 一般位置平面

一般位置平面与 3 个投影面既不平行也不垂直，其投影为 3 个类似形。如图 10-11 所示，三棱锥的棱面 SAB 是一般位置平面，由于 3 个投影面都处于倾斜位置，所以三面投影都不反映空间平面 SAB 的实形，而是空间平面的类似形。

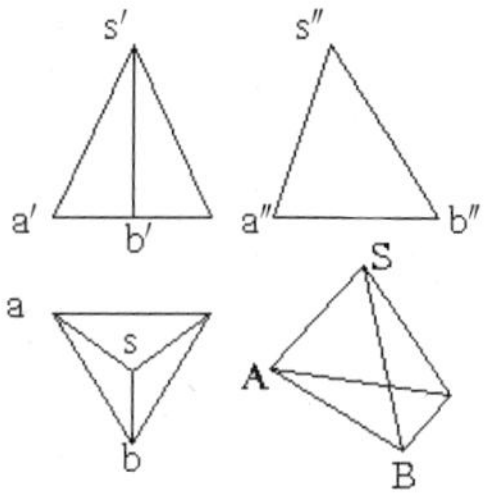

图 10-11　一般位置平面的投影

2. 投影面平行面

平行于一个投影面的平面，称为投影面平行面。因三投影面是相互垂直的，故若平面平行于一个投影面，则其必定垂直于另外两个投影面。其中有：

(1) 正平面——平行于 V 面。

(2) 水平面——平行于 H 面。

(3) 侧平面——平行于 W 面。

投影面平行面的投影及投影特性见表 10-3。

表 10-3　投影面平行面的投影及投影特性

名　称	立　体　图	投　影　图
正平面（//V 面）	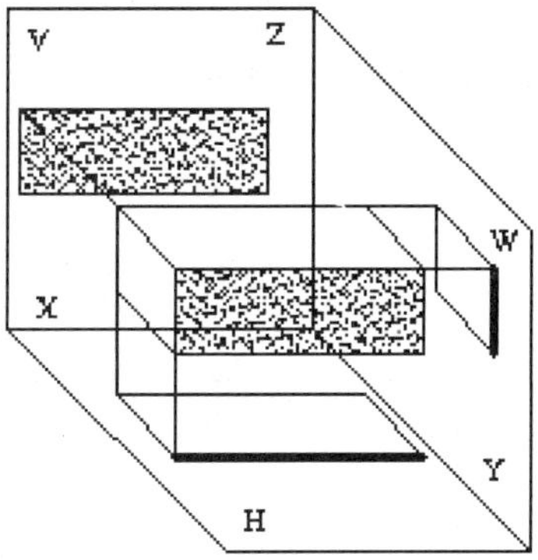	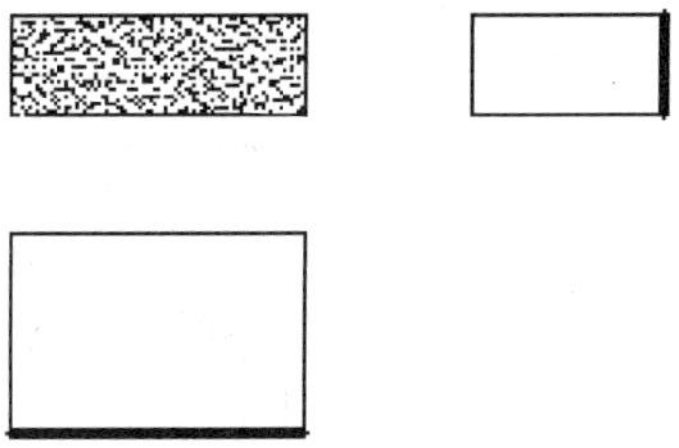
水平面（//H 面）	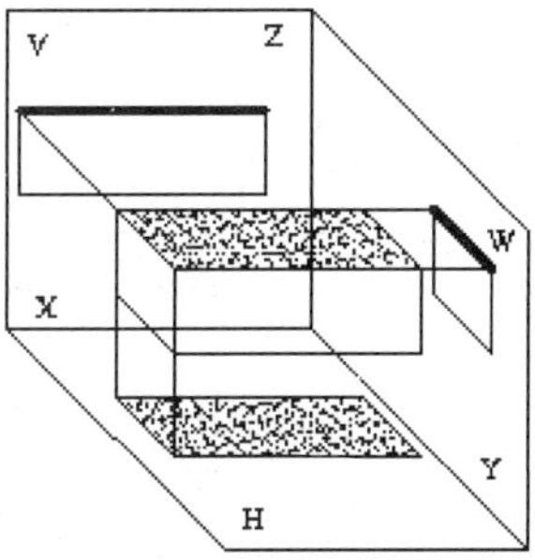	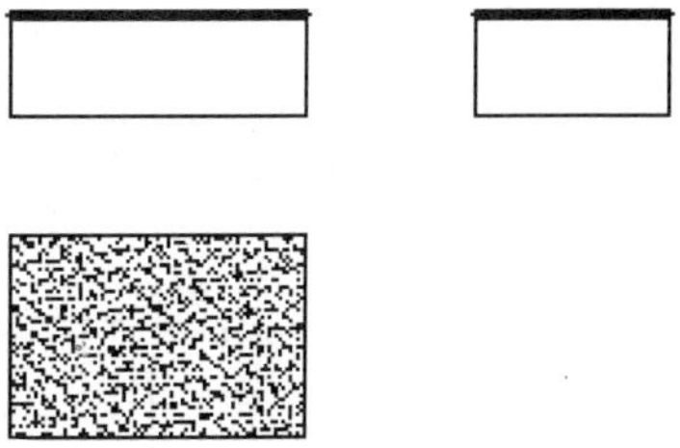

续表

名 称	立 体 图	投 影 图
侧平面 (//W 面)	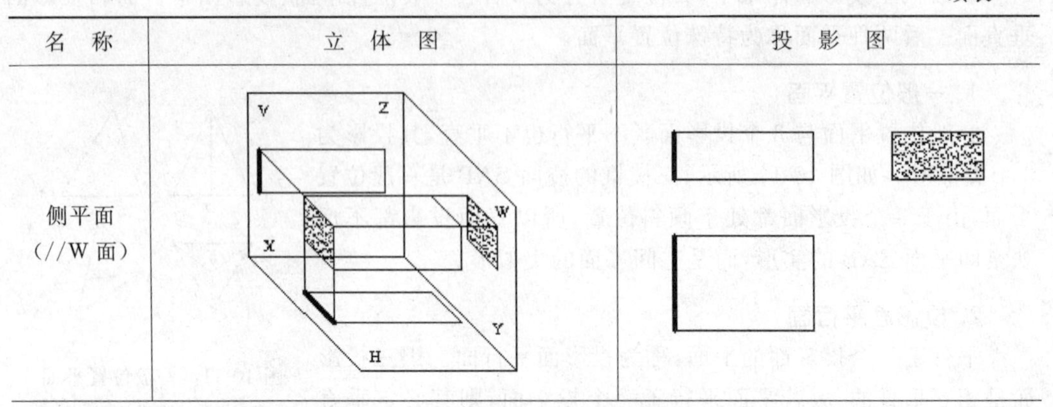	
投影特性：在所平行的投影面上的投影反映实形；在其他两投影面上的投影分别积聚为一条横线或竖线		

3. 投影面垂直面

垂直一个投影面，而与另外两个投影面倾斜的平面，称为投影面垂直面。其中有：

(1) 正垂面——垂直于 V 面。

(2) 铅垂面——垂直于 H 面。

(3) 侧垂面——垂直于 W 面。

投影面垂直面的投影及投影特性见表 10-4。

表 10-4 投影面垂直面的投影及投影特性

名 称	立 体 图	投 影 图
正垂面 (⊥V 面)	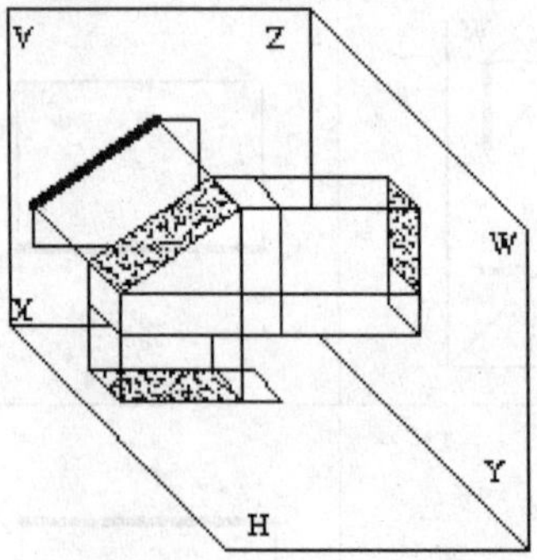	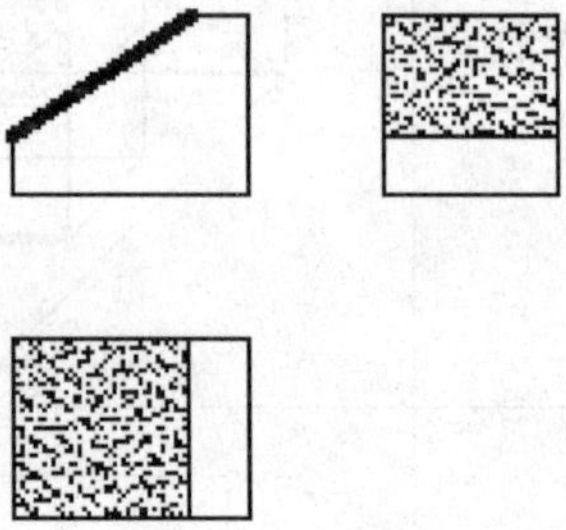
铅垂面 (⊥H 面)	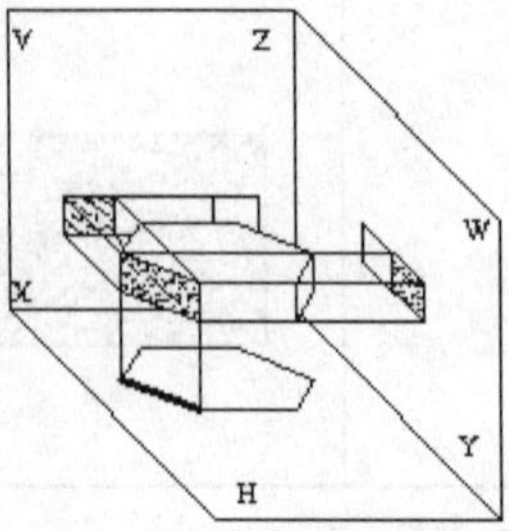	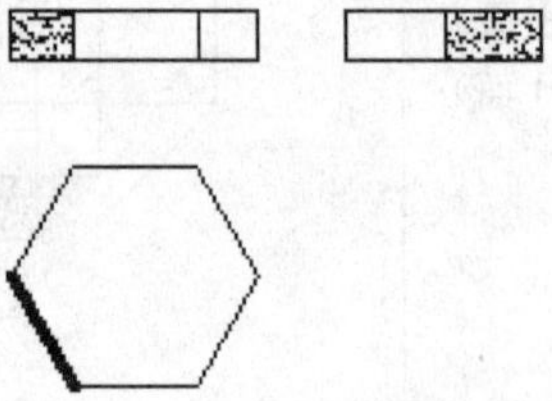

续表

名　称	立　体　图	投　影　图
侧垂面 （⊥W 面）	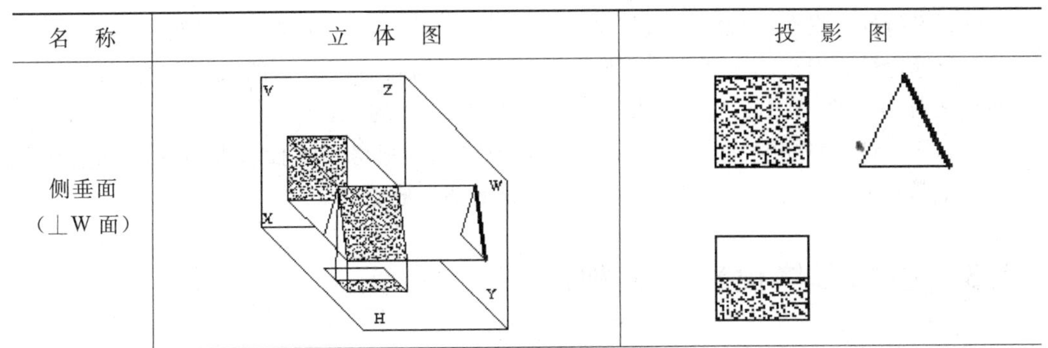	
投影特性：在所垂直的投影面上的投影积聚为一段斜线；在其他两投影面上的投影都小于实形		

10.2.4 正投影特性

总结上述点、线、面的投影分析，在正投影中以下投影特性需要注意，如图 10-12 所示。

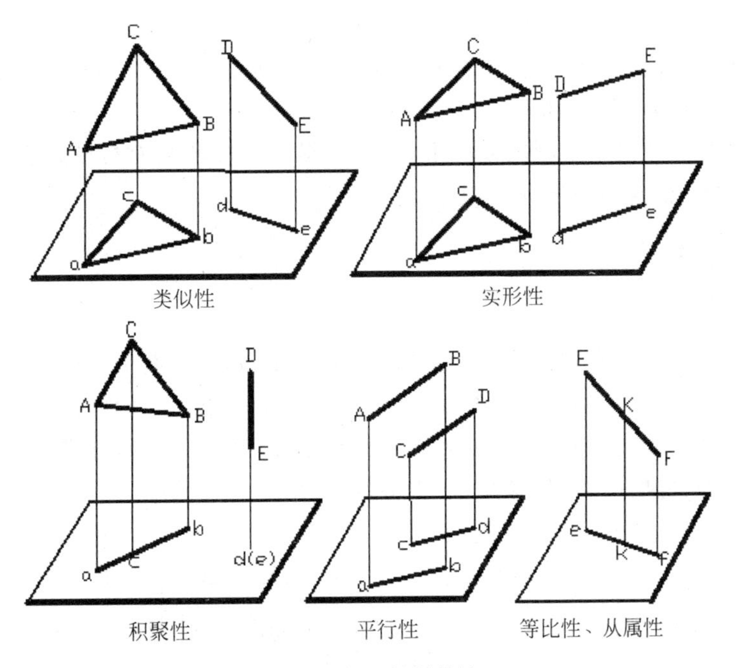

图 10-12　正投影特性

(1) 类似性：当平面或直线与投影面处于一般位置时，得到的投影为类似形，所谓类似性，与相似性不同，类似性，即 A∶B≠a∶b(如图 10-12 中的类似性)。从另一个角度考虑，类似性也可以为是，如果是一般位置 N 边形，则得到的投影也应该是 N 边形；如果是一般位置的圆，则在投影面上可得到椭圆。

(2) 实形性：当平面或直线平行于投影面时，在投影面上反映其实形或实长。

(3) 积聚性：当平面垂直于投影面时，在投影面上积聚成一条直线；当直线与投影面垂直时，积聚成一个点。

(4) 平行性：当空间位置两直线平行时，则在投影面上得到的投影仍然是平行的。

(5) 等比性：当空间一条直线 EF 上有一点 K 时，将直线分为两段，而在投影面上也将该直线分为两段，且 KE∶KF＝ke∶kf，如图 10-12 中的等比性。

(6) 从属性：假如空间有一点 K 是在直线 EF 上，则得到的投影 k 点必然在直线 ef 上。以上特征在三面投影面的任何一个投影面上都是成立的。

10.3 基本形体投影与三视图

一个复杂的形体往往由简单的形体经截切后组合而成。人们在不断的探索和实践中，总结和提炼出了组成复杂形体的基本体，这些基本体主要包括两大类：平面体和曲面体。平面体是指其侧面由平面组成的形体，主要包括棱柱体、棱锥体和楔体；曲面体是指其侧面由曲面组成的形体，主要包括圆柱体、圆锥体、球体和环体。本节主要介绍基本体的投影以及基本体表面点的投影，为基本体的截切及投影打下基础。

形体的投影要先考虑形体在投影体系中放置的位置，一般的原则如下：

(1) 自然放置原则，即形体中，大的平面与水平面平行。

(2) 由于正平面在工程制图上被称为主视图，因此应在主视图上尽量反映形体上重要的几何特征，并兼顾常规和习惯。

(3) 在符合上述两个原则的基础上，考虑有尽可能多的侧面与投影面成特殊位置关系，如平行、垂直，这样可以简化制图。

10.3.1 棱柱体

1. 棱柱体的投影

如图 10-13(a)所示的正六棱柱，它是由 6 个侧面和上、下两个底面所围成。上、下两底面为全等的两个正六边形，且都是处于水平位置，正面投影和侧面投影都积聚成直线，水平投影反映六边形的实形。左、右侧面均为铅垂面，其水平投影分别积聚成直线，正投影和侧面投影都是比实形小的类似形(矩形)，如图 10-13(b)所示。

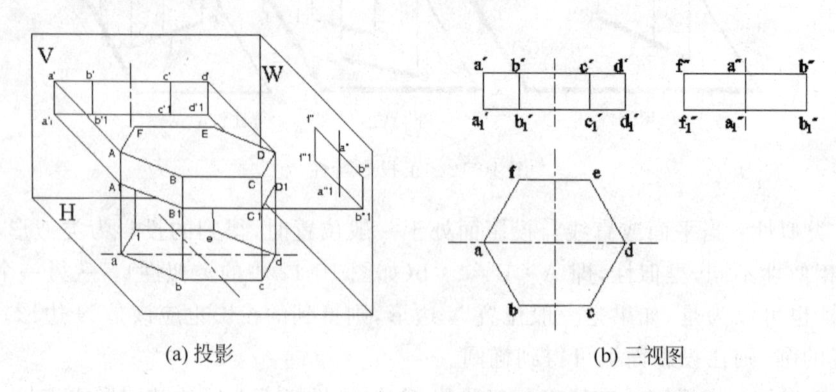

(a) 投影　　(b) 三视图

图 10-13　六棱柱的投影与三视图

2. 棱柱体表面点的投影

图 10-14(a)所示为棱柱体表面点在一个投影面上的投影，求点在另两个投影面上的投影。

(1) A 点的投影

已知 A 的正面投影 a′在正面投影图上为可见(投影不可见的点，其标记符号应用括号，下同)，则该点应在棱柱体前左侧面上，而该面为铅垂面，在水平投影上积聚为一条直线，根据投影规律(长对正)，作一辅助线与该面的积聚线相交的位置即是 A 点在水平投影面上的投影 a(见图 10-14(b))。A 的侧面投影可根据投影规律求得，如图 10-14(b)中的 a″。

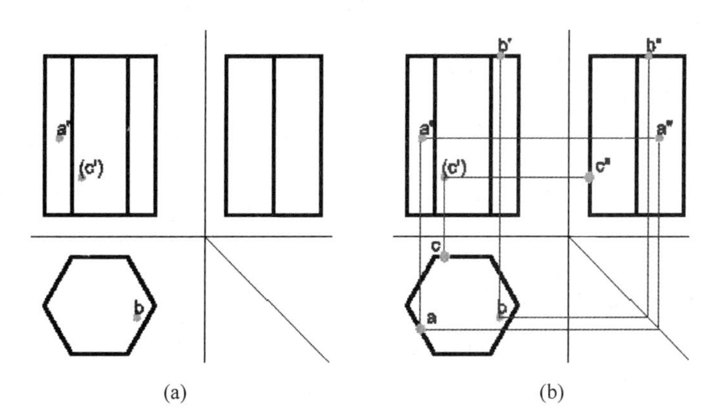

图 10-14　棱柱表面点的投影

(2) B 点的投影

已知 B 点的水平投影 b 为可见，则该点一定在棱柱的顶面上(如在底面，应为不可见，也不可能在棱柱的侧面；如在侧面，则该点就在水平投影的六边形上)。根据投影规律(长对正)，在正面投影图上应在 b′的位置。再根据投影规律(高平齐、宽相等)，得到侧面投影 b″。

(3) C 点的投影

已知 C 点的正面投影，该点应在棱柱体的前面或后面。从图 10-14(b)中看到，正面投影(c′)为不可见，则判断该点应在棱柱体的后面上。棱柱体前后两个面均为正平面，在水平面及侧面的投影均积聚成一条直线，则可将该点按“长对正”投影规律，投影至后面在水平面的积聚线上 c 点的位置。C 点的侧面投影，也可直接投影至后面，在侧投影面的积聚线上 c″的位置。

10.3.2 棱锥体

1. 棱锥体的投影

如图 10-15(a)所示，为一正三棱锥。正三棱锥的底面△ABC 为等边三角形，平行于 H 面，其水平面投影反映实形，正面投影和侧面投影积聚为直线。侧面△SAC 为侧垂面，其侧面投影积聚为直线 s″a″(c″)，水平投影和侧面投影均为类似形。侧面△SAB 和

△SBC 是一般位置平面，其 3 个投影都是类似形，它们的侧面投影则完全重合。

侧棱 SB 是侧平线，s″b″反映其实长。而 SA 和 SC 都是一般位置直线，故其三面投影都是倾斜直线，并且不反映实长，s″a″与 s″c″重合，s″a″为可见，而 s″c″为不可见，具体如图 10-15(b)、图 10-15(c)所示。

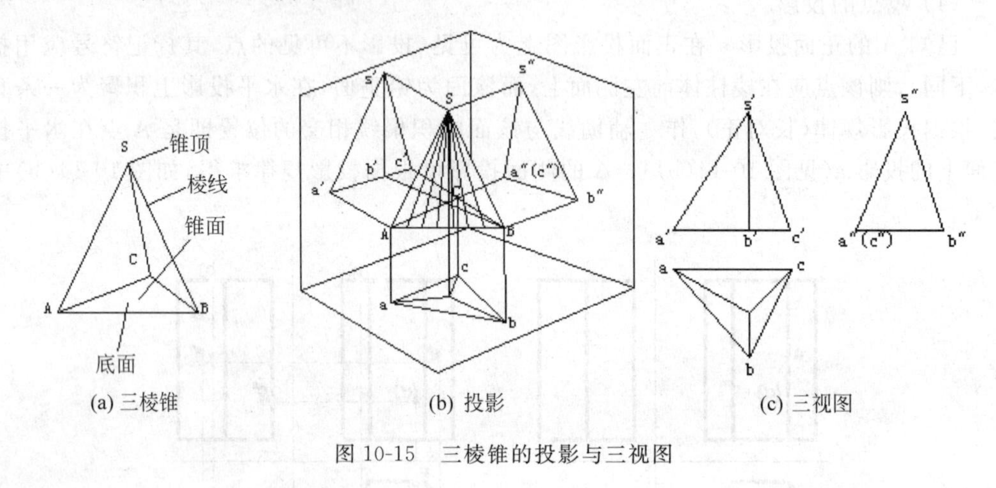

图 10-15　三棱锥的投影与三视图

2. 棱锥体表面上点的投影

图 10-16(a)所示为棱锥体表面点在一个投影面上的投影，求点在另两个投影面上的投影。

(1) M 点的投影(用辅助线法，表面求点的方法之一)，M 点为一般位置点。

已知 M 点的正面投影，过锥顶和已知点(m′)作一辅助线 s′m′，并延伸与棱锥底边 a′b′相交于 1′点，则 s′1′称为过 m′点的辅助线。由于 M 点是在 S1 直线上，根据点的从属性，则 M 点的水平投影 m′也应在 S1 的水平投影 s′1′上。再根据点的投影规律“长对正”，则从 m′画一垂直线与水平投影 s1 相交的交点 m，即是 M 点在水平面上的投影，如图 10-16(b)所示。

(2) N 点的投影(用辅助面法，表面求点的方法之二)，N 点为一般位置点。

已知 N 点的正面投影，过 n′作一与底面平行的辅助面，辅助面与三棱锥表面形成 3 条交线(2′3′、3′4′、4′2′)，N 点则在这 3 条之一的交线上，而且这 3 条边一定与棱锥相应的底边平行。因此，只要求出 N 点所在的交线在水平投影面上的投影，则根据点的从属性和点的投影规律即可求 N 点在水平面上的投影。

① 求出 2′3′、3′4′、4′2′ 3 条交线在水平面上的投影。从图 10-16(b)中看到，直线 2′3′两个端点都在棱线上，其中端点 2′在棱线 s′c′上，据此可通过 2′作一条垂直线，与水平投影 sc 有交点 2，该点即为 2′在水平面上的投影，通过 2 点，作一与 bc 的平行线，该平行线即为交线 23 在水平面上的投影。通过 2 点作一与 ac 的平行线，得到 24，连接 34，这样就可得到辅助平面与棱锥的 3 条交线在水平面上的投影。

② 判断 N 点在哪条交线上。从图 10-16(b)中看出，(n′)可能在交线 2′3′或 4′2′上，但(n′)在正面投影图上不可见，故 N 点应在交线 42 上。在实际作图中，只要求一条线即可。

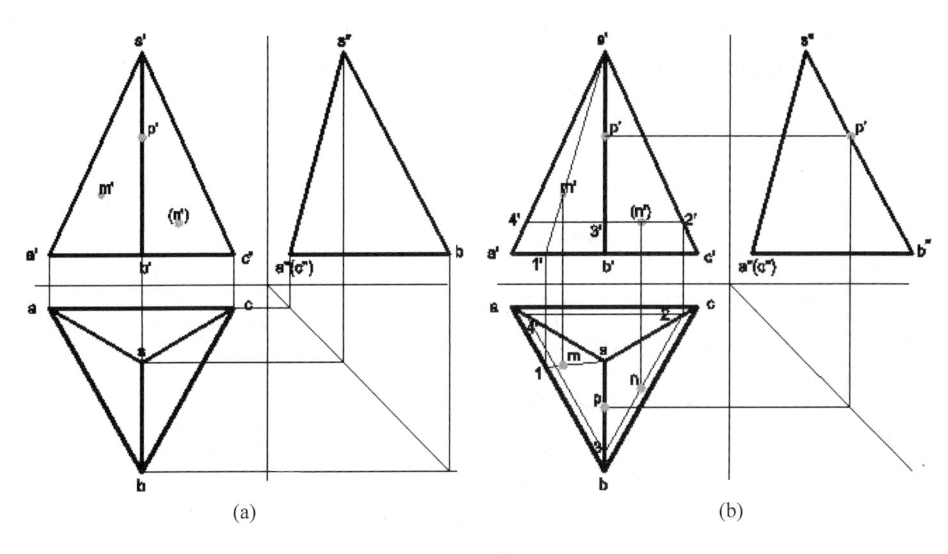

图 10-16 棱锥体表面求点

③ 过(n′)作一条垂直线与水平投影上的 42 线相交,即为 N 点在水平投影面上的投影 n。

(3) P 点的投影。

P 点的位置比较特殊,正好在棱线 SB 上,根据点的从属性和投影规律,可直接求得,但要先求该点在侧面投影面的投影,才能求出其水平投影。

以上 M 点和 N 点的侧面投影,可根据点的投影规律求出,在此不再赘述。

10.3.3 圆柱体

1. 圆柱体投影

圆柱体是由圆柱体面和上、下底圆平面围成的回转形体。

(1) 圆柱面的形成

圆柱面是由一直线 AA1 绕与它平行的轴线 OO1 旋转而形成的曲面。在图 10-17 中,AA1 称为母线;圆柱面上任一位置的母线,称为素线。

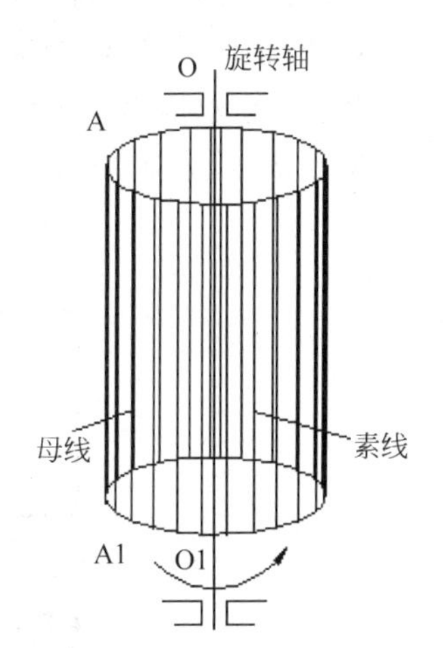

图 10-17 圆柱面的形成

(2) 投影分析

图 10-18(a)所示为一正圆柱体,上底面和下底面为两个互相平行且相等的圆,它们之间的距离为圆柱体的高。圆柱体必须根据其直径和高来确定。

图 10-18(b)所示为圆柱体轴线垂直于 H 面时的投影。

由于轴线垂直于 H 面,所以圆柱体的上、下底面平行于 H 面,其水平投影反映圆的实形,正面投影和侧面投影分别积聚成直线。

圆柱面垂直于 H 面,其水平投影积聚为一个圆,正面投影中 $a'a'_1$、$b'b'_1$ 是由最左、最右两条素线 AA1、BB1 的投影与上、下底面的正面投影组成一个矩形。侧面投影中$d''d''_1$、$c''c''_1$ 是由最后、最前两条素线 DD1、CC1 的投影与上、下底面的侧面投影组成一个矩形，如图 10-18(c)所示。

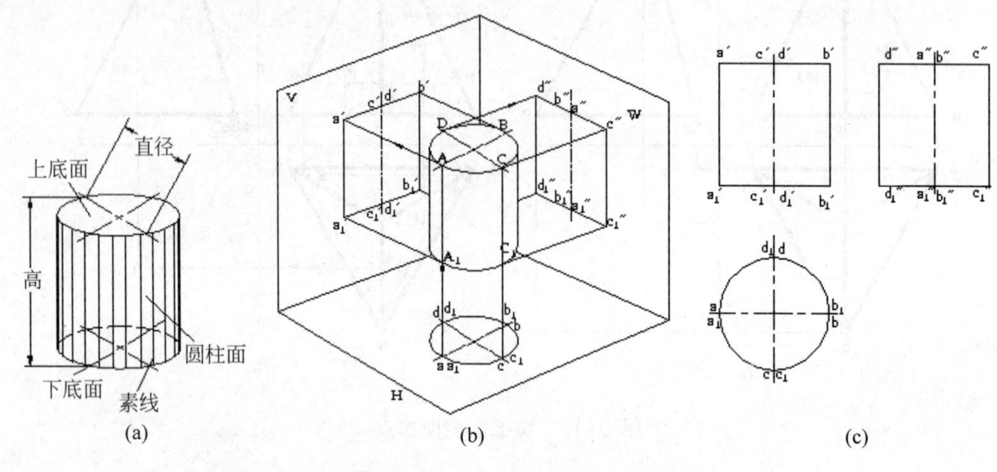

图 10-18　圆柱体的投影

上述 4 条素线 AA1、BB1、CC1、DD1 称为轮廓素线，是圆柱面在相应投影中可见与不可见的分界线。

2. 圆柱体表面上点的投影

已知圆柱体上点的一个投影，求另两个投影面上的投影，如图 10-19 所示。

(1) A 点和 B 点的投影(特殊位置点)

从图 10-19 中看到，这两点都在轮廓素线上，只要弄清圆柱体上轮廓素线的投影，就可以很容易地求得轮廓素线点的投影。由于 A 点所在的素线在侧投影面上的投影是在中心线上，故 a''也应在中心线上。(b')不可见，应在圆柱体后半部分，如图 10-19(b)中的 b 点。

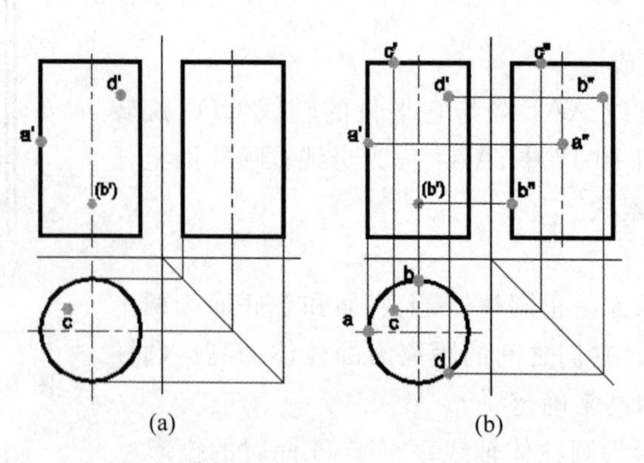

图 10-19　圆柱体表面上点的投影

(2) C 点的投影

从图 10-19 中看到，c 点在圆柱体上表面，通过 c 点作一向上的垂线，即可得到该点在

V 面上的投影，其侧面投影可根据点的投影规律得到。

(3) D 点的投影

D 点为圆柱体表面的一般位置点。由于整个圆柱面都垂直于水平面，故圆柱面上的任何曲线、点都积聚在水平面的圆上，因此 D 点在水平面上的投影就在这个圆上，又由于该点可见，所以应该在前面，如图 10-19(b)中的 d 点。

10.3.4 圆锥体

1. 圆锥体的投影

圆锥体是由圆锥面和底圆组成的回转体。

(1) 圆锥面的形成

圆锥面是由一条直线 SA 绕与它相交的轴线 OO1 旋转而形成的曲面，如图 10-20 所示，SA 称为母线。圆锥面上任一位置的母线称为素线。圆锥面上所有素线都通过锥顶。

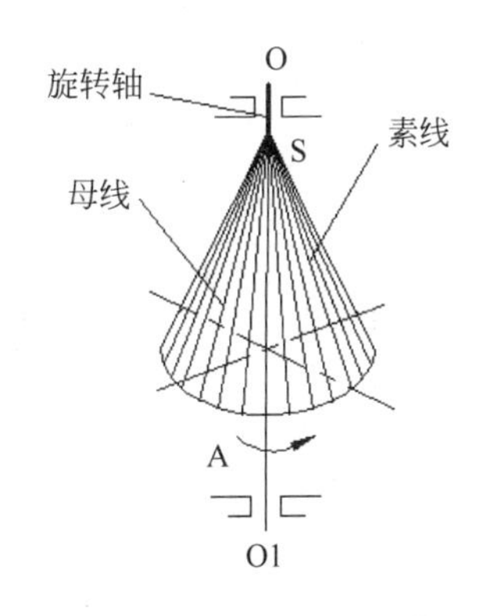

图 10-20 圆锥面的形成

(2) 投影分析

如图 10-21(a)所示，正圆锥的底面为垂直于圆锥轴线的圆，锥顶到底面的距离为圆锥体的高。当确定圆锥体时，必须给定圆锥体底圆的直径和圆锥的高。

如图 10-21(b)所示，正圆锥底面平行于 H 面，其水平投影为圆，且反映实形，底面的正面投影和侧面投影分别积聚成与底圆直径相等的直线。圆锥面的水平投影与底面的水平投影重合，圆锥体的正面投影和侧面投影均为等腰三角形。

正面投影中的轮廓线 s′a′、s′b′是圆锥面上最左、最右两条轮廓素线 SA、SB 的投影，它们的水平投影与圆的水平中心线重合，侧面投影与轴线重合。同理，侧面投影上的轮廓线 s″c″、s″d″是圆锥面上最前和最后两条轮廓素线 SC,SD 的投影，它们的正面投影与轴线重合，水平投影与圆垂直方向的中心线重合。投影图如图 10-21(c)所示。

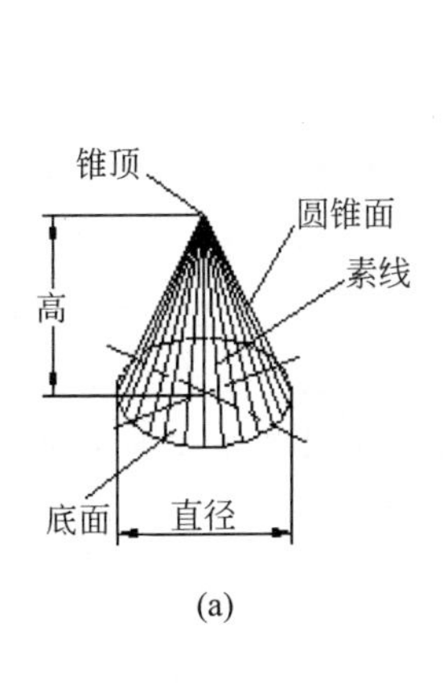

(a)

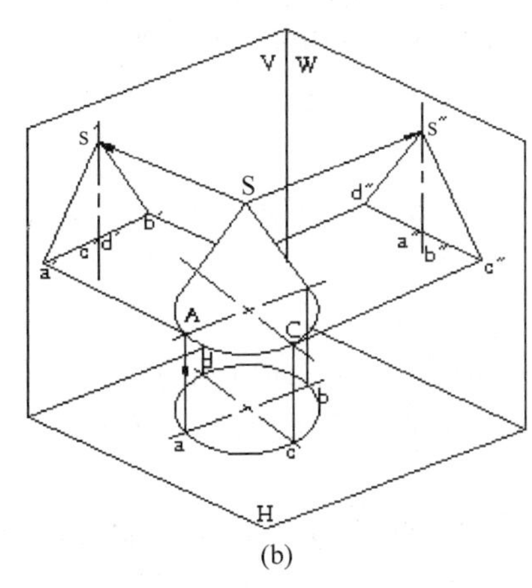

(b)

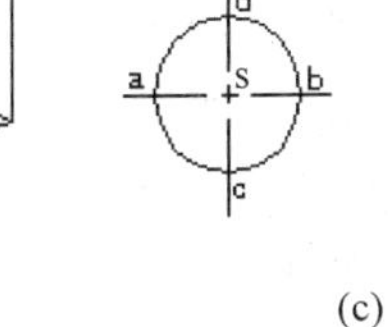
(c)

图 10-21 圆锥体的投影

圆锥面的轮廓素线是圆锥面在相应投影中可见与不可见部分的分界线。

2. 圆柱体表面上点的投影

如图 10-22(a)所示,已知圆锥体上点的正面投影,求水平投影面上的投影。

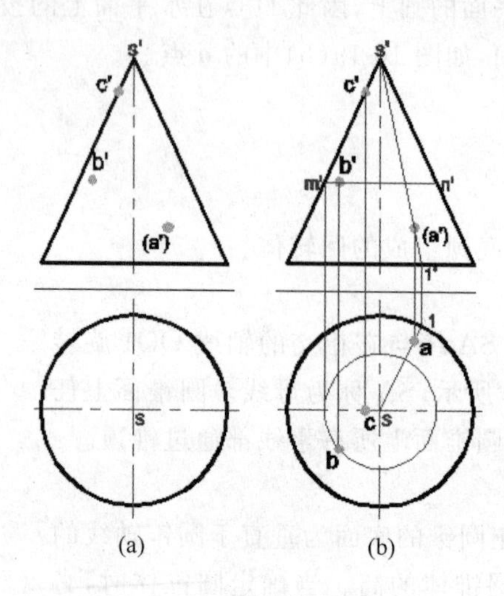

图 10-22 圆锥体表面求点

(1) A 点的投影(采用素线法)。

① 过锥顶 s′和(a′)作一辅助线,由于该辅助线为圆锥表面的素线之一,故称之为素线法。

② 求该素线在水平面上的投影:该素线与底圆交于 1′点,1′点在水平投影应在圆上,又由于其不可见,故其在圆的后半部分,如图 10-22(b)中的 1 点。素线的另一端点通过锥顶,因此 S1 的水平投影应为 s1。

③ 过 s′作一条垂直线与 s1 相交,其交点即为 A 点在水平面的投影点 a。

(2) B 点的投影(采用纬圆法),该点亦可用素线法求得,在此介绍另一种求法。

① 过 B 点作一水平面与圆锥相交,得到的交线为圆,其半径为正面投影图中 m′到中心线的距离。由于该交线圆与水平面平行,故在水平面上反映实形。又由于该圆在纬度方向,故称之为纬圆法。

② 求出交线圆在水平面上的投影。由于 B 点在 V 面上可见,故将 B 点投到该圆的前半部分,如图 10-22(b)所示。

(3) C 点的投影。

C 点为圆锥体上的特殊位置点,位于左边的轮廓素线上,该素线在水平面上的投影是水平中心线(该素线在水平面上是不画其投影的)。故可通过 c′作一条垂直线与中主线相交,即可得到 C 点的水平投影点 c。

由于点的侧面投影可根据点的投影规律求出,因此在图 10-22 未画出。

10.3.5 圆球体

1. 圆球体的投影

(1) 圆球体的形成

如图 10-23 所示,圆球是由一个圆以它的任一直径旋转而成的曲面。在确定圆球时,只需要给出圆球的直径即可。

(2) 投影分析

圆球的三面投影都是直径大小相同的圆,圆的直径等于圆球的直径,如图 10-24(a)所示。

圆球投影图中的 3 个圆,是分别从 3 个方向向投影面投影时,球体上分别平行于 V、H、W 3 个投影面的轮廓素线的投影,并不是球面上某一个圆的 3 个投影。从图 10-24(b)中可以看出,球面上的素线圆 a 是球面上平行于 V 面的最大圆,它将球体分成前、后两个半球,圆 a 的水平投影和侧面投影均与中心线重合。素线圆 b 是球面上平行于 H 面的最大圆,它将球体分成上、下两半球。同样,素线圆 c 是球面上平行于 W 面的最大圆,它将球体分成左、右两半球。关于圆 b 和圆 c 3 个投影的对应关系,请读者自行分析。投影图如图 10-24(c)所示。

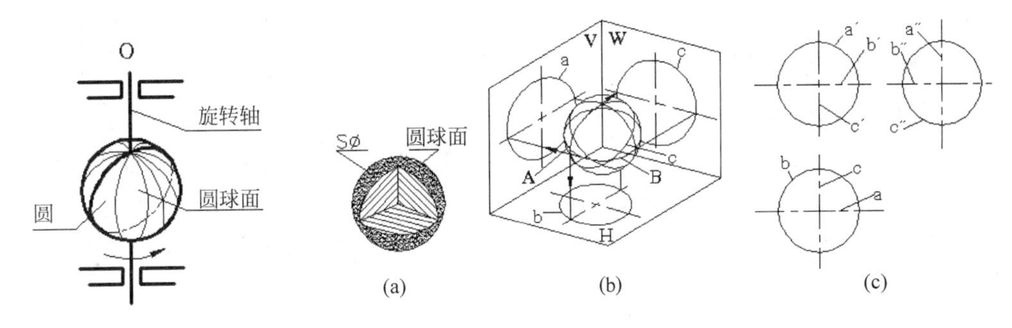

图 10-23 圆球的形成

图 10-24 圆球的投影

当判别可见性时,以轮廓素线为分界线。在正投影中,前半球的表面可见,后半球的表面为不可见;在水平投影中,上半球的表面可见,下半球的表面不可见;在侧投影中,左半球的表面可见,右半球的表面为不可见。

2. 球表面点的投影

球表面点的求法,一般采用纬圆法求解。已知球面上的点,如图 10-25 所示,求这些点在另一投影面上的投影。

(1) A 点的投影

过 A 点作一水平面与球相交,在水平面上得到一圆。过 a′作一垂线,与水平投影的圆相交于两点,由于 a′可见,则取前半圆上的交点,即为所求 A 点的水平投影 a,如图 10-25(b)所示。

(2) B 点的投影

过 B 点作一正平面与球相交,该交线在正投影面上为圆,过 b 点作一向上的垂线与该圆相交两点。由于B点在水平面上可见，因此可以判定该点在球的上半部分，故取球上半部分内的交点。又由于B点在水平面上的投影点b，因此可以判定该点同时在球的后半部分，故该点在正投影面上不可见，如图10-25(b)中的(b′)。

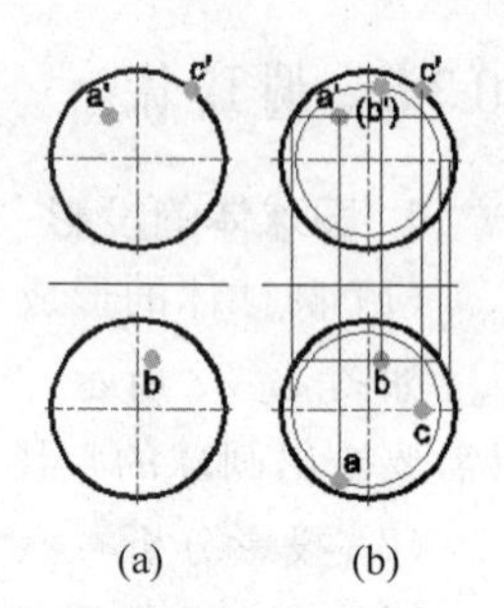

图10-25 球表面点的求法

(3) C点的投影

C点在球表面的轮廓素线上，为一特殊位置点，可以根据点素线的书籍投影，直接求得C点在水平面上的投影。即通过c′用一垂线与水平投影中的水平中心线的交点，即是C点的水平投影点c，如图10-25(b)所示。

10.4 基本形体的截切与相贯

10.4.1 基本形体的截切

基本形体的截切通常是指用一个或多个截平面截切基本体(在工程上常用的截平面一般是投影面的垂直面或平行面)，截平面与形体表面相交的线称为截交线，该交线通常情况下为一封闭的轮廓线。截平面与平面体相交得到的交线为直线，而与回转曲面体相交，一般得到的是曲线，在特殊情况下，也可以是直线。对于曲面体而言，截平面截切的位置不同，截交线的形状也不相同。

1. 棱柱体的截切

如图10-26所示，为正六棱柱被一正垂面截切。求截切后其他两个投影面上的投影。

棱柱体截切后产生6条交线，形成封闭的轮廓线，6条交线的交点分别在6条棱线上，只要分别求出在棱线上的6个交点，然后按顺序首尾相连，得到的封闭轮廓线即为截切后的投影。

(1) 水平面上的投影

截切面与6条棱线的交线，均为正垂线，故在水面投影面上积聚为6个点，首尾相连后仍为正六边形。

(2) 侧投影面上的投影

只要弄清楚正投影面与侧投影面上相应棱线的对应关系，则可根据点的投影规律“高平齐”求得6个交点的投影位置，从而得到截切后形体的投影。

投影求得后，应将切除的部分，改为假想线(双点划线)，具体作图方法参照图10-26。

2. 棱锥体的截切

如图10-27所示，为正三棱锥被一正垂面截切，求截切后其他两个投影面上的投影。

由于截平面是正垂面，则截切后得到的截面积聚成一条直线，而该截面与另两个投影面不平行也不垂直，故应得到三角形的类似形。

当三棱锥被截切后，在正面投影上得到3个交点1′、2′、3′，这3点都在棱线上，故将点投影到水平面上和侧面相应的棱线上，再将1、2、3连起来得到水平投影面上的投影，将1″、2″、3″首尾相连，可得到侧面的投影。

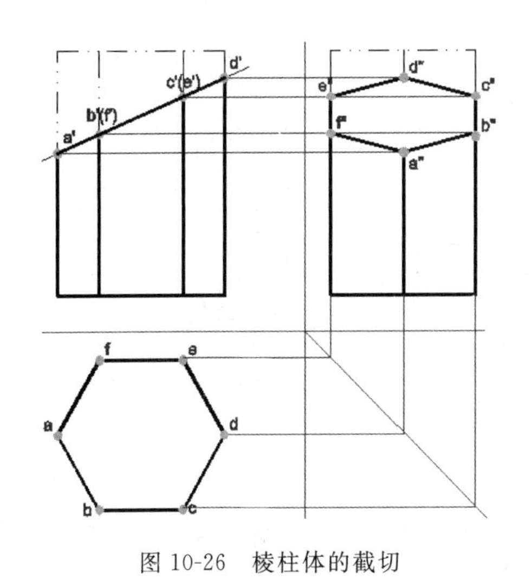

图 10-26　棱柱体的截切

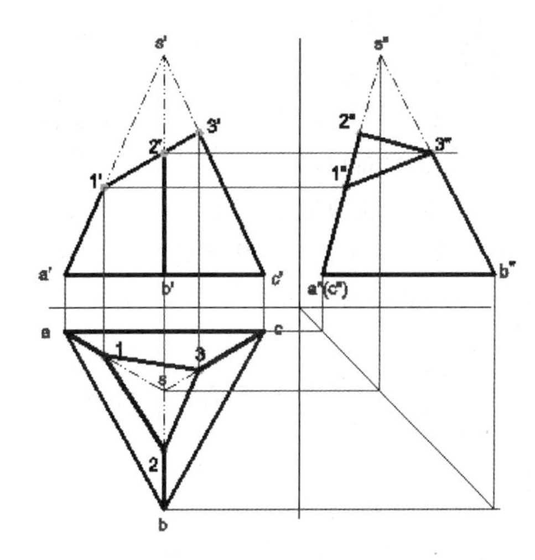

图 10-27　棱锥体的截切

3. 圆柱体的截切

(1) 因截平面与圆柱的相对位置不同，其截交线有 3 种情况，即平行轴线的两条平行直线、圆、椭圆，见表 10-5。

表 10-5　圆柱体的截交线

截平面位置	平行于轴线	垂直于轴线	倾斜于轴线
立体图	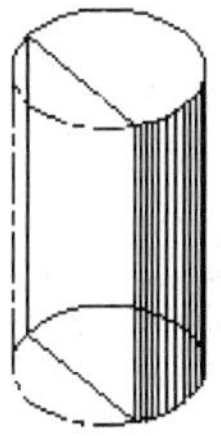	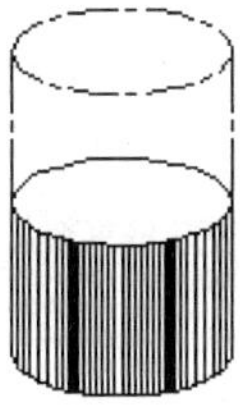	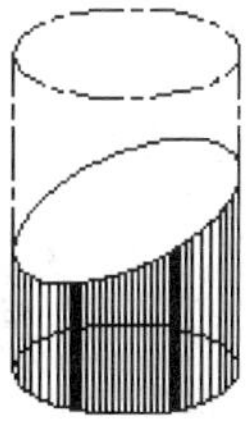
投影图	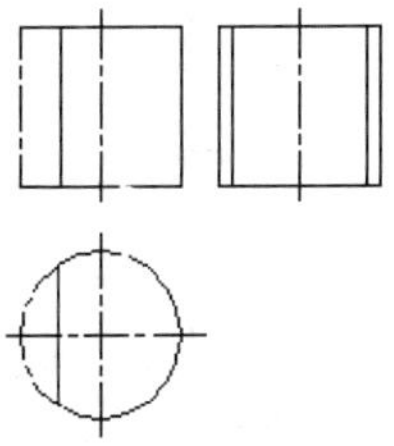	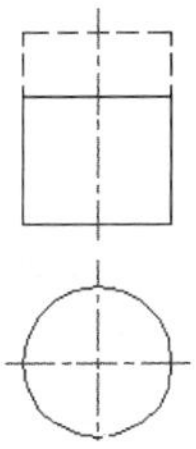	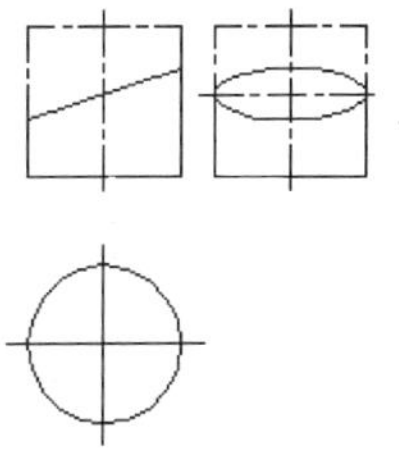
平面与圆柱面的交线	两条母线	圆	椭圆

(2) 圆柱体截交线的求法。

一般在工程上，只要求出截平面与轮廓素线的交点(特殊位置点)，即可用光滑曲线依照顺序将这些点连接成一个封闭的轮廓线。当然，点越多越精确，因此在学习阶段，一般还需求出截交线上一至两点的一般位置点。具体求法如下：

① 求特殊位置点的投影。如图 10-28 所示，截平面与圆柱体轮廓素线有 4 个交点，已知正投影面上的 a′、b′、(f′)、d′ 4 点，按照圆柱体表面求点的方法，分别求得水平面投影 a、b、f、d 4 点及侧面投影面上 4 点 a″、b″、f″、d″。

② 求一般位置点 CE。在正面投影图上截切后的截面积聚成一条线 a′d′，在该截交线上任取两点 c′e′（在正投影面上重合），求出这两点在其他投影面上的投影，具体求法可参见 10.3.3 小节内容。

③ 用曲线将这些点光滑地连接起来，即为所求的截交线的投影。

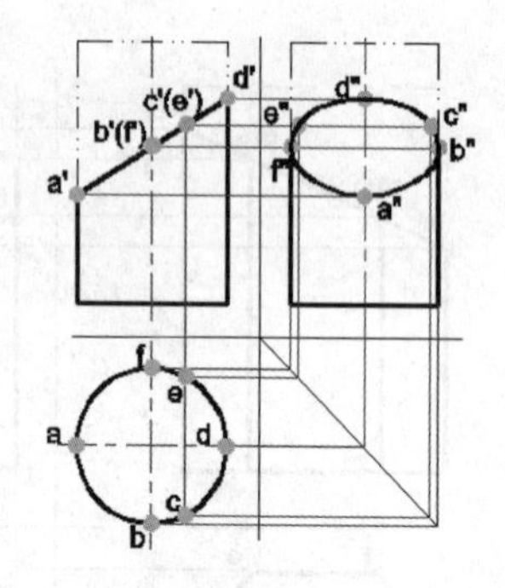

图 10-28　圆柱体的截切

4. 圆锥体的截切

(1) 圆锥的截交线。因截平面与圆锥的相对位置不同，所以截交线有 5 种不同的形状，见表 10-6。

当截平面垂直于圆锥轴线时，截交线是一个圆；当截平面过锥顶时，截交线是交于锥顶的两条直线；当截平面与圆锥轴线斜交时（$\theta>\alpha$），截交线是一个椭圆；当截平面与圆锥轴线斜交，且平行于一条素线时（$\theta=\alpha$），截交线是一条抛物线；当截平面与圆锥线平行时（$\theta=0$），截交线为双曲线。

表 10-6　圆锥体的截交线

截平面位置	过锥顶	垂直于轴线	倾斜于轴线 $\theta>\alpha$	倾斜于轴线 $\theta=\alpha$	平行或倾斜于轴线 $\theta=0$ 或 $\theta<\alpha$
立体图					
投影图					
截平面与圆锥面的交线	两条母线	圆	椭圆	抛物线	双曲线

(2) 圆锥体截交线的求法。

图 10-29 所示为一圆锥被正垂面截切，由于其在正投影面上的投影为已知，其故与圆锥 4 条轮廓素线的交点 a′、b′、c′、d′亦为已知。求圆锥截切后的水平投影及侧面投影。

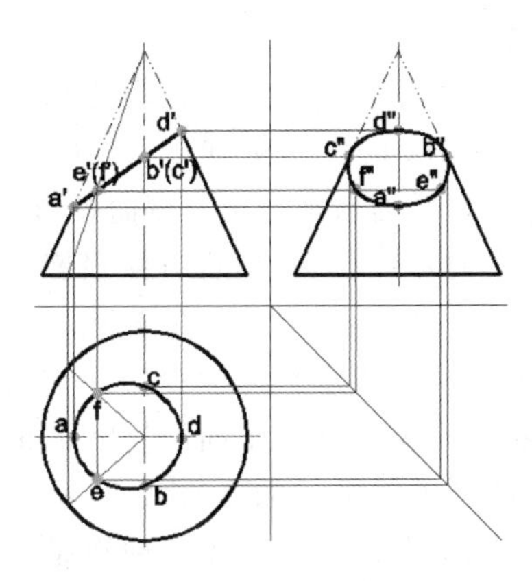

图 10-29　圆锥体的截切

① 求 A、B、C、D 4 点在水平面和侧面的投影，具体求法可参照图 10-22 图中的 C 点。

② 求一般位置点。在已知截交线 a′d′上任取两点 e′、(f′)，这两点在正面投影图上是重合的。具体求法可参照图 10-22 中的 A 点。

③ 将这些点按顺序光滑连接，即可得到截交线在水平面和侧面的投影。

5. 圆球体的截切

(1) 截平面与圆球相交，其截交线都是一个圆。当截平面平行于投影面时，截交线在该投影面上的投影为实形，在另两个投影面上的投影积聚为一直线。当截平面垂直于投影面时，截交线在该投影面上投影积聚为一直线，另两投影为椭圆，当截平面为一般位置时，截交线的三面投影均为椭圆，见表 10-7。

表 10-7　圆球截交线

截平面位置	投影面的平行面如正平面	投影面的垂直面如正垂面
立体图		
三视图		

(2) 圆球体的截交线求法。

图 10-30 所示为一圆球被正垂面截切,其在正投影面上的投影为已知。故与圆球 3 条轮廓素线的交点 a′、b′、(c′)、d′、(e′)、f′亦为已知。求圆球截切后的水平投影及侧面投影。

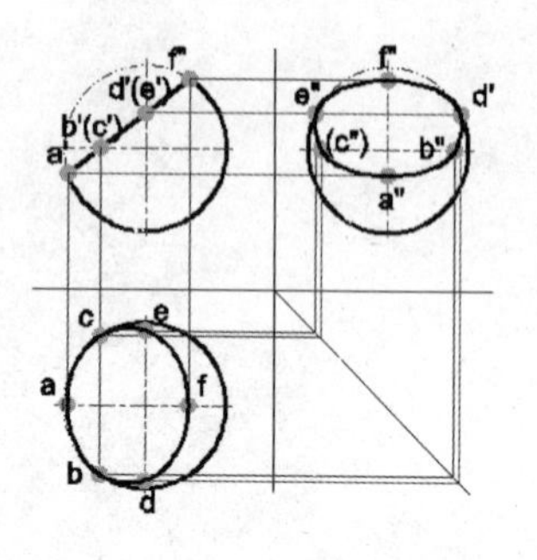

图 10-30 圆球体的截切

上述 6 个交点均为圆球上的特殊位置点,可直接投影至水平面和侧面相应的轮廓素线的投影上。其中,A、F 点是在正投影面的轮廓素线,而该轮廓素线在水平面的投影在与 Y 轴平行的中心线上,故可直接得到 A、F 在水平面的投影 a、b。而该轮廓素线在侧面的投影是与 Z 轴平行的中心线上,故可直接得到 A、F 在侧面投影面上的投影 a″、f″。B、C 两点是在水平轮廓素线上的点,水平轮廓素线在水平投影面上反映实形,过 b′、(c′)点作向下的垂线,与水平投影上的圆相交于 b 和 c 两点,即为 B、C 在水平投影面上的两点,其侧面投影通过点的投影规律可以得到。D、E 两点在侧面轮廓素线上,可先求侧面的投影。再过 b′、(e′)点作一水平线,与侧面圆相交于 b″、e″两点。由于所求的特殊位置点已有 6 点,故一般位置点可不再求。最后,用光滑曲线将这 6 点按顺序连接起来,即可完成圆球截切后截交线的投影。

10.4.2 基本形体的相贯

1. 相贯线

回转体与回转体的相交称为相贯。相贯两形体产生的交线叫相贯线。相贯线是封闭的空间曲线,且是相贯体的公共交线。由于相贯两形体的相对位置不同,其相贯线的形状也不同。图 10-31 所示是两正交的不同直径圆柱体相贯的投影。

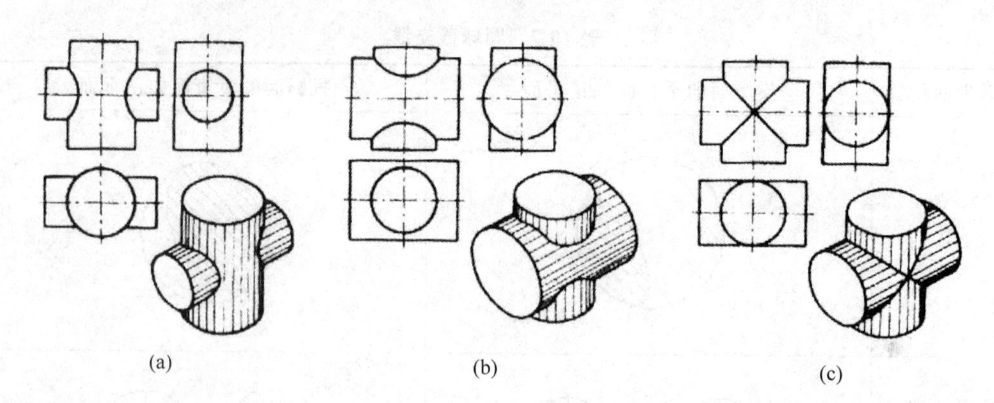

图 10-31 正交圆柱体的相贯

在回转体上挖圆柱孔也会产生相贯线,如图 10-32 所示。

图 10-33 所示是同轴回转体相贯的投影。

2. 相贯线的求法

相贯线的求法,主要有辅助平面法、辅助球面法等,在此介绍两个圆柱体轴线垂直相交的相贯线的求法,如图 10-34 所示。

(1) 分析。相贯线在空间是一封闭的曲线;同时,也是两个圆柱体的公共交线,它既

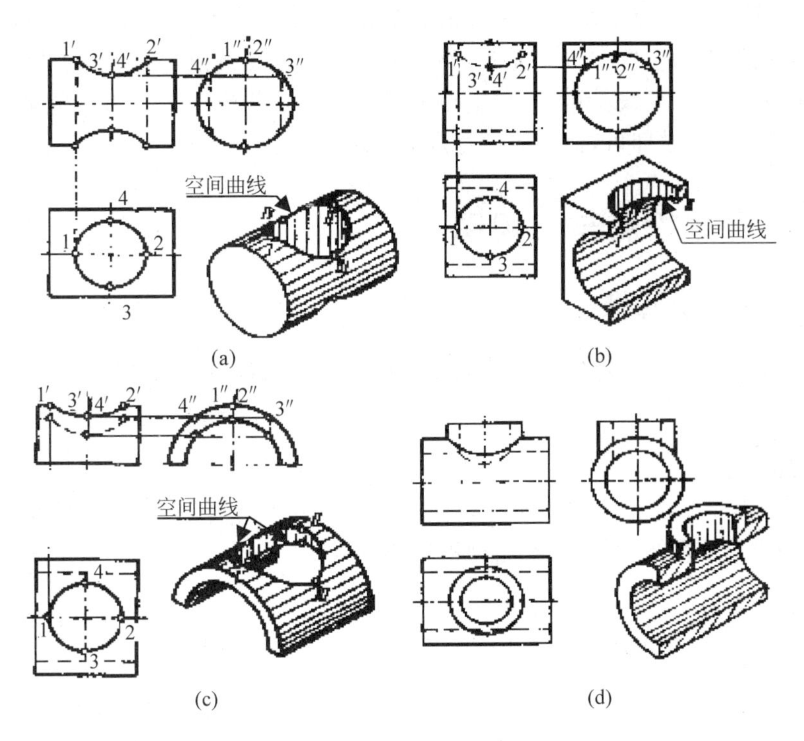

图 10-32　圆柱孔的相贯

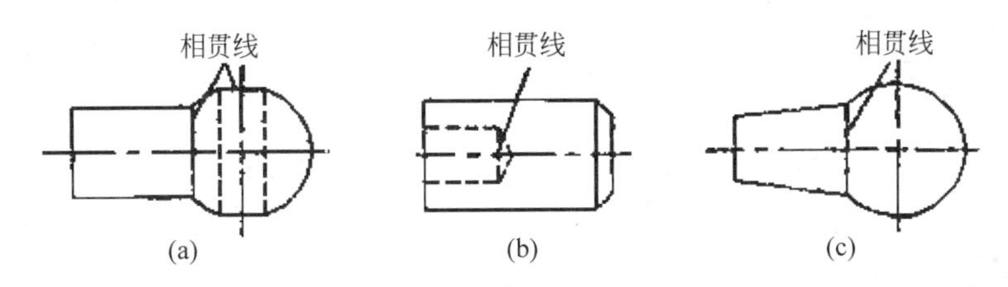

图 10-33　同轴回转体的相贯

在大圆柱体表面，也在小圆柱体表面。由于小圆柱面垂直于水平面投影面，积聚为一个圆，而相贯线也与该圆重合。所以，水平投影面的投影未产生变化。大圆柱面垂直于侧面，相贯线也在大圆柱的表面，故在侧投影面上，相贯线与大圆柱面的积聚投影重合，相贯线在图 10-34 中的 c″d″的范围内，因此侧投影面的投影亦未产生变化。而正投影面上，两个圆柱体均无积聚性，因此当两个圆柱体轴线垂直相交时，在正投影面上应可以见到圆柱体表面的相贯线。

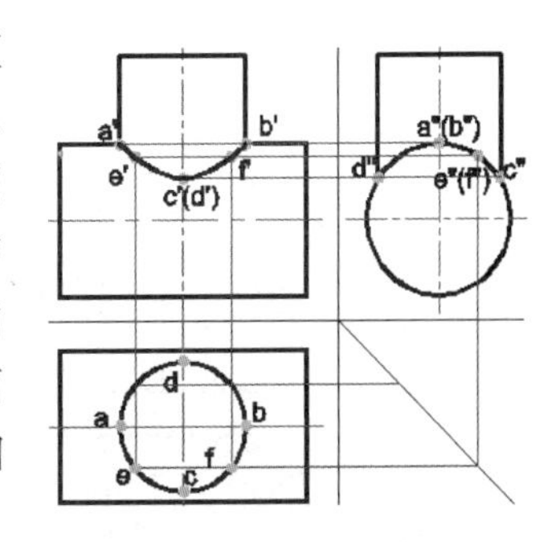

图 10-34　两个圆柱体轴线垂直相交的相贯

(2) 正投影面上相惯线的求法。A、B、C、D 4 点为特殊位置点，均在圆柱体的轮廓素线上，很容易求得正投影面上的 a′、b′、c′、d′ 4 点。为作图精确，可在已知的相贯线上任取两点，如侧投影面上的 e″、f″，这两点在侧投影面上是重合的。由于这两点是相贯线上的两点，可将这两点投影于水平面的相贯线上，得到 e、f 两点，再根据点的投影规律求得正投影面上点的位置 e′、f′。最后，将正投影面上求得的点，用光滑的曲线连接，即可得到正投影面上的相贯线。当然，在工程上只要确定正投影面上相贯线的最低点 c′(d′)及 a′、b′ 3 点连接起来即可，而一般位置点无须求出。

10.5 组合体投影与三视图

10.5.1 组合体及其组合形式

组合体是由若干基本形体组成的具有一定功能的复杂形体。组合体的组合形式有以下几种。

1. 叠加

图 10-35 所示是组合体的叠加形式。其中，图 10-35(a)中主视图接触面只画一直线，图 10-35(b)中由于两平面靠齐，在主视图中不画线。

2. 相交

如图 10-36 所示，两基本形体相交时要画出交线。

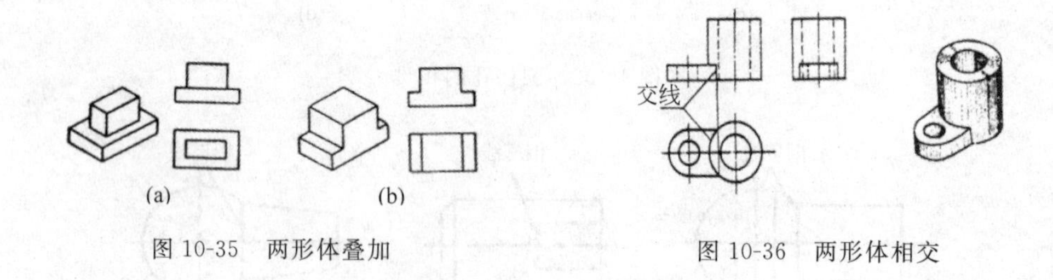

图 10-35 两形体叠加　　图 10-36 两形体相交

3. 相贯

当两回转体相贯时，必须画出相贯线。相贯及相贯形式参见 10.4.2 小节中的基本形体相贯。

4. 相切

如图 10-37 所示，两形体相切时，不必画出切线。

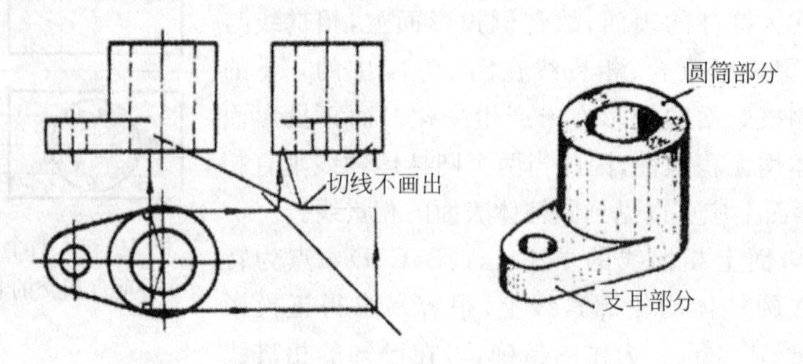

图 10-37 两形体相切

5. 切割

图 10-38 所示的组合体可以看作是在基本形体上进行切割而成的，类似的切割还有钻孔、挖槽等。绘图时，被切割的轮廓线必须画出来。

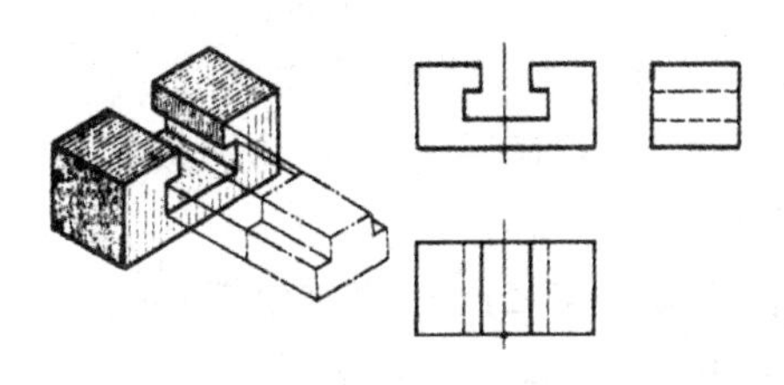

图 10-38　形体的切割

10.5.2　形体分析法

虽然组合体的结构形状是多种多样的，但任何一个组合体都可以看作是由若干基本体组合而成。因此，这里假想地把组合体分解为若干基本形体，并弄清它们之间的相对位置、表面连接方式和组合形式。这种方法称为形体分析法。图 10-39(a)所示的支架，可以假想地分解为底板 1、肋板 2、支承板 3、圆筒 4 和凸台 5，如图 10-39(b)所示。底板上有圆角和两个圆孔，圆筒上的孔和凸台上的孔是相通的，支架左右对称，底板和圆筒之间由肋板和支承板连接，支承板与圆筒相切。

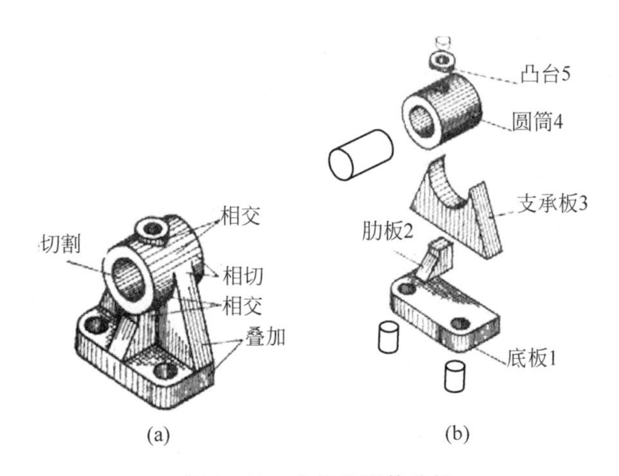

图 10-39　支架的形体分析

形体分析法对于组合体的视图绘制、读图和尺寸标注都是非常重要的。

10.5.3　组合体的主视图选择

主视图是三视图中最重要的一个视图，对主视图的选择是否恰当，将影响整个视图对组合体的表达清晰和合理。

选择主视图应考虑以下几个方面。

(1) 选择最能反映组合体的形状特征的一面为主视图的投影方向，以使主视图能尽可能多地表达出组合体各组成部分的关系及相对位置。

(2) 主视图应符合组合体的自然安放位置。

(3) 应尽量使其他视图中的虚线尽可能的少，以使视图清晰、画图简便。

如图 10-40 所示，按照自然安放的原则，首先将底面与水平面平行放置是毫无疑问的，但主视图仍可有 A、B、C、D 4 个投影方向供选择。以下作个比较：A 和 C 相比，显然 A 向可见的轮廓线要比 C 向多；D 向与 B 向是几乎是一样的。这样，可以在 A 和 B 之间进行选择。A 向相对比较直观，产生的虚线较少，但各基本体之间的相对位置不如 B 向清晰。又因为圆柱体的投影比较容易理解，所以一般会选择 B 向作为主视图。要说明的是，这样选择不是唯一的，有些人也喜欢选择 A 向作为主视图。

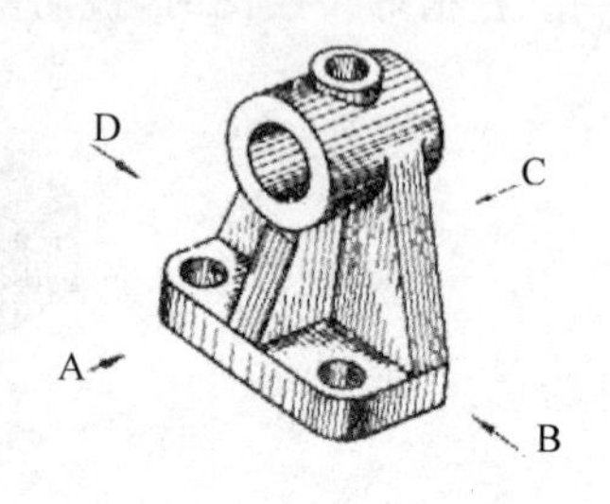

图 10-40 支架主视图的选择

10.5.4 组合体的三视图画法

图 10-41 所示为组合体的三视图画法。

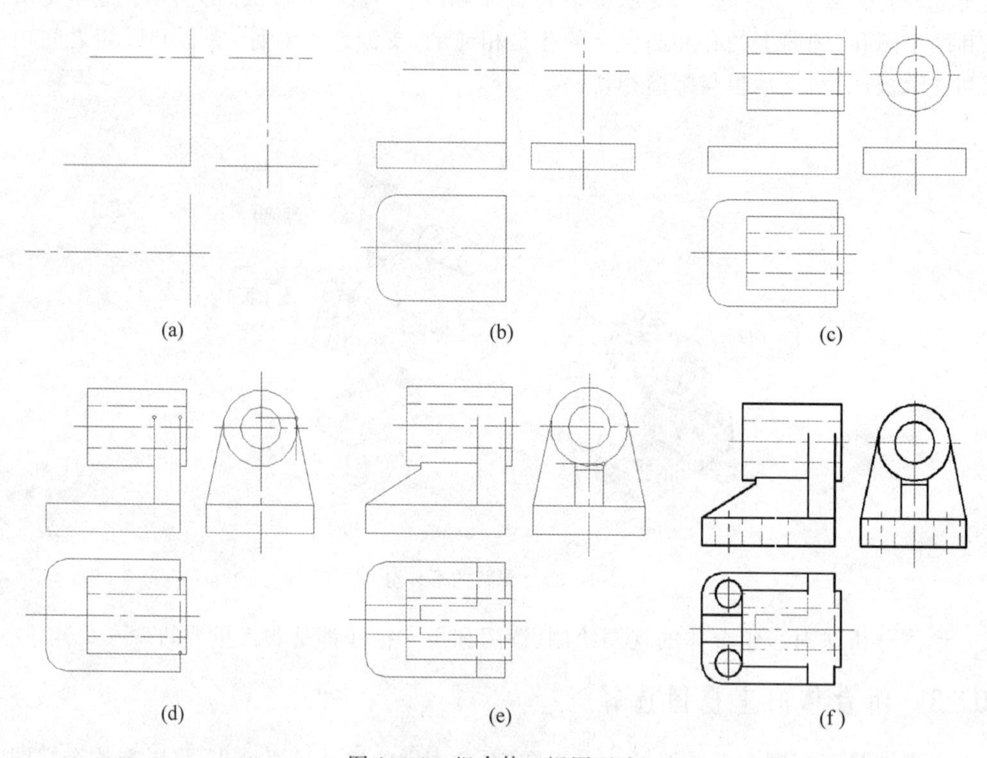

图 10-41 组合体三视图画法

为了说明三视图的画图步骤，以简化绘图步骤，将图 10-40 中大圆柱筒上的小圆除去。

(1) 画出 3 个视图的基准线，即主视图上底板、下底面，圆柱筒中心线及支承板右边。

(2) 画底板的 3 个视图。

(3) 画圆柱筒三视图。

(4) 画支承板三视图。

(5) 画筋板三视图。

(6) 检查无错后,描粗、加深。

对于初学者而言,在画组合体的三视图时,按照拆分的基本体逐步完成,不失为一个好的方法,但在熟练以后,有时并不需要一定按此顺序画图。

10.6　用 AutoCAD 绘制三视图

用 AutoCAD 绘制三视图,主要解决如何保证三视图中的"长对正、高平齐、宽相等"的投影规律,在此主要介绍以下几种方法,供读者参考。

1. 利用点坐标过滤器(Point Filters)实现"长对正、高平齐"

点坐标过滤器能够帮助用户在绘图中完成点的输入。用户可以选择一个坐标值(如 X 值),然后组合其他坐标值(如 Y 值与 Z 值)来完成点的输入。例如,已画好三角形和一段直线,提取三角形顶点 a 的 X 坐标值与直线端点 b 的 Y 坐标值作为圆的圆心坐标画一个圆,如图 10-42 所示。

操作步骤如下:

Command: _circle 指定圆的圆心或[三点(3P)/两点(2P)/相切、相切、半径(T)]:
//此时按 Shift 键并右击,弹出快捷菜单,如图 10-43 所示.选取"点过滤器(T)"命令,先过滤 X 坐标,选".X"
.X of 于_endp 于 (需要 YZ): //过滤 X 坐标,再用 Intersection 捕捉 a 点
通过以上指令得到 a 点的 X 坐标,也就是圆心的 X 坐标.紧接着过滤直线段 b 点的 Y 坐标,这样就把圆心的 X、Y 坐标都确定了
指定圆的半径或[直径(D)] <20.7836>: //输入半径

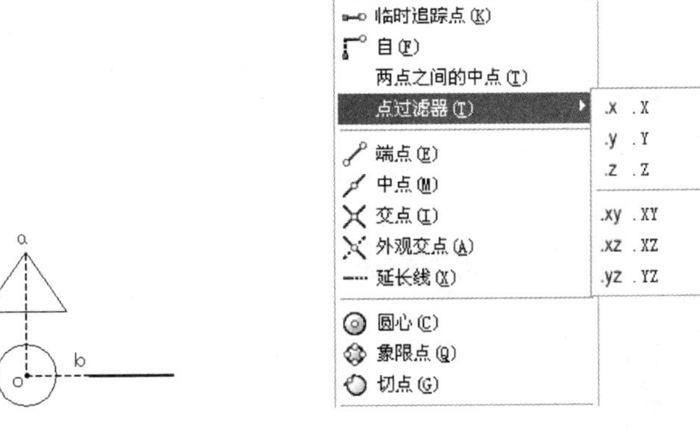

图 10-42　画圆　　　　图 10-43　过滤 X 坐标

可以在提示输入点的任何时候使用点过滤器,方法是在要过滤的坐标(X、Y、Z 及其组合)前加点符号"."。例如,".X"过滤点的 X 坐标;".Y"过滤点的 Y 坐标,".Z"过滤点的 Z 坐标;".XY"过滤点的 X 与 Y 坐标;".YZ"过滤点的 Y 与 Z 坐标;".XZ"过滤点的 X 与 Z

坐标。

使用点过滤器时，AutoCAD 从指定的点坐标中提取相应的坐标。如果还没有形成完整的点，则提示用户输入相应的坐标值。

2. 利用“极轴”、“对象捕捉”、“对象追踪”等辅助工具

单击绘图区下方状态栏中的“极轴”、“对象捕捉”和“对象追踪”工具按钮。以画正三棱锥为例，说明这些辅助工具的用法。

首先画出投影轴，其次在水平投影面上画一等边三角形并求出其几何中心作为锥顶的投影，如图 10-44 所示。在画正投影图中的棱锥底边时，与水平投影相应点应符合“长对正”的投影规律。

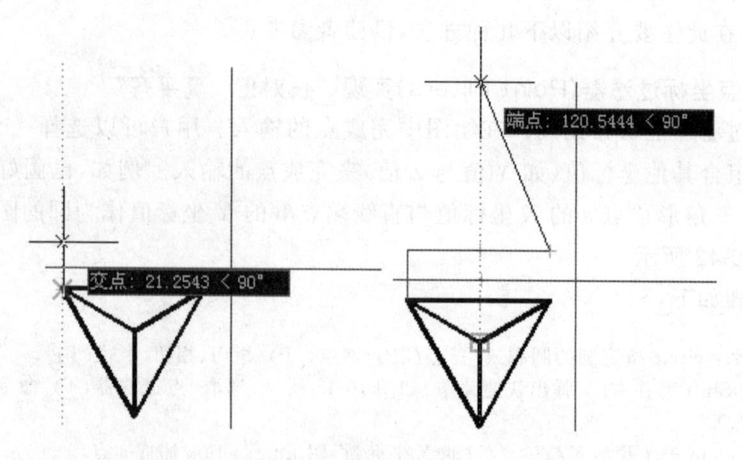

图 10-44　长对正

在画侧面投影图时，应先画出如图 10-45 所示的 45°斜线，再利用“捕捉辅助”工具完成正投影与侧投影的“高平齐”、水平投影与侧投影面的“宽相等”。

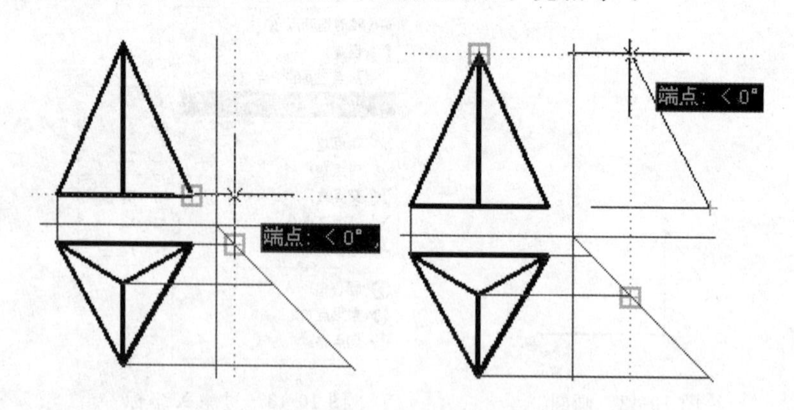

图 10-45　“高平齐、宽相等”

3. 利用“对齐”命令或“旋转和移动”命令实现“宽相等”

(1) 利用“对齐”命令(见图 10-46)，将水平投影视图变换到图 10-47 所示排列。当根

据“高平齐、宽相等”的投影规律求出侧视图(见图 10-48)后,再将其还原到水平投影面。具体操作如下:

```
命令: _align
选择对象: 指定对角点: 找到 4 个   //选择水平投影视图
选择对象: ↙   //选择完成后,按 Enter 键
指定第一个源点:   //捕捉图 10-46(a)中水平投影图中的“右端点”
指定第一个目标点:   //图 10-46(b)中的“1”点
指定第二个源点:   //捕捉图 10-46(a)中水平投影图中的“左端点”
指定第二个目标点:   //图 10-46(b)中的“2”点,该点与“1”在一条垂线上即可
指定第三个源点或 <继续>:↙   //二维图形只需两个点即可
是否基于对齐点缩放对象?[是(Y)/否(N)] <否>:↙   //不缩放
```

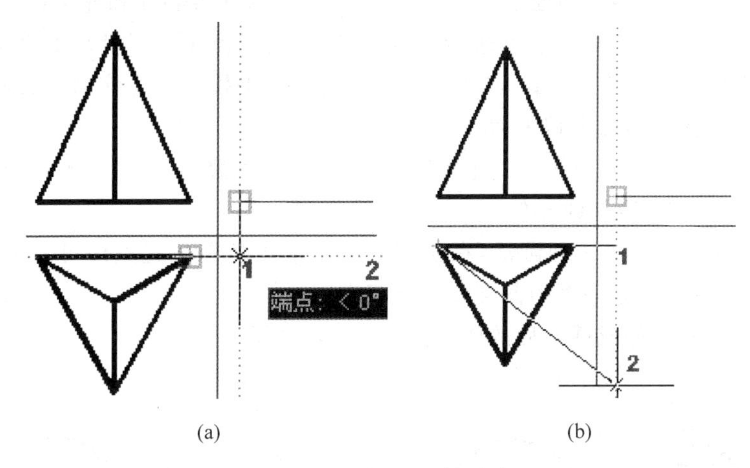

图 10-46 利用“对齐”命令

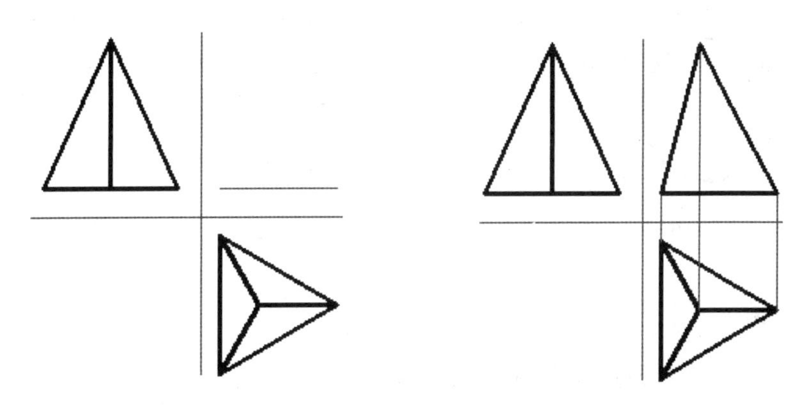

图 10-47 “对齐”后　　图 10-48 完成侧视图

(2) 利用“旋转和移动”命令(相当于“对齐”命令),也可得到图 10-47 所示的结果。

以上 3 种方法中,第二种较为方便,且与手工制图相类似,所以当用 AutoCAD 画三视图时,推荐使用该方法。

10.7 综合实例

10.7.1 实例一

图 10-49 所示为一半球体的截切，其形体为人们日常所见螺钉头的画法。已知在正投影面上，一个半球体被两个侧平面 p1、p2 和一个水平面 p3 所截切，求水平面和侧面的投影。

分析：

(1) 在 10.4 节中介绍了单一平面的截切，对于多平面截切，可以先将其分解为单一平面的截切，然后根据多截切面之间的关系，将得到的截切线叠加和连接在一起即可。就本例而言，由于 p1 和 p2 对称于半球，因此其得到的截交线在水下投影上也是对称的，且在侧投影面上应该是重叠的。p3 与半球的截交线在水平投影上应该为圆(确切地讲是一小段圆弧)，并在侧投影面上积聚为一直线。

(2) 平面 p1 与 p3 的交线为一正垂线，其正面投影积聚为一点，水平投影与侧投影为一直线，p2 与 p3 的交线与此相似。

(3) 截交线的求法采用纬圆法，在工程上只要求出特殊位置点即可。单个截切面的截交线求出后，将 3 个截平面的截交线连接起来即可。

具体求法(略)。完成截切后的效果图如图 10-50 所示。

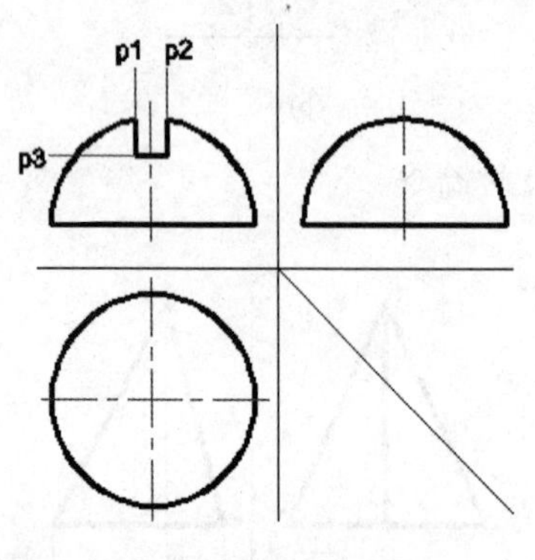

图 10-49 实例一

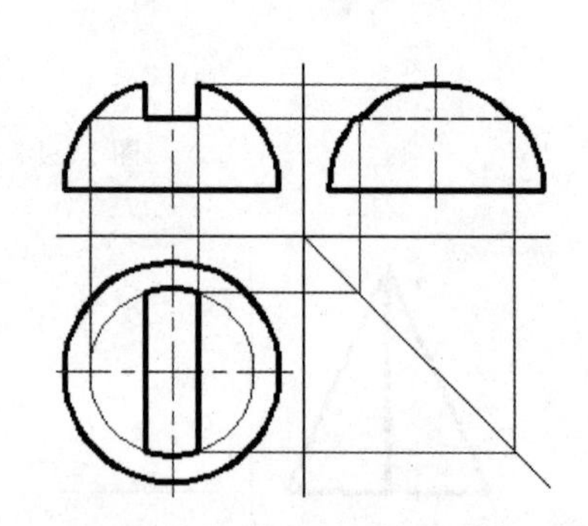

图 10-50 完成截切后的效果图

10.7.2 实例二

根据图 10-51 所示的轴侧图，画出三视图。

1. 分析

(1) 确定主视图方向。按照自然放置原则，底面应与水平面平行。一般主视图的选择是在 A 与 B 之间进行选择。A 向的特点是能较多地反映各基本体之间的相互位置关系，而 B 向则可使主视图在投影时虚线较少。在工程中，一般会选 A 向作为主视图，因为虚线多的问题是可以通过剖视图解决的，而在未学习剖视图时，可以选择 B 向作为主视图。

(2) 该组合体可以分解为上、下两大部分：下面为长方体，切割一燕尾槽与垂直方向的圆柱孔；上面为一长方体，切割一半圆柱。

2. 画图步骤

(1) 画下面部分，由于主视图几何特征比较明显，故应先画主视图。先画出投影轴及中心线，并按图 10-51 中的尺寸，画出下面部分的主视图，如图 10-52 所示。

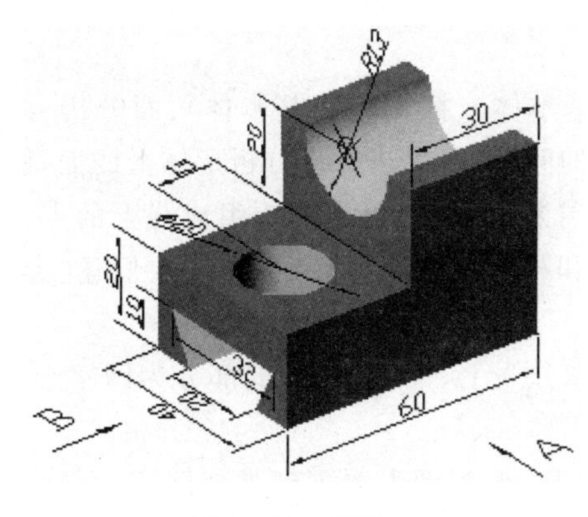

图 10-51　实例二

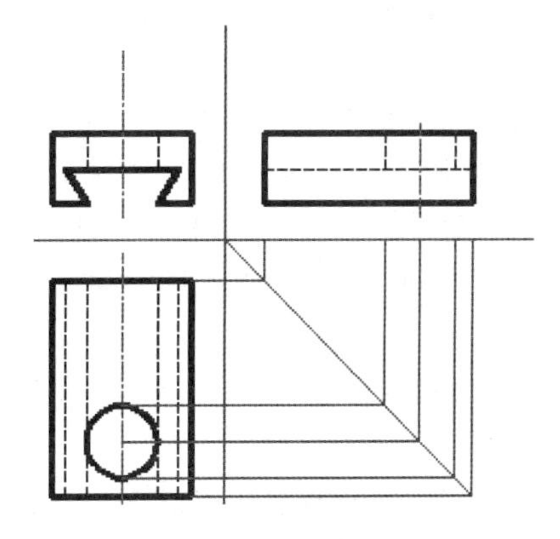

图 10-52　下面部分的三视图

(2) 根据“长对正”的投影规律及图 10-51 中的宽度尺寸，画出俯视图。

(3) 通过主视图与左视图的“高平齐”及俯视图与左视图的“宽相等”，画出左视图，在用 AutoCAD 画图时，应单击状态栏中的“极轴”、“对象捕捉”和“对象追踪”按钮。

(4) 按照图 10-51 中的尺寸，画上面部分的主视图，如图 10-53 所示。

(5) 在上、下两部分叠加后，产生一些交线，这些交线是保留还是取消，要看产生这些线的位置，如图 10-53 中的“l1”和“l2”。在主视图中，由于平面 p1 和 p2 不在同一个平面上(从左视图中可以明显看到)，所以“l1”在主视图中应存在，而在俯视图中“l1”不但是交线的投影，也是平面 p1 的积聚投影，因而在俯视图中也应存在。另外，从主视图上看到的 p3 和 p4 两个面，由于它们在叠加时是在同一个平面上，因而在左视图中不应存在，应该删除。最后，得到的结果如图 10-54 所示。

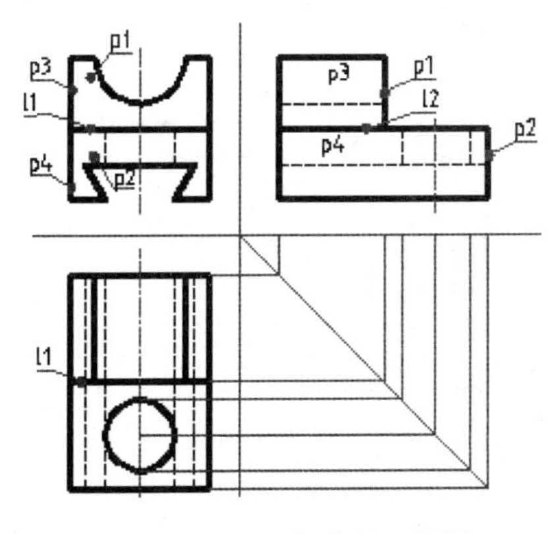

图 10-53　上面部分的三视图

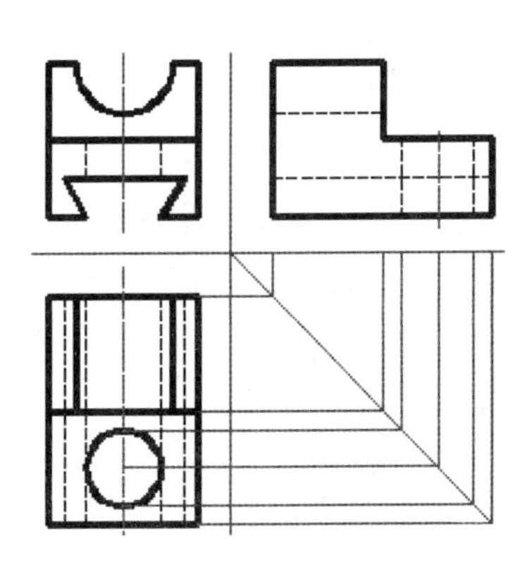

图 10-54　最终完成的三视图

10.7.3 实例三

如图 10-55 所示，已知形体的两个视图（主视图与俯视图），补画第三视图（左视图）。

已知形体的两个视图，补画第三视图，这种情况应该是两个已知的视图已经完全能够表达形体的空间形状和大小。而补画第三视图的目的是考察读图者是否能读懂三视图，因而在补画第三视图时，应对已知视图进行分析，并通过分析形成立体的概念，然后通过投影规律画出第三视图。

读图的基本方法是采用形体分析（拆分为基本体或截切后的基本体）、面分析、线分析、点分析等手段，对于采用形体分析不能解决的问题，可以进一步分析形体上的面，面分析不清楚，可以进一步分析面的上线，线分析不清楚的，最终可以分析组成线上的点。所有对形体、面、线、点的分析，主要是分析其形状和相对位置关系，从而帮助人们建立空间立体形状。

如图 10-55 所示，可以从主视图入手，将形体分为上、下两部分，上部分为凹字形 p1，下部分为 T 字形 p2。

(1) 分析上面部分的形体。由于 p1（凹字形）在俯视图上看不到类似凹字的图形，故可以判断 p1 在俯视图上有积聚性，并积聚为一条直线。在俯视图上与 X 平行的直线有 3 条，如何判断是哪一个条？通过凹字形的凹口对应在俯视图上可以看到其宽度为 w1，因此可以判断 p1 面的积聚线，应该为俯视图中的 p1，而不是 p2。由此，可以想象上部分空间的立体形状为凹字形，其宽度为 w1。

(2) 下面部分为 T 字形，其宽度为 w2 和 w3 两种可能，但如果是 w2，那么上、下两部分应只有一条直线相连，但这是不可能的，所以其宽度就为 w3。

(3) 上、下两部分叠加在一起，上部宽为 w1，下部宽为 w3，可见两部分后面的面是对齐的。

至此，该图形的空间立体形状就建立起来了，即上、下两部分以后面作为对齐面，叠加起来，总体上应该为“L”形。最后，根据投影规律求得左视图，如图 10-56 所示。

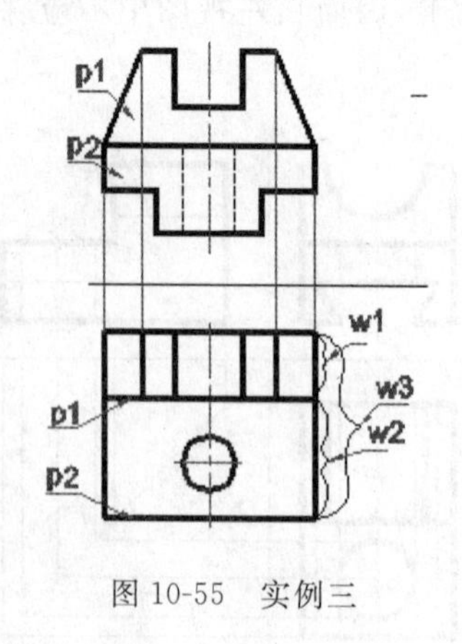

图 10-55 实例三

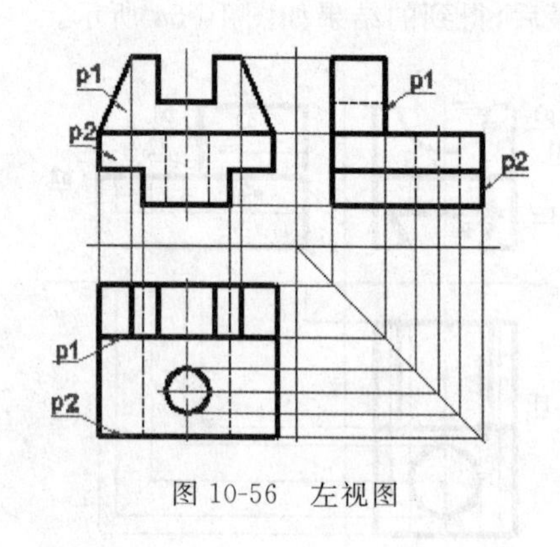

图 10-56 左视图

10.8　小结

三维图形虽然直观性好，但无法将尺寸和公差标注清楚，因而无法精确加工。这就需要一种将三维的形体用二维图形来表达的方法，这种方法就是正投影法及三视图。本章主要讲解了形体的投影及其投影规律，从点、线、面到形体分析，从基本体的投影及截切到组合体的画法，这些都是为了帮助读者能够通过三维图形画出三视图(平面图)以及能读懂三视图。只有通过多练、多读，才能在工作中运用自如。

10.9　习题

一、练习题

1. 根据两个视图以及立体图，分别用手工和 AutoCAD 画出第三视图(见图 10-57)。

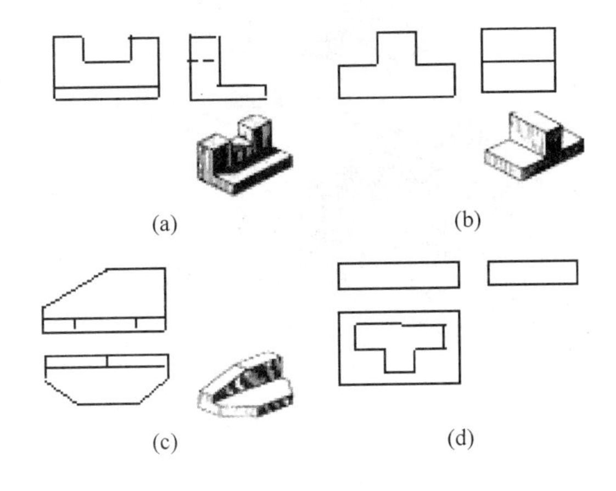

图 10-57　练习题 1

2. 根据立体图分别用手工和 AutoCAD 画出三视图(见图 10-58)。

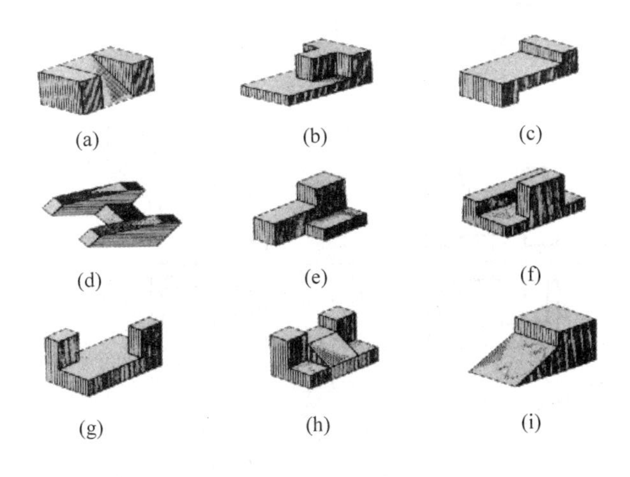

图 10-58　练习题 2

3. 根据立体图以及尺寸大小，分别用手工和 AutoCAD 画出三视图（见图 10-59）。

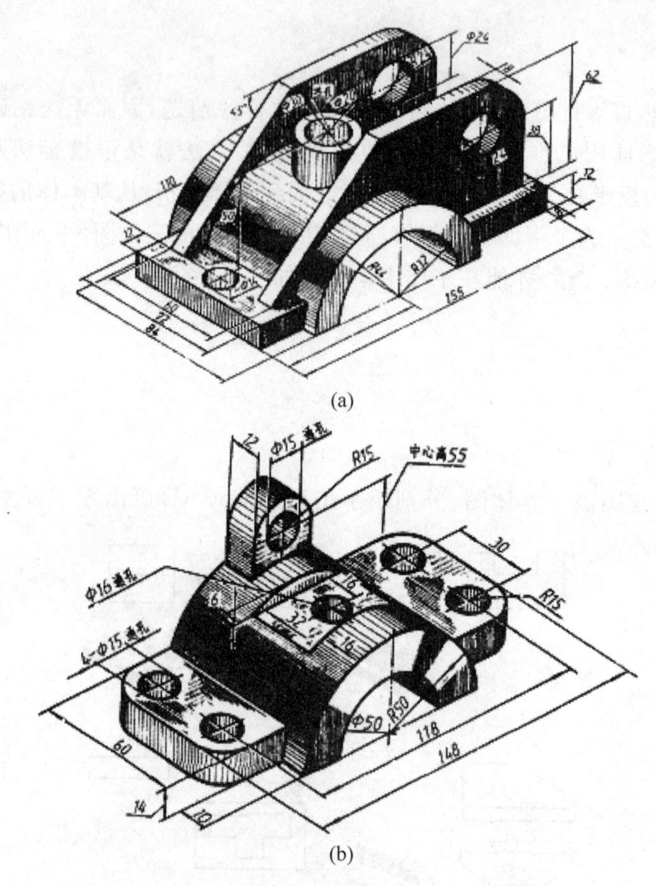

(a)

(b)

图 10-59 练习题 3

4. 根据已知视图补画第三视图（见图 10-60）。

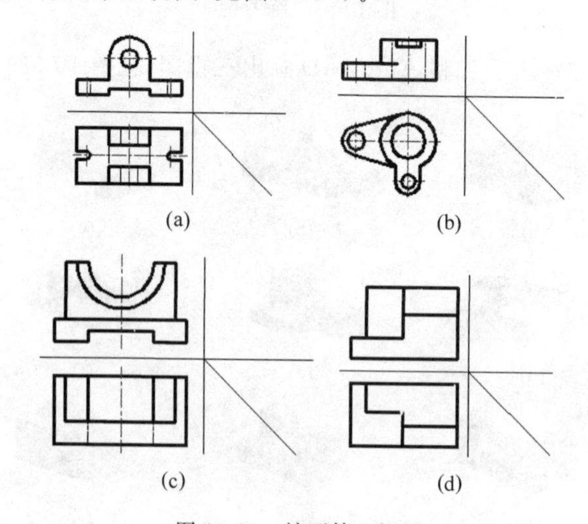

(a) (b)

(c) (d)

图 10-60 补画第三视图

二、思考题

1. 简述正投影法的基本原理。
2. 平行正投影有什么特点？
3. 什么是形体的三视图？三视图之间有什么投影规律？
4. 第三分角投影与第一分角投影有什么区别？
5. 简述直线的投影特性。
6. 手工画出棱柱体、棱锥体、圆柱体、圆锥体、圆球体的三视图。
7. 什么是形体分析法？作图中如何应用形体分析法？

形体的视图表达与剖视图

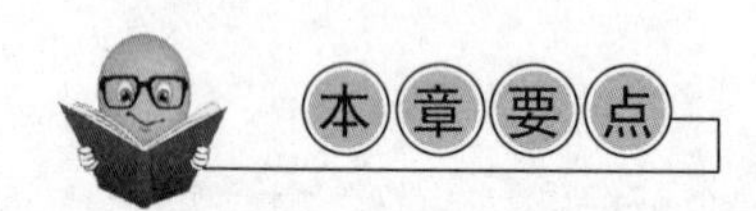

在绘图设计中，为了完整、清晰地表达各种形体的形状，仅用前面介绍的三视图是不够的。而对于一些简单的形体，也可以用较少的视图表达。对于形体的内形，还可以用剖视的表达方法，借助于 AutoCAD 的图层工具及 HATCH 命令填充剖面线，完整、清楚地表达形体的内外形状。本章介绍形体的内外形表达方法以及剖面线填充。

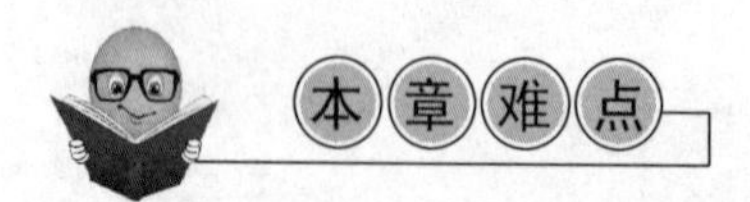

各种视图的表达及剖视，目的只有一个：那就是用最少的视图，最清楚地表达形体的特征和细节。所以，应很好地掌握所需视图的数量、各种剖视的规定画法以及各种剖视方法的适用场合。

11.1 视图表达

用正投影法将形体向投影面投影所得到的图形称为视图。视图一般只画形体的可见部分，必要时才画出其不可见部分。

11.1.1 基本视图

国家制图标准规定，用六面体的 6 个面作为基本投影面。将形体放在正六面体中，分别向 6 个基本投影面投影所得到的视图称为基本视图。除前面介绍的三视图，即主视图、俯视图和左视图外，其他基本视图名称及投影方向规定如下：

(1) 右视图——由右向左投影所得到的视图，反映形体的高度和宽度。

(2) 仰视图——由下向上投影所得到的视图，反映形体的长度和宽度。

(3) 后视图——由后向前投影所得到的视图，反映形体的长度和高度。

6 个基本投影面的展开方法如图 11-1 所示。展开后各基本视图的配置关系如图 11-2 所示。各基本视图之间仍保持“长对正、高平齐、宽相等”的投影规律。当在同一张图纸内按图 11-3 所示配置视图时，一律不标注视图的名称。

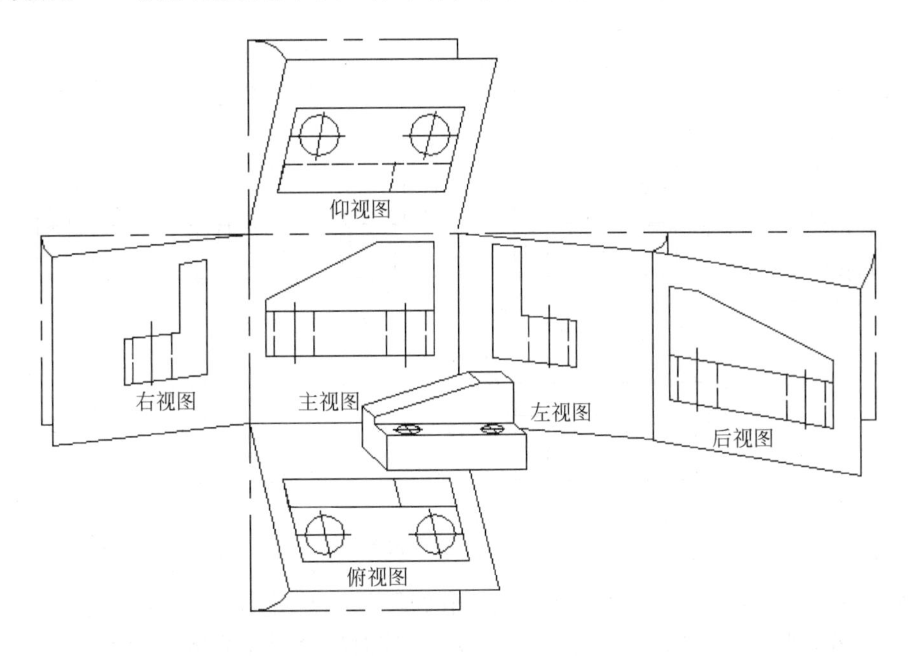

图 11-1 基本投影面的展开方法

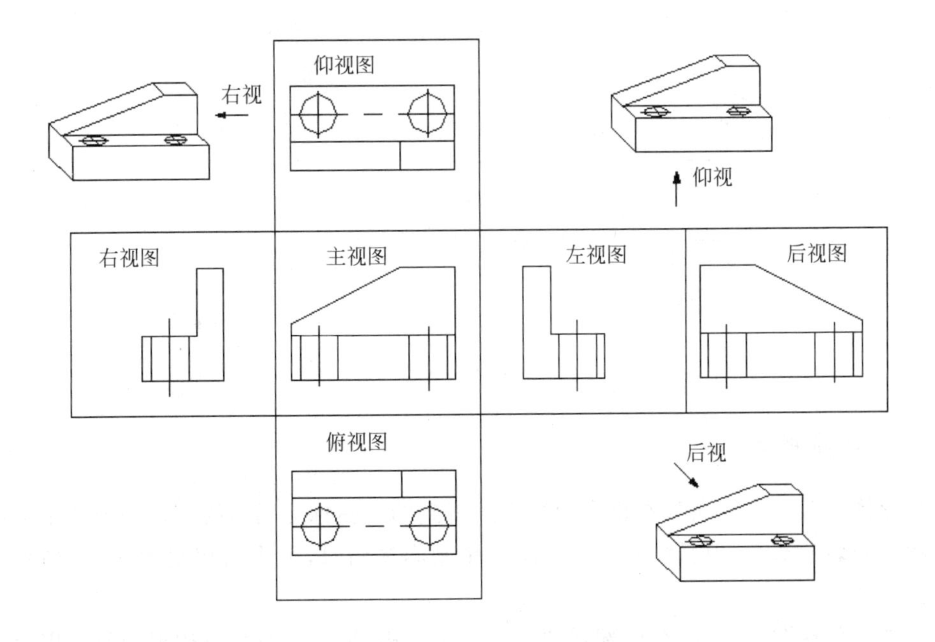

图 11-2 基本投影面展平后视图的位置

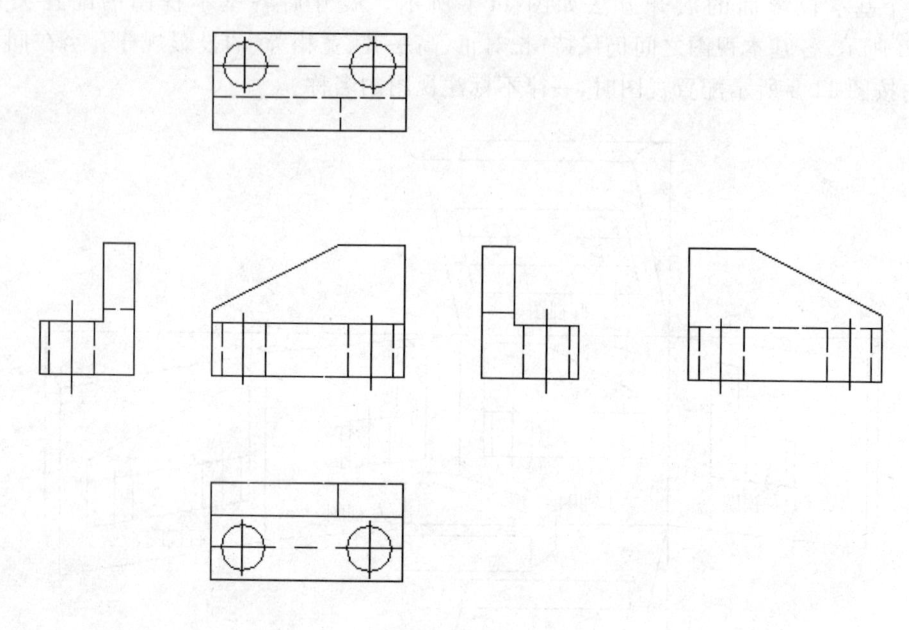

图 11-3 基本视图

当基本视图不按图 11-3 所示配置时，应在视图的上方用大写英文字母标出视图的名称“X 向”，并在相应的视图附近用箭头指明方向，同时注上同样的字母，如图 11-4 中的“A 向”视图、“B 向”视图和“C 向”视图。

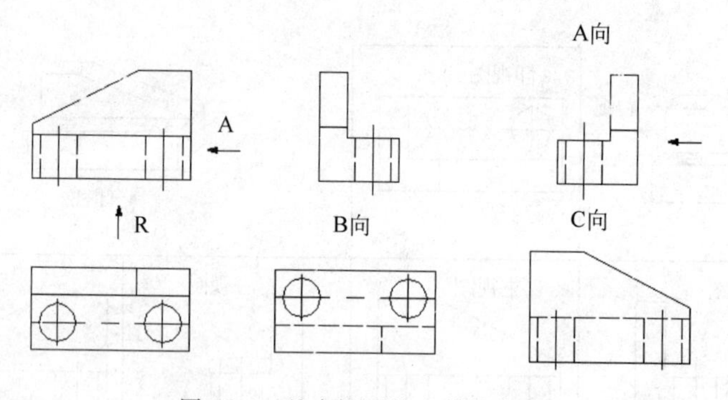

图 11-4 基本视图放在其他位置

11.1.2 局部视图

将形体的某一部分向基本投影面投影所得到的视图称为局部视图。当形体上某些局部形状尚未表达清楚，但又没有必要另画一个基本视图时，可用局部视图表达，如图 11-5 所示。

当画局部视图时，一般在局部视图上方标出名称“X 向”，在相应的视图附近用箭头指明投影方向，并注上同样的字母，如图 11-5 中的“A 向”。必要时，也可配置在其他适当位置，如图 11-6 中的“A 向”。局部视图的断裂边界用波浪线表示，如图 11-5 中的“A 向”局

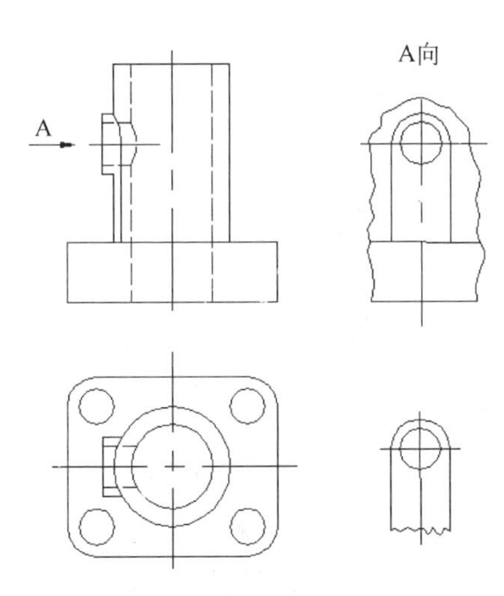

图 11-5 局部视图一

部视图。当局部视图所表示的结构是完整的，且外轮廓又是封闭图形时，波浪线可省略不画，如图 11-6 中“A 向”局部视图。

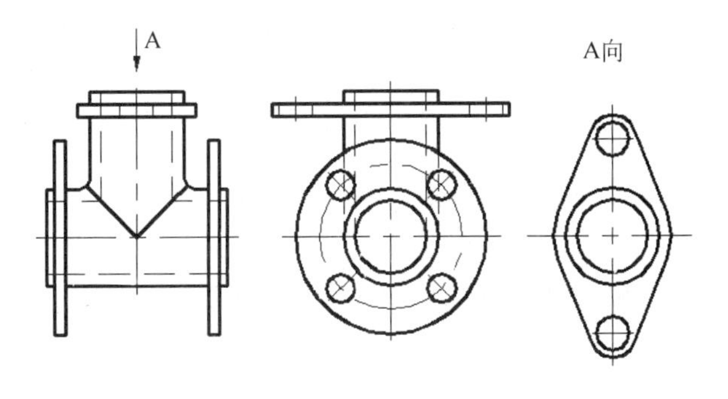

图 11-6 局部视图二

11.1.3 斜视图

将形体投影于不平行于任何基本投影面的其他辅助投影面所得到的视图，称为斜视图。

图 11-7 所示，形体右上倾斜部分，在各个基本视图中都不反映实形，为了清楚地表达该部分实形，选择一个平行于倾斜结构平面的正垂面作为辅助投影面，将倾斜部分向此辅助投影面进行投影，即可得斜视图。

由于斜视图只需表达倾斜表面的局部实形，所以斜视图一般只画出局部视图，其画法及标注与局部视图相似，但有以下两点区别。

(1) 斜视图的标注不能省略。

(2) 为了方便绘图，允许将图形旋转，使其主要轮廓线成为水平或铅垂位置，但在标注时，需要在斜视图名称“X 向”之后加上“旋转”二字，如图 11-7 中的“A 向旋转”。

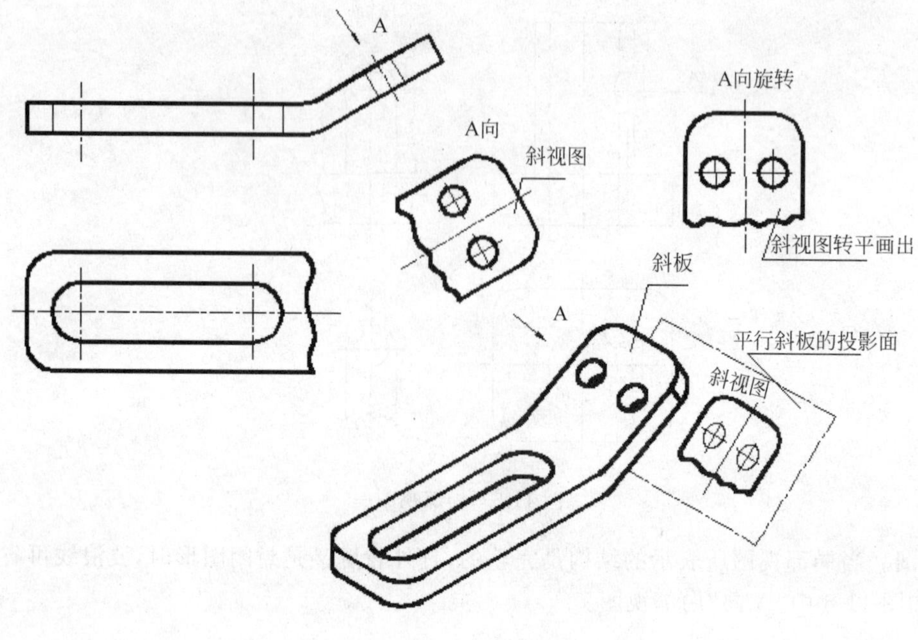

图 11-7 斜视图

11.1.4 旋转视图

当形体上某一部分的结构形体倾斜于基本投影面，且与相邻部分又具有公共回转轴线时，可假想将形体的倾斜部分绕回转轴线旋转到与某一选定的基本投影面平行后，再向该投影面投影，这样所得的投影图称为旋转视图，如图 11-8 所示。

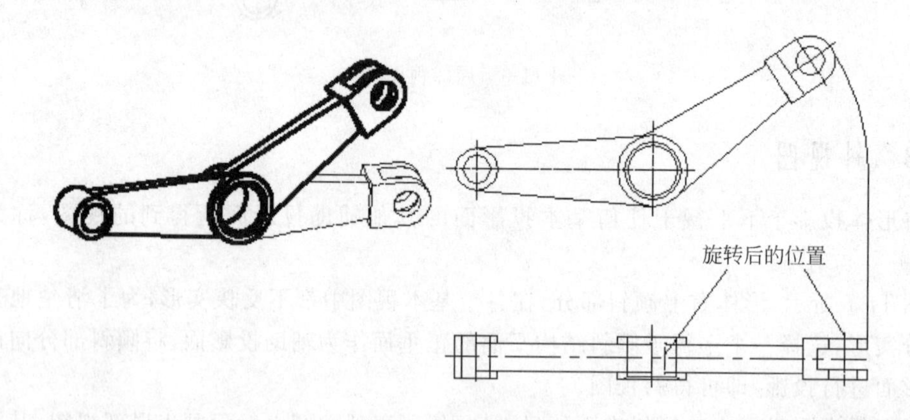

图 11-8 旋转视图

由于旋转视图的旋转关系比较明显，所以不需要加任何标注。

旋转视图与斜视图在应用方面都是表达形体倾斜部分外形的，但用哪种视图取决于倾斜结构是否具有公共回转轴线。

11.2 视图选择

上一节介绍了表达一个形体可以用 6 个基本视图，必要时还可以用其他辅助视图。但对于一些简单的形体，用较少的视图就可以表达清楚。选择多少视图为宜，应视视图的复杂程度而定，在完全表达清楚形体的形状结构前提下，选用的视图数量越少越好。

11.2.1 单视图

如圆柱、圆锥这些简单的回转体，用一个视图就可以表达清楚。

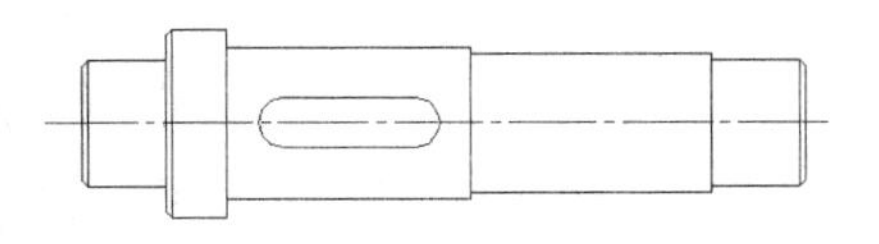

图 11-9 同一轴线的回转体

对于具有同一轴线的回转体，用一个基本视图也可以表达清楚，如图 11-9 所示。如有一些细小的结构需要表达，可以选择其他辅助视图，如局部视图等来表达。

对于一些很薄的形体，用一个视图再标注上厚度也可以表达清楚。

11.2.2 双视图

如图 11-10 所示的套筒的三视图，由于其俯视图和右视图完全相同，因此用主视图加另外一个视图就可以表达清楚，如图 11-11 所示。所有类似的形体都可以用两个视图来表达。但应注意不论用几个视图表达，主视图均不能省略。

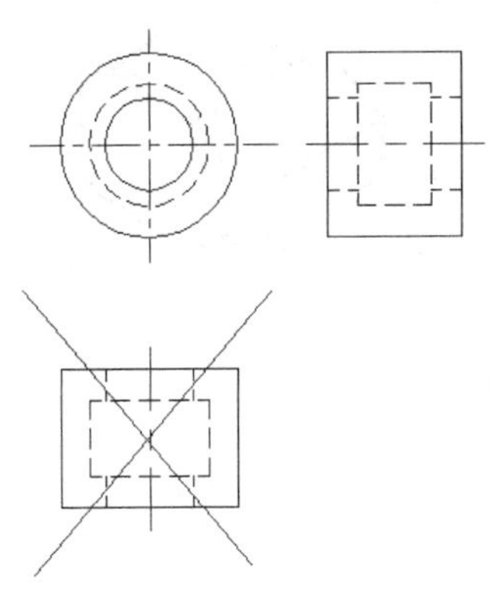

图 11-10 套筒的三视图

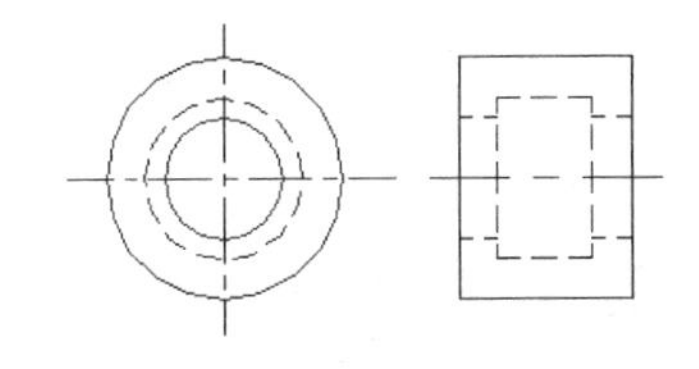

图 11-11 用两个视图表达套筒

11.2.3 三视图

大多数形体需要用 3 个视图表达，即主视图、俯视图、左视图，如图 11-12、图 11-13、图 11-14 所示。

对于较复杂的形体，如果 3 个视图还不能够表达清楚，就需要加画其他基本视图和辅助视图，直至完全表达清楚形体的形状为止。

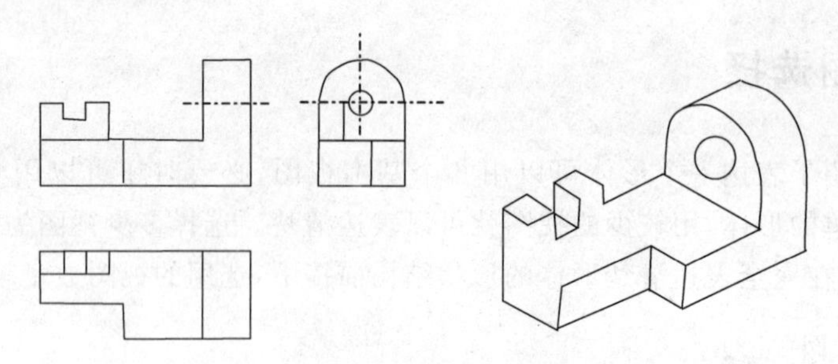

图 11-12 用三视图表达形体一

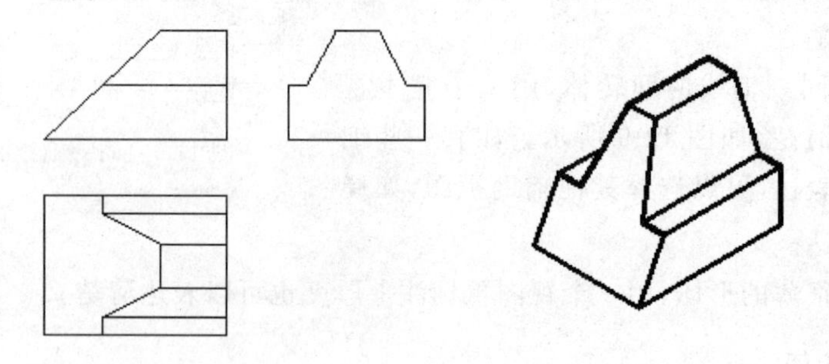

图 11-13 用三视图表达形体二

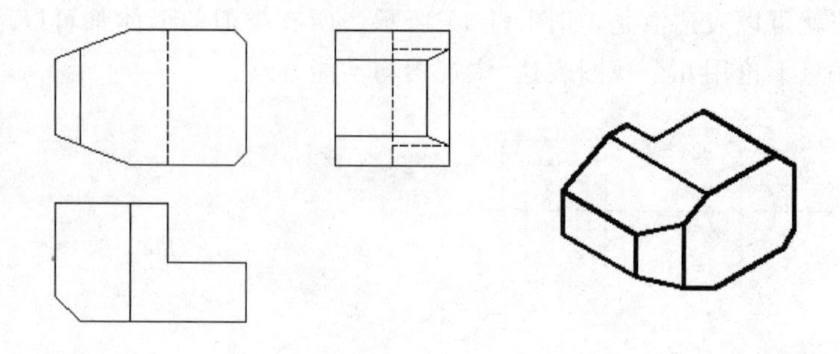

图 11-14 用三视图表达形体三

11.3 剖视图的基本概念

在绘图设计中，当用视图表达形体的形状时，对于形体的内部形体是用虚线描述的。当形状的内、外形比较复杂时，则视图上就会出现虚、实线交叉重叠，既不利于看图，也不容易将形体的形状，特别是内形表达清楚。为了方便设计，又能清晰地表达形体的内、外形状，可以采用剖视表达的方法。

11.3.1 剖视图的形成

如图 11-15 所示的形体，为了表达形体的内形，其视图中有很多虚线。如果假想用一剖切平面剖开形体，将处在观察者和剖切平面之间的部分移去，而将其余部分向投影面投影，得到的图形称为剖视图。在剖视图中，原来不可见的形体内部形状变得可见。因此，虚线变成了实线，如图 11-16 所示。

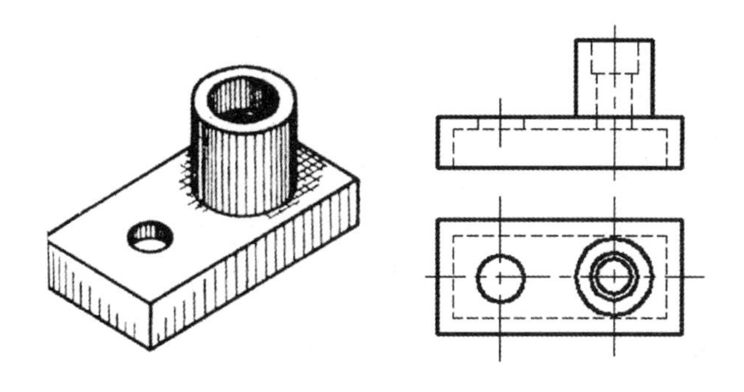

图 11-15 用虚线表达形体不可见结构

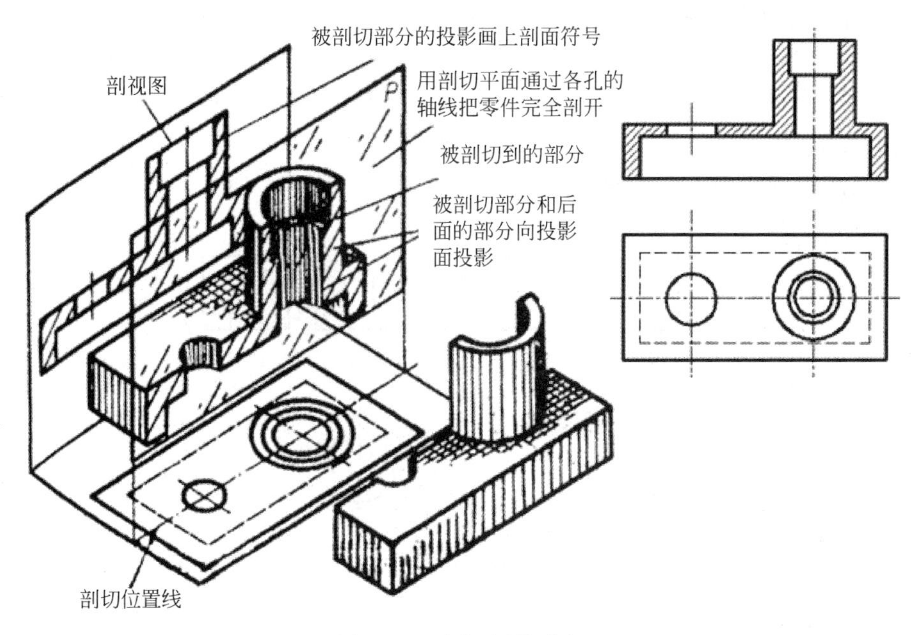

图 11-16 剖视图的形成

11.3.2 剖面线

剖切平面与形体接触部分，称为剖面。在剖面上，应画上剖面符号。金属材料的剖面符号为与水平线成 45°的等距平行细实线，简称剖面线。在 AutoCAD 2006 中，利用命令 HATCH 调出 Boundary Hatch 对话框，可以设置剖面线的方向和间距。

11.3.3 剖面图

为了表达形体的断面形状，可以单独画出剖面的图形，称为剖面图，如图 11-17 所示。

剖面图一般需要标注，在不引起投影方向混乱的情况下，投影方向的箭头可以省略不画。

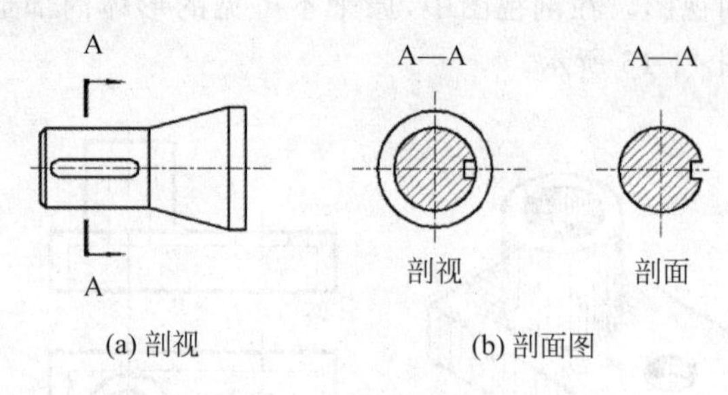

图 11-17 剖视及剖面图

11.3.4 画剖面图的注意事项

(1) 使剖切到的结构要素反映实形，剖切平面应与投影面平行，并且应通过形体的对称平面或轴线。

(2) 由于剖切是假想的，所以在一个视图上采取剖视画法以后，其他的视图仍应按照完整形体的投影画出。

(3) 剖视图中的虚线一般不画，仅在不影响视图清晰的情况下，为了减少视图的数量才画出必要的虚线。

(4) 剖切平面后的可见轮廓必须画出，不得遗漏，如图 11-18 所示。

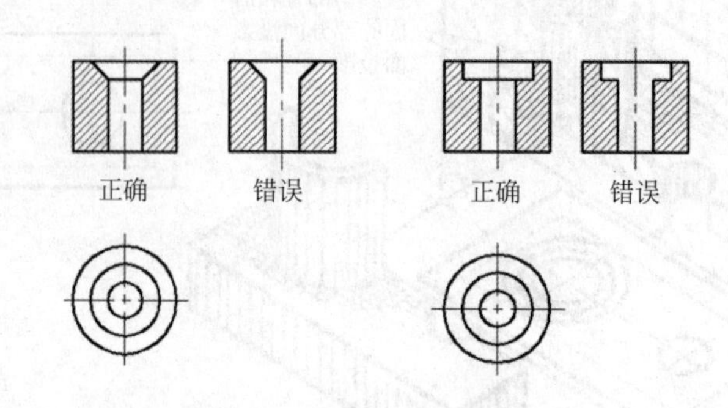

图 11-18 画剖视图的注意事项

11.3.5 剖视图的标注

为了容易找出剖视图与有关视图间的关系，一般需要对剖切位置和剖视图进行标注。

1. 标注内容

(1) 剖切符号

剖切符号是表示剖切平面位置的符号，用短的粗实线绘制，不要与轮廓线相交。

(2) 箭头

在剖切符号的两端垂直画出箭头，用来表示剖视的投影方向。

(3) 字母

在剖切符号的起止和转折处水平注出相同的大写英文字母,并在剖视图的上方用同样的字母标出剖视图的名称"X—X"。

2. 标注的简化与省略

(1) 当剖视图按投影关系配置,且中间没有其他图形时,可省略箭头。

(2) 当剖切平面通过形体的对称平面,剖视图按投影关系配置,且中间没有其他图形隔开时,可省略全部标注。

(3) 当剖切平面位置明显时,局部剖视图的标注也可省略。

各种剖视图的标注,请参见11.4节。

11.4 常见剖视图

由于剖切位置和范围不同,可以形成各种剖视图。

11.4.1 全剖视图

用剖切平面完全地剖开形体所得的剖视图,称为全剖视图,如图11-19所示。

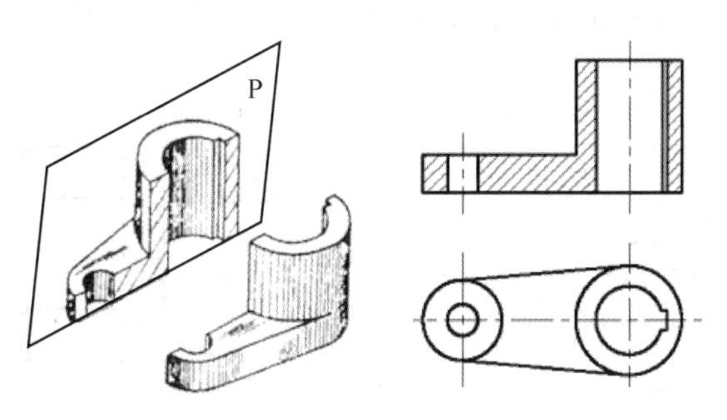

图11-19 全剖视图

由于全剖视图用来重点表达形体的内部结构,因此它适用于内形比较复杂、外形比较简单的形体。

11.4.2 半剖视图

当形体具有对称平面时,在垂直于对称平面的投影面上投影所得的图形,可以以对称中心线为界,一半画成剖视,另一半画成视图,这样的图形称为半剖视图。例如,图11-20(a)所示形体,由于其左右对称,所以在主视图上可以一半画成剖视,另一半画成视图。此外,由于这个形体前后也对称,因此俯视图也可以画成半剖视图。

图11-20(b)所示即是齿轮的半剖视图。

由于半剖视图既充分地表达了形体的内部形状,又保留了形体的外部形状,所以常采用它来表达内外形状都比较复杂的对称形体。

画半剖视图时应注意如下问题。

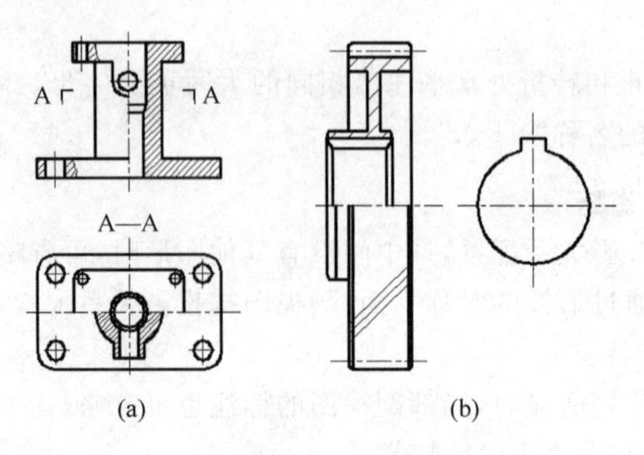

图 11-20 半剖视图

(1) 视图与剖视图的分界线应是对称中心线(点划线),而不应画成粗实线,也不应与轮廓线重合。

(2) 若形体的内部形状在半剖视图中已表达清楚,则在另一半视图上就不必再画出虚线,但对于孔或槽等,应画出中心线位置。

11.4.3 局部剖视图

用剖切平面局部地剖开形体所得的剖视图,称为局部剖视图,如图 11-21 所示。

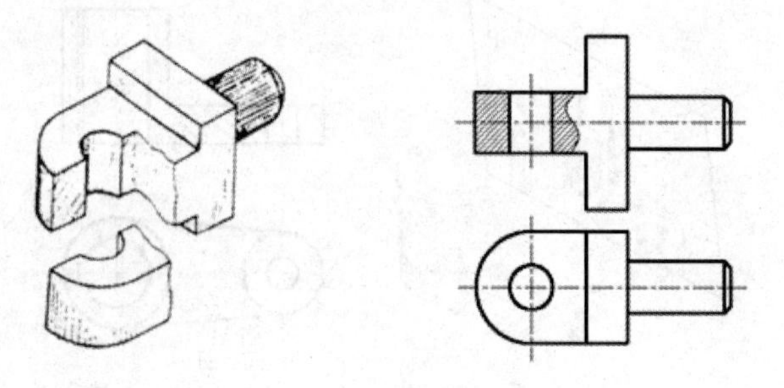

图 11-21 局部剖视图

局部剖视图,既能把形体局部的内部形状表达清楚,又能保留形体的某些外形,其剖切的位置和范围可根据需要而定,因此是一种极其灵活的表达方法。

局部剖视图一般适用于以下几种情况。

(1) 形体上只有个别内部形状需要表达。

(2) 形体的形状不对称,并且需要同时表达内外部形状。

(3) 形体的形状对称,但在视图上恰好有一轮廓线与对称线重合,可采用局部剖视图代替半剖视图。

画局部剖视图时应注意如下问题。

(1) 局部剖视图用波浪线分界,波浪线不应和视图上其他图线重合,如图 11-22 所示。

(2) 波浪线不能通过通孔或者超出实体以外,如图 11-23 所示。

注意:在 AutoCAD 中波浪线应用 SKETCH 命令画,而不能用样条曲线画。

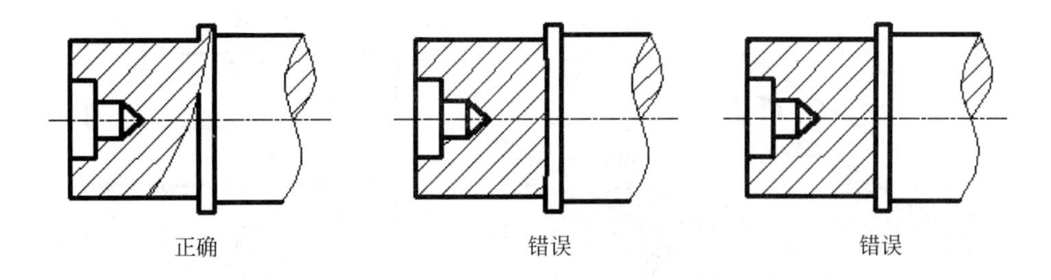

图 11-22　局部剖视图的波浪线画法一

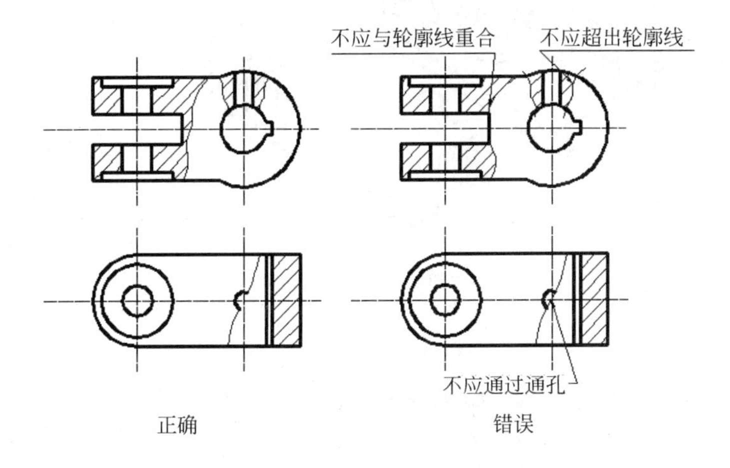

图 11-23　局部剖视图的波浪线画法二

11.4.4　其他剖视图

前面介绍的几种剖视图都是用单一剖切平面剖切而成，对于有些形体必须用几个剖切平面剖切，对于倾斜的结构还必须用倾斜的剖切平面剖切，因而得到其他几种剖视图。

1. 阶梯剖视图

如图 11-24 所示，用两个互相平行的剖切平面剖切，所得到的剖视图称为阶梯剖视图。

用阶梯剖视图应注意如下问题。

(1) 在剖视图中，各个平行剖切平面的转折处不应画出分界线。

(2) 剖切平面转折不应和机件轮廓线重合，如图 11-25 所示。

(3) 在剖视图内一般不应出现不完整的要素。

2. 旋转剖视图

如图 11-26 所示，用两个相交的剖切平面剖切，并将剖切后的剖面旋转到与基本投影面平行后再投影所得到的剖视图，称为旋转剖视图。

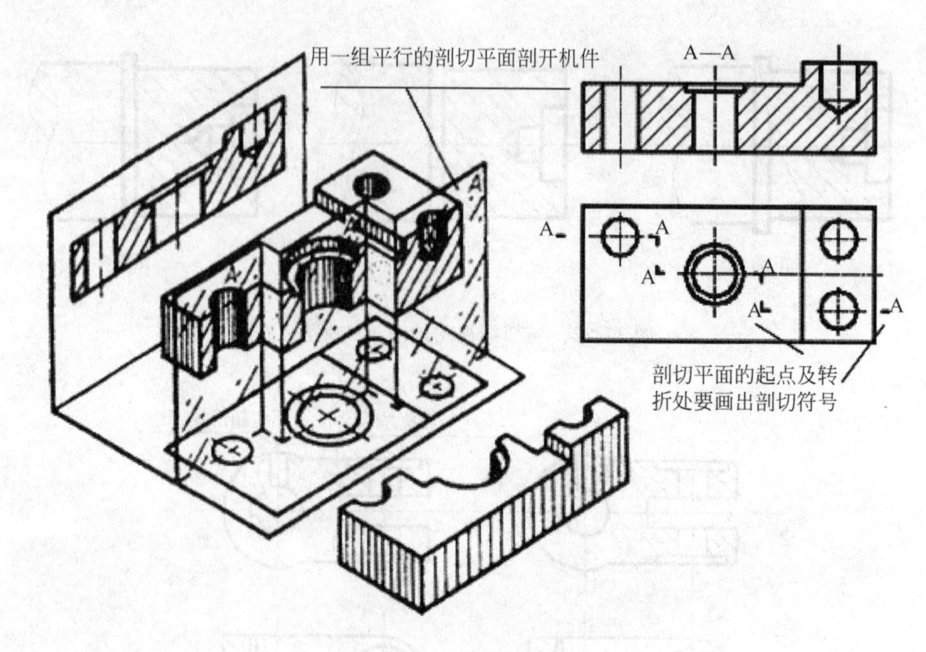

图 11-24 阶梯剖视图

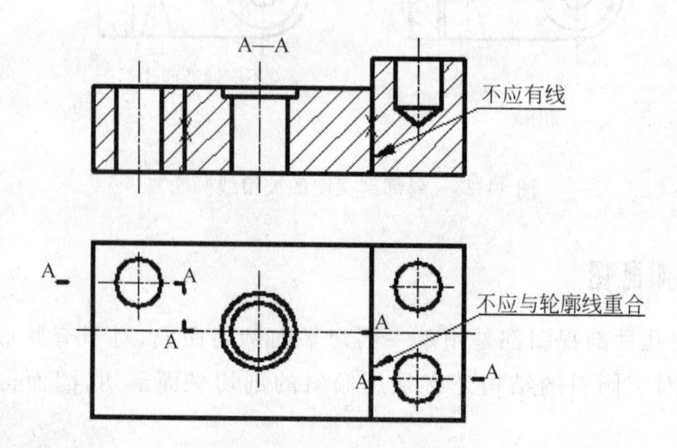

图 11-25 阶梯剖视图的画法

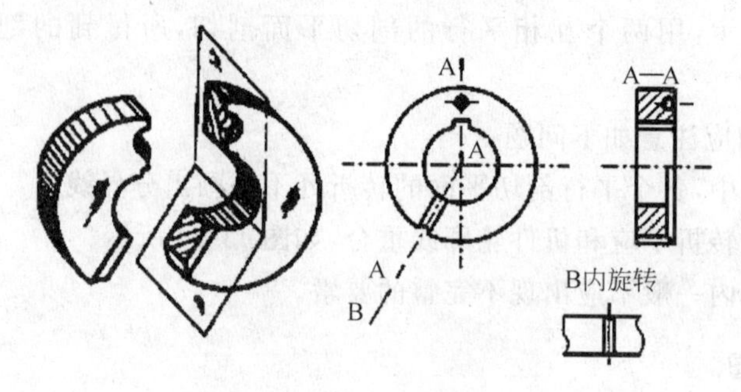

图 11-26 旋转剖视图

旋转剖视图多用于具有明显回转轴线的形体，如盘状类回转形体和某些叉杆类形体结构的表达。剖切平面的交线，应与形体的回转轴线重合。

3. 斜剖视图

如图 11-27 所示，用倾斜的剖切平面沿形体的 A—A 处剖切，所得到的剖视图称为斜剖视图。

斜剖得到的剖视图一般应按投影关系配置，如图 11-27 中的“A—A”所示。必要时，也可配置在其他适当位置。在不致引起误解时，允许将图形旋转放正。为了便于看图，旋转后的图形应标注“X—X 旋转”，如图 11-27 中的“A—A 旋转”。

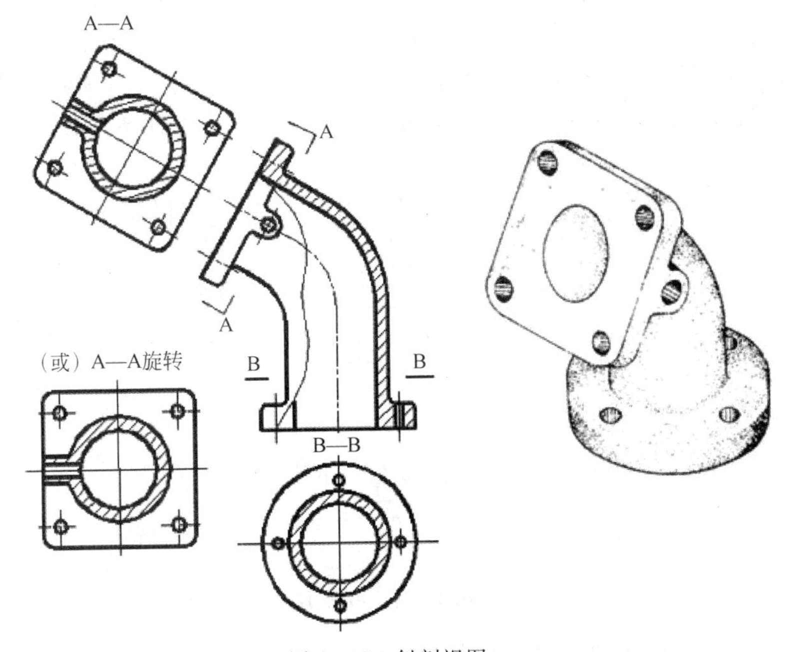

图 11-27 斜剖视图

11.5 小结

上一章介绍了形体的基本投影，但对于复杂形体，尤其是形体内部的形状用一般的三视图是不能解决问题的。所以本章主要介绍了局部视图、斜视图、旋转视图以及视图的选择及剖视图。在能表达清楚的前提下，尽量采用最少的视图。例如，圆柱体，用一个视图就可以表达了。而矩形体一般要用两个视图。为了能表达形体内部的形状、结构，则必须用剖视图，而剖视图有其一定的规律和方法，希望能够掌握和了解。

11.6 习题

1. 基本视图有哪几种？各基本视图之间应满足什么投影规律？
2. 局部视图一般用在什么情况下？

3. 斜视图一般用在什么情况下？斜视图应当怎样标注？

4. 什么情况下用旋转视图？旋转视图的倾斜部分应如何绘制？

5. 视图的选择原则是什么？

6. 在形体视图表达中，一定要有主视图吗？主视图的位置及方向应如何选择？

7. 剖视图是如何形成的？什么叫作剖面线？

8. 画剖视图时，应注意哪些事项？

9. 剖视图一般如何标注？

10. 有哪几种剖视图？各种剖视图有什么表达特点？各应用在什么场合？

11. AutoCAD 2006 在阴影图案填充中，确定图案填充边界的方法有哪些？试举例说明。

12. 在 AutoCAD 2006 中，用于机械剖视图的剖面线的方向和间距如何设置？

13. 如图 11-28 所示，根据主、俯、左视图，在指定位置手工补画右视图。

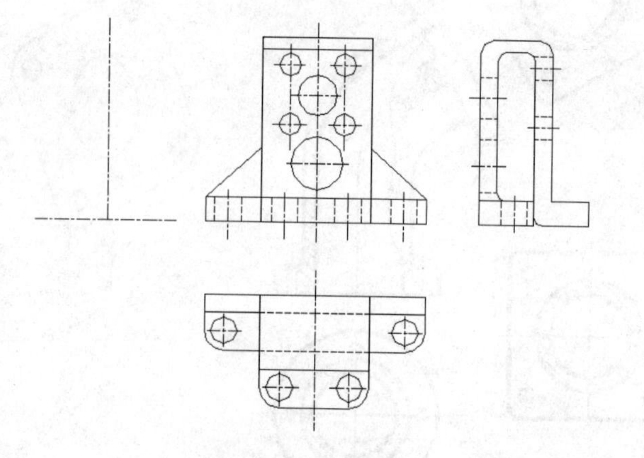

图 11-28 习题 13

14. 如图 11-29 所示，根据立体图及图中的尺寸，手工画 A 向斜视图与 B 向局部视图。

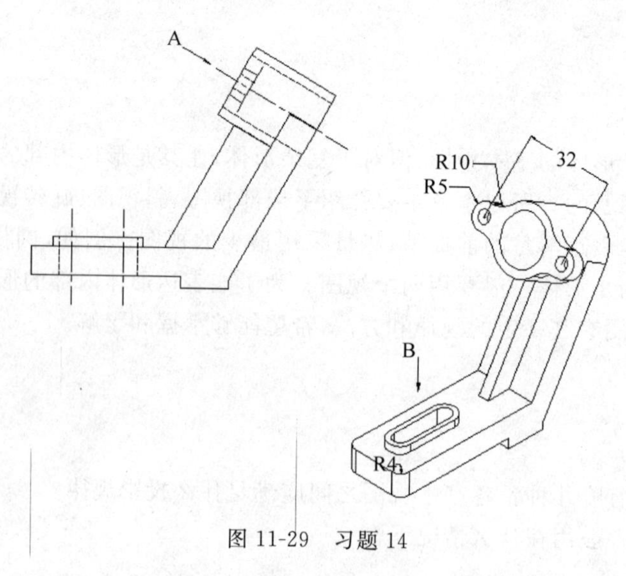

图 11-29 习题 14

15. 如图 11-30 所示，补画剖视图中所缺的图线。

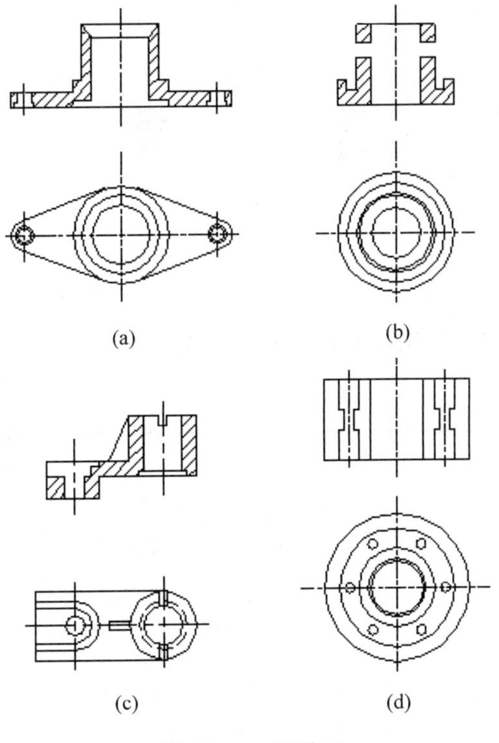

图 11-30 习题 15

附　　录

附录 1　AutoCAD 2000 命令一览表

英文命令	菜　单	命令说明
3D	绘图→表面→三维对象	3D 多边形网面对象
3DARRAY	三维→三维操作→三维阵列	创建一个 3D 阵列
3DCLIP	视图→三维动态观察器	打开交互式 3D 视图，打开“截取平面”窗口
3DCORBIT	视图→三维动态观察器	打开交互式 3D 视图，将对象设置为连续移动
3DDISTANCE	视图→三维动态观察器	打开交互式 3D 视图，调整对象显示距离
3DFACE	绘图→表面→三维面	创建一个三维平面
3DMESH	绘图→表面→三维曲面	创建自由多边形网面
3DORBIT	视图→三维动态观察器	创建 3D 空间内的交互对象视图
3DPAN	视图→三维动态观察器	打开交互式 3D 视图，使用户能够水平或垂直拖拽视图
3DPOLY	绘图→三维多段线	在三维空间内，使用 Continous 线型创建含有直线线段的多段线
3DSIN	插入→3D Studio	导入 3D Studio(3DS)文件
3DSOUT	命令行	导出 3D Studio(3DS)文件
3DSWIVEL	视图→三维动态观察器	打开交互 3D 视图，模拟转动相机的效果
3DZOOM	视图→三维动态观察器	打开交互式 3D 视图，可以拉近或拉远视图
ABOUT	帮助→关于 AutoCAD	显示 AutoCAD 相关信息
ACISIN	插入→ACIS 文件	插入 ACIS 文件
ACISOUT	命令行	将 AutoCAD 实体对象导出到 ACIS 文件
ADCCLOSE	命令行	关闭 AutoCAD 设计中心
ADCENTER	工具→AutoCAD	打开 AutoCAD 设计中心
ADCNAIGATE	命令行	将设计中心的“桌面”导引到所指定的文件路径或网络路径
ALIGN	修改→三维操作→对齐	在 2D 和 3D 空间内，进行对象之间的对齐
APERTURE	命令行	控制对象捕捉目标框的尺寸

续表

英文命令	菜　单	命令说明
APPLOAD	工具→加载应用程序	加载和释放应用程序，并定义启动时加载的应用程序
ARC	绘图→圆弧	画弧
AREA	工具→查询→面积	计算对象或定义区域的面积和周长
ARRAY	修改→阵列	创建图形对象阵列
ARX	命令行	加载、释放以及提供 ObjectARX 应用程序的相关信息
ATTDEF	绘图→块→定义属性	创建插入图块时所显示的文字属性和内容
ATTDISP	视图→显示→属性显示	整体控制属性的可见性
ATTEDIT	修改→属性	编辑属性信息
ATTEXT	命令行	抽取属性信息
ATTREDEF	命令行	重定义图块并更新相关属性
AUDIT	文件→绘图实用程序→核查	检测图面的完整性，AUDIT 是一个诊断工具，用来检查当前图面和更正错误
BACKGROUD	视图→渲染→背景	设置场景的背景
BASE	绘图→块→基点	设置当前图面的插入基准点
BHATCH	绘图→边界	绘制剖面线
BLIPMODE	命令行	控制文件标记的使用
BLOCK	绘图→块→创建	通过选择的对象创建一个图块定义
BLOCKICON	命令行	产生 R14 版或以前版本所创建的图块的预览图像
BMPOUT	命令行	将选择的对象保存为 BMP 文件
BOUNDARY	命令行	创建边界，从一个封闭的区域创建一个面域或一条多段线
BOX	绘图→实体→长方体	创建一个实立方体
BREAK	修改→打断	删除对象的一部分或将对象断开成为两个对象
BROWSER	命令行	启动系统登录所定义的默认浏览器
CAL	命令行	进行数学计算
CAMERA	命令行	设置不同的相机和目标位置观看对象
CHAMFER	修改→倒角	倒角
CHANGE	命令行	改变已有对象的特性
CHPROP	命令行	改变对象的颜色、图层、线型、比例系数、线宽、厚度和打印样式
CIRCLE	绘图→圆	画圆
CLOSE	命令行	关闭当前图面
COLOR	命令行	定义新对象的颜色
COMPILE	命令行	编译图形文件和 PostScript 字体文件
CONE	绘图→实体→圆锥体	画实圆锥

续表

英文命令	菜　单	命令说明
CONVERT	命令行	优化用 AutoCAD R13 或更早版本创建的 2D 多段线和关联式制面线
COPY	修改→复制	复制
COPYBASE	命令行	按指定基准点复制对象
COPYCLIP	编辑→复制	将对象拷贝到剪切板
COPYHIST	命令行	将命令行历史文字拷贝到剪切板
COPYLINK	命令行	将当前视图复制到剪切板，以连接到其他的 OLE 应用程序
CUTCLIP	编辑→剪切	将当前视图复制到剪切板，并将对象从图面内删除
CYLINDER	绘图→实体→圆柱体	画圆柱实体
DBCCLOSE	命令行	关闭"数据库连接管理器"
DBCONNECT	工具→数据库连接	提供外部数据库的 AutoCAD 接口
DBLIST	命令行	显示图面内每个对象的数据库内容
DDEDIT	修改→文字	编辑文字属性
DDPTYPE	格式→点样式	指定点的显示样式和尺寸
DDVPOINT	视图→三维视图	设置 3D 视图方向
DELAY	命令行	在脚本中提供计时延迟
DIM、DIM1	命令行	使用标注模式
DIMALIGNED	标注→对齐	对齐线性标注
DIMANGULAR	标注→角度	角度标注
DIMBASELINE	标注→基线	以前一个标注或选择的标注基准线为基准，进行线性、角度或坐标标注
DIMCENTER	标注→圆心标记	创建圆或弧的中心点
DIMCONTINUE	标注→连续	从前一个标注或选择的标注的第二个标注线起进行连续标注
DIMDIAMETER	标注→直径	标注圆和弧的直径
DIMEDIT	标注→倾斜	编辑标注
DIMLINEAR	标注→线性	创建线性标注
DIMORDINATE	标注→坐标	创建坐标式标注
DIMOVERRIDE	标注→替代	取代标注系统变量
DIMRADIUS	标注→半径	创建圆或弧的径向标注
DIMSTYLE	标注→样式	创建和修改标注样式
DIMTEDIT	标注→对齐文字	移动和旋转标注文字
DIST	工具→查询→距离	测量两点间的距离或角度
DIVIDE	绘图→点→定距等分	沿着一个对象的长度方向或圆周方向，等间距放置对象或图块
DONUT	绘图→圆环	画填充圆或环
DRAGMODE	命令行	控制拖拽模式的开关
DRAWORDER	工具→显示顺序	更改图像与其他对象的显示顺序

续表

英文命令	菜　单	命令说明
DSETTINGS	工具→草图设置	指定捕捉模式、格点、极坐标以及对象捕捉追踪的设置
DSVIEWER	视图→鸟瞰视图	打开“鸟瞰视图”窗口
DVIEW	命令行	定义平行投影或透视图
DXBIN	命令行	输入二进制文件
EDGE	绘图→表面→边	更改三维面边缘的可见性
EDGESURF	绘图→表面→三维曲面	创建 3D 多边形网面
ELEV	命令行	设置新对象的标高和凸出厚度
ELLIPSE	绘图→椭圆	画椭圆或椭圆弧
ERASE	修改→删除	从图面中删除对象
EXPLODE	修改→分解	将复合对象分解
EXPORT	命令行	将对象引出成其他文件格式
EXPRESS TOOLS	命令行	启动安装“AutoCAD Express”工具
EXTEND	修改→延伸	延伸对象
EXTRUDE	绘图→实体→拉伸	拉伸已有的二维对象来创建独特的实体原型
FILL	命令行	填实复线、等宽线、实面、所有剖面线和宽多段线
FILLET	修改→圆角	在对象的边缘上倒圆角
FILTER	命令行	创建可重复使用的过滤器，以根据属性选择对象
FIND	编辑→查找	查找、替换、选择或缩放指定的文字
FOG	视图→渲染→雾化	提供距离对象的视觉呈现效果
MIRROR	修改→镜像	镜像图像
MIRROR3D	修改→三维操作→三维镜像	创建相对于某个平面的对象镜像
MLEDIT	修改→多线	编辑多重平行线
MLINE	绘图→多线	创建多重平行线
MLSTYLE	格式→多线样式	定义多重平行线的样式
MODEL	状态栏	从布局标签切换到模型标签
MOVE	修改→移动	将对象沿指定方向移动指定距离
MSLIDE	命令行	创建模型空间内当前视口的幻灯片，或图纸空间内所有视口的幻灯片文件
MSPACE	状态栏	从图纸空间切换到模型空间
MTEXT	绘图→文字→多行文字	创建多行文字
MULTIPLE	命令行	重复下一命令，直到取消
MVIEW	命令行	创建浮动视口并打开已有的浮动视口
MVSETUP	命令行	设置图面规格
NEW	文件→新建	创建新的图形文件
OFFSET	修改→偏移	创建同心圆、平行线或平行曲线
OLELINKS	编辑→OLE 链接	更新或取消已有的 OLE 链接

续表

英文命令	菜　单	命令说明
OLESCALE	命令行	显示"OLE属性"对话框
OOPS	命令行	取回删除的对象
OPEN	文件→打开	打开已有的图形文件
OPTIONS	工具→选项	自定义AutoCAD参数
ORTHO	状态栏→正交	限制光标移动
OSNAP	状态栏→对象捕捉	设置对象捕捉模式
PAGESETUP	文件→页面设置	指定每个新配置的页面，绘图设备、图纸尺寸和参数值
PAN	视图→平移→实时	移动当前视口内的图面显示
PARTIALOAD	文件→局部加载	在局部打开的图面中加载其他图形
PARTIALOPEN	命令行	将选择的视图或图层中的图形加载图面
PASTEBLOCK	编辑→粘贴为块	粘贴剪切板上的内容
PASTECLIP	编辑→粘贴	插入剪切板上的内容
PASTEORIG	编辑→粘贴到原坐标	使用原始图面的坐标将复制的对象粘贴到新图面中
PASTESPEC	编辑→选择性粘贴	从剪切板插入数据并控制该数据的格式
PCINWIZARD	工具→向导→输入R14打印设置	调出一个向导，将CP和PC2设置文件打印设置内容输入到"模型"标签或目前的布局中
PEDIT	修改→多段线	编辑多段线或三维多边形网面
PFACE	命令行	通过连续的个别顶点创建三维多边网面
PLAN	视图→三维视图→平面视图	显示用户坐标系统的平面视图
PLINE	绘图→多段线	创建二维多段线
PLOT	文件→打印	将图面打印到绘图设备或文件
PLOTSTYLE	命令行	设置新对象的当前打印样式
PLOT-TERMANAGER	文件→打印机管理器	显示"打印机管理器"对话框
POINT	绘图→点→单点	绘制一个点
POLYGON	绘图→正多边形	绘制等边的闭合多段线
PREVIEW	文件→打印预览	打印预览
PROPERTIES	工具→对象特性管理器	控制已有对象的特性
PROPERTIES CLOSE	命令行	关闭"特性"窗口
PSDRAG	命令行	控制用PSIN将PostScript图像拖拽到指定位置时图像的外观
PSETUPIN	命令行	将用户定义的打印格式输入到新图面的配置中
PSFILL	命令行	以PostScript样式填充一个2D多段线外框
PSIN	插入→封装PostScript	输入PostScript文件
PSOUT	命令行	创建封装PostScript文件
PSPACE	状态栏→模型	从模型空间窗口切换至图纸空间
PURGE	文件→绘图程序→清理	从图面数据库中删除未用的命名对象
QDIM	标注→快速标注	快速创建标注

续表

英文命令	菜　单	命令说明
QLEADER	标注→引线	快速创建引线和引线注解
QSAVE	文件→保存	快速保存文件
QSELECT	工具→快速选择	根据过滤器准则快速创建选择集
QTEXT	命令行	控制文件和属性对象的显示和打印
QUIT	文件→退出	退出 AuotCAD
RAY	绘图→射线	创建单向无限长直线
RECOVER	文件→绘图实用程序→修复	修复受损的图面
RECTANG	绘图→矩形	画矩形多段线
REDIFINE	命令行	恢复 UNDEFINE 所替代的 AutoCAD 内部命令
REDO	编辑→重做	重做
REDRAW	命令行	更新当前视图的显示
REDRAWALL	视图→重画	更新所有视图的显示
REFCLOSE	命令行	回存或舍弃在位编辑参考期间的改变
REFEDIT	修改→在位编辑外部参照和块→编辑参照	选择编辑参考
REFSET	命令行	在位编辑参考期间，在工作集内加入或删除对象
REGEN	视图→重生成	重新生成图面并更新当前视图
REGENALL	绘图→全部重生成	重新生成图面并更新全部视图
'REGENAUTO	命令行	控制图面的自动重新生成
REGION	绘图→面域	利用已有对象的选择集创建面域的对象
REINIT	命令行	重新初始化数字化仪、数字化仪输入/输出端口以及程序参数文件
RENAME	格式→重命名	修改对象名称
RENDER	视图→渲染	创建三维构造线或实体模型的仿真相片或仿真图像
RENDSCR	命令行	重新显示 RENDER 所创建的最后一个渲染
REPLAY	工具→显示图像→查看	显示 BMP、TGA 或 TIFF 图像
'RESUME	命令行	继续运行已经中断的脚本
REVOLVE	绘图→实体→旋转	绕轴旋转二维对象创建实体
REVSURF	绘图→表面→旋转曲面	绕选定轴旋转创建二维旋转曲面
RMAT	视图→渲染→材质	管理渲染材质
ROTATE	修改→旋转	绕基点移动对象
ROTATE3D	修改→三维操作→三维旋转	绕 3D 轴移动对象
RPREF	视图→渲染→渲染配置	设置渲染系统参数
RSCRIPT	命令行	创建一个能连续重复的脚本
RULESURF	绘图→表面→直纹曲面	创建两曲线间的直纹曲面
SAVE	文件→保存	用当前或指定文件名保存图形
SAVEAS	文件→另存为	指定名称保存未命名图形或重命名当前图形

续表

英文命令	菜　单	命令说明
SAVEIMG	工具→显示图像→保存	将渲染的图像存储到文件中
SCALE	修改→比例	在X、Y和Z方向上等比例缩放选择的对象
SCENE	视图→渲染→场景	管理模型空间内的场景
SCRIPT	工具→运行脚本	利用脚本文件运行一系列命令
SECTION	视图→实体→截面	使用剖切平面和实体的截交创建面域
SELECT	命令行	将所选对象放在前一个选择集中
SETUV	视图→渲染→贴图	将材质粘贴到对象表面
SETVAR	工具→查询→变量	显示或更改系统变量
SHADEMODE	视图→着色	在当前视口内着色对象
SHAPE	命令行	插入造型
SHELL	命令行	访问操作系统,可使用DOS命令
SHOWMAT	命令行	显示所选对象的材质类型和粘贴方法
SKETCH	命令行	徒手画线
SLICE	绘图→实体→剖切	用平面剖切一组实体
SNAP	状态栏→捕捉	以指定的间距限制光标的移动
SOLDRAW	绘图→实体→设置→图形	在SOLVIEW创建的视图内产生轮廓和剖面
SOLID	绘图→表面→二维填充	创建2D填充多边形
SOLIDEDIT	修改→实体编辑	编辑3D实体对象的面和边
SOLPROF	绘图→实体→设置→轮廓	创建三维实体的剖视图
SOLVIEW	绘图→实体→设置→视图	在布局中,用正投影创建浮动视口来生成3D实体与主体对象的各种视图与剖视图
'SPELL	工具→拼写检查	检查图形中字词的拼写
SPHERE	绘图→实体→球体	绘制球实体
SPLINE	绘图→样条曲线	创建二次或三次样条曲线
SPLINEEDIT	修改→样条曲线	编辑样条曲线对象
STATS	视图→渲染→统计信息	显示渲染统计结果
'STATUS	工具→查询→状态	显示图面统计结果、模式和范围
STLOUT	命令行	将实体存成ASCII或二进制文件
STRETCH	修改→拉伸	移动或拉伸对象
'STYLE	格式→文字样式	在图面中创建命名字体以及设置当前文字样式
STYLES-MANAGER	文件→打印样式管理器	显示“打印样式管理器”
SUBTRACT	修改→实体编辑→差集	用差集创建组合区域或实体
SYSWINDOWS	窗口	排列窗口
TABLELET	工具→数字化仪	校正、设置、打开与关闭数字化仪
TABSURF	绘图→表面→平移曲面	沿路径曲线方向创建平移曲面
TEXT	绘图→文字→单行文字	创建单行文字
TEXTSCR	视图→显示→文本窗口	打开AutoCAD文本窗口
TIME	工具→查询→时间	显示图形绘制日期与时间的统计信息

续表

英文命令	菜 单	命令说明
TOLERANCE	标注→公差	创建形位公差标注
TOOLBAR	视图→工具栏	显示、隐藏和自定义工具栏
TORUS	绘图→实体→圆环体	绘制圆环实体
TRACE	命令行	绘制等宽线
TRANSPAR-ENCY	修改→对象→图像→透明	控制图像的背景透明特性
TREESTAT	命令行	显示图面当前空间索引相关信息
TRIM	修改→修剪	修剪对象
U	编辑→放弃	放弃上一次的操作
UCS	工具→新建 UCS	管理用户坐标系统
UCSICON	视图→显示→UCS 图标	控制 UCS 图标的可见性和位置
UCSMAN	工具→命名 UCS	管理定义的用户坐标系统
UNDEFINE	命令行	允许用程序定义的命令替代 AutoCAD 内部命令
UNDO	命令行	追溯复原上次命令
UNION	修改→实体编辑→并集	用并集创建组合区域或实体
'UNITS	格式→单位	控制坐标和角度的显示格式并确定精度
VBAIDE	工具→宏→VB 编辑器	显示 Visual Basic 编辑器
VBALOAD	工具→宏→加载工程	将整体 VBA 工程加载到当前的 AutoCAD 操作中
VBAMAN	工具→宏→VBA 管理器	加载、释放、存储、创建、嵌入、提取 VBA 工程
VBARUN	工具→宏→宏	执行 VBA 宏
VBASTMT	命令行	在命令行执行 VBA 体语句
VBASTMT	命令行	在命令行执行 VBA 体语句
VBAUNLOAD	命令行	卸载整体 VBA 工程
VIEW	视图→命名视图	保存或恢复已命名视图
VIEWRES	命令行	设置当前视口内对象的分辨率
VLISP	工具→AutoLISP→Visual LISP 编辑器	显示 Visual LISP 交互式开发环境
VPCLIP	命令行	裁剪视口对象
VPLAYER	命令行	设置视口内图层的可见性
VPOINT	视图→三维视图→视点	设置图面的三维直观视图的查看方向
VPORTS	视图→视口	将绘图区等分成多个非重叠的视口或浮动视口
VSLIDE	命令行	在当前视口内显示一个图像幻灯片文件
XLINE	绘图→构造线	创建一条无限长直线
XPLODE	命令行	将复合对象分解
XREF	插入→外部参照管理器	控制图形文件的外部参考
ZOOM	视图→缩放	放大或缩小当前视口中的对象外观尺寸

注：命令前加“'”符号表示可在命令进行中插入并先执行其他命令，执行后再回到原命令继续执行。“命令行”指在命令行下直接输入英文命令。

附录 2 AutoCAD 功能键对照表

控制键	其他按键	说明	默认值	命令
Ctrl+A		打开/关闭组选择	开	PICKSTYLE
Ctrl+B	F9	打开/关闭"捕捉"	关	SNAP
Ctrl+C		复制		COPYCLIP
Ctrl+D	F6	打开/关闭坐标显示	开	COORDS
Ctrl+E	F5	循环切换等角平面	关	INOPLANE
Ctrl+F	F3	打开/关闭执行中对象"捕捉",显示"对象捕捉"对话框	关	OSNAP
Ctrl+G	F7	打开/关闭"网格"		GRID
Ctrl+J	Enter	执行上次命令	关	
Ctrl+K		调用 HYPELINK 命令,插入超链接	关	HYPERLINK
Ctrl+L	F8	打开/关闭"正交"模式		ORTHO
Ctrl+N		打开"新建"对话框		NEW
Ctrl+O		打开"选择文件"对话框		OPEN
Ctrl+P		打开/关闭"打印/打印设置"对话框		PLOT
Ctrl+Q		将文字窗口中的文本保存到一个文件中		
Ctrl+R		切换视口		
Ctrl+S		打开"另存为"对话框		QSAVE
Ctrl+V		粘贴		PASTECLIP
Ctrl+X		剪切		CUTCLIP

附录 3 AutoCAD 常用快速命令对照表

中文命令名	英文命令名	快速命令
弧	ARC	A
图块	BLOCK	B
圆	CIRCLE	C
复制	COPY	CP
动态查看	DVIEW	DV
删除	ERASE	E
圆角	FILLET	F
图案填充	BHATCH	H
插入图块	INSERT	I
直线	LINE	L
图层	LAYER	LA
移动	MOVE	M
模型空间	MSPACE	MS

续表

中文命令名	英文命令名	快速命令
偏移复制	OFFSET	O
平移	PAN	P
图纸空间	PSPACE	PS
多段线	PLINE	PL
重画	REDRAW	R
多行文字	MTEXT	T
视图缩放	ZOOM	Z

附录 4 弱电系统符号一览表(仅供参考)

一、说明符号

术语或符号	英 文 名	中文名或解释
ACR	Attenuation to Crosstalk Ratio	衰减一串音衰减比率
ADU	Asynchronous Data Unit	异步数据单元
ATM	Asynchronous Transfer Mode	异步传输模式
BA	Building Automatization	楼宇自动化
BD	Building Distributor	建筑物配线设备
B-ISDN	Broadband ISDN	宽带 ISDN
10BASE-T	10ABASE-T	10Mbps 基于 2 对线应用的以太网
100BASE-TX	100BASE-TX	100Mbps 基于 2 对线应用的以太网
100BASE-T4	100BASE-T4	100Mbps 基于 4 对线应用的以太网
100BASE-T2	100BASE-T2	100Mbps 基于 2 对线全双工应用的以太网
1000BASE-T	1000BASE-T	1000Mbps 基于 4 对线全双工应用的以太网
100BASE-VG	100BASE-VG	100Mbps 基于 4 对线应用的需求优先级网络
CA	Communication Automatization	通信自动化
64CAP	64-Carrierless Amplitude Phase	8×8 无载波幅度和相位调制(也有 16、4、2 的)
CD	Campus Distrbutor	建筑群配线设备
CP	Consolidation Point	集合点
CSMA/CD 1BASE5	Carrier Sense Multiple Access with Collision Detection 1BASE5	用碰撞检测方式的载波监听多路访问 1Mbps 基于粗电缆
CSMA/CD 10BASE-F	CSMA/CD 10BASE-F	CSMA/CD 10Mbps 基于光纤

续表

术语或符号	英 文 名	中文名或解释
CSMA/CD FOIRL	CSMA/CD Fibre Optic Inter-Repeater Link	CSMA/CD 中继器之间的光纤链路
CISPR	Commission Internationale Speciale des Perturbations Radio	国际无线电干扰特别委员会
dB	dB	电信传输单位：分贝
dBm	dBm	取 1mW 作基准值，以分贝表示的绝对功率电平
dB_{mo}	dB_{mo}	取 1mW 作基准值，相对于零相对电平点，以分贝表示的信号绝对功率电平
DCE	Data Circuit Equipment	数据电路设备
DDN	Digital Data Network	数字数据网
DSP	Digital Signal Processing	数字信号处理
DTE	Date Terminal Equipment	数据终端设备
ELA	Electronic Industries Association	美国电子工业协会
ELFEXT	Equal Level Far End Crosstalk	等电平远端串音
EMC	Electro Magnetic Compatibility	电磁兼容性
EMI	Electro Magnetic Interference	电磁干扰
ER	Equipment Room	设备间
FC	Fiber Channel	光纤信道
FD	Floor Distributor	楼层配线设备
FDDI	Fiber Distributed Data Interface	光纤分布数据接口
FEP	[(CF(CF)-CF)(CF-CF)]	FEP 氟塑料树脂
FEXT	Far End Crosstalk	远端串音
f. f. s	For further study	进一步研究
FR	Frame Relay	帧中继
FTP	Foil Twisted Pair	金属箔对绞线
FTTB	Fiber To The Building	光纤到大楼
FTTD	Fiber To The Desk	光纤到桌面
FTTH	Fiber To The Home	光纤到家庭
FWHM	Full Width Half Maximum	谱线最大宽度
GCS	Generic Cabling System	综合布线系统
HIPPI	High Perform Parallel Interface	高性能并行接口
HUB	HUB	集线器
ISDN	Integrated Building Distribution Network	建筑物综合分布网络
IBS	Intelligent Building System	智能大楼系统
IDC	Insulation Displacement Connection	绝缘压穿连接
IEC	International Electrotechnical Commission	国际电工技术委员会
IEEE	The Institute of Electrical and Electronice Engineers	美国电气及电子工程师学会
IP	Internet Protocol	因特网协议

续表

术语或符号	英 文 名	中文名或解释
ISDN	Integrated Services Digital Network	综合业务数字网
ISO	Integrated Organization for Standardization	国际标准化组织
ITU-T	International Telecommunication Union-Telecommuni- cations (formerly CCITT)	国际电信联盟——电信(前称CCITT)
LAN	Local Area Network	局域网
LCF FDDI	Low Cost Fiber FDDI	低费用光纤 FDDI
LSHF-FR	Low Smoke Halogen Free-Flame Retardant	低烟无卤阻燃
LSLC	Low Smoke Limited Combustible	低烟阻燃
LSCN	Low Smoke Non-Combustible	低烟非燃
LSOH	Low Smoke Zero Halogen	低烟无卤
MDNEXT	Multiple Disturb NEXT	多个干扰的近端串音
MLT-3	Multi-Level Transmission-3	3 电平传输码
MUTO	Multi-User Telecommunications Outlet	多用户信息插座
N/A	Not Applicable	不适用的
NEXT	Near End Crosstalk	近端串音
N-ISDN	Narrow ISDN	窄带 ISDN
NRZ-I	No Return Zero-Inverse	非归零反转码
OA	Office Automatization	办公自动化
PAM5	Pulse Amplitude Modulation 5	5 级脉幅调制
PBX	Private Branch Exchange	用户电话交换机
PDS	Premises Distribution System	建筑物布线系统
PFA	[(CF(OR)-CF)(CF-CF)]	PFA 氟塑料树脂
PMD	Physical Layer Medium Dependent	依赖于物理层模式
PSELFEXT	POWER Sum ELFEXT	等电平远端串音的功率和
PSNEXT	Power Sum ELFEXT	近端串音的功率和
PSPDN	Packet Switched Public Data Network	公众分组交换数据网
RF	Radio Frequency	射频
SC	Subscriber Connector(Optical Fiber)	用户连接器(光纤)
SC-D	Subscriber Connector-Dual (Optical Fiber)	双连用户连接器(光纤)
SCS	Structured Cabling System	结构化布线系统
SDU	Synchronous Data Unit	同步数据单元
SM FDDI	Single-Mode FDDI	单模 FDDI
SFTP	Shielded Foil Twisted Pair	屏蔽金属箔对绞线
STP	Shielded Twisted Pair	屏蔽对绞线
TIA	Telecommunications Industry Association	美国电信工业协会
TO	Telecommunications Outlet	信息插座(电信引出端)
Token Ring 4Mbps	Token Ring 4Mbps	令牌环路 4Mbps
Token Ring 16Mbps	Token Ring 16Mbps	令牌环路 16Mbps

续表

术语或符号	英 文 名	中文名或解释
TP	Transition Point	转接点
TP-PMD/CDDI	Twisted Pair-Physical Layer Medium Dependent/cable Distributed Data Interface	依赖对绞线介质的传送模式/或称铜缆分布数据接口
UL	Underwriters Laboratories	美国保险商实验所安全标准
UNI	User Network Interface	用户网络侧接口
UPS	Uninterrupted Power System	不间断电源系统
UTP	Unshielded Twisted Pair	非屏蔽对绞线
VOD	Video on Demand	视像点播
Vr. m. s	Vroot. mean. square	电压有效值
WAN	Wide Area Network	广域网

二、图形符号

图形符号	名称及说明	图形符号	名称及说明
	主配线架，标“CD”表示建筑群配线架；标“BD”表示建筑物配线架	OTU	光纤端接箱
FD	楼层配线架（或称分配线架）	LAM	适配器
PBX	程控交换机	SWH	网络交换机
HUB	集线器	RUT	路由器
LIU	光纤配线设备		计算机
TO	信息插座		电话机，一般符号 * 09—05—01
	双口信息插座		监视器
	摄像机		直通段，一般符号 * 11—17—01
	带云台的摄像机		组合的直通段（示出由两节装配的段） * 11—17—02

续表

图形符号	名称及说明	图形符号	名称及说明
	(电源)插座,一般符号 *11—13—01		电信插座,一般符号,根据有关 IEC 或 ISO 标准,可用以下的文字或符号区别不同插座: TP—电话 FX—传真 M—传声器 —扬声器 FM—调频 TV—电视 TX—电传 *11—13—09
TP	转接头		
	末端盖 *11—17—03		
	向上配线 若箭头指向图纸的上方,向上配线 *11—12—01		弯头 *11—17—04
	向下配线 若箭头指向图纸的下方,向下配线 *11—12—02		T 形(3 路连接)本符号参照 *03—02—04 *11—17—05
	垂直通过配线 *11—12—03		十字形(4 路连接)本符号参照 *03—02—07 *11—17—06
	盒,一般符号 *11—12—04		不相连接的两个系统的交叉,如在不同平面中的两个系统 *11—17—07
	连接盒 接线盒 *11—12—05		彼此独立的两个系统的交叉 *11—17—08
	用户端 供电输入设备 示出带配线 *11—17—07		在长度上可调整的直通段 *11—17—09
	供电中心,示出 5 路馈线 *11—12—07		内部固定的直通段 *11—17—10
	导线膨胀单元(此单元可适应外壳或支架和导线的机械运动和膨胀) *11—17—12		外壳膨胀单元(此单元可适应外壳或支架的机械运动和膨胀) *11—17—11

续表

图形符号	名称及说明	图形符号	名称及说明
	带外套和导线的扩展单元(此单元供外套或支架和导线的机械运动和膨胀) *11—17—13		带有几路分支的直通段,示出4路分支器,上下各两路 *11—17—25
	柔性单元 *11—17—14		带有连续移动分支的直通段 *11—17—26
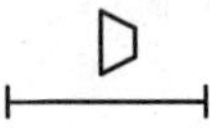	衰减单元 *11—17—15	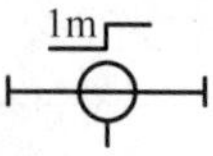	具有可调步长的分支的直通段,示出1m步长 *11—17—27
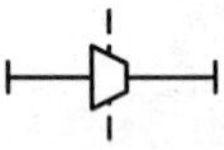	有内部气压密封层的直通段 *11—17—16	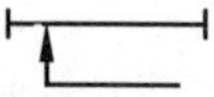	具有可移动触点分支的直通段,本符号参照 *02—17—04 *11—17—28
	相位转换单元 *11—17—17	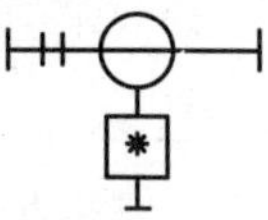	带有设备箱的固定式分支的直通段 星号应以所用设备符号代替或省略 *11—17—29
	设备盒(箱) 星号应以所用设备符号代替或省略 *11—17—18	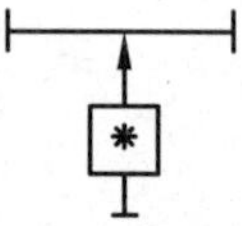	带有设备箱的可调分支的直通段 星号应以所用设备符号代替或省略 *11—17—30
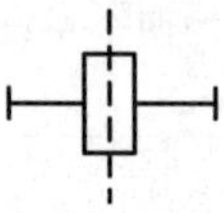	有内部防火层的直通段 *11—17—19		固定分支带有保护触点的插座的直通段 *11—17—31
	末端馈线单元,示出从左边供电 *11—17—20	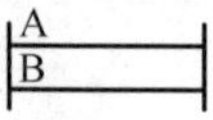	由两个配线系统(A、B)组成的直通段 *11—17—32 *11—17—32
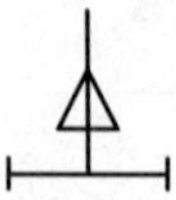	中心馈线单元,示出从顶端供电 *11—17—21		
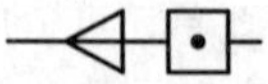	带有设备盒(箱)的末端馈线单元,示出从左边供电 星号应以所用设备符号代替或省略 *11—17—22	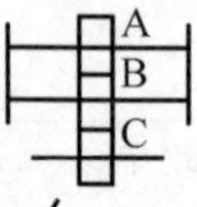 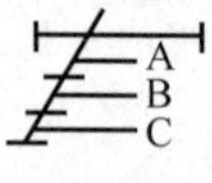	由3个独立分区组成的直通段,示出一个布线系统A区、一个布线系统B区和一个现场安装的电缆C区 *11—17—34 *11—17—35

续表

图形符号	名称及说明	图形符号	名称及说明
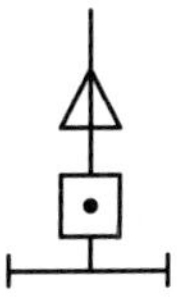	带有设备盒(箱)的中心馈线单元,示出从顶端供电 星号应以所用设备符号代替或省略 * 11—17—23	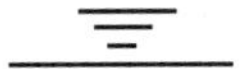	地下线路 * 11—03—01
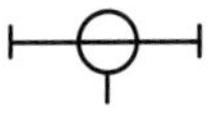	带有固定分支的直通段,示出分支向下 * 11—17—24	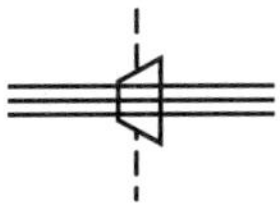	电缆气闭套管,表示带有 3 根电缆高气压侧是梯形的长边,因此保持套管气闭 * 03—04—07
	架空线路 * 11—03—03	 形式 1  形式 2 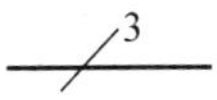	连线、连接连线组 示例:——导线 ——电缆 ——电线 ——传输线路 如用单线表示一组导线时,导线的数可标以相应数量的短斜线或一个短斜线后加导线的数字连线符号的长度取决于简图的布局 * 03—01—01 示例:三根导线 可标注附加信息,如: ——电流种类 ——配电系统 ——频率 ——电压 ——导线数 ——每根导线的截面积 ——导线材料的化学符号 导线数后面标其截面积,并用“×”号隔开;若截面积不同时应用“+”号分别将其隔开 * 03—01—02 * 03—01—03
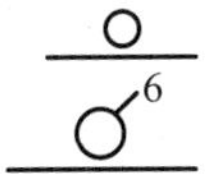 6	管道线路 附加信息可标注在管道线路的上方,如管道的数量 * 11—03—04 示例:6 孔管道的线路 * 11—03—05		
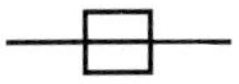	过孔线路 * 11—03—06		
	电信线路上交流供电 * 11—03—11		
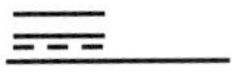	电信线路上直流供电 * 11—03—12		
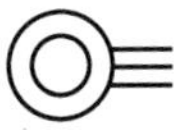	交接点 输入和输出可根据需要画出 * 11—04—03		
	电缆密封终端,表示带有一根三芯电缆 * 03—04—01		
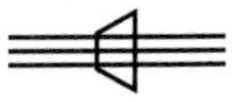	电缆密封终端,表示带有 3 根单芯电缆 * 03—04—02		柔性连接 * 03—01—06

续表

图形符号	名称及说明	图形符号	名称及说明
	直通接线盒,表示带有 3 根导线:多线表示 ＊03—04—03		屏蔽导体 如果几根导体包含在同一屏蔽内或同一电缆内,或者绞合在一起,但这些导体符号和其他导体符号互相混杂,则可用＊03—01—10 的画法,电缆、屏蔽或绞合线的符号可画在导线混合组符号的上边、下边或旁边。应用连在一起的指引线指到各个导线上来表示这些同一屏蔽内或电缆内或绞合线壁内的导线 ＊03—01—7
3 3	单线表示 ＊03—04—04		
	电缆接线盒,表示带 T 形连接的 3 根导线:多线表示 ＊03—04—5		
3 3 3	单线表示 ＊03—04—06		
	绞合导线 示出两根 用＊03—01—07 的规则 ＊03—01—08	形式1 形式2	导线的双重连接 ＊03—02—06 形式 2 仅在设计认为必要时使用 ＊03—02—07
	电缆中的导线 示出 3 根 ＊03—01—09 用＊03—01—07 的规则 示例:5 根导线,其中箭头所指的两根在同一电缆内 ＊03—01—10	n	支路 一组相同并重复并联的电路的公共连接,应以支路总数取代"n" 该数字置于连接符旁见 GB 6988.2—1997 中一组镜像对称的符号指示支路的范围 概念说明: 10 个并联等值的电阻 10 ＊03—02—09
	同轴对 若两轴结构不再保持,则切线只画在同轴的一边 ＊03—01—11 示例: 同轴对连到端子上 ＊03—01—12		
	屏蔽同轴对 ＊03—01—13		不切断导线的导线抽头,本符号与符号＊03—02—04 一起表示短线应与未切断导线的符号平行 ＊03—02—16
	导线或电缆的终端未连接 ＊03—01—14		

续表

图形符号	名称及说明	图形符号	名称及说明
	导线或电缆的终端未连接，并有专门的绝缘 *03—01—15		需要专门工具的连接 本符号与符号*03—02—04一起表示 *03—02—17
	连接 连接点 *03—02—01	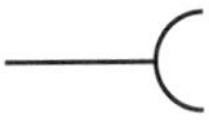	阴接触件(连接器的)插座 用单线表示法表示多接触件连接器的阴端 *03—03—01
	端子 *03—02—02		阳接触件(连接器的)插头用单线表示法表示多接触件连接器的阳端 *03—03—03
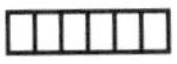	端子板 可加端子标志 *03—02—03		插头和插座 应用符号*03—03—01和*03—03—03的规则 *03—03—05
形式1  形式2 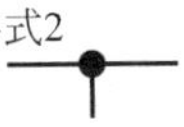	T形连接 *03—02—04 在符号*03—02—04中增加连接符号 *03—02—05	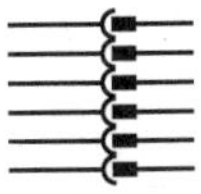	插头和插座，多极用多线表示6个阴接触件和6个阳接触件的符号 *03—03—07
	插头和插座，多极用单线表示6个阴接触件和6个阳接触件的符号 *03—03—08		光纤或光缆，一般符号，如果加上限定符号*02—09—02表示传输的是相干光  如果不会引起混淆，可以把表示光波导的符号要素(圆圈内画两个箭头)省略 *10—23—01
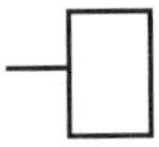	连接器组件的固定部分，仅需要区别连接器组件的固定部分与可动部分时采用此符号 *03—03—09		
	连接器组件的可动部分 使用要求同*03—03—09 *03—03—10	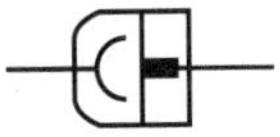	配套连接器，本符号表示插头端固定和插座端可动，使用要求同 *03—03—09 *03—03—11
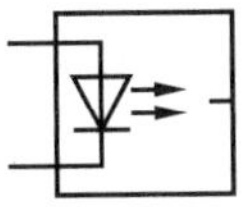	光发射机 *10—24—01		光纤光路中的转换接点 *10—24—05

续表

图形符号	名称及说明	图形符号	名称及说明
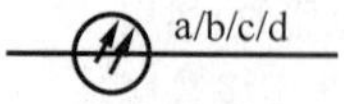 a/b/c/d	示出尺寸数据的光缆 指示光纤直径应从内向外，例如： a=纤芯直径 b=包层直径 c=第一涂层直径 d=护套直径 *10—23—05		多模突变型光纤 注：为了避免与信号波形混淆，应在表示光波导的符号要素附近旁加上光折射率的标记符号 *10—23—02
 20 150/300	示例： 具有20根多模突变形光纤的光缆，每根光纤的纤芯直径为150μm，包层直径为300μm，当用一条线表示一组光纤时，可在单线上加与光纤数相同的短线或加一根短线，另外标出光纤数字 *10—23—06		单模突变型光纤 见符号*10—23—02的规则 *10—23—03
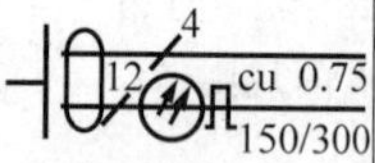 4 12 cu 0.75 150/300	由铜导体和光纤组成的复合缆 *10—23—07		渐变型光纤 见符号*10—23—02的规则 *10—23—04
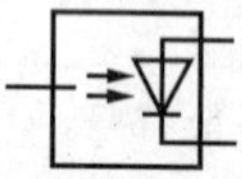			永久接头 *10—23—08
	光接收机 *10—24—02	A	光衰减器 *10—24—06
	采用激光二极管的相干光发射机 *10—24—03		扰模器 *10—24—07
	光连接器(插头插座) *10—24—04		包层模消除器 *10—24—08
	均衡器 *11—09—01		可变均衡器 *11—09—02
	熔接式分支，一路信号分成两路 如果不产生混淆可以省略圆 如果对应熔接式耦合器的信息流方向，这一符号也可用于表示熔接式耦合器 *10—24—12		熔接式星型耦合器，透射型 此类星型耦合器每一个输入与所有输出相连通，不同的输入端之间是隔离的 *10—24—13

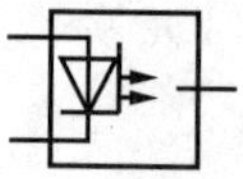

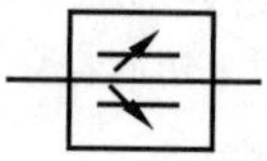

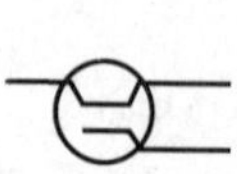

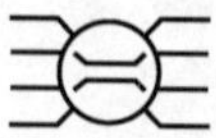

续表

图形符号	名称及说明	图形符号	名称及说明
	分配器,两路,一般符号 如果对应混合器的信息流方向,这一符号也可用于表示混合器 * 10—24—09 示例: 混合器,两路,一般符号,信息流从左到右 * 10—24—10	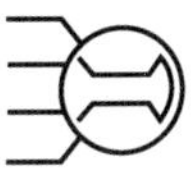	熔接式星型耦合器,反射型 此类星型耦合器中每一个端口都是双向的,可在同一时刻用于输入和输出,每一个端口馈给其他任一端口 * 10—24—14
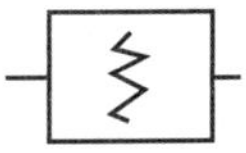	衰减器(平面符号)也可用符号 * 10—16—01 * 11—09—03	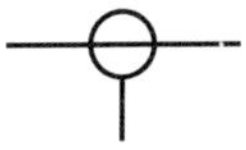	信号分支,一般符号 * 10—24—11
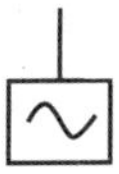	线路电源器件,示出交流型 * 11—10—01	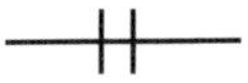	供电阻塞,在配电馈线中表示 * 11—10—02
	定向耦合,一般符号 * 10—24—15	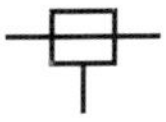	线路接入点 * 11—10—03